U0378789

C01   沈阳兆寰 – 框架结构住宅 – 万科春河里

C02   沈阳兆寰 – 框架结构写字楼 – 安保大厦

C03   上海城业 – 框架剪力墙结构住宅
– 万科翡翠公园

C04   上海住总 – 剪力墙结构住宅 – 浦江保障房

C05 沈阳兆寰－装饰保温结构一体化全装配式门卫房

C06 日本鹿岛－北浜大厦－最高 PC 建筑

C07 日本大阪钢结构建筑的 PC 幕墙

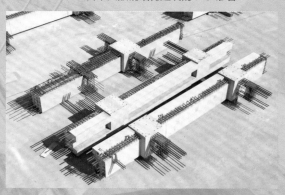

C08 沈阳兆寰－难度最大的 PC 构件－双莲藕梁

C09　全自动 PC 生产线（德国艾巴维公司 Ebawe）

C10　美国辛辛那提大学体育中心 屈米

C12　香港理工大学专上学院

C11　达拉斯佩罗自然科学博物馆

C13-1　PC 质感图 – 白砂岩

C13-2　PC 质感图 – 细粒黄砂岩

C13-3　PC 质感图 – 粗粒黄砂岩

C13-4　PC 质感图 – 粉砂岩

C13-5　PC 质感图 – 砂岩火烧板

C13-6　PC 质感图 – 黑砂岩

装配式混凝土结构建筑的设计、制作与施工

主编　郭学明
参编　张晓娜　李　菅　黄　菅
　　　许德民　张玉波　张　健

机械工业出版社

本书从混凝土装配式建筑的历史沿革、发展现状、技术特点入手，结合国际先进技术和国内的最新发展状况，共分五篇26章，全面系统详细地介绍了装配式混凝土结构的基本知识、材料特点、设计方法、制作工艺及施工工艺，近300幅装配式建筑实际工程和细部节点照片大多出自装配式建筑技术先进国家，是当前我国从事装配式混凝土结构管理、设计、施工人员的案头必备工具用书。

本书适用于从事装配式混凝土结构建筑的管理、设计、制作、施工及科研技术人员，对于相应专业的高校师生也有很好的借鉴、参考和学习价值。

图书在版编目（CIP）数据

装配式混凝土结构建筑的设计、制作与施工/郭学明主编.
—北京：机械工业出版社，2017.1（2022.1 重印）
ISBN 978-7-111-55623-7

Ⅰ.①装…　Ⅱ.①郭…　Ⅲ.①装配式混凝土结构–研究
Ⅳ.①TU37

中国版本图书馆 CIP 数据核字（2016）第 303080 号

机械工业出版社（北京市百万庄大街22号　邮政编码100037）
策划编辑：薛俊高　责任编辑：薛俊高　范秋涛　张大勇
责任印制：常天培　责任校对：李锦莉　刘秀丽
盛通（廊坊）出版物印刷有限公司印刷
2022 年 1 月第 1 版·第 6 次印刷
184mm×260mm·28.75 印张·4 插页·705 千字
标准书号：ISBN 978-7-111-55623-7
定价：99.00 元

前　言

　　2016 年 2 月 6 日《中共中央国务院关于进一步加强城市规划建设管理工作的若干意见》中提出，10 年内，我国新建建筑中，装配式建筑比例将达到 30%。由此，我国每年将建造几亿平方米装配式建筑，这个规模和发展速度在世界建筑产业化进程中也是前所未有的，我国建筑界面临巨大的转型和产业升级压力。

　　发达国家装配式建筑技术是经历了半个多世纪发展起来的，是技术理论、技术实践和管理经验逐步积累的过程。但目前大多数国家装配式建筑比例也不到 30%。我们要用 10 年时间走完其他国家半个多世纪的路，需要学的知识和需要做的工作非常多，专业技术人员、技术工人和懂行的管理者的需求将非常巨大。

　　参与本书编写的作者都是近年来从事装配式混凝土结构建筑研发、设计、制作、施工和企业管理的一线人员。主编郭学明是沈阳兆寰现代建筑产业园有限公司首任董事长，参编者许德民是沈阳兆寰现代建筑产业园有限公司总经理，兆寰公司的一项重要成果是与日本著名建筑企业鹿岛集团和骊住集团合作，全面系统引进了日本装配式建筑技术与工艺，以及日本建筑企业的精细化管理运作模式。参编者李营多年从事水泥基预制构件的技术与管理工作，专门去日本鹿岛集团和一些 PC 构件工厂接受系统培训，多次去欧洲考察，近年来先后担任 PC 工厂厂长、PC 企业负责技术的副总；参编者张晓娜和黄营是结构设计师，有多年建筑结构的设计经验，近年来专门从事装配式混凝土结构研发和设计；参编者张玉波多年从事企业管理工作，现为沈阳兆寰现代建筑构件有限公司董事长；参编者张健多年从事混凝土构件制作的技术与管理工作，现为 PC 构件厂厂长。

　　本书以装配式混凝土结构现行行业标准和辽宁省地方标准为基础，系统介绍了装配式混凝土结构建筑的基本知识、设计、制作与安装，介绍了国外特别是日本装配式建筑的技术与工艺。本书既是装配式混凝土结构建筑的入门读物和培训教材，也是设计、制作、安装人员的工具书，还可以作为装配式建筑用户与政府管理者的参考书。

　　本书共分五篇。

　　第一篇基本知识共 3 章，介绍什么是装配式建筑、装配式建筑的历史沿革、装配式建筑的优势与不足、我国实现装配式的难点和装配式建筑主要材料。

　　第二篇设计共 10 章，以行业标准和地方标准为依据，介绍了如何进行装配式结构建筑的建筑设计、结构设计、拆分设计、预制构件设计和各专业设计协同；介绍了日本装配式建筑基本设计方法；指出了装配式建筑设计存在的错误认识；介绍了设计质量要点。

　　第三篇制作共 6 章，介绍了混凝土预制构件的制作工艺和工厂布置，模具设计与制作，原材料制备与配合比设计，构件制作、堆放、运输，试验项目和技术档案等。

　　第四篇施工共 4 章，介绍装配式混凝土结构的施工条件、施工材料、构件安装与验收。

　　第五篇质量与成本共 3 章，介绍了装配式混凝土结构建筑的质量要点、成本分析和 BIM 系统的应用。

装配式混凝土结构建筑在国际建筑界也被称为 PC（Precast Concrete）建筑，预制混凝土构件被称为 PC 构件，为表述清晰，本书较多地用"PC 建筑"替代"装配式混凝土结构建筑"。

本书由郭学明任主编，编写各章概要并撰写了本书第 4 章、第 5 章、第 6 章及第 13 章的内容。张晓娜参与了设计篇和质量与成本篇的编写，是第 8 章、第 9 章、第 10 章、第 11 章和第 26 章的主要编写者；李营参与了制作篇与施工篇的编写，是第 14 章、第 15 章、第 17 章、第 20 章、第 21 章、第 22 章的主要编写者；黄营参与了设计篇的编写，是第 7 章、第 12 章的主要编写者，补充修改或校审了结构设计各章，设计绘制了第 3 章图样和第 8 章、第 9 章、第 10 章、第 11 章、第 13 章部分图样，并校审了全书图样；许德民参与了基本知识篇和质量与成本篇的编写，是第 1 章、第 2 章、第 25 章的主要编写者；张玉波参与了基本知识篇和质量与成本篇的编写，是第 3 章、第 23 章、第 24 章和附录的主要编写者，并负责全书的校订工作；张健参与了制作篇的编写，是第 16 章、第 18 章、第 19 章的主要编写者。

除主编外，许德民、李营多年来与国外特别是日本企业交流较多，搜集、拍摄了一些有价值的资料和照片，本书中多有引用。许德民、李营对其他人主笔的部分章节也提出了一些有价值的编写意见。

同时，感谢沈阳兆寰公司田仙花翻译了有关日本资料；沈阳兆寰公司孙昊绘制了第 5 章、第 6 章、第 15 章图样；石家庄山泰公司梁晓艳绘制了第 11 章、第 13 章图样。

特别感谢企业家赵连虎先生，不仅由于他早期对现代建筑产业事业的投资，更主要的是他坚决主张和支持引进日本先进技术与管理。特别感谢郭学仁先生，他是引进日本先进装配式建筑技术的主要策划师和推动者。

感谢上海城业管桩构件有限公司总经理叶汉河先生多年来对本书主要编写者的指导帮助，对本书部分章节提出了宝贵的意见。

感谢以下专家对本书的指导与帮助：上海住总工程材料有限公司下沙分公司总经理顾建安先生提供了宝贵的意见和资料，审阅了基本知识篇和制作篇各章，提出了重要修改意见；中建东北设计研究院伍军教授级高级工程师审核了基本知识篇和设计篇各章，提出了宝贵的修改意见；上海申通地铁集团有限公司鞠丽艳博士提供了宝贵的意见和资料；龙信集团有限公司倪雪民先生、戴祝泉先生审核了施工篇各章，提出了宝贵的意见；北京思达建茂科技发展有限公司总经理钱冠龙先生提供了套筒及灌浆料技术资料；德国艾巴维/普瑞集团公司俞建章先生提供了全自动流水线及立模生产线的技术资料；北京首钢国际工程技术有限公司 BIM 专家董鑫工程师指导了 BIM 一章的编写；中建东北设计研究院 BIM 专家陈勇先生审阅修改了 BIM 一章；上海住总住博建筑科技有限公司副总经理张元疆先生给予了现场指导。

装配式建筑在国内是刚起步发展中的行业，很多课题正在研究探索之中；加上编写者理论水平和实践经验有限，本书会存在差错和不足，恳请并感谢读者给予批评指正。

编　者

2016 年 11 月

目　　录

第一篇　基　本　知　识

本篇共 3 章，介绍装配式建筑的基本知识。第 1 章介绍什么是装配式建筑；第 2 章对 PC 建筑利弊进行分析；第 3 章介绍 PC 建筑用的材料。

第 1 章

什么是装配式建筑

1.1　什么是装配式建筑

1.1.1　装配式建筑的定义

装配式建筑是指由预制构件通过可靠连接方式建造的建筑。装配式建筑有两个主要特征：第一个特征是构成建筑的主要构件特别是结构构件是预制的；第二个特征是预制构件的连接方式必须可靠。

按照装配式混凝土建筑、装配式钢结构建筑和装配式木结构建筑的国家标准关于装配式建筑的定义，装配式建筑是"结构系统、外围护系统、内装系统、设备与管线系统的主要部分采用预制部品部件集成的建筑"。这个定义强调装配式建筑是 4 个系统（而不仅仅是结构系统）的主要部分采用预制部品部件集成。

1.1.2　装配式建筑的分类

1. 按材料分类

装配式建筑按结构材料分类，有装配式钢结构建筑、装配式钢筋混凝土建筑、装配式木结构建筑、装配式轻钢结构建筑和装配式复合材料建筑（钢结构、轻钢结构与混凝土结合的装配式建筑）。以上几种都是现代建筑。

古典装配式建筑按结构材料分类，有装配式石材结构建筑和传统装配式木结构建筑。

2. 按高度分类

装配式建筑按高度分类，有低层装配式建筑、多层装配式建筑、高层装配式建筑和超高层装配式建筑。

3. 按结构体系分类

装配式建筑按结构体系分类，有框架结构、框架-剪力墙结构、筒体结构、剪力墙结构、无梁板结构、预制钢筋混凝土柱单层厂房结构等。

4. 按预制率分类

装配式建筑按结构预制率分为：超高预制率（70% 以上）、高预制率 50% ~ 70%、普通预制率（20%~50%）、低预制率（5%~20%）和局部使用预制构件（小于5%）几种类型。

1.2 装配式建筑的历史沿革

装配式建筑不是新概念新事物。早在史前时期，人类还是采集-狩猎者时，尚未定居下来，也就是说，还处于"前建筑时期"，就有了装配式居住设施。

人类建筑史可分为三个阶段：前建筑时期、古典时期和现代时期。在前建筑时期，人类是游动的采集-狩猎者，没有定居，住所非常简单，主要是树枝、树叶搭建的草棚或兽骨、树干与兽皮搭建的帐篷。

兽皮帐篷（图1.2-1）是人类最早的装配式"建筑"。狩猎者把几十张兽皮缝制在一起，用木杆做骨架，围成了"房子"。走到哪里，把兽皮带到哪里，装配式"建筑"就建在哪里。

古典时期，人类进入了农业时代，定居了下来，石头、木材、泥砖和茅草建造的房子出现了，真正的建筑出现了。古典时期人类不仅建造居住的房子，也建造神庙、宫殿、坟墓等大型建筑。许多大型建筑都是装配式建筑，如古埃及和古希腊石头结构的柱式建筑（图1.2-2），中世纪用石头和彩色玻璃建造的哥

图1.2-1　印第安采集-狩猎者的兽皮帐篷

特式教堂（图1.2-3），中国的木结构庙宇（图1.2-4）和宫殿等，都是在加工工场把石头构件凿好，或把木头柱、梁、斗拱等构件制作好，再运到现场，以可靠的方式连接安装。

图1.2-2　古希腊雅典帕特农神庙——石材装配式建筑

图 1.2-3　科隆的哥特式大教堂——石材装配式建筑

图 1.2-4　五台山唐代庙宇——木结构装配式建筑

　　现代建筑是工业革命和科技革命的产物，运用现代建筑技术、材料与工艺建造。世界上第一座现代建筑——1851 年伦敦博览会主展览馆——水晶宫，就是装配式建筑。

1850年，英国决定在第二年召开世界博览会，展示英国工业革命的成果。博览会组委会向欧洲著名建筑师征集主展览馆的设计方案。各国建筑师们提交的方案都是古典建筑，既不能提供博览会所需要的大空间，又不能在博览会开幕前如期建成。万般无奈，组委会负责人，维多利亚女王的丈夫艾伯特亲王采纳了一个花匠提出的救急方案，把用铸铁和玻璃建造花房的技术用于展览馆建设：在铁工厂制作好铸铁柱梁，在玻璃工厂按设计规格制作玻璃，然后运到现场装配，几个月就完成了展览馆建设，解决了大空间和工期紧的难题，建筑也非常漂亮，像水晶一样，被誉为"水晶宫"，创造了建筑史上的奇迹，如图1.2-5所示。

巴黎埃菲尔铁塔和纽约自由女神像也是装配式建筑，或者称为装配式建造物。

自由女神像（图1.2-6）是法国在美国建国100周年时赠送给美国的，1886年建成。自由女神像是铸铁结构，铸铜表皮。铸铁结构骨架和铸铜表皮都是在法国制作的，漂洋过海运到美国安装。结构由著名的埃菲尔铁塔设计师埃菲尔设计。自由女神像是世界上最早的装配式钢结构金属幕墙工程。

图 1.2-5　人类第一座现代建筑——水晶宫是装配式建筑

1931年建造的纽约帝国大厦（图1.2-7）也是装配式建筑。这座高381m的钢结构石材幕墙大厦保持世界最高建筑的地位长达40年。帝国大厦102层，采用装配式工艺，全部工期仅用了410天，平均4天一层楼，这在当时是非常了不起的奇迹。

现代建筑从1850年问世到20世纪50年代长达100年的时间，装配式建筑主要是钢结构建筑。1950年以后，钢筋混凝土装配式建筑开始成为建筑舞台上的重要角色。

图 1.2-6　纽约自由女神像是装配式建造物

图 1.2-7　帝国大厦

1.3 什么是 PC 与 PCa

1.3.1 PC 与 PCa

PC 是英语 Precast Concrete 的缩写，是预制混凝土的意思。PCa 是"PC 化"的意思，日本最先使用此缩写，专指预制化的钢筋混凝土结构建筑。人们常把装配式混凝土结构建筑简称为 PC 建筑。

本书为叙述方便，用"PC 建筑"指代"装配式混凝土结构建筑"；用"PC 整体式建筑"指代"装配整体式混凝土结构建筑"；用"PC 构件"指代"预制混凝土构件"；用"PC 幕墙"指代"预制钢筋混凝土幕墙"等。

1.3.2 国外 PC 建筑历史

最早的混凝土是两千多年前发明的。那是在罗马共和国时期，罗马南部地区有大量火山灰，火山灰颗粒很细，具有活性，相当于天然水泥，与水结合会发生水化反应，形成坚硬的固体。罗马人用火山灰、水和石子结合浇筑建筑物的拱券，罗马著名的斗兽场的拱券就是用天然混凝土浇筑而成的。

人造水泥的发明始于 1774 年，一个名叫艾迪斯通的英国工程师在建造一座灯塔时，使用了杂质含量大的石灰，却发现比质量好的石灰强度更高。经过化验分析，这些石灰中含有黏土。这件事引发了人们对新型胶凝材料的研究。1824 年，英国人约瑟夫·阿斯帕丁发明了水泥。41 年后，1865 年，一个名叫约瑟夫·莫尼埃的法国花匠用混凝土做了一个花盆，栽上花后，花盆不小心打碎了。莫尼埃发现，坚硬的混凝土花盆碎了，可松散的泥土却由于花根的盘根错节而结成了团。这给了他启发，他就在混凝土里加铁丝制作花盆，如此，花盆的抗拉强度大大提高。两年后，1867 年，他申请了钢筋混凝土专利。1890 年，法国开始出现钢筋混凝土建筑，同时也有了 PC 构件。1896 年，欧洲人建造了最早的预制钢筋混凝土房屋——一座门卫房。

以上可知，钢筋混凝土的问世就是从预制开始的；钢筋混凝土进入建筑领域，就伴随着 PC 的进程。

20 世纪初期，有人明确提出大规模 PC 建筑的主张。现代建筑的领军人物，20 世纪世界四大著名建筑大师之一的格罗皮乌斯在 1910 年提出：钢筋混凝土建筑应当预制化、工厂化。20 世纪 50 年代，另一位世界四大著名建筑大师之一的勒·柯布西耶设计了著名的马赛公寓，采用了大量的 PC 构件。

建筑领域大规模 PC 化始于北欧。20 世纪 60 年代，瑞典、丹麦、芬兰等北欧国家由政府主导建设"安居工程"，大量建造 PC 建筑，主要是多层"板楼"。瑞典当时人口只有 800 万左右，每年建造安居住宅多达 20 万套，仅仅 5 年时间就为一半国民解决了住房。北欧冬季漫长，气候寒冷，夜长昼短，一年中可施工时间比较少。北欧国家大规模搞 PC 建筑主要是为了缩短现场工期，提高建造效率和降低造价。北欧人冬季在工厂大量预制 PC 构件，到了可施工季节到现场安装。北欧的 PC 建筑获得了成功，不仅提高了效率，降低了成本，也保证了质量。北欧经验随后被西欧其他国家借鉴，又传至东欧、美国、日本、东南亚……

20 世纪有一些著名的建筑大师热衷于装配式建筑，包括沙里宁、山崎实、贝聿铭、扎哈、屈米、奈尔维等，都设计过 PC 建筑。

欧洲高层建筑不是很多，超高层建筑更少，PC 建筑大多是多层框架结构。欧洲的 PC 制作工艺自动化程度很高，装配式建筑的装备制造业也非常发达，居于世界领先地位。目前欧洲 PC 建筑占总建筑量的比例在 30% 以上。

日本是世界上 PC 建筑运用得最为成熟的国家之一。日本高层、超高层钢筋混凝土结构建筑很多是 PC 建筑。日本多层建筑较少采用装配式，因为层数少，又很少有大规模住宅区工程，模具周转次数少，采用装配式造价太高。

PC 建筑技术已经发展了半个多世纪，在发达国家积累了很多成熟的经验。日本的超高层 PC 建筑经历了多次大地震的考验。PC 建筑技术是成熟的技术。

日本的 PC 建筑多为框架结构、框架-剪力墙结构和筒体结构体系，预制率比较高。日本许多钢结构建筑也用 PC 叠合楼板、PC 楼梯和 PC 幕墙。

韩国、新加坡等国的 PC 建筑技术与日本接近，应用比较普遍，但比例不像日本那么大。目前，亚洲的 PC 化进程正处于上升期。

北美 PC 建筑比欧洲和日本少。因为北美住宅大多是别墅和低层建筑，多用木结构建造。北美 PC 建筑主要用于多层建筑，包括 PC 墙板、预应力楼板等。

PC 化是大规模建筑的产物，也是建筑工业化进程的重要环节。早期钢筋混凝土结构建筑，每个工地都要建一个小型混凝土搅拌站；后来，有了商品混凝土，集中式搅拌站形成了网络，取代了工地搅拌站；再进一步，PC 构件厂形成了网络，部分取代了商品混凝土。

1.3.3　我国 PC 的历史与现状

我国 PC 的历史在 20 世纪 50 年代就开始了，到 80 年代达至高潮，预制构件厂星罗棋布。

20 世纪 90 年代以前，中国许多工业厂房为预制钢筋混凝土柱单层厂房，柱子、起重机轨道梁和屋架都是预制的，有的建筑杯形基础也是预制的。还有许多无梁板结构的仓库和冷库也是装配式建筑，预制杯形基础、柱子、柱帽和叠合无梁楼板。20 世纪 90 年代后，工业厂房主要采用钢结构建筑。

20 世纪 90 年代以前，砖混结构住宅和办公楼等建筑大量使用预制楼板、过梁和楼梯等，一些地区还建造了一些 PC 大板楼、PC 盒子楼。但这些 PC 建筑或有 PC 构件的建筑由于抗震、漏水、透寒等问题没有很好地解决，日渐式微，PC 化的尝试停了下来。90 年代初期，预制板厂销声匿迹，现浇混凝土结构成为建筑舞台的主角。

我国早期 PC 化过程出现的问题在发达国家 PC 化早期阶段也都出现过，英国 1968 年甚至有一栋 22 层的 PC 公寓——罗南角高层公寓垮塌的惨痛教训。但他们并没有因出现问题而放弃 PC 化的努力，而是致力于解决问题，使 PC 技术日趋完善成熟。

进入 21 世纪后，由于建筑质量、劳动力成本和节能减排等因素，我国重新启动了 PC 化进程，近 10 年来取得了非常大的进展，引进了国外成熟的技术，自主研发了一些具有中国特点的技术，主要技术日趋成熟，并建造了一些 PC 建筑，积累了宝贵的经验。

1.4　PC 化的意义

装配式建筑将工地作业为主的建造方式变为工厂制造为主，是建筑产业现代化的重要内容，是建筑走向工业化、信息化和智能化的前提条件。

装配式建筑可以提升质量、提高效率、节约资源、保护环境、改善劳动、缩短工期。

目前，我国建筑以钢筋混凝土结构为主，住宅建筑 95% 以上是钢筋混凝土结构。这些建筑绝大多数是现场浇筑施工。PC 化将导致我国大多数建筑的建造方式发生改变。

PC 化不仅可以实现钢筋混凝土结构体系的工厂化生产，还会带动围护、保温、门窗、装饰、厨房、卫浴等环节的工厂化与集成化，从根本上改变传统的建筑作业方式。

PC 化在我国建筑产业革命中具有带动性作用。

1.5　PC 建筑主要技术

1.5.1　装配整体式与全装配式

装配式混凝土结构建筑，即 PC 建筑，相当于把现浇混凝土结构拆成一个个预制构件，再装配起来。根据连接方式不同，PC 建筑分为"装配整体式混凝土结构"和"全装配式混凝土结构"。

1. 装配整体式混凝土结构

装配整体式混凝土结构的定义是：由预制混凝土构件通过可靠的方式进行连接并与现场后浇混凝土、水泥基灌浆料形成整体的装配式混凝土结构。

简言之，装配整体式混凝土结构的连接以"湿连接"为主要方式。

装配整体式混凝土结构具有较好的整体性和抗震性。目前，大多数多层和全部高层 PC 建筑都是装配整体式结构，有抗震要求的低层 PC 建筑也多是装配整体式结构。

2. 全装配混凝土结构

全装配混凝土结构的 PC 构件靠干法连接（如螺栓连接、焊接等）形成整体。

预制钢筋混凝土柱单层厂房就属于全装配混凝土结构。国外一些低层建筑或非抗震地区的多层建筑采用全装配混凝土结构。

1.5.2　等同原理

等同原理是指装配整体式混凝土结构应基本达到或接近与现浇混凝土结构等同的效果。尤其是指连接方式的等同效果。

1.5.3　主要连接方式

装配整体式混凝土结构的主要连接方式包括：

1. 后浇混凝土连接

在 PC 构件结合部留出后浇区，现场浇筑混凝土进行连接。

2. 套筒灌浆连接和浆锚搭接

套筒灌浆连接和浆锚搭接用于受力钢筋连接。

（1）套筒灌浆连接　套筒灌浆连接的工作原理是：将需要连接的带肋钢筋插入金属套筒内"对接"，在套筒内注入高强早强且有微膨胀特性的灌浆料，灌浆料凝固后在套筒筒壁与钢筋之间形成较大的压力，在带肋钢筋的粗糙表面产生较大的摩擦力，由此得以传递钢筋的轴向力。

（2）浆锚搭接　浆锚搭接的工作原理是：将需要连接的钢筋插入预制构件预留孔洞内，在孔洞内灌浆锚固该钢筋，使之与孔洞旁的预制构件的钢筋形成"搭接"。两根搭接的钢筋被预埋在预制构件中的螺旋钢筋或波纹管约束。

3. 叠合连接

叠合连接是预制板（梁）与现浇混凝土叠合的连接方式，包括楼板、梁和悬挑板等，叠合构件的下层为 PC 构件，上层为现浇层。

1.6　PC 预制率

一些地方政府对工程项目的 PC 预制率有刚性要求。PC 预制率是指预制混凝土占总混凝土量的比例。有的地方政府计算 PC 预制率以地面以上混凝土计算，即预制混凝土占地面以上总混凝土量的比例。

一般情况下，PC 建筑的基础、首层、顶层楼板、楼板叠合层和一些构件的结合部位需要现浇混凝土，有的高层建筑的裙楼部分由于层数少开模量大也选择现浇。对于有抗震要求的建筑，规范会规定一些部位必须现浇，如框架-剪力墙结构的剪力墙、筒体结构的剪力墙核心筒、剪力墙结构的边缘构件等。如果只有叠合楼板、楼梯和阳台构件预制，PC 预制率大约在 10% 左右；再考虑外墙板预制，PC 预制率可达到 20% 以上；大多数构件都预制的话，预制率可达到 60% 以上。日本鹿岛有一座筒体结构办公楼，采用最新装配式技术，所有的 PC 梁、柱连接点都没有后浇连接，仅叠合板现浇，PC 预制率达到 90% 以上。

表 1.6-1 是沈阳市建委对剪力墙结构 PC 预制率的分析。

表 1.6-1　剪力墙结构建筑 PC 预制率分析

预制率	外墙	内墙	梁、楼板	楼梯	阳台板、空调板	内隔墙
65%~70%	预制夹芯保温外墙板	预制	预制	预制	预制	预制
60%~65%	预制+外保温	预制	预制	预制	预制	预制
30%~40%	预制夹芯保温外墙板	现浇	预制	预制	预制	预制
23%~29%	预制	现浇	预制	预制	预制	预制
20%~22%	现浇	现浇	预制	预制	预制	预制
12%~15%	现浇	现浇	预制	预制	预制	砌筑

1.7　PC 建筑适用范围

就结构而言，框架结构、框架-剪力墙结构、筒体结构和剪力墙结构都适宜做 PC 建筑。

就建筑高度而言，高层建筑和超高层建筑比较适宜做 PC 建筑。日本最高 PC 住宅高达 208m。低层建筑和多层建筑模具周转次数少，做 PC 建筑成本较高，只有相同楼型数量较多的情况下，做 PC 建筑才经济。

就建筑造型而言，复杂多变没有规律而又层数不多的建筑不适合做 PC 建筑。

第 2 章

PC 建筑利弊分析

2.1 概述

　　PC 建筑半个多世纪前在欧洲兴起，之后在世界各地得到推广，因为它有着突出的优势。

　　笔者曾经在日本东京看到一个超高层建筑工地，由于道路狭窄，运送 PC 构件的大型车辆无法通行，施工企业在工地建立了临时 PC 工厂，如图 2.1-1 所示。笔者问日方技术人员，在工地临时工厂预制不是也相当于现浇了吗？为什么不直接现浇呢？日本技术人员回答，PC 质量会更好些，工期也更快些。

图 2.1-1　日本在工地的临时预制构件工厂

　　本章介绍 PC 建筑的优势（第 2.2 节）和不足（第 2.3 节），分析我国 PC 化的难点（第 2.4 节），并分析建设单位在 PC 化中的作用（第 2.5 节）。

2.2　PC 建筑的优势

　　PC 建筑较之现浇混凝土建筑有如下优势：可以提升建筑质量；提高效率；节约材料；节能减排环保；节省劳动力并改善劳动条件；缩短工期；方便冬期施工等。

2.2.1　提升建筑质量

　　PC 化并不是单纯的工艺改变——将现浇变为预制，而是建筑体系与运作方式的变革，对建筑质量提升有推动作用。

　　（1）PC 化要求设计必须精细化、协同化。如果设计不精细，PC 构件制作好了才发现问题，就会造成很大的损失。PC化促使设计深入、细化、协同，由此会提高设计质量和建筑品质。

（2）PC化可以提高建筑精度。现浇混凝土结构的施工误差往往以厘米计，而PC构件的误差以毫米计，误差大了就无法装配。PC构件在工厂模台上和精致的模具中生产，实现和控制品质比现场容易。预制构件的高精度会带动现场后浇混凝土部分精度的提高。在日本看到表皮是PC墙板反打瓷砖的建筑，100多m高的外墙面，瓷砖砖缝笔直整齐，误差不到2mm。现场贴砖作业是很难达到如此精度的。

（3）PC化可以提高混凝土浇筑、振捣和养护环节的质量。浇筑、振捣和养护是保证混凝土密实和水化反应充分、进而保证混凝土强度和耐久性的非常重要的环节。现场浇筑混凝土，模具组装不易做到严丝合缝，容易漏浆；墙、柱等立式构件不易做到很好的振捣；现场也很难做到符合要求的养护。工厂制作PC构件时，模具组装可以严丝合缝，混凝土不会漏浆；墙、柱等立式构件大都"躺着"浇筑，振捣方便，板式构件在振捣台上振捣，效果更好；PC工厂一般采用蒸汽养护方式，养护的升温速度、恒温保持和降温速度用计算机控制，养护湿度也能够得到充分保证，养护质量大大提高。

（4）PC建筑外墙保温可采用夹芯保温方式，即"三明治板"，保温层外有超过50mm厚的钢筋混凝土外叶板，比常规的粘贴外保温板铺网刮薄浆料的工艺安全性和可靠性大大提高，外保温层不会脱落，防火性能得到保证。最近几年，相继有高层建筑外保温层大面积脱落和火灾事故发生，主要原因是外保温层粘接不牢、刮浆保护层太薄等。三明治板解决了这两个问题。

（5）PC建筑实行建筑、结构、装饰的集成化、一体化，会大量减少质量隐患。

（6）PC化是实现建筑自动化和智能化的前提。自动化和智能化减少了对人、对责任心等不确定因素的依赖。由此可以避免人为错误，提高产品质量。

（7）工厂作业环境比工地现场更适合全面细致地进行质量检查和控制。

（8）从生产组织体系上，PC化将建筑业传统的层层竖向转包变为扁平化分包。层层转包最终将建筑质量的责任系于流动性非常强的农民工身上；而扁平化分包，建筑质量的责任由专业化制造工厂分担。工厂有厂房、有设备，质量责任容易追溯。

上海保利公司的平凉路住宅工程，只有25%PC预制率，但在结构测评中，PC建筑与同一工地的现浇混凝土建筑的评分分别为80分和60分，PC建筑高出30%多。上海最近几年的PC建筑，墙体渗漏、裂缝现象比现浇建筑大大减少。

就抗震而言，日本鹿岛科研所的试验结论是PC建筑的可靠性高于现浇建筑。日本1992年阪神大地震的震后调查，PC建筑的损坏比例也比其他建筑低。

2.2.2 提高效率

PC化能够提高效率。半个多世纪前北欧开始大规模建PC建筑的初衷就是为了提高效率。

（1）PC化是一种集约生产方式，PC构件制作可以实现机械化、自动化和智能化，欧洲生产叠合楼板的专业工厂，年产120万 m^2 楼板，生产线上只有6个工人。而手工作业方式生产这么多的楼板大约需要近200个工人。

（2）PC化使一些高处和高空作业转移到车间进行，即使没有自动化设备，生产效率也会提高。工厂作业环境比现场优越，工厂化生产不受气象条件制约，刮风下雨不影响构件制作。

（3）工厂比工地调配平衡劳动力资源也更为方便。

2.2.3　节约材料

1. PC 建筑节约材料分析

（1）PC 建筑减少模具材料消耗，特别是减少木材消耗。墙体在工地现场浇筑是两个板面支模，而在工厂制作只有一个板面模具（模台）加上边模，模台和规格化的边模可以长期周转使用。PC 叠合板本身就是后浇叠合层的模具；一些 PC 构件是后浇区模具的一部分。有施工企业统计，PC 建筑节约模具材料达 50% 以上。

（2）PC 构件表面光洁平整，可以取消找平层和抹灰层。室外可以直接做清水混凝土或涂漆；室内可以直接刮"大白"。

（3）现浇混凝土使用商品混凝土，用混凝土罐车运输。每次运输混凝土都会有浆料挂在罐壁上，混凝土搅拌站出仓混凝土量比实际浇筑混凝土量大约多 2%，这些多余量都挂在了混凝土罐车上，还要用水冲洗掉。PC 建筑则大大减少了这部分损耗。

（4）PC 建筑工地不用满搭脚手架，会减少脚手架材料的消耗，达 70% 以上。

（5）PC 化带来的精细化和集成化会降低各个环节，如围护、保温、装饰等环节的材料与能源消耗。

（6）PC 化建筑不能随意砸墙凿洞，会"逼迫"毛坯房升级为装修房，集约化装修会大量节约材料。

（7）PC 建筑会节约原材料，不同的结构体系不同的预制率不同的连接方式不同的装修方式，节约原材料的比例不同，最多可达到 20%。

2. PC 建筑增加材料分析

PC 建筑也有增加材料的地方，下面具体分析一下：

（1）夹芯保温墙增加了外叶板和拉结件　夹芯保温墙板比现在常用的粘贴保温层表面挂网刮薄浆的方式增加了 50 ~ 60mm 厚的钢筋混凝土外叶板和拉结件。第 2.2.1 小节第（4）条中已经分析了，夹芯保温板是解决目前外墙保温工艺存在的重大问题，提高安全性、可靠性和耐久性的必要措施，所以，不能把材料消耗和成本增加的"责任"算到 PC 化的头上。

（2）PC 叠合楼板比现浇混凝土楼板厚 20mm　一般情况下，住宅现浇楼板 120mm 厚。PC 叠合楼板 60mm 厚，如果后浇叠合层 60mm 厚，埋设管线不够，需 80mm 厚才行。如此，PC 叠合楼板总厚度 140mm，比现浇楼板厚了 20mm。但是，如果楼板中不埋设管线，PC 叠合楼板与现浇楼板厚度一样。

在楼板混凝土中埋设管线是很落后很不合理的做法。发达国家已经没有这样做的了。管线的寿命 10 ~ 20 年，结构混凝土的寿命是 50 年甚至更长，两者不同步。当埋设在混凝土中的管线使用寿命到期时，由于埋设在混凝土中，很难维修和更换。所以，问题的解决应当是告别落后的不合理的传统做法，而不是迎合它，以它作为判断合理性的标准。

（3）蒸汽养护增加了耗能　PC 构件蒸汽养护比现场浇水养护多消耗能源。但蒸汽养护提高了混凝土质量，特别是提高了耐久性。从建筑结构寿命得以延长的角度看，总的耗能是大大降低了。

（4）增加了连接套筒和灌浆料　PC建筑结构连接增加了套筒和灌浆料，也会增加后浇区钢筋搭接和锚固长度。这确实是因PC而增加的材料，也是PC成本中的大项。

（5）用套筒连接的构件加大了保护层　混凝土保护层应当从套筒箍筋算起，由于套筒比所连接的受力钢筋直径大30mm左右，由此，相当于受力钢筋的位置内移了，保护层大了，或加大断面尺寸增加混凝土量，或保持断面尺寸不变增加钢筋面积。

浆锚搭接的构件，混凝土保护层应当从约束螺旋筋算起，也存在同样问题。

叠合楼板、PC幕墙板和楼梯、挑檐板等不用套筒或浆锚连接的构件，不存在保护层加大问题。

日本规范规定，预制混凝土构件比现浇混凝土的保护层可以小5mm。因为预制环节质量更容易控制。如果按照日本的规定，一部分构件（有套筒的构件）保护层增加，一部分构件保护层减少，总的材料净增量会比较小。

我国目前没有预制构件比现浇构件保护层小的规定，再加上我国大多数建筑是剪力墙结构，混凝土用量大，保护层增加导致的材料消耗增加的问题可能更明显一些。但比起以上分析的PC化所能节约的材料相比，这只是一笔小账。

2.2.4　节能减排环保

（1）PC化可节约原材料，最高达20%，自然会降低能源消耗，减少碳排放量。

（2）运输PC构件比运输混凝土减少了罐的重量和为了防止混凝土初凝转动罐的能源消耗。

（3）PC化会大幅度减少工地建筑垃圾，最多可减少80%。

（4）PC化大幅度减少混凝土现浇量，从而减少工地养护用水和冲洗混凝土罐车的污水排放量。预制工厂养护用水可以循环使用。PC建筑节约用水20%～50%。

（5）PC化会减少工地浇筑混凝土振捣作业，减少模板、砌块和钢筋切割作业，减少现场支拆模板，由此会减轻施工噪声污染。

（6）PC建筑的工地会减少扬尘。PC化内外墙无需抹灰，会减少灰尘及落地灰等。

2.2.5　节省劳动力并改善劳动条件

1. 节省劳动力

PC化把一部分工地劳动力转移到工厂，工地人工大大减少，综合看，PC建筑会不会节省劳动力呢？

总体而言，PC建筑会节省劳动力。节省多少主要取决于预制率大小、生产工艺自动化程度和连接节点设计。

（1）预制率高，模板作业人工大幅度减少。工厂模具可以反复使用，工厂组模拆模作业的用工量也比现场少。预制率高也会大幅度减少脚手架作业的人工。

（2）工厂钢筋加工可以实现自动化或半自动化，构件制作生产线自动化程度高，会大幅度节省人工。但如果生产线只是移动的模台，就节省不了多少人工。欧洲生产叠合板、双皮板、无保温墙板和梁柱板一体化墙板的生产线，自动化程度非常高，节省劳动力的比例很大，构件制作环节最多可以节省人工95%以上。日本生产PC柱、梁和幕墙板的工艺自动化程度不高，工厂节省劳动力的比例不大。

（3）结构连接节点简单，后浇区少，可以节省人工；连接节点复杂，后浇区多，节省人工就少。

欧洲 PC 建筑的连接节点比较简单，或由于建筑高度不高，或由于抗震设防要求不高，或由于科研充分，经验丰富。

PC 建筑节省劳动力可达到 50% 以上。但如果 PC 建筑预制率不高，生产工艺自动化程度不高，结构连接又比较麻烦或有比较多的后浇区，节省劳动力就比较难。

总的趋势看，随着 PC 建筑和预制率的提高，PC 构件的模数化和标准化，生产工艺自动化程度会越来越高，节省人工的比率也会越来越大。

2. 改变建筑从业者的构成

PC 化可以大量减少工地劳动力，使建筑业农民工向产业工人转化，提高素质。PC 化会减少建筑业蓝领工人的比例。由于设计精细化和拆分设计、产品设计、模具设计的需要，还由于精细化生产与施工管理的需要，白领人员比例会有所增加。由此，建筑业从业人员的构成发生变化，知识化程度得以提高。

3. 改善工作环境

PC 化把很多现场作业转移到工厂进行，高处或高空作业转移到地面进行；风吹日晒雨淋的室外作业转移到车间里进行；工作环境大大改善。PC 工厂的工人可以在工厂宿舍或工厂附近住宅区居住，不用住工地临时工棚。PC 化使很大比例的建筑工人不再流动，定居下来，解决了夫妻分居、孩子留守问题。

4. 降低劳动强度

PC 化可以较多地使用设备和工具，工人劳动强度大大降低。

2.2.6　缩短工期

PC 建筑缩短工期与预制率有关，预制率高，缩短工期就多些；预制率低，现浇量大，缩短工期就少些。北方地区利用冬季生产构件，可以大幅度缩短总工期。

就结构施工而言，PC 化达到熟练程度后比现浇建筑会快些，但一层楼也只能快 1 天多，缩短工期不是很多。但就整体工期而言，PC 建筑可以大大缩短工期。PC 建筑减少了现场湿作业，外墙围护结构与主体结构一体化完成，其他环节的施工也不必等主体结构完工后才进行，可以尾随主体结构的进度，相隔 2~3 层楼即可。如此，当主体结构结束时，其他环节的施工也接近结束。对于装修房，PC 建筑缩短工期更显著。在日本看到一座建设中的 45 层超高层建筑，主体结构刚刚封顶，装修已经完成 42 层了，连地毯都铺好了，水暖电和煤气已经进入测试阶段。

2.2.7　有利于安全

PC 化有利于安全：

（1）工地作业人员大幅度减少，高处、高空和脚手架上的作业大幅度减少。

（2）工厂作业环境和安全管理的便利性好于工地。

（3）PC 生产线的自动化和智能化进一步提高生产过程的安全性。

（4）工厂工人比工地工人相对稳定，安全培训的有效性更强。

2.2.8 有利于冬期施工

PC化构件的制作在冬期不会受到大的影响。工地冬期施工，可对构件连接处做局部围护保温，叠合楼板现浇可用暖被覆盖，也可以搭设折叠式临时暖棚。PC建筑冬期施工的成本比现浇建筑低很多。

2.3 PC建筑的不足

PC化是建筑工业化的趋势，但它既不是万能的，也不是完美的，存在一些不足。

2.3.1 PC化与个性化的冲突

PC化须建立在规格化、模数化和标准化的基础上，对于个性化突出且重复元素少的建筑不大适应。建筑是讲究艺术的，没有个性就没有艺术。PC化在实现建筑个性化方面有些难度，或者说不划算。

发达国家PC化大都是从政府投资的保障房起步的，保障房没有太多的艺术讲究。当然，PC化不等于去艺术化，只是需要花费更大的功夫和更多的智慧实现艺术化。

2.3.2 PC化与复杂化的冲突

PC化比较适合于简单简洁的建筑立面，对于不规则的建筑，实现起来有些困难。

2.3.3 PC化要求建设规模和建筑体量

PC化必须有一定的建设规模才能发展起来生存下去。一座城市或一个地区建设规模过小，PC工厂没有足够的工作量，厂房设备摊销成本过高，很难维持运营。

PC化需要建筑体量。高层建筑、超高层建筑和多栋设计相同的多层建筑适用PC化。数量少的小体量建筑不适合PC化。

2.3.4 PC企业投资较大

从事PC的工厂和施工企业投资较大。如果不能形成经营规模，有较大的风险。

以年产5万m^3构件的PC工厂为例，购置土地、建设厂房、购买设备设施需要投资几千万元甚至过亿元。

从事PC安装的施工企业需要购置大吨位长吊臂塔式起重机，一台要一二百万元，同时开几个工地，仅塔式起重机一项就要投资上千万元。

2.4 我国PC化难点

由于政府的强力推广，我国PC化正处于爆发期。但是，必须承认，我国PC化发展还存在一些问题，还有一些难点，PC化的进程还需要克服一些障碍。对此，应当有清醒的认识和解决问题的决心。

2.4.1　粗放的建筑传统的障碍

在发达国家，现浇混凝土建筑也比较精细，所以，PC 建筑所要求的精细并不是额外要求，不会额外增加成本，工厂化制作反而会降低成本。

但国内建筑传统比较粗放：

（1）设计不细，发现问题就出联系单更改。但 PC 构件一旦有问题往往到安装时才能被发现，那时已经无法更改了，会造成很大的损失，也会影响工期。

（2）各专业设计"撞车""打架"，以往可在施工现场协调。但 PC 建筑几乎没有现场协调的机会，所有"撞车"必须在设计阶段解决，这就要求设计必须细致、深入、协同。

（3）电源线、电信线等管线、开关、箱槽埋设在混凝土中。发达国家没有这样做的，PC 构件更不能埋设管线箱槽，只能埋设避雷引线。如果不在混凝土中埋设管线，就需要像国外建筑那样，顶棚吊顶，地面架空，增加层高。如此，会增加成本。

（4）习惯用螺栓后锚固办法。而 PC 构件不主张采用后锚固法，避免在构件上打孔，所有预埋件都在构件制作时埋入。如此，需要建筑、结构、装饰、水暖电各个专业协同设计，设计好所有细节，将预埋件等埋设物落在 PC 构件制作图上。

（5）以往建筑误差较大，实际误差以"cm"计。而 PC 建筑的误差以"mm"计，连接套筒、伸出钢筋的位置误差必须控制在 2mm 以内。

（6）许多住宅交付毛坯房，有的房主自行装修时会偷偷砸墙凿洞。这在 PC 建筑是绝对不允许的，一旦破坏结构连接部位，就可能酿成重大事故。

PC 建筑从设计到构件制作到施工安装到交付后装修，都不能粗放和随意，必须精细，必须事先做好。但精细化会导致成本的提高。虽然这是借 PC 化之机实现了质量升级，但造成了 PC 化成本高的印象，加大了 PC 化的阻力。

2.4.2　剪力墙 PC 技术有待成熟

国外剪力墙 PC 建筑很少，高层建筑可供借鉴的经验几乎没有。PC 技术最为发达的日本没有剪力墙 PC 建筑，框架-剪力墙结构中的剪力墙和筒体结构中的剪力墙核心筒都是现浇。北美偶尔有剪力墙 PC 建筑，也是低层和多层建筑。欧洲的剪力墙 PC 建筑是双皮剪力墙，双皮之间混凝土现浇，也主要用于多层建筑。

高层剪力墙 PC 建筑是近几年在我国蓬勃发展起来的，技术还有待于成熟。

我国现行行业标准《装配式混凝土结构技术规程》（JGJ 1—2014）（以下简称《装规》）关于剪力墙装配式结构，出于十分必要的谨慎，要求边缘构件现浇。由于较多的现浇与预制并举，工序没有减少，反而增加了，成本也提高了，工期也没有优势。

行业标准《装规》规定剪力墙 PC 建筑最大适用高度也比现浇混凝土剪力墙建筑低 10 ～ 20m，这影响了 PC 剪力墙建筑的适用范围。

技术上的审慎是必要的，但审慎带来的对 PC 化优势的消减必须得到重视，必须尽快解决。虽然靠行政命令可以强制推广 PC 化，但勉强的事不会持久，对社会也没有益处。

提高或确认剪力墙结构连接节点的可靠性和便利性，使剪力墙 PC 建筑与现浇结构真正达到或接近等同，是亟须解决的重点技术问题。

2.4.3 外墙外保温问题

前面第2.2.1小节第（4）条和第2.2.3小节第2款第（1）条，谈到了夹芯保温对提升外墙保温安全性的作用。但夹芯保温方式增加了外墙墙体重量与成本，也增加了建筑面积的无效比例（建筑面积以表皮为边界计算）。如此，一些PC建筑依旧用粘接保温层刮浆的传统做法。

2.4.4 吊顶架空问题

国外住宅大都是顶棚吊顶、地面架空，轻体隔墙，同层排水。不需要在楼板和墙体混凝土中埋设管线，维修和更换老化的管线不会影响到结构。我国住宅把电源线通信线和开关箱体埋置在混凝土中的做法是不合理的落后做法，改变这些做法需要吊顶、架空，这不是设计者所能决定的。

在没有吊顶的情况下，顶棚叠合板表面直接刮腻子刷涂料。如果叠合板接缝处有细微裂缝，虽然不是结构质量问题，但用户很难接受。避免叠合楼板接缝处出现可视裂缝是需要解决的问题。

2.4.5 PC化设计责任问题

PC建筑设计工作量增加很多。PC建筑的设计不仅需要PC专业知识，更需要对整个项目设计的充分了解和各个专业的密切协同，PC建筑的设计必须以该建筑设计单位为主导，必须贯彻整个设计过程，绝不能按照现浇混凝土结构设计后交给拆分设计单位或PC厂家拆分就行了，那样做有可能酿成重大技术事故。

目前，许多工程的PC设计任务实际上是由拆分设计单位或PC工厂承担的，项目设计单位只对拆分图签字确认，这是不负责任的做法，也是有危险的做法。对此，将在《设计篇》各章中详细介绍。

2.4.6 PC化成本问题

PC化最大的问题是成本问题。目前，我国PC建筑的成本高于现浇混凝土结构。许多建设单位不愿接受PC化，最主要的原因在于成本高。

本来，欧洲人是为了降低成本才搞PC化的。国外半个多世纪PC化的进程也不存在PC建筑成本高的问题，成本高了也不可能成为安居工程的主角。笔者与日本PC技术人员交流，他们对我国PC建筑成本高觉得不可思议。可我国的现实是，PC建筑成本确实高一些。对此，初步分析如下：

1. 因提高建筑安全性和质量而增加的成本被算在了PC化的账上

以"三明治板"为例。传统的粘贴保温层刮灰浆的做法是不安全不可靠的，出了多起脱落事故和火灾事故，"三明治板"取代这种不安全的做法，可以避免事故隐患，其增加的成本实际上是为了建筑的安全性，而不是为了PC化。

2. 剪力墙结构体系PC化成本高

我国住宅建筑特别是高层住宅较多采用剪力墙结构体系，这种结构体系混凝土量大，钢筋细、多，结构连接点多，与国外PC建筑常用的柱、梁结构体系比较，PC化成本会高一些。

3. 技术上的审慎削弱了 PC 化的成本优势

我国目前处于 PC 化高速发展期，而我国住宅建筑主要的结构体系——剪力墙结构，国外没有现成的 PC 化经验，国内研究与实践也不多，所以，技术上的审慎非常必要。但这种审慎会削弱 PC 化的成本优势。

4. PC 化初期的高成本阶段

PC 化初期工厂未形成规模化、均衡化生产；专用材料和配件因稀缺而价格高；设计、制作和安装环节人才匮乏导致错误、浪费和低效，这些因素都会增加成本。

5. 没有形成专业化分工

PC 企业或大而全或小而全，没有形成专业分工和专业优势。在 PC 发达国家，PC 产品有专业分工。以日本为例，有的 PC 工厂专门生产幕墙板；有的 PC 工厂专门生产叠合板；有的 PC 工厂擅长柱、梁；各自有各自的优势和市场定位。专业化分工会大幅度降低成本。

6. PC 企业大而不当的投资

中国 PC 企业普遍存在"高大上"心态，PC 工厂建设追求大而不当的规模、能力和不实用的"生产线"，由此导致固定成本高。

7. PC 构件多缴税

关于 PC 化的税收政策滞后，PC 构件比现浇混凝土税率高。PC 构件企业按 17% 税率缴纳增值税，而商品混凝土企业实施简易征收，只按 6% 税率缴纳增值税。抵扣后，PC 构件比现浇混凝土税率高出 6% 以上。营改增后，PC 构件企业抵扣项会有所增加，会降低 PC 构件的税赋，但幅度不大。

8. 劳动力成本因素

发达国家劳动力成本非常高，PC 建筑节省劳动力，由此会大幅度降低成本，结构连接点增加的成本会被劳动力节省的成本抵消。所以，PC 建筑至少不会比现浇建筑贵。正因为如此，PC 建筑才被市场接受。

我国目前劳动力成本相对不高，PC 化减少的用工成本不多，无法抵消结构连接等环节增加的成本。

关于 PC 建筑成本，将在第 25 章做详细介绍。

2.4.7　"脆弱"的关键点

必须承认，PC 建筑存在"脆弱"的关键点——结构连接节点。这里，"脆弱"两个字所以打引号，不是因为其技术不可靠，而是强调对这个关键点在制作、施工和使用过程中必须小心翼翼地对待，必须严格按照设计要求和规范的规定做正确做好！必须禁止在关键点砸墙凿洞。因为，结构连接点一旦出现问题，可能会发生灾难性事故。

这里举几个国内 PC 工程的例子：有的工地钢筋与套筒不对位，工人用气焊烤钢筋，强行将钢筋煨弯；有的 PC 构件连接节点灌浆不饱满；有的 PC 构件灌浆料孔道堵塞，工人凿开灌浆部位塞填浆料。以上做法都是非常危险的。本书在材料、设计、制作、施工和使用各个章节都会强调对脆弱的关键点的重视。

2.4.8　人才匮乏问题

我国大规模 PC 化的进程，最缺的就是有经验的技术、管理人员和技术工人。

PC 化不是高科技，而是对经验要求较多的实用性技术。笔者曾经写过一篇文章《日本顾问如何救了我》，讲的是聘用的日本 PC 顾问在生产中发现了不易察觉的重大错误，避免了几千万元的损失。笔者深深地意识到经验对 PC 化的重要性。

我国 PC 化的设计、制作和安装人才本来就稀缺，而大规模的快速发展又加剧了这种稀缺。

2.5 建设单位在 PC 化中的作用

2.5.1 建设单位是关键

在 PC 化过程中，建设单位的作用是第一重要的，是实现设计、制作和施工目标的关键因素。

半个多世纪前北欧开始 PC 化时，目的是为了提高效率、降低成本，建设单位是政府，本身有主动性、积极性，PC 建筑的优点也显而易见，不存在障碍。后来，由政府主导演变为市场主导，走上了良性发展的轨道。

目前我国推广装配式建筑，虽然也是政府主导，但项目大多数不是政府项目，而是政府要求房地产企业和其他建设单位搞装配式建筑，具体的决策者是项目的建设单位。由于目前我国的装配式建筑存在成本高、技术不成熟等问题，实际推广过程中存在一定的障碍或消极因素。建设单位有四种状态：

（1）积极主动、富有远见、起引领作用。

（2）执行政府有关规定，达标即可。

（3）被动执行政府规定，勉强应付凑合。

（4）以各种方式抵制，甚至弄虚作假。

一些建设单位没有意识到装配式建筑不仅仅是建筑方式的改变，也不仅仅是为了节能减排等社会效益，而是对建设单位更有利。装配式建筑会提升扩展建筑功能，提升质量，提高性价比，减少质量问题和维修的麻烦等。从长远看，会带来企业长远利益和品牌效应。装配式建筑是建筑业转型的必然，建设单位应当融入和适应转型过程，顺势解决传统建筑方式存在的问题。

在我国，工程如何做，设计者并不起关键作用，制作和施工单位更不起关键作用，建设单位的态度与决策起最关键作用。

如顶棚吊顶、地面架空、同层排水、大空间布局、空心内隔墙、精装修、装饰一体化、整体卫浴、BIM 的应用等，都不是设计方能决定的，而是由建设单位拍板决策的。

2.5.2 决策环节的作用

建设单位应根据政府规定和建设用地摘牌条件中对预制率的要求，做出如下决策：

（1）确定产品的市场定位，是借装配式之机提升建筑功能与品质；还是仅仅以完成政府规定的指标为目标。

（2）确定装配式的类型、预制率等。

2.5.3　设计环节的作用

在设计环节，建设单位应当：

（1）选择有装配式经验的设计单位。

（2）在设计任务书中提出关于装配式的设计原则，明确拆分设计的分工与责任。

（3）对涉及造价变化的方案做出决定。如是否采用"三明治"外墙保温方式，是否精装修，是否顶棚吊顶、地面架空、同层排水等。

2.5.4　制作环节的作用

在 PC 构件制作环节，建设单位应当：

（1）选择有经验、有技术能力的 PC 制作厂家。

（2）要求监理单位驻厂监理构件制作。

（3）对主要原材料提出质量要求并抽查。

（4）要求工厂对选用的套筒灌浆按规范规定进行试验。

（5）对重点环节组织质量抽查。

（6）组织 PC 构件验收等。

2.5.5　施工安装环节

在 PC 建筑施工安装环节，建设单位应当：

（1）选择有经验、有技术能力的施工企业。

（2）要求监理单位对施工重点部位（如套筒灌浆、浆锚搭接灌浆环节）进行全过程旁站监理。

（3）对主要原材料提出质量要求并抽查。

（4）对重点环节组织质量抽查。

（5）组织工程验收等。

第3章

PC 建筑材料

3.1 概述

PC 建筑所用材料大多数与现浇混凝土建筑一样，没有必要去一一介绍。本章重点介绍 PC 建筑的专用材料和 PC 建筑应用常规材料时的特殊条件、要求与注意事项。

与 PC 建筑密切相关的材料可以分成五类：

1. 连接材料

连接材料是 PC 结构连接用的材料和部件，包括钢筋套筒、灌浆料、夹芯保温板拉结件等，是 PC 结构最重要的专用材料。3.2 节介绍连接材料。

2. 结构主材

结构主材是所有混凝土结构建筑的主要材料，包括混凝土的原材料、钢筋、钢板等，无论是不是装配式建筑都会用到。3.3 节介绍 PC 建筑应用结构主材的条件、要求与注意事项。

3. 辅助材料

辅助材料是指与 PC 结构密切相关的材料和配件，如内埋式螺母、密封胶、反打在构件表面的石材、瓷砖等。3.4 节介绍 PC 建筑应用辅助主材的条件、要求与注意事项。

4. 模具材料

模具材料是制作 PC 构件模具所用的材料，将在第 15 章"模具设计与制作"中介绍。

5. 施工材料

施工材料是 PC 构件安装需要的辅助材料与配件，如临时支撑杆等，将在第 21 章"PC 施工材料"中介绍。

3.2 连接材料

PC 结构连接材料包括钢筋连接用灌浆套筒、注胶套筒、机械套筒、套筒灌浆料、浆锚孔波纹管、浆锚搭接灌浆料、浆锚孔螺旋筋、灌浆导管、灌浆孔塞、灌浆堵缝材料、夹芯保温构件拉结件和钢筋锚固板。除机械套筒和钢筋锚固板在混凝土结构建筑中也有应用外，其余材料都是 PC 建筑的专用材料。

3.2.1 灌浆套筒

1. 原理

灌浆套筒是金属材质圆筒，用于钢筋连接。两根钢筋从套筒两端插入，套筒内注满水泥基灌浆料，通过灌浆料的传力作用实现钢筋对接。

两端均采用套筒灌浆料连接的套筒为全灌浆套筒。一端采用套筒灌浆连接方式，另一端采用机械连接方式（如螺旋方式）连接的套筒为半灌浆套筒。灌浆套筒是 PC 建筑最主要的连接构件，用于纵向受力钢筋的连接。

灌浆套筒如图 3.2-1 所示，灌浆套筒作业原理如图 3.2-2 所示。

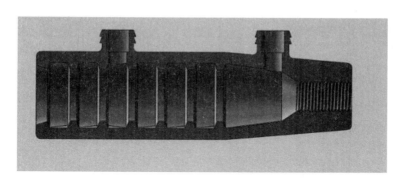

图 3.2-1　灌浆套筒

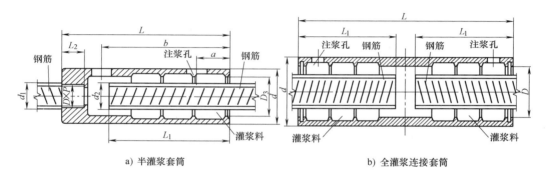

a) 半灌浆套筒　　　　　　　　　　　　　b) 全灌浆连接套筒

图 3.2-2　灌浆套筒工作原理图

钢筋套筒的使用和性能应符合现行行业标准《钢筋套筒灌浆连接应用技术规程》（JGJ 355—2015）、《钢筋连接用灌浆套筒》（JG/T 398—2012）的规定。

行业标准《钢筋套筒灌浆连接应用技术规程》（JGJ 355—2015）的强制性条款 3.2.2 规定："钢筋套筒灌浆连接接头的抗拉强度不应小于连接钢筋抗拉强度标准值，且破坏时应断于接头外钢筋。"

2. 构造

灌浆套筒构造包括筒壁、剪力槽、灌浆口、排浆口、钢筋定位销。行业标准《钢筋连接用灌浆套筒》（JG/T 398—2012）给出了灌浆套筒的构造图，如图 3.2-3 所示。

3. 材质

灌浆套筒材质有碳素结构钢、合金结构钢和球墨铸铁。碳素结构钢和合金结构钢套筒采用机械加工工艺制造；球墨铸铁套筒采用铸造工艺制造。我国目前应用的套筒既有机械加工制作的碳素结构钢或合金结构钢套筒，也有铸造工艺制作的球墨铸铁套筒。日本用的灌浆套筒材质为球墨铸铁，大都由我国工厂制造。

《钢筋连接用灌浆套筒》（JG/T 398—2012）给出了球墨铸铁和各类钢灌浆套筒的材料性能，见表 3.2-1、表 3.2-2。

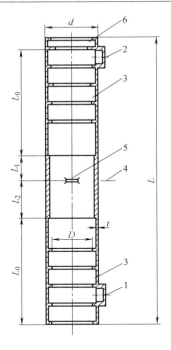
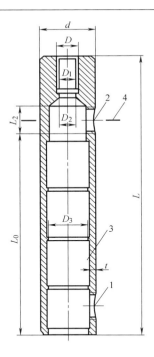

a) 全灌浆套筒   b) 半灌浆套筒

图 3.2-3 灌浆套筒构造图

1—灌浆孔 2—排浆孔 3—剪力槽 4—强度验算用截面 5—钢筋限位挡块 6—安装密封垫的结构

L—灌浆套筒总成 L_0—锚固长度 L_1—预制端预留钢筋安装调整长度 L_2—现场装配端预留

钢筋安装调整长度 t—灌浆套筒壁厚 d—灌浆套筒外径 D—内螺纹的公称直径

D_1—内螺纹的基本小径 D_2—半灌浆套筒螺纹端与灌浆端连接处的通孔直径

D_3—灌浆套筒锚固段环形突起部分的内径

注：D_3 不包括灌浆孔、排浆孔外侧因导向、定位等其他目的而设置的比锚固段环形突起内径偏小的尺寸。D_3 可以
为非等截面。

表 3.2-1 球墨铸铁灌浆套筒的材料性能

项　　目	性能指标
抗拉强度 σ_b/MPa	≥550
断后伸长率 σ_s（％）	≥5
球化率（％）	≥85
硬度/HBW	180～250

表 3.2-2 各类钢灌浆套筒的材料性能

项　　目	性能指标
屈服强度 σ_s/MPa	≥355
抗拉强度 σ_b/MPa	≥600
断后伸长率 δ_s（％）	≥16

4. 尺寸偏差

《钢筋连接用灌浆套筒》（JG/T 398—2012）给出灌浆套筒的尺寸偏差，见表 3.2-3。

表 3.2-3 灌浆套筒尺寸偏差

序号	项　　目	灌浆套筒尺寸偏差					
		铸造灌浆套筒			机械加工灌浆套筒		
		12～20	22～32	36～40	12～20	22～32	36～40
1	钢筋直径/mm	12～20	22～32	36～40	12～20	22～32	36～40
2	外径允许偏差/mm	±0.8	±1.0	±1.5	±0.6	±0.8	±0.8
3	壁厚允许偏差/mm	±0.8	±1.0	±1.2	±0.5	±0.6	±0.8

（续）

序号	项　目	灌浆套筒尺寸偏差	
		铸造灌浆套筒	机械加工灌浆套筒
4	长度允许偏差/mm	±（0.01L）	±2.0
5	锚固段环形凸起部分的内径允许偏差/mm	±1.5	±1.0
6	锚固段环形凸起部分的内径最小尺寸与钢筋公称直径差值/mm	≥10	≥10
7	直螺纹精度	—	《普通螺纹　公差》（GB/T 197—2003）中 6H 级

5. 灌浆套筒的钢筋锚固深度

《钢筋套筒灌浆连接应用技术规程》（JGJ 355—2015）规定，灌浆套筒连接端用于钢筋锚固的深度不宜小于 8 倍钢筋直径的要求。如采用小于 8 倍的产品，可将产品型式检验报告作为应用依据。

6. 结构设计需要的灌浆套筒尺寸

在 PC 构件结构设计时，需要知道对应各种直径的钢筋的灌浆套筒的外径，以确定受力钢筋在构件断面中的位置，计算 h_0 和配筋等；还需要知道套筒的总长度和钢筋的插入长度，以确定下部构件的伸出钢筋长度和上部构件受力钢筋的长度。

目前国内灌浆套筒生产厂家主要有北京思达建茂（合金结构钢）、上海住总（球墨铸铁）、深圳市现代营造（球墨铸铁）、深圳盈创（球墨铸铁）、建研科技股份有限公司（合金结构钢）、中建机械（无缝钢管加工）等。

北京思达建茂公司半灌浆套筒如图 3.2-4、图 3.2-5 所示，全灌浆套筒如图 3.2-6 所示，半灌浆套筒和全灌浆套筒主要技术参数见表 3.2-4 ~ 表 3.2-6。

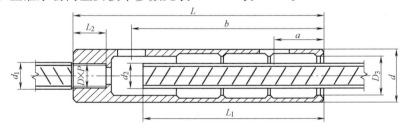

图 3.2-4　JM 钢筋半灌浆套筒

表 3.2-4　北京思达建茂 JM 钢筋半灌浆连接套筒主要技术参数

套筒型号	螺纹端连接钢筋直径 d_1/mm	灌浆端连接钢筋直径 d_2/mm	套筒外径 d/mm	套筒长度 L/mm	灌浆端钢筋插入口孔径 D_3/mm	灌浆孔位置 a/mm	出浆孔位置 b/mm	灌浆端连接钢筋插入深度 L_1/mm	内螺纹公称直径 D/mm	内螺纹螺距 P/mm	内螺纹牙型角/度	内螺纹孔深度 L_2/mm	螺纹端与灌浆端通孔直径 d_2/mm
GT12	φ12	φ12，φ10	Φ32	140	Φ23±0.2	30	104	96^{+15}_{0}	M12.5	2.0	75°	19	≤Φ8.8
GT14	φ14	φ14，φ12	Φ34	156	Φ25±0.2	30	119	112^{+15}_{0}	M14.5	2.0	60°	20	≤Φ10.5
GT16	φ16	φ16，φ14	Φ38	174	Φ28.5±0.2	30	134	128^{+15}_{0}	M16.5	2.0	60°	22	≤Φ12.5
GT18	φ18	φ18，φ16	Φ40	193	Φ30.5±0.2	30	151	144^{+15}_{0}	M18.7	2.5	60°	25.5	≤Φ15

（续）

套筒型号	螺纹端连接钢筋直径 d_1/mm	灌浆端连接钢筋直径 d_2/mm	套筒外径 d/mm	套筒长度 L/mm	灌浆端钢筋插入口孔径 D_3/mm	灌浆孔位置 a/mm	出浆孔位置 b/mm	灌浆端连接钢筋插入深度 L_1/mm	内螺纹公称直径 D/mm	内螺纹螺距 P/mm	内螺纹牙型角/度	内螺纹孔深度 L_2/mm	螺纹端与灌浆端通孔直径 d_2/mm
GT20	$\phi20$	$\phi20,\phi18$	$\Phi42$	211	$\Phi32.5\pm0.2$	30	166	160^{+15}_{0}	M20.7	2.5	60°	28	$\leqslant\Phi17$
GT22	$\phi22$	$\phi22,\phi20$	$\Phi45$	230	$\Phi35\pm0.2$	30	181	176^{+15}_{0}	M22.7	2.5	60°	30.5	$\leqslant\Phi19$
GT25	$\phi25$	$\phi25,\phi22$	$\Phi50$	256	$\Phi38.5\pm0.2$	30	205	200^{+15}_{0}	M25.7	2.5	60°	33	$\leqslant\Phi22$
CT28	$\phi28$	$\phi28,\phi25$	$\Phi56$	292	$\Phi43\pm0.2$	30	234	224^{+20}_{0}	M28.9	3.0	60°	38.5	$\leqslant\Phi23$
CT32	$\phi32$	$\phi32,\phi28$	$\Phi63$	330	$\Phi48\pm0.2$	30	266	256^{+20}_{0}	M32.7	3.0	60°	44	$\leqslant\Phi26$
CT36	$\phi36$	$\phi36,\phi32$	$\Phi73$	387	$\Phi53\pm0.2$	30	316	306^{+20}_{0}	M36.5	3.0	60°	51.5	$\leqslant\Phi30$
CT40	$\phi40$	$\phi40,\phi36$	$\Phi80$	426	$\Phi58\pm0.2$	30	350	340^{+20}_{0}	M40.2	3.0	60°	56	$\leqslant\Phi34$

注：1. 本表为标准套筒的尺寸参数；套筒材料：优质碳素结构钢或合金结构钢，抗拉强度≥600MPa，屈服强度≥355MPa，断后伸长率≥16%。

2. 竖向连接异径钢筋的套筒：（1）灌浆端连接钢筋直径小时，采用本表中螺纹连接端钢筋的标准套筒，灌浆端连接钢筋的插入深度为该标准套筒规定的深度 L_1 值。

（2）灌浆端连接钢筋直径大时，采用变径套筒，套筒参数见表 3.2-5。

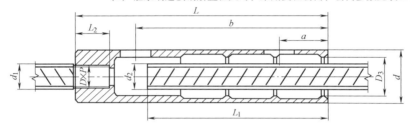

图 3.2-5　JM 异径钢筋半灌浆套筒

表 3.2-5　北京思达建茂 JM 异径钢筋半灌浆连接套筒主要技术参数

套筒型号	螺纹端连接钢筋直径 d_1/mm	灌浆端连接钢筋直径 d_2/mm	套筒外径 d/mm	套筒长度 L/mm	灌浆端钢筋插入口孔径 D_3/mm	灌浆孔位置 a/mm	出浆孔位置 b/mm	灌浆端连接钢筋插入深度 L_1/mm	内螺纹公称直径 D/mm	内螺纹螺距 P/mm	内螺纹牙型角/度	内螺纹孔深度 L_2/mm	螺纹端与灌浆端通孔直径 d_2/mm
GT14/12	$\phi12$	$\phi14$	$\Phi34$	156	$\Phi25\pm0.2$	30	119	112^{+15}_{0}	M12.5	2.0	75°	19	$\leqslant\Phi8.8$
GT16/14	$\phi14$	$\phi16$	$\Phi38$	174	$\Phi28.5\pm0.2$	30	134	128^{+15}_{0}	M14.5	2.0	60°	20	$\leqslant\Phi10.5$
GT18/16	$\phi16$	$\phi18$	$\Phi40$	193	$\Phi30.5\pm0.2$	30	151	144^{+15}_{0}	M16.5	2.0	60°	22	$\leqslant\Phi12.5$
GT20/18	$\phi18$	$\phi20$	$\Phi42$	211	$\Phi32.5\pm0.2$	30	166	160^{+15}_{0}	M18.7	2.5	60°	25.5	$\leqslant\Phi15$
GT22/20	$\phi20$	$\phi22$	$\Phi45$	230	$\Phi35\pm0.2$	30	181	176^{+15}_{0}	M20.7	2.5	60°	28	$\leqslant\Phi17$
GT25/22	$\phi22$	$\phi25$	$\Phi50$	256	$\Phi38.5\pm0.2$	30	205	200^{+15}_{0}	M22.7	2.5	60°	30.5	$\leqslant\Phi19$
CT28/25	$\phi25$	$\phi28$	$\Phi56$	292	$\Phi43\pm0.2$	30	234	240^{+20}_{0}	M25.7	2.5	60°	33	$\leqslant\Phi22$
CT32/28	$\phi28$	$\phi32$	$\Phi63$	330	$\Phi48\pm0.2$	30	266	256^{+20}_{0}	M28.9	3.0	60°	38.5	$\leqslant\Phi23$
CT36/32	$\phi32$	$\phi36$	$\Phi73$	387	$\Phi53\pm0.2$	30	316	306^{+20}_{0}	M32.7	3.0	60°	44	$\leqslant\Phi26$
CT40/36	$\phi36$	$\phi40$	$\Phi80$	426	$\Phi58\pm0.2$	30	350	340^{+20}_{0}	M36.5	3.0	60°	51.5	$\leqslant\Phi30$

注：1. 本表为竖向连接异径钢筋时，灌浆端连接钢筋直径大，且连接钢筋直径相差一级的变径套筒参数；套筒材料：同表 3.2-4；套筒型号标识：灌浆连接端的钢筋直径在前，螺纹连接端的钢筋直径在后，直径数字之间用/分开，例如：灌浆连接钢筋为 25mm，螺纹连接钢筋直径为 20mm，则型号标识为 GT25/20。

2. 对于灌浆端连接钢筋直径大，且钢筋直径差超过一级的变径套筒，套筒参数按以下原则设计：套筒外径、长度及灌浆连接端各参数均与灌浆连接端连接钢筋的标准套筒相同，套筒螺纹连接端的内螺纹参数与连接的相应小直径钢筋的标准套筒的内螺纹参数相同。

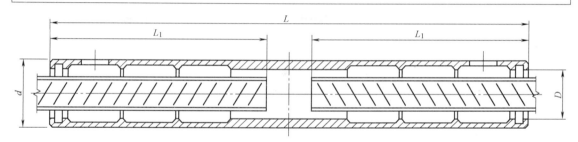

图 3.2-6　JM 钢筋全灌浆连接套筒

表 3.2-6　北京思达建茂 JM 钢筋全灌浆连接套筒主要技术参数

套筒型号 简写	套筒型号 标识	连接钢筋 直径 d_1	外径 d/mm	套筒 长度 L/mm	灌浆端 口孔径 D/mm	灌浆孔 位置 a/mm	排浆孔 位置 b/mm	现场施工钢 筋插入深度 L_1/mm	工厂安装钢 筋插入深度 L_2/mm
GT12L	JM GTJQ4 12L	12,10	44	245	32	30	219	96 ~ 121	111 ~ 116
GT14L	JM GTJQ4 14L	14,12	46	275	34	30	249	112 ~ 137	125 ~ 130
GT16L	JM GTJQ4 16L	16,14	48	310	36	30	284	128 ~ 154	143 ~ 148
GT18L	JM GTJQ4 18L	18,16	50	340	38	30	314	144 ~ 170	157 ~ 162
GT20L	JM GTJQ4 20L	20,18	52	370	40	40	344	160 ~ 185	172 ~ 177
GT22L	JM GTJQ4 22L	22,20	54	405	42	40	379	176 ~ 202	190 ~ 195
GT25L	JM GTJQ4 25L	25,22	58	450	46	40	424	200 ~ 225	212 ~ 217
GT28L	JM GTJQ4 28L	28,25	62	500	50	40	474	224 ~ 251	236 ~ 241
GT32L	JM GTJQ4 32L	32,28	66	565	54	40	539	256 ~ 284	268 ~ 273
GT36L	JM GTJQ4 36L	36,32	74	630	62	40	604	288 ~ 315	300 ~ 305
GT40L	JM GTJQ4 40L	40,36	82	700	70	40	674	320 ~ 345	340 ~ 345

注：1. 适用钢筋：屈服强度≥400MPa，抗拉强度≥540MPa 各类带肋钢筋。

2. 套筒材质：45 号优质碳素结构钢。

3. 套筒加工方式：机械加工制造。

深圳市现代营造科技有限公司半灌浆套筒如图 3.2-7 所示，半灌浆套筒与连接钢筋对应尺寸见表 3.2-7。

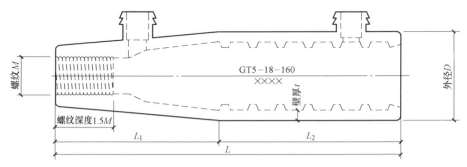

图 3.2-7　半灌浆套筒尺寸示意图

表 3.2-7　半灌浆套筒与连接钢筋对应尺寸表

规格型号	尺寸参数/mm						筒壁参数/mm		适用钢筋规格
	L	L_1	L_2	D	M	D_0	壁厚 t/mm	凸起 h/mm	400MPa
GT4-12-130	130	49	81	36	12	22	4	3	12
GT4-14-140	140	59	81	38	14	24	4	3	14
GT4-16-150	150	54	96	40	16	26	4	3	16
GT4-18-160	160	64	96	42	18	28	4	3	18

（续）

规格型号	尺寸参数/mm						筒壁参数/mm		适用钢筋规格
	L	L_1	L_2	D	M	D_0	壁厚 t/mm	凸起 h/mm	400MPa
GT4-20-190	190	64	126	44	20	30	4	3	20
GT4-22-195	195	69	126	48	22	32	5	3	22
GT4-25-215	215	74	141	51	25	35	5	3	25
GT4-28-250	250	79	171	54	28	38	5	3	28
GT4-32-270	270	84	186	60	32	42	6	3	32
GT4-36-310	310	94	216	66	36	46	7	3	36
GT4-40-330	330	99	231	72	40	50	8	3	40
螺纹长为1.5倍直径	灌浆孔突出套筒10mm						内壁凸起环数多于6环		

说明：所有灌浆套筒均采用 QT550-5 或 QT600-3 材质制造，延伸率分别为 5%、3%。适用于 400MPa、500MPa 级别的钢筋纵向连接（本表摘自深圳市现代营造科技有限公司"砼的"牌球墨铸铁灌浆套筒尺寸参数表，**产品设计优化后尺寸可能会有变化，使用时也与厂家联系**）。

日本灌浆套筒细部尺寸如图 3.2-8 所示，灌浆套筒与连接钢筋对应尺寸见表 3.2-8。

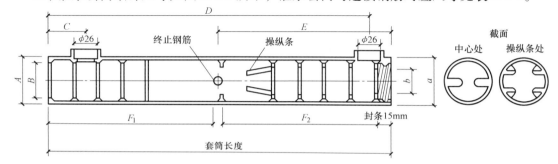

图 3.2-8　日本灌浆套筒细部尺寸图

表 3.2-8　日本灌浆套筒与连接钢筋对应尺寸表

套筒型号	钢筋直径（JIS）	套筒长度/mm	套筒直径/mm			入口位置 (C) /mm	出口位置 (D) /mm	限位档 (E) /mm	钢筋锚固/mm		耗浆量/[个/袋 (25kg)]
			O.D. (A_3)	I.D.					宽头 (F_1)	窄头 (F_2)	
				宽头 (B)	窄头 (b)						
5UX（SA）	D16	245	45	32	22		218	115	90～120	105～115	48
6UX（SA）	D19 *（D16）	285	49	36	25		258	135	110～140	125～135	34
7UX（SA）	D22 *（D16～D19）	325	53	40	29		298	155	130～160	145～155	26
8UX（SA）	D25 *（D19～D22）	370	58	44	31		343	175	150～185	165～175	20
9UX（SA）	D29 *（D22～D25）	415	63	48	35	47	388	200	175～205	190～200	16
10UX（SA）	D32 *（D25～D29）	455	66	51	39		428	220	195～225	210～220	14
11UX（SA）	D35 *（D29～D32）	495	71	55	44		468	240	215～245	230～240	12
12UX（SA）	D38 *（D32～D35）	535	77	59	47		508	260	235～265	250～260	10
13/14UX（SA）	D41 *（D35～D38）	620	82	62	51		593	300	275～310	290～300	7
5-NX	D16	225	45	32	22		198	105	80～110	95～105	51
6-NX	D19 *（D16）	255	49	36	26	47	228	120	95～125	110～120	40
7-NX	D22 *（D16～D19）	285	58	44	29		258	135	110～140	125～135	24

注：*（）指的是拼接接头。

3.2.2　机械套筒与注胶套筒

PC 结构连接节点后浇筑混凝土区域的纵向钢筋连接会用到金属套筒，如图 3.2-9 所示。

后浇区受力钢筋采用对接连接方式，连接套筒先套在一根钢筋上，与另一钢筋对接就位后，套筒移到两根钢筋中间，或螺旋方式或注胶方式将两根钢筋连接。

机械连接套筒和注胶套筒不是预埋在混凝土中，而是在浇筑混凝土前连接钢筋，与焊接、搭接的作用一样。国内多用机械套筒，日本多用注胶套筒。机械套筒和注胶套筒的材质与灌浆套筒一样。

图 3.2-9　后浇区受力钢筋连接

1. 机械连接套筒

机械连接套筒与钢筋连接方式包括螺纹连接和挤压连接，最常用的是螺纹连接。对接连接的两根受力钢筋的端部都制成有螺纹的端头，将机械套筒旋在两根钢筋上，如图 3.2-10 所示。

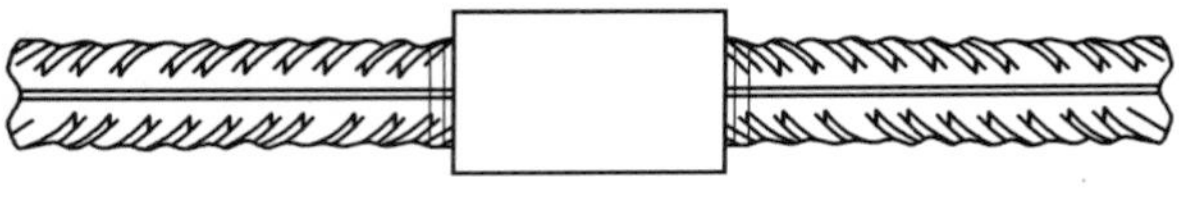

图 3.2-10　机械连接套筒示意图

机械连接套筒在混凝土结构工程中应用较为普遍。机械连接套筒的性能和应用应符合现行行业标准《钢筋机械连接技术规程》（JGJ 107—2016）的规定。

2. 注胶连接套筒

注胶套筒是日本应用较多的钢筋连接方式，用于连接后浇区受力钢筋，特别适合连接梁的纵向钢筋，如图 3.2-11 所示。

注胶套筒连接的方法是先将套筒套到一根钢筋上，当另一根对接钢筋就位后，套筒移到其一半长度位置，即两根钢筋插入套筒的长度一样，然后从灌胶口注入胶。注胶连接套筒与灌浆料套筒的区别有三点：一是注胶空间小，连接同样直径的钢筋，注胶套筒的外径比灌浆套筒的外径要小；二是只有一个灌浆口，浆料从套筒两端排出；三是用树脂类胶料取代灌浆料。注胶套筒内部构造和注胶示范如图 3.2-12、图 3.2-13 所示。

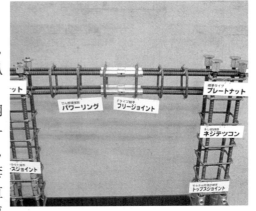

图 3.2-11　注胶套筒连接梁的受力钢筋

图 3.2-12　注胶套筒内部构造

图 3.2-13　注胶套筒注胶示范

日本注胶套筒的尺寸示意如图 3.2-14 所示，细部尺寸见表 3.2-9。

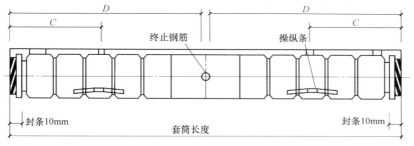

图 3.2-14　注胶套筒尺寸示意图

表 3.2-9　注胶套筒细部尺寸

套筒型号	钢筋直径(JIS)	套筒长度	套筒直径/mm		螺栓固定 (C)/mm	限位档 (D)/mm	钢筋锚固 /mm	耗浆量 (pcs/25kg袋)
			O. D. (A)	I. D. (B)				
S8U	D25 * (D19～D22)	330	48	31	60	160	150～165	50
S9U	D29 * (D22～D25)	370	54	35	90	180	170～185	38
S10U	D32 * (D25～D29)	410	59	39	90	200	190～205	28
S11U	D35 * (D29～D32)	450	65	43	90	220	210～225	22
S12U	D38 * (D32～D35)	490	71	47	90	240	230～245	16
S13U	D41 * (D35～D38)	550	76	51	120	270	260～275	12
S16U	D51 * (D41)	710	92	62	150	350	340～355	8

注：* （ ）指的是拼接接头。

3.2.3　套筒灌浆料

钢筋连接用套筒灌浆料以水泥为基本材料，并配以细骨料、外加剂及其他材料混合成干混料，按照规定比例加水搅拌后，具有流动性、早强、高强及硬化后微膨胀的特点。

套筒灌浆料的使用和性能应符合现行行业标准《钢筋套筒灌浆连接应用技术规程》（JGJ 355—2015）和《钢筋连接用套筒灌浆料》（JG/T 408—2013）的规定。两个行业标准给出了套筒灌浆料的技术性能，见表 3.2-10。

表 3.2-10　套筒灌浆料的技术性能参数

项　　目		性能指标
流动度/mm	初始	≥300
	30min	≥260
抗压强度/MPa	1d	≥35
	3d	≥60
	28d	≥85
竖向膨胀率（%）	3h	≥0.02
	24h 与 3h 的膨胀率之差	0.02～0.5
氯离子含量（%）		≤0.03
泌水率（%）		0

套筒灌浆料应当与套筒配套选用；应按照产品设计说明所要求的用水量进行配置；按照产品说明进行搅拌；灌浆料使用温度不宜低于 5℃。

3.2.4　浆锚孔波纹管

浆锚孔波纹管是浆锚搭接连接方式用的材料，预埋于 PC 构件中，形成浆锚孔内壁，如图 3.2-15 所示。

辽宁省地方标准《装配式混凝土结构设计规程》（DB21/T 2572—2016）第 4.2.4 条，对浆锚孔波纹管提出如下要求：钢筋浆锚搭接连接中，当采用预埋金属波纹管时，金属波纹管性能除应符合现行行业标准《预应力混凝土用金属波纹管》（JG 225—2007）的规定外，尚应符合下列规定：

（1）宜采用软钢带制作，性能应符合现行国家标准《碳素结构钢冷轧钢带》（GB 716—1991）的规定；当采用镀锌钢带时，其双面镀锌层重量不宜小于 60g/m²，性能应符合国家标准《连续热镀锌钢板及钢带》（GB/T 2518—2008）的规定。

图 3.2-15　浆锚孔波纹管

（2）金属波纹管的波纹高度不应小于 3mm，壁厚不宜小于 0.4mm。

3.2.5 浆锚搭接灌浆料

浆锚搭接用的灌浆料也是水泥基灌浆料，但抗压强度低于套筒灌浆料。因为浆锚孔壁的抗压强度低于套筒，灌浆料像套筒灌浆料那么高的强度没有必要。《装配式混凝土结构技术规程》（JGJ 1—2014）（以下简称《装规》）第 4.2.3 条给出了钢筋浆锚搭接连接接头用灌浆料的性能要求，见表 3.2-11。

表 3.2-11　钢筋浆锚搭接连接接头用灌浆料性能要求（《装规》表 4.2.3）

项　　目		性能指标	试验方法标准
泌水率（%）		0	《普通混凝土拌合物性能试验方法标准》（GB/T 50080—2011）
流动度 /mm	初始值	≥200	《水泥基灌浆材料应用技术规范》（GB/T 50448—2015）
	30min 保留值	≥150	
竖向膨胀率 （%）	3h	≥0.02	《水泥基灌浆材料应用技术规范》（GB/T 50448—2015）
	24h 与 3h 的膨胀率之差	0.02～0.5	
抗压强度 /MPa	1d	≥35	《水泥基灌浆材料应用技术规范》（GB/T 50448—2015）
	3d	≥55	
	28d	≥80	
氯离子含量（%）		≤0.06	《混凝土外加剂匀质性试验方法》（GB/T 8077—2012）

3.2.6 浆锚孔约束螺旋筋

浆锚搭接方式在浆锚孔周围用螺旋钢筋约束，螺旋钢筋材质应符合本章 3.3.11 小节的要求。钢筋直径、螺旋圈直径和螺旋间距根据设计要求确定。

3.2.7 灌浆导管、孔塞、堵缝料

1. 灌浆导管

当灌浆套筒或浆锚孔距离混凝土边缘较远时，需要在 PC 构件中埋置灌浆导管。灌浆导管一般采用 PVC 中型（M 型）管，壁厚 1.2mm，即电气用的套管，外径应为套筒或浆锚孔灌浆出浆口的内径，一般是 16mm。

2. 灌浆孔塞

灌浆孔塞用于封堵灌浆套筒和浆锚孔的灌浆口与出浆孔，避免孔道被异物堵塞。灌浆孔塞可用橡胶塞或木塞。橡胶塞形状如图 3.2-16 所示。

3. 灌浆堵缝材料

灌浆堵缝材料用于灌浆构件的接缝（图 3.2-17），有橡胶条、木条和封堵速凝砂浆等，日本有用充气橡胶条的。灌浆堵缝材料要求封堵密实，不漏浆，作业便利。

封堵速凝砂浆是一种高强度水泥基砂浆，强度大于 50MPa。应具有可塑性好、成型后不塌落、凝结速度快和干缩变形小的性能。

图 3.2-16　橡胶灌浆孔塞

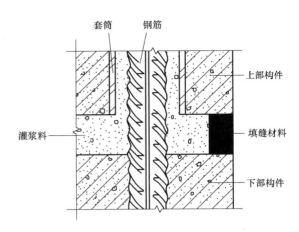

图 3.2-17　灌浆堵缝材料示意图

3.2.8　夹芯保温构件拉结件

1. 拉结件简介

夹芯保温板即"三明治"板，是两层钢筋混凝土板中间夹着保温材料的 PC 外墙构件。两层钢筋混凝土板（内叶板和外叶板）靠拉结件连接，如图 3.2-18 所示。

拉结件是涉及建筑安全和正常使用的连接件，须具备以下性能：

（1）在内叶板和外叶板中锚固牢固，在荷载的作用下不能被拉出。

（2）有足够的强度，在荷载的作用下不能被拉断、剪断。

（3）有足够的刚度，在荷载的作用下不能变形过大，导致外叶板位移。

（4）导热系数尽可能小，减少热桥。

（5）具有耐久性。

（6）具有防锈蚀性。

（7）具有防火性能。

（8）埋设方便。

拉结件有非金属和金属两类，如图 3.2-19 所示。

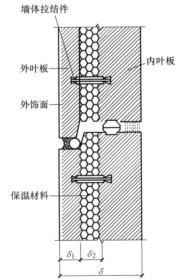

图 3.2-18　夹芯保温板构造示意图

2. 非金属拉结件

非金属拉结件材质由高强玻璃纤维和树脂制成（FRP），导热系数低，应用方便，在美国应用较多。美国 Thermomass 公司的产品较为著名，国内南京斯贝尔公司也有类似的产品。

Thermomass 拉结件分为 MS 和 MC 型两种。MS 型有效嵌入混凝土中 38mm；MC 型有效嵌入混凝土中 51mm。Thermomass 拉结件的物理力学性能见表 3.2-12，在混凝土中的承载力见表 3.2-13。

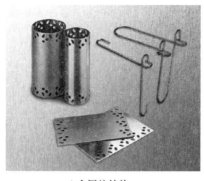

a) 金属拉结件   b) FRP拉结件

图3.2-19　金属和非金属拉结件

表3.2-12　Thermomass 拉结件的物理力学性能

物理指标	实际参数	物理指标	实际参数
平均转动惯量	243mm^4	弯曲强度	844MPa
拉伸强度	800MPa	弯曲弹性模量	30000MPa
拉伸弹性模量	40000MPa	剪切强度	57.6MPa

表3.2-13　Thermomass 拉结件在混凝土中的承载力

型号	锚固长度	混凝土换算强度	允许剪切力 V_t	允许锚固抗拉力 P_t
MS	38mm	C40	462N	2706N
		C30	323N	1894N
MC	51mm	C40	677N	3146N
		C30	502N	2567N

注：1. 单只拉结件允许剪切力和允许锚固抗拉力已经包括了安全系数4.0，内外叶墙的混凝土强度均不宜低于C30，否则允许承载力应按照混凝土强度折减。

2. 设计时应进行验算，单只拉结件的剪切荷载 V_s 不允许超过 V_t，拉力荷载 P_s 不允许超过 P_t，当同时承受拉力和剪力时，要求 $(V_s/V_t)+(P_s/P_t) \leqslant 1$。

南京斯贝尔 FRP 墙体拉结件（图3.2-20）由 FRP 拉结板（杆）和 ABS 定位套环组成。其中，FRP 拉结板（杆）为拉结件的主要受力部分，采用高性能玻璃纤维（GFRP）无捻粗纱和特种树脂经拉挤工艺成型，并经后期切割形成设计所需的形状；ABS 定位套环主要用于拉结件施工定位，其长度一般与保温层厚度相同，采用热塑工艺成型。

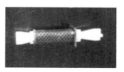

a) Ⅰ型FRP拉结件   b) Ⅱ型FRP拉结件   c) Ⅲ型FRP拉结件

图3.2-20　南京斯贝尔公司的 FRP 拉结件

FRP 材料最突出的优点在于它有很高的比强度（极限强度/相对容重），即通常所说的轻质高强。FRP 的比强度是钢材的 20～50 倍。另外，FRP 还有良好的耐腐蚀性、良好的隔热性能和优良的抗疲劳性能。

南京斯贝尔公司 FRP 拉结件材料力学性能指标见表 3.2-14，物理力学性能指标见表 3.2-15。

表 3.2-14　南京斯贝尔公司 FRP 拉结件材料力学性能指标

FRP 拉结件材料力学性能指标	实 际 参 数
拉伸强度≥700MPa	≥845MPa
拉伸模量≥42GPa	≥47.4GPa
剪切强度≥30MPa	≥41.8MPa

表 3.2-15　南京斯贝尔公司 FRP 拉结件物理力学性能指标

拉结件类型	拔出承载力/kN	剪切承载力/kN
Ⅰ 型	≥8.96	≥9.06
Ⅱ 型	≥12.24	≥5.28
Ⅲ 型	≥9.52	≥2.30

3. 金属拉结件

欧洲三明治板较多使用金属拉结件，德国"哈芬"公司的产品，材质是不锈钢，包括不锈钢杆、不锈钢板和不锈钢圆筒。

哈芬的金属拉结件在力学性能、耐久性和确保安全性方面有优势，但导热系数比较高，埋置麻烦，价格也比较贵。

4. 拉结件选用注意事项

技术成熟的拉结件厂家会向使用者提供拉结件抗拉强度、抗剪强度、弹性模量、导热系数、耐久性、防火性等力学物理性能指标，并提供布置原则、锚固方法、力学和热工计算资料等。

由于拉结件成本较高，特别是进口拉结件。为了降低成本，一些 PC 工厂自制或采购价格便宜的拉结件，有的工厂用钢筋做拉结件，还有的工厂用煨成扭"Z"字形塑料钢筋做拉结件。对此，提出以下注意事项：

（1）鉴于拉结件在建筑安全和正常使用的重要性，宜向专业厂家选购拉结件。

（2）拉结件在混凝土中的锚固方式应当有充分可靠的试验结果支持；外叶板厚度较薄，一般只有 60mm 厚，最薄的板只有 50mm，对锚固的不利影响要充分考虑。

（3）连接件位于保温层温度变化区，也是水蒸气结露区，用钢筋做连接件时，表面涂刷防锈漆的防锈蚀方式耐久性不可靠；镀锌方式要保证使用 50 年，也必须保证一定的镀层厚度。应根据当地的环境条件计算，且不应小于 70μm。

（4）塑料钢筋制作的拉结件，应当进行耐碱性能试验和模拟气候条件的耐久性试验。塑料钢筋一般用普通玻璃纤维制作，而不是耐碱玻璃纤维。普通玻璃纤维在混凝土中的耐久性得不到保证，所以，塑料钢筋目前只是作为临时项目使用的钢筋。对此，拉结件使用者应当注意。

3.2.9　钢筋锚固板

钢筋锚固板是设置于钢筋端部用于锚固钢筋的承压板。在 PC 建筑中用于后浇区节点受力钢筋的锚固，如图 3.2-21 所示。

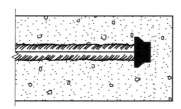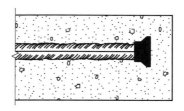

图 3.2-21　钢筋锚固板

钢筋锚固板的材质有球墨铸铁、钢板、锻钢和铸铁 4 种，具体材质牌号和力学性能应符合现行行业标准《钢筋锚固板应用技术规程》（JGJ 256—2011）的规定。

3.3　结构主材

PC 建筑的结构主材包括混凝土及其原材料、钢筋、钢板等。

3.3.1　PC 建筑关于混凝土的要求

1. 普通混凝土

PC 建筑往往采用比现浇建筑强度等级高一些的混凝土和钢筋。

我国行业标准《装配式混凝土结构技术规程》（JGJ 1—2014）要求"预制构件的混凝土强度等级不宜低于 C30；预应力混凝土预制构件的强度等级不宜低于 C40，且不应低于 C30；现浇混凝土的强度等级不应低于 C25"。PC 建筑混凝土强度等级的起点比现浇混凝土建筑高了一个等级。日本目前 PC 建筑混凝土的强度等级最高已经用到 C100 以上。

混凝土强度等级高一些，对套筒在混凝土中的锚固有利；高强度等级混凝土与高强钢筋的应用可以减少钢筋数量，避免钢筋配置过密、套筒间距过小影响混凝土浇筑，这对梁柱结构体系建筑比较重要；高强度等级混凝土和钢筋对提高整个建筑的结构质量和耐久性有利。需要说明和强调的是：

（1）预制构件结合部位和叠合梁板的后浇筑混凝土，强度等级应当与预制构件的强度等级一样。

（2）不同强度等级结构件组合成一个构件时，如梁与柱结合的梁柱一体构件，柱与板结合的柱板一体构件，混凝土的强度等级应当按结构件设计的各自的强度等级制作。比如，一个梁柱结合的莲藕梁，梁的混凝土强度等级是 C30，柱的混凝土强度等级是 C50，就应当分别对梁、柱浇筑 C30 和 C50 混凝土。

（3）混凝土的力学性能指标和耐久性要求应符合现行国家标准《混凝土结构设计规范》（GB 50010—2010）的规定。

（4）PC 构件混凝土配合比不宜照搬当地商品混凝土配合比。因为商品混凝土配合比考虑配送运输时间，往往延缓了初凝时间，PC 构件在工厂制作，搅拌站就在车间旁，混凝土不需要缓凝。

2. 轻质混凝土

轻质混凝土可以减轻构件重量和结构自重荷载。重量是 PC 拆分的制约因素。例如，开间较大或层高较高的墙板，常常由于重量太重，超出了工厂或工地起重能力而无法做成整间板，而采用轻质混凝土就可以做成整间板，轻质混凝土为 PC 建筑提供了便利性。

日本已经将轻质混凝土用于制作 PC 幕墙板，强度等级 C30 的轻质混凝土重力密度为 17kN/m³，比普通混凝土减轻重量 25% ~ 30%。

轻质混凝土的"轻"主要靠用轻质骨料替代砂石实现。用于 PC 建筑的轻质混凝土的轻质骨料必须是憎水型的。目前国内已经有用憎水型陶粒配置的轻质混凝土，强度等级 C30 的轻质混凝土重力密度为 17kN/m³，可用于 PC 建筑。

轻质混凝土有导热性能好的特点，用于外墙板或夹芯保温板的外叶板，可以减薄保温层厚度。当保温层厚度较薄时，也可以用轻质混凝土取代 EPS 保温层，详见第 5 章。

轻质混凝土的力学物理性能应当符合有关混凝土国家标准的要求。

3. 装饰混凝土

装饰混凝土是指具有装饰功能的水泥基材料，包括清水混凝土、彩色混凝土、彩色砂浆，装饰混凝土用于 PC 建筑表皮，包括直接裸露的柱梁构件、剪力墙外墙板、PC 幕墙外挂墙板、夹芯保温构件的外叶板等。

（1）清水混凝土　清水混凝土其实就是原貌混凝土，表面不做任何饰面，忠实地反映模具的质感，模具光滑，它就光滑；模具是木质的，它就出现木纹质感；模具是粗糙的，它就粗糙。

清水混凝土与结构混凝土的配制原则上没有区别。但为实现建筑师对色彩、颜色均匀和质感柔和的要求，需选择色泽合意质量稳定的水泥和合适的骨料，并进行相应的配合比设计、试验。

（2）彩色混凝土和彩色砂浆　彩色混凝土和彩色砂浆一般用于 PC 构件表面装饰层，色彩靠颜料、彩色骨料和水泥实现，深颜色用普通水泥，浅颜色用白水泥。

彩色骨料包括彩色石子、花岗石彩砂、石英砂、白云石砂等。

露出混凝土中彩色骨料的办法有三种：

1）缓凝剂法。浇筑前在模具表面涂上缓凝剂，构件脱模后，表面尚未完全凝结，用水把表面水泥浆料冲去，露出骨料。

2）酸洗法。表面为彩色混凝土的构件脱模后，用稀释的盐酸涂刷构件表面，将表面水泥石中和掉，露出骨料。

3）喷砂法。表面为彩色混凝土的构件脱模后，用空气压力喷枪向表面喷打钢砂，打去表面水泥石，形成凹凸质感并露出骨料。

彩色混凝土和彩色砂浆配合比设计除需要保证颜色、质感、强度等建筑艺术功能要求和力学性能外，还应考虑与混凝土基层的结合性和变形协调，需要进行相应的试验。

3.3.2　水泥

原则上讲，可用于普通混凝土结构的水泥都可以用于 PC 建筑。PC 工厂应当使用质量稳定的优质水泥。

PC 工厂一般自设搅拌站，使用罐装水泥。表面装饰混凝土可能用到白水泥，白水泥一般是袋装。

装配式混凝土结构建筑所用水泥应符合国家标准《通用硅酸盐水泥》（GB 175—2007）的规定。白水泥应符合标准《白色硅酸盐水泥》（GB/T 2015—2005）的规定。

装配式混凝土结构工厂生产不连续时，应避免过期水泥被用于构件制作。

3.3.3 骨料

1. 石子

粗骨料应采用质地坚实、均匀洁净、级配合理、粒形良好、吸水率小的碎石。应符合现行国家标准《建设用卵石、碎石》（GB/T 14685—2011）的规定。

2. 砂子

细骨料应符合现行国家标准《建筑用砂》（GB/T 14684—2011）的规定。

3. 彩砂

彩砂为人工砂，是人工破碎的粒径小于 5mm 白色或彩色的岩石颗粒。包括各种花岗石彩砂、石英砂和白云石砂等。彩砂应符合现行国家标准《建筑用砂》（GB/T 14684—2011）的规定。

3.3.4 水

拌制混凝土宜采用饮用水，一般能满足要求，使用时可不经试验。

拌制混凝土用水须符合《混凝土用水标准》（JGJ 63—2006）的规定。

3.3.5 混合物

用于装配式混凝土结构的混合物主要为粉煤灰、磨细矿渣、硅灰等。使用时应保证其产品品质稳定，来料均匀。

（1）粉煤灰应符合现行国家标准《粉煤灰混凝土应用技术规范》（GB/T 50146—2014）的规定。

（2）磨细矿渣应符合现行国家标准《用于水泥和混凝土中的粒化高炉矿渣粉》（GB/T 18046—2008）的规定。

（3）硅灰应符合现行国家标准《砂浆和混凝土用硅灰》（GB/T 27690—2011）的规定。

3.3.6 混凝土外加剂

1. 内掺外加剂

内掺外加剂是指在混凝土拌和前或拌和过程中掺入用以改善混凝土性能的物质。包括减水剂、引气剂、早强剂、速凝剂、缓凝剂、防水剂、阻锈剂、膨胀剂、防冻剂等。

PC 构件所用的内掺外加剂与现浇混凝土常用外加剂品种基本一样，只是不用泵送剂，也不用像商品混凝土那样为远途运输混凝土而添加延缓混凝土凝结时间的外加剂。

PC 构件最常用的外加剂包括减水剂、引气剂、早强剂、防水剂等。

外加剂应符合现行国家标准《混凝土外加剂应用技术规范》（GB 50119—2013）的规

定。同厂家、同品种的外加剂不超过 50t 为一检验批。当同厂家、同品种的外加剂连续进场且质量稳定时，可按不超过 100t 为一检验批，且每月检验不得少于一次。

2. 外涂外加剂

外涂外加剂是 PC 构件为形成与后浇混凝土接触界面的粗糙面而使用的缓凝剂，涂刷或喷涂在要形成粗糙面的模具表面，延缓该处混凝土凝结。构件脱模后，用压力水枪将未凝结的水泥浆料冲去，形成粗糙面。

为保证粗糙面形成的均匀性，宜选用外涂外加剂专业厂家的产品。

3.3.7　颜料

在制作装饰一体化 PC 构件时，可能会用到彩色混凝土，需要在混凝土中掺入颜料。混凝土所用颜料应符合现行行业标准《混凝土和砂浆用颜料及其试验方法》（JC/T 539—1994）的规定。装饰混凝土常用颜料见表 3.3-1，颜料质量规定见表 3.3-2。

表 3.3-1　装饰混凝土常用颜料

颜色	名称	俗称	说明
红色	氧化铁红（Fe_2O_3）	铁红、铁丹铁朱、锈红等	遮盖力和着色力较强，耐光、耐高温、耐大气、耐碱、耐污浊气体
黄色	氧化铁黄（$Fe_2O_3 \cdot H_2O$）	铁黄、茄门黄	遮盖力、着色力较好，耐光、耐大气影响，耐碱、耐污浊气体
蓝色	群青（$Na_7Al_6Si_6S_2O_{24}$　$Na_8Al_6Si_6S_4O_{24}$　$Na_6Al_4Si_6S_4O_{20}$）	云青、佛青、石头青深蓝、洋蓝	半透明、鲜艳、耐光、耐热、耐碱，但不耐酸，耐风雨
	钴蓝［$Co（AlO_2）_2$］		带绿色蓝颜料，耐热、耐酸碱
绿色	群青＋氧化铁黄		具有群青及氧化铁黄性能
棕色	氧化铁棕（Fe_2O_3 及 Fe_3O_4）	铁棕	
紫色	氧化铁紫（Fe_2O_3）	铁紫	
黑色	氧化铁黑（Fe_3O_4）	铁黑	遮盖力、着色力很强，耐光、耐碱，对大气作用稳定
	炭黑（C）	墨灰、乌烟	性能与氧化铁黑基本相同
	松烟		遮盖力及着色力均好

表 3.3-2　颜料质量规定

序号	检验项目	技术要求	对应材料	检验方法
1	结块	不允许，可让步接收	色粉/色母	目测
2	杂质	不允许含有任何包括纸张、木块、沙子等非塑胶粒子杂质	色粉/色母	目测
3	颜色	与标样对比无色差，同批次颜色一致	色粉/色母/色浆	目测
4	杂色粒子	不存在杂色粒子	色母	目测

（续）

序号	检验项目	技术要求	对应材料	检验方法
5	水分	手摸物料无潮湿感	色粉/色母	手感
		合格值：水分≤0.20% 让步接收值： 0.20% ＜水分≤0.30% 拒收值：水分＞0.30%		烘箱105℃烘干30min
6	沉淀物	色浆分散均匀，用力震荡1h后无发现明显沉淀或上浮现象	色浆	目测

彩色混凝土颜料掺量不仅要考虑色彩需要，还要考虑颜料对强度等力学物理性能的影响。颜料配合比应当做力学物理性能的比较试验，颜料掺量不宜超过6%。

颜料应当储存在通风、干燥处，防止受潮，严禁与酸碱物品接触。

3.3.8　钢筋间隔件

钢筋间隔件即保护层垫块，用于控制钢筋保护层厚度或钢筋间距的物件。按材料分为水泥基类、塑料类和金属类。

PC建筑无论预制构件还是现浇混凝土，都应当使用符合现行行业标准《混凝土结构用钢筋间隔件应用技术规程》（JGJ/T 219—2010）规定的钢筋间隔件，不得用石子、砖块、木块、碎混凝土块等作为间隔件。选用原则如下：

（1）水泥砂浆间隔件强度较低，不宜选用。

（2）混凝土间隔件的强度应当比构件混凝土强度等级提高一级，且不应低于C30。

（3）不得使用断裂、破碎的混凝土间隔件。

（4）塑料间隔件不得采用聚氯乙烯类塑料或二级以下再生塑料制作。

（5）塑料间隔件可作为表层间隔件，但环形塑料间隔件不宜用于梁、板底部。

（6）不得使用老化断裂或缺损的塑料间隔件。

（7）金属间隔件可作为内部间隔件，不应用作表层间隔件。

3.3.9　脱模剂

在混凝土模板内表面上涂刷脱模剂的目的在于减少混凝土与模板的黏结力而易于脱离，不致因混凝土初期强度过低而在脱模时受到损坏，保持混凝土表面光洁，同时可保护模板，防止其变形或锈蚀，便于清理和减少修理费用，为此，脱模剂须满足下列要求：

（1）良好的脱模性能。

（2）涂敷方便、成模快、拆模后易清洗。

（3）不影响混凝土表面装饰效果，混凝土表面不留浸渍印痕、泛黄变色。

（4）不污染钢筋、对混凝土无害。

（5）保护模板、延长模板使用寿命。

（6）具有较好的稳定性。

（7）具有较好的耐水性和耐候性。

脱模剂的种类通常有水性脱模剂和油性脱模剂两种。水性脱模剂操作安全，无油雾，对环境污染小，对人体健康损害小，且使用方便，逐步发展成油性脱模剂的代替品。使用后不影响产品的二次加工，如黏结、彩涂等加工工序。油性脱模剂成本高，易产生油雾，加工现场空气污浊程度高，对操作工人的健康产生危害，使用后影响构件的二次加工。

根据脱模剂的特点和实际要求，PC 工厂宜采用水性脱模剂，降低材料成本，提高构件质量，便于施工。

所选用的脱模剂应符合现行行业标准《混凝土制品用脱模剂》（JC/T 949—2005）的要求。

3.3.10　修补料

1. 普通构件修补

PC 构件生产、运输和安装过程中难免会出现磕碰、掉角、裂缝等，通常需要用修补料来进行修补。常用的修补料有普通水泥砂浆、环氧砂浆和丙乳砂浆等。

普通水泥砂浆的最大优点就是其材料的力学性能与基底混凝土一致，对施工环境要求不高，成本低等，但也存在普通水泥砂浆在与基层混凝土表面黏结、本身抗裂和密封等性能不足的缺点。

环氧砂浆是以环氧树脂为主剂，配以促进剂等一系列助剂，经混合固化后形成一种高强度、高黏结力的固结体，具有优异的抗渗、抗冻、耐盐、耐碱、耐弱酸防腐蚀性能及修补加固性能。

丙乳砂浆是丙烯酸酯共聚乳液水泥砂浆的简称，属于高分子聚合物乳液改性水泥砂浆。丙乳砂浆是一种新型混凝土建筑物的修补材料，具有优异的黏结、抗裂、防水、防氯离子渗透、耐磨、耐老化等性能，和树脂基修补材料相比具有成本低、耐老化、易操作、施工工艺简单及质量容易保证等优点，是修补材料中的上佳之选。

2. 清水混凝土或装饰混凝土表面修补

清水混凝土或装饰混凝土表面修补通常要求颜色一致，无痕迹等，其修补料通常需在普通修补料的基础上加入无机颜料来调制出色彩一致的浆料，削弱修补瘢痕。等修补浆料达到强度后轻轻打磨，与周边平滑顺畅。

3.3.11　钢筋

钢筋在装配式混凝土结构构件中除了结构设计配筋外，还可能用于制作浆锚连接的螺旋加强筋、构件脱模或安装用的吊环、预埋件或内埋式螺母的锚固"胡子筋"等。

（1）行业标准《装配式混凝土结构技术规程》（JGJ 1—2014）规定："普通钢筋采用套筒灌浆连接和浆锚搭接连接时，钢筋应采用热轧带肋钢筋。"

（2）在装配式混凝土建筑结构设计时，考虑到连接套筒、浆锚螺旋筋、钢筋连接和预埋件相对现浇结构"拥挤"，宜选用大直径高强度钢筋，以减少钢筋根数，避免间距过小对混凝土浇筑的不利影响。

（3）钢筋的力学性能指标应符合现行国家标准《混凝土结构设计规范》（GB 50010—2010）的规定。

（4）钢筋焊接网应符合现行行业标准《钢筋焊接网混凝土结构技术规程》（JGJ 114—2014）的规定。

（5）在预应力 PC 构件中会用到预应力钢丝、钢绞线和预应力螺纹钢筋等，其中以预应力钢绞线最为常用。预应力钢绞线应符合《混凝土结构设计规范》（GB 50010—2010）中相应的要求和指标。

（6）当预制构件的吊环用钢筋制作时，按照行业标准《装配式混凝土结构技术规程》（JGJ 1—2014）的要求，应采用未经冷加工的 HPB300 级钢筋制作。

（7）国家行业标准对钢筋强度等级没有要求，辽宁省地方标准《装配式混凝土结构设计规程》（DB21/T 2572—2016）中规定钢筋宜用 HPB300、HRB335、HRB400、HRB500、HRBF335、HRBF400、HRBF500 级热轧钢筋。预应力筋宜采用预应力钢丝、钢绞线和预应力钢筋。

（8）PC 构件不宜使用冷拔钢筋。当用冷拉法调直钢筋时，必须控制冷拉率。光圆钢筋冷拉率小于 4%，带肋钢筋冷拉率小于 1%。

3.3.12　型钢和钢板

PC 结构中用到的钢材包括埋置在构件中的外挂墙板安装连接件等。钢材的力学性能指标应符合现行国家标准《钢结构设计规范》（GB 50017—2003）的规定。钢板宜采用 Q235 钢和 Q345 钢。

3.3.13　焊条

钢材焊接所用焊条应与钢材材质和强度等级对应，并符合国家现行标准《混凝土结构设计规范》（GB 50010—2010）、《钢结构设计规范》（GB 50017—2003）、《钢结构焊接规范》（GB 50661—2011）和《钢筋焊接及验收规程》（JGJ 18—2012）等的规定。

3.3.14　钢丝绳

钢丝绳在 PC 结构中主要用于竖缝柔性套箍连接（见第 6 章）和大型构件脱模吊装用的柔性吊环。

钢丝绳应符合现行国家标准《一般用途钢丝绳》（GB/T 20118—2006）的规定。

3.4　辅助材料

PC 建筑的辅助材料是指与预制构件有关的材料和配件，包括内埋式螺母、内埋式吊钉、内埋式螺栓、螺栓、密封胶、反打在构件表面的石材、瓷砖、表面漆料等。

3.4.1　内埋式金属螺母

内埋式金属螺母在 PC 构件中应用较多，如吊顶悬挂、设备管线悬挂、安装临时支撑、吊装和翻转吊点、后浇区模具固定等。内埋式螺母预埋便利，避免了后锚固螺栓可能与受力钢筋"打架"或对保护层的破坏，也不会像内埋式螺栓那样探出混凝土表面容易挂碰。

　　内埋式螺母的材质为高强度的碳素结构钢或合金结构钢，锚固类型有螺纹型、丁字形、燕尾形和穿孔插入钢筋型。常用的内埋式螺母力学性能参数见表 3.4-1、表 3.4-2。

表 3.4-1　常用内埋式螺母力学性能表一

品名（形状）	规　　格			螺栓（SS400）		螺母（SD295A）		混凝土抗拉强度/kN		适用螺母	备　　注
	型号	长度	外径	拉力/kN	剪力/kN	拉力/kN	剪力/kN	F_C=12N	F_C=30N		
	M10	75	D16	13.63	7.86	35.43	20.45	13.96	22.07	Y、O	
		100		13.63	7.86	35.43	20.45	23.72	37.51		
	M12	100	D19	19.81	11.43	59.65	34.43	24.34	38.48	Y、O	
		150		19.81	11.43	59.65	34.43	51.84	81.97		
	M16	100	D22	36.90	21.29	67.88	39.19	24.95	39.45	Y	特殊用途以外不要使用
		150		36.90	21.29	67.88	39.19	52.76	83.43		
	M16	100	D25	36.90	21.29	103.16	59.55	25.56	40.42	Y、O	
		150		36.90	21.29	103.16	59.55	53.69	84.88		
		200		36.90	21.29	103.16	59.55	92.03	145.52		
		250		36.90	21.29	103.16	59.55	140.60	222.31		
Y 型螺母	M20	100	D29	57.58	33.22	117.23	55.89	26.38	41.71	O	特殊用途以外不要使用
		150		57.58	33.22	117.23	55.89	54.91	86.82	Y、O	
		200		57.58	33.22	117.23	55.89	93.67	148.10		
	M20	100	D32	57.58	33.22	162.01	93.53	27.00	42.68	O	
		150		57.58	33.22	162.01	93.53	55.83	88.28		
		200		57.58	33.22	162.01	93.53	84.90	150.04	Y、O	
		250		57.58	33.22	162.01	93.53	144.18	227.97		
		300		57.58	33.22	162.01	93.53	203.70	322.07		
	M22	100	D35	71.21	41.09	192.81	111.31	27.61	43.65	O	
		150		71.21	41.09	192.81	111.31	56.75	89.73		
		200		71.21	41.09	192.81	111.31	96.12	151.98	Y、O	
		250		71.21	41.09	192.81	111.31	145.72	230.40		
		300		71.21	41.09	192.81	111.31	205.54	324.98		
	M24	100	D38	82.96	47.87	232.17	134.03	28.22	44.62	O	
		150		82.96	47.87	232.17	134.03	57.67	91.19		
		200		82.96	47.87	232.17	134.03	97.35	153.92	Y、O	
		250		82.96	47.87	232.17	134.03	147.25	232.82		
		300		82.96	47.87	232.17	134.03	207.38	327.89		
	M27	100	D41	107.87	62.24	259.90	150.03	28.84	45.59	O	
		150		107.87	62.24	259.90	150.03	58.59	92.64		
		200		107.87	62.24	259.90	150.03	98.58	155.86	Y、O	
		250		107.87	62.24	259.90	150.03	148.78	235.25		
		300		107.87	62.24	259.90	150.03	209.22	330.80		
	M30	100	D51	131.84	76.07	432.47	249.66	30.88	48.83	O	
		150		131.84	76.07	432.47	249.66	61.66	97.50		
		200		131.84	76.07	432.47	249.66	102.67	162.33		
		250		131.84	76.07	432.47	249.66	153.90	243.33		
O 型螺母		300		131.84	76.07	432.47	249.66	215.35	340.51		
	M36	100	D51	192.00	110.79	356.95	206.06	30.88	48.83	O	
		150		192.00	110.79	356.95	206.06	61.66	97.50		
		200		192.00	110.79	356.95	206.06	102.67	162.33		
		250		192.00	110.79	356.95	206.06	153.90	243.33		
		300		192.00	110.79	356.95	206.06	215.35	340.51		

　　注：混凝土抗拉强度值是由日本建筑协会（各种合成构造设计指南）的计算公式 $P=\phi\sqrt{FC}\pi L_e(L_e+d)$ 计算出来。

表 3.4-2　常用内埋式螺母力学性能表二

品名（形状）	规格		螺栓		螺母		混凝土抗拉强度 F_C			备注
	型号	长度	拉力/kN	剪力/kN	拉力/kN	剪力/kN	12N/mm²	30N/mm²	60N/mm²	
P 型螺母	M6	30	4.72	2.71	26.46	15.20	2.65	4.19	5.92	
	M8	30	8.60	4.94	22.58	12.97	2.65	4.19	5.92	
	M10	20	13.63	7.83	17.55	10.08	1.32	2.08	2.95	
		30					2.65	4.19	5.92	
	M12	40	19.81	11.38	30.43	17.48	4.41	6.98	9.87	
		80					15.54	24.57	34.75	
	M10	35	36.89	21.19	50.80	29.18	3.89	6.16	8.71	
		50					7.21	11.40	16.12	
		70					14.77	23.36	33.04	
	M20	100	57.57	33.07	108.52	62.34	25.95	41.03	58.03	
PT 型螺母	M6	45	4.72	2.71	26.46	15.20	5.41	8.55	12.10	考虑用 SS400 螺栓
	M8	45	8.60	4.94	22.58	12.97	5.41	8.55	12.10	
	M10	45	13.63	7.83	17.55	10.08	5.41	8.55	12.10	
	M12	64	19.81	11.38	30.43	17.48	10.30	16.29	23.04	
	M16	75	36.89	21.19	50.80	29.18	14.77	23.35	33.04	
		95					22.68	35.84	60.69	
PK 型螺母	W3/8	35	11.53	6.62	19.64	11.28	3.46	5.48	7.75	
	W1/2	55	20.53	11.79	29.70	17.06	7.82	12.36	17.49	
	W5/8	80	33.81	19.42	53.88	30.95	16.59	26.24	37.11	
	M12	55	19.81	11.38	30.43	17.48	7.82	12.36	17.49	
	M16	80	36.89	21.19	50.80	29.18	16.59	26.24	37.11	
PQ 型螺母	M10	40	13.63	7.83	17.55	10.08	4.38	6.93	9.81	
	M12	40	19.81	11.38	30.43	17.48	4.41	6.98	9.87	
		50					6.58	10.41	14.72	
	M16	45	36.89	21.19	50.80	29.18	6.00	9.49	13.42	
		60					9.93	15.70	22.20	
FCI 型螺母	M10	43	11.89	6.84	—	—	5.28	8.35	11.81	
	M12	60	17.28	9.94	—	—	9.58	15.15	21.43	
	M16	65	32.18	18.52	—	—	12.53	19.81	28.02	
		75					16.00	25.31	35.79	
		85					19.89	31.45	44.48	
	M20	100	50.22	28.91	—	—	27.57	43.59	61.65	
	M24	120	72.36	41.65	—	—	39.38	62.26	88.05	
P-SUS 型螺母	M6	30	4.12	2.37	19.70	11.37	2.57	4.07	5.75	考虑用 SUS304 螺栓
	M8	30	7.50	4.31	16.81	9.70	2.57	4.07	5.75	
	M10	30	11.89	6.84	13.07	7.54	2.57	4.07	5.75	
		50					6.41	10.14	14.35	
	M12	40	17.288	9.94	22.66	13.07	4.31	6.83	9.65	
		50					6.46	10.22	14.74	
		0					15.36	24.29	34.35	
	M16	50	32.18	18.52	39.04	22.53	6.59	10.42	14.74	
		75					13.90	21.98	31.09	
		100					23.77	37.41	53.16	
	M20	100	50.22	28.91	75.99	43.74	23.66	37.41	52.91	

3.4.2　内埋式吊钉

内埋式吊钉是专用于吊装的预埋件，吊钩卡具连接非常方便，被称作快速起吊系统，如图 3.4-1、图 3.4-2 所示。吊钉的主要参数见表 3.4-3。

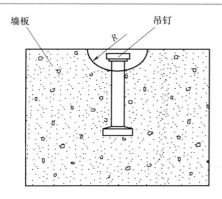

图 3.4-1　内埋式吊钉

图 3.4-2　内埋式吊钉与卡具

表 3.4-3　吊钉主要参数

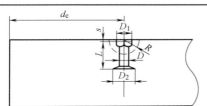

在起吊角度位于 0°～45°时,用于梁与墙板构件的吊钉承载能力举例

承载能力 /t	D	D_1	D_2	R	吊钉顶面凹入混凝土梁深度 S/mm	吊钉到构件边最小距离 d_c/mm	构件最小厚度 /mm	最小锚固长度 /mm	混凝土抗压强度达到 15MPa 时,吊钉最大承受荷载/kN
1.3	10	19	25	30	10	250	100	120	13
2.5	14	26	35	37	11	350	120	170	25
4.0	18	36	45	47	15	675	160	210	40
5.0	20	36	50	47	15	765	180	240	50
7.5	24	47	60	59	15	946	240	300	75
10	28	47	70	59	15	1100	260	340	100
15	34	70	80	80	15	1250	280	400	150
20	39	70	98	80	15	1550	280	500	200
32	50	88	135	107	23	2150			

3.4.3　内埋式塑料螺母

内埋式塑料螺母较多用于叠合楼板底面,用于悬挂电线等重量不大的管线,如图 3.4-3 ～图 3.4-5 所示。日本应用塑料螺母较多,我国目前尚未见应用。

图 3.4-3　预埋在叠合楼板底面的塑料螺栓

图 3.4-4 布置在转盘上的内埋式塑料螺栓

图 3.4-5 塑料螺栓的正反面细节图

3.4.4 螺栓与内埋式螺栓

PC 建筑用到的螺栓包括楼梯和外挂墙板安装用的螺栓，宜选用高强度螺栓或不锈钢螺栓。高强度螺栓应符合现行行业标准《钢结构高强度螺栓连接技术规程》（JGJ 82—2011）的要求。

内埋式螺栓是预埋在混凝土中的螺栓，螺栓端部焊接锚固钢筋。焊接焊条应选用与螺栓和钢筋适配的焊条。

3.4.5 防雷引下线

防雷引下线埋置在外墙 PC 构件中，通常用 25mm×4mm 镀锌扁钢、圆钢或镀锌钢绞线等。日本用 10～15mm 直径的铜线。引下线应满足《建筑物防雷设计规范》（GB 50057—2010）中的要求。

3.4.6 保温材料

三明治夹芯外墙板夹芯层中的保温材料，宜采用挤塑聚苯乙烯板（XPS）、硬泡聚氨酯（PUR）、酚醛等轻质高效保温材料。保温材料应符合国家现行有关标准的规定。

3.4.7 建筑密封胶

PC 建筑外墙板和外墙构件接缝需用建筑密封胶，有如下要求：

（1）建筑密封胶应与混凝土具有相容性。没有相容性的密封胶粘不住，容易与混凝土脱离。国外装配式混凝土结构密封胶特别强调这一点。

（2）密封胶性能应满足《混凝土建筑接缝用密封胶》（JC/T 881—2001）的规定。

（3）行业标准《装配式混凝土结构技术规程》（JGJ 1—2014）要求：硅酮、聚氨酯、聚硫密封胶应分别符合国家现行标准《硅酮建筑密封胶》（GB/T 14683—2003）、《聚氨酯建筑密封胶》（JC/T 482—2003）和《聚硫建筑密封胶》（JC/T 483—2006）的规定。

（4）应当有较好的弹性，可压缩比率大。

（5）具有较好的耐候性、环保性以及可涂装性。

（6）接缝中的背衬可采用发泡氯丁橡胶或聚乙烯塑料棒。

目前市面上较好的建筑密封胶主要是 MS 胶。MS 胶也称硅烷改性聚醚密封胶。由于不含甲醛，不含异氰酸酯，具有无溶剂、无毒无味、低 VOC（挥发性有机物）释放等突出的环保特性，对环境和人体亲和，适应绝大多数建筑基材，具有良好的施工性、黏结性、耐久性及耐候性，尤其是具有非污染性和可涂饰性，在建筑装饰上有着广泛的应用。

与市场上其他传统的建筑密封胶相比较，MS 胶具有以下特点：

（1）健康环保　传统的密封胶（硅酮胶）因含有溶剂，会释放出甲醛、VOC 等危害人的身心健康。MS 胶不含甲醛和异氰酸酯，无溶剂、无毒、无味、VOC 释放远远低于国家标准，是最环保的建筑胶产品之一。

（2）无污染　传统的硅酮密封胶会析出硅油，使其附着污染物质，尤其是用于石材、混凝土等多孔性材质时，会对周围产生难以去除的污染，是造成建筑物外立面污染的主要原因之一，大大降低建筑物的美观度和形象价值，而 MS 密封胶则从机理上克服了此类缺陷，不会产生同样的污染。

（3）黏结性　在硅酮胶、聚氨酯胶和 MS 胶中，硅酮胶黏结力相对较弱，聚氨酯胶黏结力强，但需要配合底涂使用，MS 胶具有优异的黏结性能，能够适应绝大多数建筑基材，无需底涂黏结。

（4）耐候性　MS 胶的分子构造决定了其不俗的耐候性，长期暴露在户外依然可以保持良好的弹性，胶体本身不会产生气泡，不会产生龟裂，黏结强度持久如一，具备良好的触变性和挤出性，适应室外、室内、潮湿、低温等多种作业环境。

（5）涂饰性　传统的硅酮密封胶无法使用涂料涂饰，往往需要通过对胶体的调色，来保持和外墙涂料的颜色一致，其生产过程费时费事，不仅颜色难以保证完全相同，同时成本也难以控制。MS 密封胶可以直接在胶体表面进行涂饰作业，与绝大多数涂料相容，克服了困扰的同时，又完美实现外墙颜色的统一，从而保持建筑主体的美观。此外，MS 密封胶对涂料表面不产生污染，涂料还可以延长密封胶的使用年限，更降低了整体成本。

（6）应力缓和　建筑基材会随着时间的推移而发生收缩，导致接缝会有慢慢扩大的倾向，普通密封胶黏结面上会承受较大的应力，易发生密封胶破裂及黏结面破损等问题。MS 密封胶同时兼具应力和弹性，即使长期处于拉伸状态，在应力缓和的作用下，可最大限度地消除建筑基材收缩带来的影响。

用于 PC 建筑的建筑密封胶，国外著名品牌有荷兰 SABA（赛百）、汉高、sikaflex（西卡）、Bostik（波士胶）和 Sunstar（盛势达）；国内常用品牌有白云、安泰等。其中尤以荷兰 SABA（赛百）最为著名，是改性硅烷粘接、密封胶的领导者，其 Sabatack® 790 产品参数见表 3.4-4。

表 3.4-4 荷兰 SABA（赛百）Sabatack® 790 产品参数

基础成分	改性硅烷，吸湿固化
密度（EN 542）	约 1.380kg/m³
固体成分	约 100%
结皮时间（23℃，50% RLV）	约 8min
开放时间（23℃，50% RLV）	约 10min
表干时间（23℃，50% RLV）	约 4h 后
固化速度（23℃，50% RLV）	约 4mm/24h
邵 A 硬度（EN ISO 868）	约 64
体积变化（EN ISO 10563）	约 5%
100% 模量（ISO 37/DIN 53504）	约 2.0N/mm²
拉伸强度（ISO 37/DIN 53504）	约 3.5N/mm²
断裂延伸率（ISO 37/DIN 53504）	约 250%
剪切强度（ISO 4587）	约 2.3N/mm²
操作温度	最低 +5℃ 最高 +35℃
储存温度	最低 +5℃ 最高 +25℃
耐温范围	最低 −40℃ 最高 +120℃
短时间耐热温度	最高 +180℃（30min）

3.4.8 密封橡胶条

PC 建筑所用密封橡胶条用于板缝节点，与建筑密封胶共同构成多重防水体系。密封橡胶条是环形空心橡胶条，应具有较好的弹性、可压缩性、耐候性和耐久性，如图 3.4-6、图 3.4-7 所示。

图 3.4-6 橡胶密封条

图 3.4-7 不同形状的橡胶密封条

3.4.9　石材反打材料

石材反打是将石材反铺到 PC 构件模板上，用不锈钢挂钩将其与钢筋连接，然后浇筑混凝土，装饰石材与混凝土构件结合为一体。

1. 石材

用于反打工艺的石材应符合行业标准《金属与石材幕墙工程技术规范》（JGJ 133—2011）的要求。石材厚 25 ~ 30mm。

2. 不锈钢挂钩

反打石材背面安装不锈钢挂钩，直径不小于 4mm，如图 3.4-8 和图 3.4-9 所示。

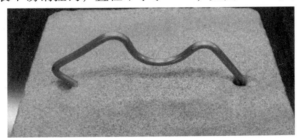

图 3.4-8　安装中的反打石材挂钩

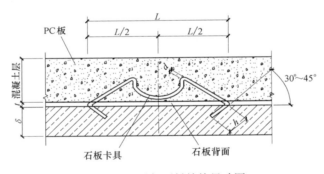

图 3.4-9　反打石材挂钩尺寸图

3. 隔离剂

反打石材工艺须在石材背面涂刷一层隔离剂，该隔离剂是低黏度的，具有适应温差、抗污染、附着力强、抗渗透、耐酸碱等特点。用在反打石材工艺的一个目的是防止泛碱，避免混凝土中的"碱"析出石材表面；另一个目的是防水；还有一个目的是减弱石材与混凝土因温度变形不同而产生的应力。

3.4.10　反打装饰面砖

外墙瓷砖反打工艺如图 3.4-10 所示，日本 PC 建筑应用非常多。反打瓷砖与其他外墙装饰面砖没有区别。日本的做法是在瓷砖订货时将瓷砖布置详图给瓷砖厂，瓷砖厂按照布置图供货，特殊构件定制。图 3.4-11 所示瓷砖反打的 PC 板，瓷砖就是供货商按照设计要求配置的，转角瓷砖是定制的。

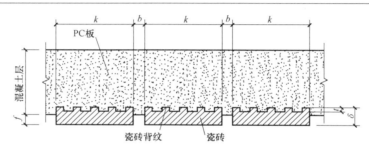

图 3.4-10 PC 构件瓷砖反打工艺图

δ—瓷砖厚度 k—瓷砖宽度 b—瓷砖间隙 t—瓷砖背纹深度 f—瓷砖外露深度

图 3.4-11 PC 构件瓷砖反打工艺实例

3.4.11 GRC

非夹芯保温的 PC 外墙板，其保温层的保护板可以采用 GRC 装饰板。GRC 为 Glass Fibre Reinforced Concrete 的缩写，即"玻璃纤维增强的混凝土"的意思，是由水泥、砂子、水、玻璃纤维、外加剂以及其他骨料与混合物组成的复合材料。GRC 装饰板厚度为 15mm，抗弯强度可达 $18N/mm^2$，是普通混凝土的 3 倍，具有壁薄体轻、造型随意、质感逼真的特点，GRC 板表面可以附着 5～10mm 厚的彩色砂浆面层。

3.4.12 超高性能混凝土

非夹芯保温的 PC 外墙板，其保温层的保护板可以采用超高性能混凝土墙板。超高性能混凝土简称 UHPC（Ultra-High Performance Concrete），也称作活性粉末混凝土（RPC，Reactive Powder Concrete），是最新的水泥基工程材料，主要材料有水泥、石英砂、硅灰和纤维（钢纤维或复合有机纤维）等。板厚 10～15mm，抗弯强度可达 $20N/mm^2$ 以上，是普通混凝土的 3 倍以上，具有壁薄体轻、造型随意、质感逼真、强度高、耐久性好的特点，表面可以附着 5～10mm 厚的彩色砂浆面层。

3.4.13 表面保护剂

建筑抹灰表面用的漆料都可以用于 PC 构件，乳胶漆、氟碳漆、真石漆等。PC 构件由于在工厂制作，表面可以做得非常精致。

　　表面不做乳胶漆、真石漆、氟碳漆处理的装饰性 PC 墙板或构件，如清水混凝土质感、彩色混凝土质感、剔凿质感等，应涂刷透明的表面保护剂，以防止污染或泛碱，增加耐久性。

　　表面污染包括空气灰尘污染、雨水污染、酸雨作用、微生物污染等。表面保护剂对这些污染有防护作用，有助于抗冻融性、抗渗性的提高，抑制盐的析出。

　　按照工作原理分有两类表面保护剂：涂膜和浸渍。

　　涂膜就是在 PC 构件表面形成一层透明的保护膜。浸渍则是将保护剂渗入 PC 构件表面层，使之密致。这两种方法也可以同时采用。

　　表面保护剂多为树脂类，包括丙烯酸硅酮树脂、聚氨酯树脂、氟树脂等。

　　表面防护剂需要保证防护效果，不影响色彩与色泽，耐久性好。

第二篇 设 计

本篇介绍 PC 建筑设计，共 10 章。

第 4 章为概述，对 PC 建筑的问题、责任、设计内容、限制、依据、原则、课题、意识和质量做概略介绍。

第 5 章介绍 PC 建筑的建筑设计。

第 6～13 章介绍 PC 建筑结构设计，包括结构设计概述（第 6 章）、PC 楼盖设计（第 7 章）、框架结构及其他柱、梁（板）体系结构设计（第 8 章）、剪力墙结构设计（第 9 章）、多层剪力墙结构设计（第 10 章）、外挂墙板结构设计（第 11 章）、非结构 PC 构件设计（第 12 章）、PC 构件制作图设计（第 13 章）。

第4章

设计概述

4.1 概述

关于 PC 建筑设计，一些人存在着错误认识，本章从分析这些错误认识开始（4.2），介绍 PC 建筑的设计责任（4.3）、PC 建筑的限制条件（4.4）、PC 建筑主要设计内容（4.5）、设计依据与原则（4.6）、PC 建筑设计的中国课题（4.7）、装配式设计意识（4.8）、设计质量要点（4.9）。

4.2 关于 PC 建筑设计的错误认识

有人把 PC 建筑的设计工作看得很简单，以为就是设计单位按现浇混凝土结构照常设计，之后再由拆分设计单位或制作厂家进行拆分设计、构件设计和细部构造设计。他们把 PC 建筑设计看作是后续的附加环节，属于深化设计性质。许多设计单位认为装配式设计与己无关，最多对拆分设计图审核签字。

尽管 PC 建筑的设计是以现浇混凝土结构为基础的，比较多的工作也确实是在常规设计完成后展开，但 PC 建筑设计既不是附加环节深化性质，也不是常规设计完成后才开始的工作，更不能由拆分设计机构或制作厂家承担设计责任或自行其是。

下面以 PC 建筑柱子保护层设计为例，分析把装配式设计当作常规设计完成后的后期深化设计存在什么问题。

《混凝土结构设计规范》（GB 50010—2010）规定，一类环境结构柱最外层钢筋的混凝土保护层厚度是 20mm。

现浇混凝土结构的钢筋保护层厚度应当从受力钢筋的箍筋算起，PC 结构连接部位的钢筋保护层厚度应当从套筒的箍筋算起。套筒直径比受力钢筋直径大 30mm 左右，如此，套筒区域与钢筋区域的保护层相差约 15mm，如图 4.2-1 所示。

如果 PC 建筑开始按现浇结构设计，然后交给拆分设计机构或厂家拆分，拆分设计人员对柱的保护层可能有 3 种做法（图 4.2-2）：

（1）柱子断面尺寸和受力钢筋位置不变。如此，套管箍筋保护层厚度就无法满足规范要求的最小厚度，对套管在混凝土中的锚固和耐久性不利。

（2）拆分人员为保证套管箍筋的保护层厚度，将受力钢筋"内移"，柱的断面尺寸不变。如此，原结构计算条件发生了变化，h_0 变小，柱子的承载力降低。

（3）拆分人员为保证套管箍筋的保护层厚度，将柱子边线"外移"，受力钢筋位置不变，但柱子断面尺寸加大了。如此，原结构计算条件发生变化，柱子刚度变大，结构尺寸和建筑尺寸都发生变化。

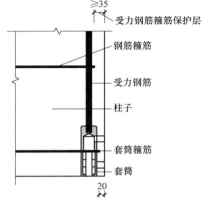

图 4.2-1　受力钢筋与套筒保护层厚度不同

从这个例子可以看出，把装配式设计当作常规设计的后续工作交给其他机构去做，存在安全隐患。一个工程项目如果搞装配式，应当从方案阶段就植入装配式设计，而不是先按现浇设计，再改成装配式设计。

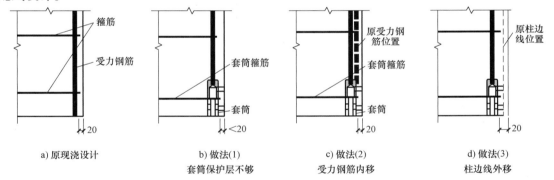

a) 原现浇设计　　b) 做法(1)　　c) 做法(2)　　d) 做法(3)
　　　　　　套筒保护层不够　　受力钢筋内移　　柱边线外移

图 4.2-2　拆分阶段保护层解决办法及其存在的问题

4.3　设计责任

PC 建筑的设计应当由设计单位承担责任。即使将拆分设计和拆分后的构件设计交由有经验的专业设计公司分包，也应当在工程设计单位的指导下进行，并由工程设计单位审核出图。因为拆分设计必须在原设计基础上进行，拆分和构件设计者未必清楚地了解原设计的意图和结构计算结果，也无法组织各专业的协调。

将拆分和构件设计工作交由拆分设计公司或制作厂家进行，原设计单位不管，也不审核，是重大的责任漏洞。

PC 建筑的设计过程应当是建筑师、结构设计师、装饰设计师、水电暖通设计师、拆分和构件设计师、制造厂家工程师与施工安装企业工程师互动的过程。有经验的拆分设计人员和制作、施工企业技术人员是建筑师和结构设计师了解和正确设计 PC 建筑的桥梁，但不能越俎代庖。PC 构件厂家只能独立进行制作工艺设计、模具设计和产品保护设计；施工企业只能独立进行施工工艺设计。

PC 建筑设计工作量增加较多，设计费会有较大幅度的增加，建设单位对此应当了解并认可，本书第 25 章将进行介绍，并列出设计工作量增加的清单。

有的建设单位为了节省 PC 建筑的设计费，直接让 PC 工厂免费进行拆分设计和构件设计，PC 工厂为了能拿到工程，不得不答应建设单位。这种做法是对技术的蔑视，也是对工程不负责任。笔者认为，即使拆分设计分包出去，也应当由设计单位分包，建设单位应当把 PC 建筑的全部设计费和全部责任都交付给设计单位。

4.4　PC 建筑的限制条件

尽管从理论上讲，现浇混凝土结构都可以搞装配式，但实际上还是有约束限制条件的。环境条件不允许、技术条件不具备或增加成本太多，都可能使装配式不可行。所以，一个建筑是不是搞装配式，哪些部分搞装配式，必须先进行必要性和可行性研究，对限制条件进行定量分析。

4.4.1　环境条件

1. 抗震设防烈度

抗震设防烈度 9 度地区，搞 PC 建筑目前没有规范支持。

2. 构件工厂与工地的距离

如果工程所在地附近没有 PC 工厂，工地现场又没有条件建立临时工厂，或建立临时工厂代价太大，该工程就不具备装配式条件。根据沈阳地区的统计，当运距在 100km 以内时，PC 构件的运费约为 PC 构件价格的 4% ~ 7%；当运距达到 200km 时，PC 构件的运费约为 PC 构件价格的 7% ~ 12%。

3. 道路

如果预制工厂到工地的道路无法通过大型构件运输车辆，或道路过窄、大型车辆无法转弯调头，或途中有限重桥、限高天桥、限高隧洞等，会对能否搞装配式或装配式构件的重量与尺度形成限制。

4. PC 工厂生产条件

PC 工厂的生产条件，如起重能力、固定或移动模台所能生产的最大构件尺寸等，是 PC 构件拆分的限制条件。

4.4.2　技术条件

1. 高度限制

现行行业标准规定，有些 PC 建筑的最大适用高度比现浇混凝土结构要低一些，如剪力墙 PC 结构就比现浇剪力墙结构低 10 ~ 20m。

2. 形体限制

装配式建筑不适宜形体复杂的建筑。不规则的建筑会有各种非标准构件，且在地震作用下内力分布比较复杂，不适宜采用装配式。

3. 立面造型限制

建筑立面造型复杂，或里出外进，或造型不规则，可能会导致以下情况：

（1）模具成本很高。

（2）复杂造型不易脱模。

（3）连接和安装节点比较复杂。

所以，立面造型复杂的建筑搞装配式要审慎。

4. 外探大的悬挑构件

建筑立面有较多外探大的悬挑构件，与主体结构的连接比较麻烦，不宜搞装配式。

4.4.3　成本约束

模具费用是 PC 建筑成本大项，模具周转次数少会大幅度增加成本。一栋多层建筑，一套模具周转次数只有几次，就不宜搞装配式建筑。如果多栋一样的多层建筑，模具周转次数提高了，成本就会降下来。高层和超高层建筑就模具成本而言比较适合装配式建筑。

4.5　PC 建筑主要设计内容

PC 建筑设计是一个有机的过程，"装配式"的概念应当伴随着设计全过程，需要建筑师、结构设计师和其他专业设计师密切合作与互动，需要设计人员与制作厂家和安装施工单位的技术人员密切合作与互动。PC 建筑设计是具有高度衔接性、互动性、集合性和精细性的设计过程，还会面对一些新的课题。

4.5.1　设计前期

工程设计尚未开始时，关于装配式的分析就应当先行。设计者首先需要对项目是否适合做装配式进行定量的技术经济分析，对约束条件进行调查，判断是否有条件搞装配式建筑，做出结论。

4.5.2　方案设计阶段

在方案设计阶段，建筑师和结构设计师需根据 PC 建筑的特点和有关规范的规定确定方案。方案设计阶段关于装配式的设计内容包括：

（1）在确定建筑风格、造型、质感时分析判断装配式的影响和实现可能性。例如，PC 建筑不适宜造型复杂且没有规律性的立面；无法提供连续的无缝建筑表皮。

（2）在确定建筑高度时考虑装配式的影响。

（3）在确定形体时考虑装配式的影响。

（4）一些地方政府在土地招拍挂时设定了预制率的刚性要求，建筑师和结构设计师在方案设计时须考虑实现这些要求的做法。

4.5.3 施工图设计阶段

1. 建筑设计

在施工图设计阶段，建筑设计关于装配式的内容包括：

（1）与结构工程师确定预制范围，哪一层、哪个部分预制。

（2）设定建筑模数，确定模数协调原则。

（3）在进行平面布置时考虑装配式的特点与要求。

（4）在进行立面设计时考虑装配式的特点，确定立面拆分原则。

（5）依照装配式特点与优势设计表皮造型和质感。

（6）进行外围护结构建筑设计，尽可能实现建筑、结构、保温、装饰一体化。

（7）设计外墙预制构件接缝防水防火构造。

（8）根据门窗、装饰、厨卫、设备、电源、通信、避雷、管线、防火等专业或环节的要求，进行建筑构造设计和节点设计，与构件设计对接。

（9）将各专业对建筑构造的要求汇总等。

2. 结构设计

施工图设计阶段，结构设计关于装配式的内容包括：

（1）与建筑师确定预制范围，哪一层、哪个部分预制。

（2）因装配式而附加或变化的作用与作用分析。

（3）对构件接缝处水平抗剪能力进行计算。

（4）因装配式所需要进行的结构加强或改变。

（5）因装配式所需要进行的构造设计。

（6）依据等同原则和规范确定拆分原则。

（7）确定连接方式，进行连接节点设计，选定连接材料。

（8）对夹芯保温构件进行拉结节点布置、外叶板结构设计和拉结件结构计算，选择拉结件。

（9）对预制构件承载力和变形进行验算。

（10）将建筑和其他专业对预制构件的要求集成到构件制作图中。

3. 其他专业设计

给水、排水、暖通、空调、设备、电气、通信等专业须将与装配式有关的要求，准确定量地提供给建筑师和结构工程师。

4. 拆分设计与构件设计

结构拆分和构件设计是结构设计的一部分，也是装配式结构设计非常重要的环节，拆分设计人员应当在结构设计师的指导下进行拆分，应当由结构设计师和项目设计单位审核签字，承担设计责任。

拆分设计与构件设计内容包括：

（1）依据规范，按照建筑和结构设计要求和制作、运输、施工的条件，结合制作、施工的便利性和成本因素，进行结构拆分设计。

（2）设计拆分后的连接方式、连接节点、出筋长度、钢筋的锚固和搭接方案等；确定连接件材质和质量要求。

（3）进行拆分后的构件设计，包括形状、尺寸、允许误差等。

（4）对构件进行编号。构件有任何不同，编号都要有区别，每一类构件有唯一的编号。

（5）设计预制混凝土构件制作和施工安装阶段需要的脱模、翻转、吊运、安装、定位等吊点和临时支撑体系等，确定吊点和支承位置，进行强度、裂缝和变形验算，设计预埋件及其锚固方式。

（6）设计预制构件存放、运输的支承点位置，提出存放要求。

5. 其他设计

装配式混凝土结构建筑的其他设计包括制作工艺设计、模具设计、产品保护设计、运输装车设计和施工工艺设计，由 PC 构件工厂和施工安装企业负责，其中模具可能还需要专业模具厂家负责或参与设计。

4.6　设计依据与原则

PC 建筑设计首先应当依据国家标准、行业标准和项目所在地的地方标准。

由于我国装配式建筑设计处于起步阶段，有关标准比较审慎，覆盖范围有限（如对筒体结构就没有覆盖），一些规定也不具体明确，远不能适应大规模开展装配式建筑的需求，许多创新的设计也不可能从规范中找到相应的规定。所以，PC 建筑设计还需要借鉴国外成熟的经验，进行试验以及请专家论证等。

PC 建筑设计特别需要设计、制作和施工环节的互动和设计各专业的衔接。

4.6.1　设计依据

PC 建筑设计除了执行混凝土结构建筑有关标准外，还应当执行关于装配式混凝土建筑的现行行业标准《装配式混凝土结构技术规程》（JGJ 1—2014）。

北京、上海、辽宁、黑龙江、深圳、江苏、四川、安徽、湖南、重庆、山东、湖北等地都制定了关于装配式混凝土结构的地方标准。

与 PC 建筑有关的国家标准、行业标准和地方标准目录见附录。

中国建筑设计标准研究院，北京、上海、辽宁等地还编制了装配式混凝土结构标准图集。

4.6.2　借鉴国外经验

欧美以及日本、新加坡等国家有多年 PC 建筑经验，尤其是日本，许多超高层 PC 建筑经历了多次大地震的考验。对国外成熟的经验，特别是许多细节，宜采取借鉴方式，但应配合相应的试验和专家论证。

4.6.3　试验原则

PC 建筑在我国刚刚兴起，经验不多。国外 PC 建筑的经验主要是框架、框架-剪力墙和筒体结构，高层剪力墙结构的经验很少；装配式建筑的一些配件和配套材料目前国内也处于刚刚开发阶段。因此，试验尤为重要。设计在采用新技术、选用新材料时，涉及结构连接等关键环节，应基于试验获得可靠数据。

例如保温夹芯板内外叶墙板的拉结件，既有强度、刚度要求，又要减少热桥，还要防火和耐久，这些都需要试验验证。有的国产拉结件采用与塑料钢筋一样的玻璃纤维增强树脂制成，但塑料钢筋用的不是耐碱玻璃纤维，埋置在水泥基材料中耐久性得不到保障，目前塑料钢筋在国外只用于临时工程，将其用于混凝土夹芯板中是不安全的。

4.6.4 专家论证

当设计超出国家标准、行业标准或地方标准的规定时，例如建筑高度超过最大适用高度限制，必须进行专家审查。

在采用规范没有规定的结构技术和重要材料时，也应进行专家论证。在建筑结构和重要使用功能问题上，审慎是非常重要的。

4.6.5 设计、制作、施工的沟通互动

PC 建筑设计人员应当与 PC 工厂和施工安装单位的技术人员进行沟通互动，了解制作和施工环节对设计的要求和约束条件。

例如，PC 构件有一些制作和施工需要的预埋件，包括脱模、翻转、安装、临时支撑、调节安装高度、后浇筑模板固定、安全护栏固定等预埋件，这些预埋件设置在什么位置合适，如何锚固，会不会与钢筋、套筒、箍筋太近影响混凝土浇筑，会不会因位置不当导致构件开裂，如何防止预埋件应力集中产生裂缝等，设计师只有与制作厂家和施工单位技术人员互动才能给出安全可靠的设计。

4.6.6 各专业衔接集成

PC 建筑设计需要各个专业密切配合与衔接。比如拆分设计，建筑师要考虑建筑立面的艺术效果，结构设计师要考虑结构的合理性和可行性，为此需要建筑师与结构工程师互动。再比如，PC 建筑围护结构应尽可能实现建筑、结构、保温、装饰一体化，内部装饰也应当集成化，为此，需要建筑师、结构设计师和装饰设计师密切合作。又比如，避雷带需要埋设在预制构件中，需要建筑、结构和防雷设计师衔接。总之，水、暖、电、通信、设备、装饰各个专业对预制构件的要求都要通过建筑师和结构设计师汇总集成。

4.6.7 一张（组）图原则

PC 建筑多了构件制作图环节，与目前工程图样的表达习惯有很大的不同。

PC 构件制作图应当表达所有专业、所有环节对构件的要求，包括外形、尺寸、配筋、结构连接、各专业预埋件、预埋物和孔洞、制作施工环节的预埋件等，都清清楚楚地表达在一张或一组图上，不用制作和施工技术人员自己去查找各专业图样，也不能让工厂人员自己去标准图集上找大样图。

一张（组）图原则不仅会给工厂技术人员带来便利，最主要的是会避免或减少出错、遗漏和各专业的"撞车"。

4.7 PC 建筑设计的中国课题

笔者认为，我国 PC 建筑设计要比国外难很多。不仅由于我国的 PC 建筑设计处于起

步阶段，科学研究和实际经验严重不足，规范比较谨慎，有些规定也不具体，更主要的原因是，沿袭我国传统的建筑习惯和做法搞 PC 建筑有些困难和不适应，有些课题需要解决。

1. 建筑风格

北欧是最先大规模搞 PC 建筑的地区，日本是目前装配式建筑比例最大、高层装配式建筑最多的国家之一。北欧和日本都喜欢简洁的建筑风格，简洁风格非常适合 PC 建筑。还有一些国家和地区，PC 建筑大都是保障房，建筑风格也比较简洁。我国目前是在商品房领域强制性推广 PC 建筑，而我国市场更欢迎复杂一些的建筑风格，复杂造型的 PC 建筑需要解决的技术问题比较多，成本控制的压力比较大。

2. 结构形式

国外 PC 建筑比较多的是框架结构、框架-剪力墙结构和筒体结构，很少有剪力墙结构，高层剪力墙结构几乎没做过装配式。而我国高层住宅剪力墙结构很多。

框架结构、框架-剪力墙结构和筒体结构的 PC 建筑是柱、梁连接，可以用高强度大直径钢筋，连接点比较少。而剪力墙结构混凝土量大，钢筋又细又多，连接点多，制作和施工麻烦，成本高。由于科研和经验不足，现行行业标准与地方标准都比较审慎，规定的现浇部位比较多。如此，既搞装配式，又有大量现场支模板浇筑，设计和施工麻烦，成本也比较高。

3. 建筑层高与装饰习惯

日本住宅层高比我国要高 30～40cm，可室内净高却低 10～20cm。原因是他们的住宅顶棚吊顶，地面架空。

上有吊顶下有架空有许多好处，所有管线都不用埋设到混凝土楼板中，可以方便地实现同层排水和集中布置管道竖井，层间隔声和保温效果好，管线水电维修不涉及结构"伤筋动骨"，而且装配式的麻烦和"负担"比较少。比如，叠合楼板块与块之间的接缝，如果有吊顶，就不需要处理，不介意有缝。而我国目前住宅精装修比例很小，即使精装修，也不进行顶棚吊顶，在叠合楼板面上直接刮腻子涂漆，如此，板缝就不被接受，哪怕是很细微的缝。但是要保证叠合楼板构造接缝一点没有痕迹，设计和施工环节的难度比较大。

电线套管，我国目前常规做法是埋设在现浇混凝土中，对于叠合楼板而言，为了埋设管线，楼板总高度比现浇高 20mm。问题是，日后电线维修和更换会对结构造成"侵扰"。

国外室内隔墙较多采用轻钢龙骨板材隔墙，线路、线盒等不用埋设在预制或现浇实体墙中。而我国消费者不接受轻体隔墙，万科曾经做过轻体隔墙尝试，甚至引发购房者大规模投诉。在预制的 PC 剪力墙或内隔墙上埋设各种管线、线路、线盒，安装卫浴、厨柜、收纳柜、空调、窗帘盒等，不仅需要格外精细的设计，也存在维修时"侵扰"结构的问题。

4. 墙体保温

外墙外保温在节能上有很多优势，但国外高层建筑中较少采用。日本高层住宅几乎没有外墙外保温，而是采用外墙内保温，因此 PC 建筑外墙的设计比较灵活。

我国建筑保温大都采用外墙外保温，最常见的做法是黏贴保温层挂玻璃纤维网抹薄灰浆层，这种做法不是很令人放心，已经发生了许多保温层脱落事故，也有火灾发生。

PC 建筑解决外墙外保温的办法是夹芯保温墙板，即"三明治板"，用两层混凝土板夹着保温层。就保温层不脱落和防火而言，夹芯保温墙板是比较可靠的做法。但夹芯保温墙板增加了材料、重量和成本；造型复杂的外墙，设计和制作难度也比较大。

以上列举的"中国课题"，或需要对现有习惯做法进行改变；或需要在现有做法基础上找到解决办法。这给设计增加了难度和工作量。

4.8 装配式设计意识

PC 建筑设计是面向未来的具有创新性的设计过程，设计人员应当具有 PC 建筑的设计意识。包括：

1. 特殊性意识

PC 建筑具有与普通建筑不一样的特殊性，设计人员应遵循其特有规律，发挥其优势，使设计更好地满足建筑使用功能和安全性、可靠性、耐久性要求，更具合理性。

2. 节约环保意识

PC 建筑具有节约资源和环保的优势，设计师应通过设计使这一优势得以实现和扩展，而不是仅仅为了完成装配率指标，为装配式而装配式。精心和富有创意的设计可以使 PC 建筑节约材料、节省劳动力、降低能源消耗并降低成本。

3. 模数化标准化意识

PC 建筑设计应实现模数化和标准化，实现模数协调，如此才能充分实现装配式的优势，降低成本。装配式建筑设计师应当像"乐高"设计师那样，用简单的单元组合丰富的平面、立面、造型和建筑群。

4. 集成化意识

PC 建筑设计应致力于一体化和集成化，如建筑、结构、装饰一体化，建筑、结构、保温、装饰一体化，集约式厨房，整体卫浴，各专业管路的集成化等，进而更大比例地实现建筑产业的工厂化，提升质量、提高效率、降低成本。

5. 精细化意识

PC 建筑设计必须精细，制作、施工过程不再有设计变更。设计精细是构件制作、安装正确和保证质量的前提，是避免失误和损失的前提。

6. 面向未来的意识

PC 建筑是建筑走向未来的基础，是建筑实现工业化、自动化和智能化的基础，PC 建筑可以更方便地实现太阳能与建筑、结构、装饰一体化。设计师应当有强烈的面向未来的意识和使命感，推动创新和技术进步。

4.9 设计质量要点

PC 建筑的设计涉及结构方式的重大变化和各个专业各个环节的高度契合，对设计深度和精细程度要求高，一旦设计出现问题，到施工时才发现，许多构件已经制成，往往会造成很大损失，也会延误工期。PC 建筑不能像现浇建筑那样在现场临时修改或砸掉返工。因此，必须保证设计精度、细度、深度、完整性，必须保证不出错，必须保证设计质量。保证设计质量的要点包括：

（1）设计开始就建立统一协调的设计机制，由富有经验的建筑师和结构设计师负责协调衔接各个专业。

（2）列出与装配式有关的设计和衔接清单，避免漏项。

（3）列出与装配式有关的设计关键点清单。

（4）制定装配式设计流程。

（5）对不熟悉装配式设计的人员进行培训。

（6）与装配式有关的各个专业应当参与拆分后的构件制作图校审。

（7）落实设计责任。

（8）尽可能应用 BIM 系统。

第 5 章

建筑设计

5.1 概述

PC 建筑在实现建筑功能方面有些地方与现浇混凝土结构建筑不同；建筑风格也有自身的规律和特点，某些方面受到一定的约束，建筑设计中必须考虑这些不同、规律、特点和约束。

PC 建筑的建筑设计应当以实现建筑功能为第一原则，装配式的特殊性必须服从建筑功能，不能牺牲或削弱建筑功能去服从装配式，不能为了装配式而装配式。

PC 建筑设计比现浇混凝土结构建筑更需要各专业密切协同，有些部分应实现集成化和一体化，设计须深入细致，有时候还需要面对新的课题。

PC 建筑不能在预制构件上砸墙凿洞或随意植入后锚固螺栓。所有需要在混凝土中埋设的预埋物及其连接节点，都必须清晰准确地给出详细设计，与预制构件有关的所有要求都必须在构件制作图样中清晰给出。

本章介绍 PC 建筑设计中建筑师的作用（5.2）、装配式对建筑风格的影响（5.3）、PC 建筑适用高度与高宽比（5.4）、PC 化与模数化（5.5）、建筑平面设计（5.6）、建筑立面设计与外墙拆分（5.7）、层高与内墙设计（5.8）、外墙保温设计（5.9）、建筑表皮质感设计（5.10）、PC 幕墙建筑设计（5.11）、建筑构造设计（5.12）、装饰设计（5.13）、水暖电设计协同（5.14）。

5.2 建筑师的作用

虽然在 PC 建筑设计中，有关 PC 的设计内容，结构专业是主力，结构计算、结构拆分、节点设计和构件设计的工作量最大，但起龙头作用的还是建筑设计师。

建筑设计师在 PC 建筑设计中是总协调人。除了建筑专业自身与装配式有关的设计外，还需要协调、集成结构、装饰、水电暖设备各个专业与装配式有关的设计，特别是涉及建筑、结构、装饰和其他专业功能一体化和为提升建筑功能与品质而进行的对传统做法的改变，都应当由建筑师领衔。一些地方政府设定了预制率或装配率的刚性要求，如何实现这些要求，也主要是建筑师和结构设计师的任务。

5.3 装配式对建筑风格的影响

装配式对建筑风格影响较大，如何使建筑风格与装配式有机结合，是建筑师进行 PC 建筑设计时的首要课题。

5.3.1　适宜装配式的简洁风格

总体上讲，装配式适合造型简单、立面简洁、没有繁杂装饰的建筑。密斯"少就是多"的现代主义建筑理念最适合 PC 建筑。PC 建筑往往靠别具匠心的精致、恰到好处的比例、横竖线条排列组合变化、虚实对比变化以及表皮质感等构成艺术张力。

从彩页图 C-1、图 C-2、图 C-3、图 C-4、图 C-6 所示的 PC 建筑实例中，可以看到 PC 建筑适宜的风格。这里再介绍几个简洁的 PC 建筑实例。

日本大阪一栋 200.3m 高的 PC 建筑如图 5.3-1 所示，是日本第 3 高住宅，筒中筒结构。这座超高层建筑用外挑楼板形成通长阳台，显得比较轻盈。

日本东京芝浦一座 159m 高的超高层 PC 结构住宅如图 5.3-2 所示，凹入式阳台，砖红色表皮显得厚重。

图 5.3-1　日本大阪 200.3m 高 PC 结构住宅

图 5.3-2　日本东京芝浦超高层 PC 住宅

日本鹿岛公司一座办公楼如图 5.3-3 所示，PC 框架结构，结构梁柱做成清水混凝土，与大玻璃窗构成简洁明快的建筑表皮。

图 5.3-4 所示 PC 建筑窗户比较小，"实体"墙面积比较大，是沉稳厚重的风格。建筑底部和顶部窗户尺寸有变化，是沙利文高层建筑三段式原则的体现；建筑立面的感觉又有路易斯·康的影子，是一栋精致的 PC 建筑。同样是 PC 建筑，这座建筑的风格与图 5.3-3 所示清爽明快的鹿岛办公楼形成了鲜明的对照。

图 5.3-5 是一栋后现代风格 PC 建筑，窗户采用了古罗马拱券符号，简洁而有力量感。

PC 幕墙与玻璃幕墙形成虚实对比的 PC 建筑如图 5.3-6 所示。PC 幕墙表面质感是装饰面砖，用"反打"工艺与混凝土墙板结合成一体。

图 5.3-3　日本鹿岛 PC 结构清水
混凝土表皮办公楼

图 5.3-4　沉稳厚重的 PC 建筑

图 5.3-5　拱券窗洞后现代风格 PC 建筑

图 5.3-6　PC 幕墙与玻璃幕墙建筑

5.3.2　装配式实现复杂风格的优势

原则上讲，造型变化大、立面凸凹多、质感复杂的建筑风格，实现装配式有一定难度。但许多情况下，装配式与现浇比较，实现复杂风格却更有优势。

1. 非线性墙板

世界著名建筑大师伯纳德·屈米设计的辛辛那提大学体育中心如彩页图 C-10 所示，建筑表皮是预制钢筋混凝土镂空曲面板。这样的镂空曲面板如果现浇是非常困难的，很难脱模，造价也会非常高，但采用预制装配式就容易了许多，成本比现浇大大降低，又可缩短工期。一般讲，规则化的曲面板，预制比现浇更有优势。

下面再看看不规则曲面板。著名建筑师马岩松设计的哈尔滨大剧院如图 5.3-7 所示，建筑表皮是非线性铝板，局部采用清水混凝土外挂墙板。这些外挂墙板有些是曲面的，有些是双曲面的，而且曲率不一样，如图 5.3-8 所示。这些墙板在工厂预制可以准确地实现形状和质感要求。实际制作过程是将参数化设计图样输入数控机床，由数控机床在聚苯乙烯板上刻出精确的曲面板模具，再在模具表面抹浆料刮平磨光，而后放置钢筋，浇筑制作曲面板。

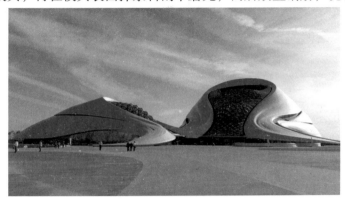

图 5.3-7　哈尔滨大剧院

图 5.3-8　曲面清水混凝土墙板

2. 复杂质感墙板

美国著名建筑组合墨菲西斯设计的达拉斯佩罗自然科学博物馆如彩页图 C-11 所示，建筑表皮是渐变的地质纹理，由 PC 墙板组合而成。这种复杂质感如果在现场浇筑，会比工厂预制困难得多。

制作渐变的地质纹理，模具周转次数很少，甚至可能一块一模。但现浇也同样是模具周转次数少或一块一模。采用预制方式，模具是平躺着的，可以用聚苯乙烯、石膏等便宜的一次性材料制作模具；而现场浇筑模具是立着的，必须用强度高诸如玻璃钢一类的材料制作，还要通过模型环节翻制模具，成本很高。如此看来，复杂质感装配式同样有优势，装配式造价尽管也高，但要比现浇造价低很多。

3. 有规律的造型

混凝土构件造型有规律，预制就有优势，工厂模具比现场浇筑模具便利而且造价低，周转次数多，在工厂制作也比现场方便。

5.3.3　装配式墙板与太阳能采集一体化

建筑、结构、保温、装饰和太阳能一体化的装配式墙板如彩页图 C-5 所示。

利用太阳能是未来建筑的方向。但仅仅靠屋顶采集太阳能，面积有限。特别是高层建筑，屋顶面积相对于建筑面积比例太小。把墙面作为采集太阳能的界面是建筑利用太阳能的重要方向。为此，一方面要将太阳能采集融入建筑艺术，形成建筑节能美学；另一方面要找到便利的实现办法。

装配式可以使太阳能采集与建筑墙体融为一体，制作、施工方便，为建筑师将建筑艺术与节能有机结合提供了支撑。

5.3.4　不适宜装配式的风格

不适宜装配式的建筑风格包括：

1. 体量小的不规则建筑

体量小的不规则建筑，如果没有复制性，孤零零的一两栋建筑，又不是可以忽略造价因素的特殊建筑（如纪念性建筑），就不适宜采用装配式。模具周转次数太少，造价太高。

2. 连续性无缝立面

PC 建筑总是有缝的，无法做到无缝连续。如果用户要求无缝连续性建筑表皮，无法用装配式实现。

3. 直线形墙面凸凹过多

墙面直线形凸凹过多，又没有规律可言，预制比现浇就没有优势。直线形凸凹现场支模板相对简单，而预制要制作很多模具就得不偿失。

5.4　PC 建筑适用高度与高宽比

建筑物的适用高度与高宽比主要受结构规范限制，其限值应当由结构设计师给出。但确定建筑尺度是建筑设计的重要内容，它制约着层数、层高、容积率等，也是建筑形体、建筑风格设计的重要参数。建筑师应当清楚装配式混凝土结构与现浇混凝土结构在建筑尺度上有什么不同。所以，将规范中结构章节关于建筑尺度的规定放在本章介绍。

5.4.1　建筑适用高度

建筑物最大适用高度由结构规范规定，与结构形式、地震设防烈度、建筑是 A 级高度还是 B 级高度等因素有关。

1. 框架、框架-剪力墙、剪力墙结构适用高度

现行行业标准《高层建筑混凝土结构技术规程》（JGJ 3—2010）（以下简称《高规》）和《装配式混凝土结构技术规程》（JGJ 1—2014）（以下简称《装规》）分别规定了现浇混凝土结构和装配式混凝土结构的最大适用高度，两者比较如下：

（1）框架结构，装配式与现浇一样。

（2）框架-现浇剪力墙结构，装配式与现浇一样。

（3）结构中竖向构件全部现浇，仅楼盖采用叠合梁、板时，装配式与现浇一样。

（4）剪力墙结构，装配式比现浇降低 10～20m。

（5）《装规》对装配式筒体结构没有给出规定。

《装规》和《高规》关于装配式混凝土结构建筑与现浇混凝土结构建筑最大适用高度的比较见表 5.4-1。

表 5.4-1　装配式混凝土结构与现浇混凝土结构最大适用高度比较　　（单位：m）

结构体系	非抗震设计		抗震设防烈度							
			6 度		7 度		8 度(0.2g)		8 度(0.3g)	
	《高规》混凝土结构	《装规》装配式混凝土结构	《高规》混凝土结构	《装规》装配式混凝土结构	《高规》混凝土结构	《装规》装配式混凝土结构	《高规》混凝土结构	《装规》装配式混凝土结构	《高规》混凝土结构	《装规》装配式混凝土结构
框架结构	70	70	60	60	50	50	40	40	35	30
框架-剪力墙结构	150	150	130	130	120	120	100	100	80	80
剪力墙结构	150	140(130)	140	130(120)	120	110(100)	100	90(80)	80	70(60)
框支剪力墙结构	130	120(110)	120	110(100)	100	90(80)	80	70(60)	50	40(30)
框架-核心筒	160		150		130		100		90	
筒中筒	200		180		150		120		100	
板柱-剪力墙	110		80		70		55		40	

注：1. 表中，框架-剪力墙结构剪力墙部分全部现浇。

2. 装配整体式剪力墙结构和装配整体式框支剪力墙结构，在规定的水平力作用下，当预制剪力墙结构底部承担的总剪力大于该层总剪力的 50% 时，其最大适用高度应适当降低；当预制剪力墙构件底部承担的总剪力大于该层总剪力 80% 时，最大适用高度应取表中括号内的数值。

2. 预应力框架结构适用高度

现行行业标准《预制预应力混凝土装配整体式框架结构技术规程》（JGJ 224—2010）第 3.1.1 条对预应力混凝土装配整体式框架结构的适用高度的规定见表 5.4-2。在抗震设防时，比非预应力结构适用高度要低些。

表 5.4-2　预制预应力混凝土装配整体式结构适用的最大高度　　（单位：m）

结 构 类 型		非抗震设计	抗震设防烈度	
			6 度	7 度
装配式框架结构	采用预制柱	70	50	45
	采用现浇柱	70	55	50
装配式框架-剪力墙结构	采用现浇柱、墙	140	120	110

3. 辽宁省地方标准关于筒体结构的适用高度

行业标准《装规》对筒体结构的适用高度没有规定，辽宁省地方标准《装配式混凝土结构设计规程》（DB21/T 2572—2016）第 6.1.1 条表 6.1.1《装配整体式结构房屋的最大适用高度》中，有关于 PC 建筑适用高度的规定，见表 5.4-3。

表 5.4-3　辽宁省地方标准关于 PC 建筑适用高度的规定　　　　（单位：m）

结构类型	抗震设防烈度		
	6 度	7 度	8 度(0.2g)
装配整体式框架结构	60	50	40
装配整体式框架-现浇剪力墙结构	130	120	100
装配整体式框架-现浇核心筒结构	150	130	100
装配整体式密柱框架结构			
装配整体式框架-钢支撑结构	80	70	55
剪力墙结构　装配整体式剪力墙结构	120	100	80
剪力墙结构　叠合板式剪力墙结构	60	60	40
剪力墙结构　装配整体式框撑剪力墙结构	60	60	50

4. 日本 PC 建筑实际高度

大阪北浜公寓是日本最高的钢筋混凝土结构住宅，高 208m，PC 建筑，稀柱-剪力墙核心筒结构，剪力墙核心筒现浇。这座建筑是目前世界最高的 PC 建筑之一，如彩页图 C-6 所示。

在日本，150m 以上超高层 PC 建筑比较多，这些超高层 PC 建筑在地震多发地带经受了地震的考验。

5.4.2　建筑高宽比

1. 框架结构、框架-剪力墙结构、剪力墙结构高宽比

现行行业标准《装规》与《高规》分别规定了装配式混凝土结构建筑与现浇混凝土结构建筑的高宽比，两者比较如下：

（1）框架结构装配式与现浇一样。

（2）框架-剪力墙结构和剪力墙结构，在非抗震设计情况下，装配式比现浇要小；在抗震设计情况下，装配式与现浇一样。

（3）《装规》对其他结构没有规定。

2. 辽宁省地方标准关于筒体结构高宽比的规定

辽宁省地方标准《装配式混凝土结构设计规程》（DB21/T 2572—2016）对筒体结构抗震设计的高宽比有规定，与《高规》规定的混凝土结构一样。

3. 高宽比比较

《高规》《装规》和辽宁省地方标准关于高宽比的规定见表 5.4-4。

表 5.4-4　装配整体式混凝土结构与混凝土结构高宽比比较

结构体系	非抗震设计		抗震设防烈度					
			6 度、7 度			8 度		
	《高规》混凝土结构	《装规》装配式混凝土结构	《高规》混凝土结构	《装规》装配式混凝土结构	辽宁省地方标准装配式混凝土结构	《高规》混凝土结构	《装规》装配式混凝土结构	辽宁省地方标准装配式混凝土结构
框架结构	5	5	4	4	4	3	3	3
框架-剪力墙结构	7	6	6	6	6	5	5	5

（续）

结构体系	非抗震设计		抗震设防烈度					
			6度、7度			8度		
	《高规》混凝土结构	《装规》装配式混凝土结构	《高规》混凝土结构	《装规》装配式混凝土结构	辽宁省地方标准装配式混凝土结构	《高规》混凝土结构	《装规》装配式混凝土结构	辽宁省地方标准装配式混凝土结构
剪力墙结构	7	6	6	6	6	5	5	5
框架-核心筒	8	7	7		6			6
简中筒	8	8	7		7			6
板柱-剪力墙	6		5			4		
框架-钢支撑结构					4			3
叠合板式剪力墙结构					5			4
框撑剪力墙结构					6			5

注：框架-剪力墙结构装配式是指框架部分，剪力墙全部现浇。

5.5　PC 化与模数化

5.5.1　模数化对 PC 建筑的意义

模数化对 PC 建筑尤为重要，是建筑部品制造实现工业化、机械化、自动化和智能化的前提，是正确和精确装配的技术保障，也是降低成本的重要手段。

以剪力墙板制作为例。目前，影响剪力墙板制作实现自动化的最大困难是变化多端的伸出钢筋。如果通过模数化设计使剪力墙规格、厚度、伸出钢筋间距和保护层厚度简化为有规律的几种情况，剪力墙出筋边模可以做成几种定型规格，就可以便利地实现边模组装自动化，如此可以大大提高流水线效率，降低模具成本和制作成本。

模具在 PC 构件制作中占成本比重较大。模具或边模大多是钢结构或其他金属材料，可周转几百次、上千次甚至更多，可实际工程一种构件可能只做几十个，模具实际周转次数太少，加大了无效成本。模数化设计可以使不同工程不同规格的构件共用或方便地改用模具。

以窗户尺寸为例。如果采用模数化设计，窗洞尺寸有规律可循，制作墙板时的窗洞模具可以归纳为几种常用规格。由此，不同项目、不同尺寸的墙板，窗洞模具可以通用，就会减少模具量和制作模具的工期，降低成本。

再以梁、柱为例，如果梁、柱拆分设计中构件尺寸符合模数化原则，模具就可能共用。例如，一种断面的柱子有几种不同长度，可按最长的柱子制作模具，根据模数变化规律预留不同柱长的端部挡板螺栓孔，就可以方便地改用。

PC 建筑"装配"是关键，保证精确装配的前提是确定合适的公差，也就是允许误差，包括制作公差、安装公差和位形公差。位形公差是指在力学、物理、化学作用下，建筑部件或分部件所产生的位移和变形的允许偏差，墙板的温度变形就属于位形公差。设计中还需要考虑"连接空间"，即安装时为保证与相邻部件或分部件之间的连接所需要的最小空间，也称空隙，如 PC 外挂墙板之间的空隙。给出合理的公差和空隙是模数化设计的重要内容。

PC 建筑的模数化就是在建筑设计、结构设计、拆分设计、构件设计、构件装配设计、一体化设计和集成化设计中，采用模数化尺寸，给出合理公差，实现建筑、建筑的一部分和部件尺寸与安装位置的模数协调。

5.5.2 建筑模数的基本概念与要求

1. 模数

所谓模数，就是选定的尺寸单位，作为尺度协调中的增值单位。例如，以 100mm 为建筑层高的模数，建筑层高的变化就以 100mm 为增值单位，设计层高有 2.8m、2.9m、3.0m，而不是 2.84m、2.96m、3.03m……

以 300mm 为跨度变化模数，跨度的变化就以 300mm 为增值单位，设计跨度有 3m、3.3m、4.2m、4.5m，而没有 3.12m、4.37m、5.89m……

2. 模数协调

模数协调是应用模数实现尺寸协调及安装位置的方法和过程。

3. 建筑基本模数

基本模数是指模数协调中的基本尺寸单位，用 M 表示。建筑设计的基本模数为 100mm，也就是 $1M = 100$mm。建筑物、建筑的一部分和建筑部件的模数化尺寸，应当是 100mm 的倍数。

4. 扩大模数和分模数

由基本模数可以导出扩大模数和分模数。

（1）扩大模数　扩大模数是基本模数的整数倍数，扩大模数基数应为 $2M$、$3M$、$6M$、$9M$、$12M$……

前面举的例子，层高的模数是基本模数 M，跨度的模数则是扩大模数，为 $3M$。

（2）分模数　分模数是基本模数的整数分数，分模数基数应为 $M/10$、$M/5$、$M/2$，也就是 10mm、20mm、50mm。

（3）模数数列　以基本模数、扩大模数、分模数为基础，扩展成的一系列尺寸，被称作模数数列。模数数列应根据功能性和经济性原则确定。

1）建筑物的开间或柱距，进深或跨度，梁、板、隔墙和门窗洞口宽度等分部件的截面尺寸宜采用水平基本模数和水平扩大模数数列，且水平扩大模数数列宜采用 $2nM$、$3nM$（n 为自然数）。

2）建筑物的高度、层高和门窗洞口高度等宜采用竖向基本模数和竖向扩大模数数列，且竖向扩大模数数列宜采用 nM。

3）构造节点和分部件的接口尺寸等宜采用分模数数列，且分模数数列宜采用 $M/10$、$M/5$、$M/2$。

（4）优先尺寸　优先尺寸是从模数数列中事先排选出的模数或扩大模数尺寸。部件的优先尺寸应由部件中通用性强的尺寸系列确定，并应指定其中若干尺寸作为优先尺寸系列。

1）承重墙和外围护墙厚度的优先尺寸系列宜根据 $1M$ 的倍数及其与 $M/2$ 的组合确定，宜为 150mm、200mm、250mm、300mm。

2）内隔墙和管道井墙厚度优先尺寸系列宜根据分模数或 $1M$ 与分模数的组合确定，宜为 50mm、100mm、150mm。

3）层高和室内净高的优先尺寸系列宜为 nM。

4）柱、梁截面的优先尺寸系列宜根据 $1M$ 的倍数与 $M/2$ 的组合确定。

5）门窗洞口水平、垂直方向定位的优先尺寸系列宜为 nM。

5.5.3　PC 建筑模数化设计的目标

PC 建筑模数化设计的目标是实现模数协调，具体目标包括：

（1）实现设计、制造、施工各个环节和建筑、结构、装饰、水电暖各个专业的互相协调。

（2）对建筑各部位尺寸进行分割，并确定各个一体化部件、集成化部件、PC 构件的尺寸和边界条件。

（3）尽可能实现部品、构件和配件的标准化，如用量大的叠合楼板、预应力叠合楼板、剪力墙外墙板、剪力墙内墙板、楼梯板等板式构件，优选标准化方式，使得标准化部件的种类最优。

（4）有利于部件、构件的互换性，模具的共用性和可改用性。

（5）有利于建筑部件、构件的定位和安装，协调建筑部件与功能空间之间的尺寸关系。

5.5.4　PC 建筑模数化设计主要工作

PC 建筑模数化设计的工作包括（但不限于）：

1. 贯彻国家标准

按照国家标准《建筑模数协调标准》（GB/T 50002—2013）进行设计。

2. 设定模数网格

1）结构网格宜采用扩大模数网格，且优先尺寸应为 $2nM$、$3nM$ 模数系列。

2）装修网格宜采用基本模数网格或分模数网格。

3）隔墙、固定橱柜、设备、管井等部件宜采用基本模数网格，构造做法、接口、填充件等分部件宜采用分模数网格，分模数的优先尺寸应为 $M/2$、$M/5$。

3. 将部件设计在模数网格内

将每一个部件，包括预制混凝土构件、建筑结构装饰一体化构件和集成化部件，都设计在模数网格内，部件占用的模数空间尺寸应包括部件尺寸、部件公差，以及技术尺寸所必需的空间。技术尺寸是指模数尺寸条件下，非模数尺寸或生产过程中出现误差时所需的技术处理尺寸。

（1）确定部件尺寸　部件尺寸包括标志尺寸、制作尺寸和实际尺寸。

标志尺寸是指符合模数数列的规定，用以标注建筑物定位线或基准面之间的垂直距离以及建筑部件、建筑分部件、有关设备安装基准面之间的尺寸。

制作尺寸是指制作部件或分部件所依据的设计尺寸，是依据标志尺寸减去空隙和安装公差、位形公差后的尺寸。

实际尺寸则是部件、分部件等生产制作后的实际测得的尺寸，是包括了制作误差的尺寸。

以宽度为一个跨度的外挂墙板为例。该跨度轴线间距为 4200mm，这个间距就是该墙板的宽度标志尺寸；外挂墙板之间的安装缝和允许安装误差合计为20mm，用4200mm减去这个尺寸即为该墙板的制作尺寸4180mm。外挂墙板实际制作宽度可能又小了5mm，墙板的实际尺寸是4175mm。

设计者应当根据标志尺寸确定构件尺寸，并给出公差，即允许误差。

（2）确定部件定位方法 部件或分部件的定位方法包括中心线定位法、界面定位法或两者结合的定位法。

1）对于主体结构部件的定位，采用中心线定位法或界面定位法。

2）对于柱、梁、承重墙的定位，宜采用中心线定位法。

3）对于楼板及屋面板的定位，宜采用界面定位法，即以楼面定位。

4）对于外挂墙板，应采用中心线定位法和界面定位法结合的方法。板的上下和左右位置，按中心线定位，力求减少缝的误差；板的前后位置按界面定位，以求外墙表面平整。

3）节点设计 在节点设计时考虑安装顺序和安装的便利性。

5.6 建筑平面设计

5.6.1 平面形状

从抗震和成本两个方面考虑，PC建筑平面形状简单为好。里出外进过大的形状对抗震不利；平面形状复杂的建筑，预制构件种类多，会增加成本。

世界各国PC建筑的平面形状以矩形居多。

日本PC建筑主要是高层和超高层建筑，以方形和矩形为主，个别也有"Y"字形，方形的"点式"建筑最多。对超高层建筑而言，方形或接近方形是结构最合理的平面形状。第6章表6.3-1中有几栋日本超高层PC建筑的基本情况，其中有建筑平面的形状。

行业标准《装规》关于装配式混凝土结构的平面形状的规定与《高规》关于混凝土结构平面布置的规定一样。建筑平面尺寸及凸出部位比例限值照搬了《高规》的规定。为了读者方便，将《高规》和《装规》的建筑平面示意图和平面尺寸及凸出部位比例限值列出，见图5.6-1和表5.6-1。

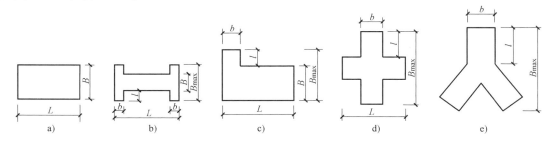

图5.6-1 建筑平面规则性

表5.6-1 平面尺寸及凸出部位比例限值

抗震设防烈度	L/B	l/B_{max}	l/b
6度、7度	≤6.0	≤0.35	≤2.0
8度	≤5.0	≤0.30	≤1.5

5.6.2　《装规》关于 PC 建筑平面设计的规定

行业标准《装规》5.2 节关于装配式混凝土结构的平面设计有如下规定：

1）建筑宜选用大开间、大进深的平面布置。

2）承重墙、柱等竖向构件上、下连续。

3）门窗洞宜上下对齐、成列布置，其平面位置和尺寸应满足结构受力及预制构件的设计要求；剪力墙结构不宜采用转角窗。

4）厨房和卫生间的平面布置应合理，其平面尺寸宜满足标准化整体橱柜及整体卫浴的要求。

5.6.3　PC 范围

建筑师在平面设计时应当与结构工程师共同确定 PC 范围：哪部分结构或墙体预制，哪部分现浇。这个问题制约或影响着外墙和隔墙设计、建筑构造设计以及其他专业的设计。

关于确定 PC 范围，笔者认为，要么预制构件尽可能多，要么只做诸如叠合楼板、外墙挂板、楼梯、阳台板类的构件。最麻烦的是一栋建筑一半预制一半现浇，效率降低，麻烦增多，成本增加。

例如，一项工程有两栋楼，要求 30% 预制率。两栋楼都按 30% 的预制率就不如一栋楼现浇，一栋楼 60% 预制率。这样，只为一栋楼配置大吨位塔式起重机。当然，笔者更主张两栋楼都是高预制率。预制率达到一定比率，才能发挥装配式的优势。

5.6.4　大开间大进深的意义

《装规》要求平面布置宜大开间、大进深。这非常重要，也非常有意义。

笔者在日本考察 PC 建筑，看到超高层住宅多是筒体结构，内外筒之间无柱空间十几米宽（用预应力叠合楼板）。大空间使分户设计和户内布置非常灵活。世界最高 PC 建筑，208m 高的大阪北浜公寓，一共 400 户，居然设计了上百个户型。笔者不理解为什么设计这么多户型，日本设计师解释，这栋建筑是 11 家地产商联合投资建设，各自销售，户型根据各家投资商的要求设计，这些投资商是在充分细分市场的基础上提出户型要求的。由于无柱空间大，设计这么多户型没有麻烦，对结构没有任何影响。内墙是轻体隔墙，顶棚吊顶、地面架空，管线不埋设在混凝土中，同层集中管线到几个竖井。日本超高层建筑使用寿命 100 年以上，这么长时间，人们的生活习惯和生活水平都会发生变化，或者不同时间段居住着不同年龄的人，生活要求不一样。日本建筑师说，一个家庭在孩子小的时候，希望房间多一些，房间面积可以小一些；等孩子都长大出去了，则希望房间面积大一些，房间数量可以少一些。无结构柱结构墙的大空间使建筑在使用寿命期内的户内布置改变没有障碍。

结构体系对平面布置影响较大。框架结构和筒体结构的平面布置比较灵活，剪力墙结构平面布置受到限制较多。所以，剪力墙结构更应当尽可能地布置大开间、大进深。

国内住宅不愿采用柱梁结构，众口一词的说法是因为柱梁凸入室内空间对布置不利。笔者认为这个说法已经过时了。现在小跨度柱梁体系建筑已经不多见了，大跨度框架结构和筒体结构，柱梁凸入房间的影响其实不大，筒体结构甚至可以认为基本没有影响。即使有点影响，在装修环节也可以巧妙处理。笔者认为，或许应当尝试一下减少沉重而又不灵活的剪力墙体系在高层住宅中的比重。毕竟,柱梁体系建筑在抗震方面有着优越的表现,在建筑功能方面又有着明显的优势。

大开间、大进深对装配式非常有利,可以减少构件规格和构件数量,更好地发挥装配式的优势。

5.7 建筑立面设计与外墙拆分

建筑立面设计是形成建筑艺术风格最重要的环节,PC 建筑的立面有其自身的规律与特点。

PC 建筑的拆分设计主要是结构设计师的任务,但外墙拆分设计,建筑师的艺术思考起着关键性的作用。

5.7.1 柱、梁体系外立面设计

柱、梁结构体系 PC 建筑外立面设计,建筑师的创作空间比较大,有多种选择。

1. PC 柱、梁构成立面

图 5.3-3 所示的鹿岛办公楼,由清水混凝土 PC 柱、梁与玻璃窗形成外立面。柱和梁比较纤细,立面风格显得很轻盈。

彩页图 C-1 所示沈阳万科春河里住宅也是 PC 柱、梁与玻璃窗组成外立面。由于沈阳气候寒冷,柱与梁都是夹芯保温构件,断面加大了,由此窗户面积变小,立面效果显得厚重。

下面再给出几个日本 PC 建筑用柱、梁形成立面的例子,如图 5.7-1 ~ 图 5.7-3 所示。

图 5.7-1　双柱与长梁构成的立面

图 5.7-2　柱、梁反打石材外立面

PC 柱、梁构成的外立面，可以凸出柱，将梁凹入，以强调竖向线条；也可以凸出梁，将柱凹入，以强调横向线条。

图 5.7-4 所示 PC 建筑是柱凸出、墙面凹入以强调竖向线条的例子。

图 5.7-3　PC 柱、梁构成方格网立面

图 5.7-4　凸出 PC 柱强调竖向线条的立面

2. 带翼缘 PC 柱、梁

PC 柱、梁立面还可以将柱、梁做成带翼缘的断面，由此可使窗洞面积缩小。

梁向上伸出的翼缘称为腰墙；向下伸出的翼缘称为垂墙；柱子向两侧伸出的翼缘称为袖墙。如图 5.7-5 所示。

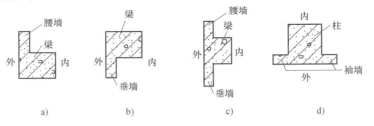

图 5.7-5　带翼缘的 PC 柱、梁断面

图 5.7-6 所示建筑立面是梁带垂墙板的例子。

3. 楼板和楼板加腰板构成立面

图 5.3-1 所示日本某混凝土结构住宅，PC 建筑。该建筑用探出柱、梁的楼板形成了轻盈明快的横向线条。

在探出楼板上安装 PC 腰板或 PC 外墙挂板（图 5.7-7），可以形成横向线条立面。图 5.7-8 ~ 图 5.7-10 所示的几座日本 PC 建筑，采用腰板或外墙挂板构成横向线条立面。

图 5.7-6　带垂墙板的 PC 梁

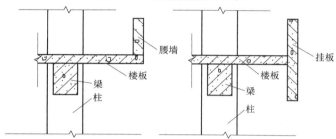

图 5.7-7　安装在楼板上的腰墙或挂板

图 5.7-8　福冈日航酒店略带弧面的腰板

图 5.7-9　强调横向线条的 PC 建筑

图 5.7-10　主楼强调横向线条，裙楼
用楼板间的 PC 柱形成竖向线条

4. PC 幕墙

PC 幕墙，也就是预制钢筋混凝土外挂墙板组成的幕墙，是相对于主体结构有一定的位移能力和自身变形能力，不承担主体结构所承受的作用的外围护墙体。

PC 幕墙在柱、梁结构体系中应用较多。PC 墙板通过安装节点安装在柱、梁或楼板上。幕墙板可以做成有窗的、实体的；平面的、曲面的；还可以做成镂空的。墙体表面可以做成各种造型和质感。国外钢结构建筑也比较多地应用 PC 幕墙。

彩页图 C-7、图 C-10、图 C-12 和图 5.3-4、图 5.3-5、图 5.3-6、图 5.3-8、图 5.7-10、图 5.7-11 所示建筑都是 PC 幕墙立面。

5.7.2　剪力墙结构外立面

剪力墙结构建筑外墙多是结构墙体，建筑师可灵活发挥的空间远不如柱、梁体系那么大。

剪力墙结构 PC 外墙板宜做成建筑、结构、围护、保温、装饰一体化墙板，即夹芯保温剪力墙板，或者叫"三明治剪力墙板"。建筑师可在"三明治墙板"外叶板表面做文章，设计凸凹不大的造型、质感、颜色和分格缝等。

图 5.7-11　PC 幕墙

有些地区如上海对凸出墙体的"飘窗"格外钟爱，预制飘窗会使建筑立面显得生动和富有变化。

根据《装规》规定，剪力墙转角和翼缘等边缘构件要现浇，如此，建筑师还需要解决预制剪力墙板与现浇边缘构件"外貌"一致或协调的问题。

PC 剪力墙建筑实例如彩页图 C-4 所示。

5.7.3 建筑外立面构件拆分

PC 建筑的结构拆分主要是结构设计师的工作，但建筑立面混凝土构件的拆分不仅需要考虑结构的合理性和实现的便利性，更要考虑建筑功能和艺术效果。所以，外立面拆分应当以建筑师为主。

外立面构件拆分应考虑的因素包括：

（1）建筑功能的需要，如围护功能、保温功能、采光功能等。

（2）建筑艺术的要求。

（3）建筑、结构、保温、装饰一体化。

（4）对外墙或外围柱、梁后浇筑区域的表皮处理。

（5）构件规格尽可能少。

（6）整间墙板尺寸或重量超过了制作、运输、安装条件的许可时的对应办法。

（7）与结构设计师沟通，符合结构设计标准的规定和结构的合理性。

（8）与结构设计师沟通，外墙板等构件有对应的结构可安装等。

5.8 层高与内墙设计

之所以把建筑层高与内墙设计列在一节里，主要因为两者在设计中面临同样的问题。

5.8.1 架空问题

在第 4 章已经介绍过，把管线和箱槽埋设在混凝土结构中存在以下问题：

（1）削弱构件断面，对结构不利。

（2）容易与钢筋"撞车"，互相干扰。

（3）维修、更换非常不便。

以上几点其实对现浇混凝土结构也是问题，对装配式混凝土结构更不适宜。在日本，无论现浇混凝土结构建筑还是装配式结构建筑，都不把管线埋置在混凝土中。

若不把管线埋置在混凝土中，就需要"架空"。地板架空或顶棚吊顶（吊顶也是一种"架空"）；非结构墙体采用空心墙；结构墙体附设架空层。如此，对结构有利，对维修更换有利，也带来其他好处，如同层排水、楼板和墙体隔声好，保温好等。但架空会增加造价，增加层高，在建筑高度受到限制的情况下，会降低容积率。所以，是否架空，决策者不是设计师，而是"甲方"，因为这涉及建筑的市场定位和造价。

5.8.2 层高设计

1. 顶棚不吊顶地面不架空

顶棚不吊顶地面不架空，就住宅而言，PC 建筑与现浇混凝土建筑的层高一样，只是楼板厚度可能会增加 20mm。住宅现浇混凝土楼板厚度一般为 120mm。采用叠合楼板，预制楼板厚度为 60mm，现浇部分因埋设管线，厚度至少需要 80mm，如此叠合楼板总厚度为

140mm。

如果顶棚不吊顶，建筑设计师应向结构拆分设计人员提出要求：叠合板拼缝处节点设计要保证使用期间不产生可视裂缝，PC 楼板预制时需要埋设灯具接线盒和固定灯具的预埋件等。

2. 顶棚吊顶

顶棚吊顶，电源线等管线可悬挂在楼板下面吊顶上面，如图 5.8-1 所示。叠合板后浇混凝土层不用再考虑埋设管线。

图 5.8-1　日本 PC 住宅顶棚吊顶，管线不用埋设在混凝土中

楼板在预制时需埋设固定线路、吊顶、灯具的预埋件。在日本，悬挂管线的每一个预埋件都设计在图样上，没有施工现场打膨胀螺栓的做法。日本的叠合楼板生产线自动化程度比较高，楼板所有预埋件都是计算机根据图样自动定位放线、机器臂自动放置。

在顶棚吊顶的情况下，为保证房间净高，建筑层高应增加约 100～200mm。有中央空调的建筑，空调通风管路处可局部吊顶，如图 5.8-2 所示。

图 5.8-2　通风管道处局部吊顶

3. 地面架空

地面架空有三个好处：

（1）隔声好，楼上小孩蹦蹦跳跳的声音不会传至楼下。

（2）可以方便地实现同层排水，竖向管道集中。

（3）排水管线维修更换方便。

地面架空的实际做法如图 5.8-3、图 5.8-4 所示。采用地面架空应增加层高 150 ~ 200mm。

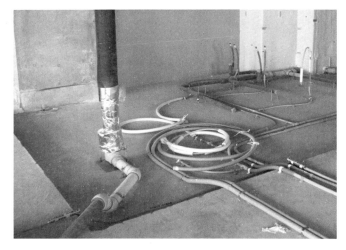

图 5.8-3　地面架空为管线布置和同层排水提供了方便

图 5.8-4　地面架空示意图

4. 顶棚吊顶 + 地面架空

在顶棚吊顶 + 地面架空的情况下，层高应增加 300mm 左右。

5.8.3　内墙设计

1. 外墙内壁

把外墙内壁列在内墙设计中，是因为有的外墙内壁需要"架空"。

PC 剪力墙外墙、外墙挂板、外围柱梁、腰墙、垂墙和袖墙内壁等，由于预制的表面比较光滑，可以直接刮腻子涂漆。

但有的外墙内壁，如山墙或平面凸出部位侧墙，可能是电视位置或床头位置，或需要悬挂空调，因此需要埋设电源线、有线电视线、有线电视插座或开关等。此时，外墙内壁应当附设架空层。因为在外墙 PC 构件中埋设管线易导致渗漏、透寒甚至透风。

附设外墙内壁架空层的做法如图 5.8-5、图 5.8-6 所示。

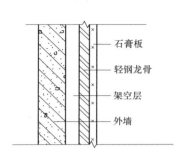

图 5.8-5 外墙内壁架空示意图

图 5.8-6 PC 外墙内壁架空做法

2. 凹入部位外墙

凹入部位外墙是指柱、梁结构体系凹入式阳台的外墙，这部分外墙不采用 PC 外墙挂板，可用 ALC 板，如图 5.8-7 所示。

3. 柱、梁结构体系内隔墙

框架结构、框架-剪力墙结构和筒体结构等柱、梁结构体系的内墙应采用轻体墙，包括轻钢龙骨石膏板墙、ALC 板、空心板、轻质混凝土板等。

国外 PC 建筑较多采用轻钢龙骨石膏板墙，如图 5.8-8 所示；户与户之间的分隔墙两边采用双层石膏板，如图 5.8-9 所示。

图 5.8-7 凹入式阳台 ALC 轻体外墙

图 5.8-8 轻钢龙骨石膏板墙体示意图

轻钢龙骨石膏板墙有很多优点，重量轻、隔声好，布设管线方便，维修方便等。但我国的用户对其不信任或者不习惯，觉得没有安全感，所以，用于住宅可能还需要用户接受的过程。

国内内隔墙常用的空心隔墙板、轻体隔墙板价格便宜，但隔声效果不如轻钢龙骨石膏板墙，布置管线也不是很方便，户间墙也无法做保温。

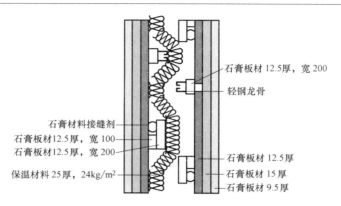

图 5.8-9　日本 PC 住宅分户墙剖面图

4. 剪力墙结构内墙

剪力墙结构建筑的内墙包括结构剪力墙和内隔墙。

如果采用传统方式，将电源线等埋设在混凝土墙体内，设计中须注意管线和电源插座必须避开结构连接区，即钢筋套管或浆锚孔的区域。所有管线、预埋物的埋设要求都要落在构件制作图样上。

如果不将管线埋设在剪力墙中，有管线的墙体就需要附设架空层，如图 5.8-5 所示。

附设架空层优点突出，但需占据一定的空间，也会提高造价。

5.8.4　CSI 住宅简介

CSI 住宅体系，即住宅的支撑体部分和填充体部分相分离的住宅建筑体系。

C 是中国 China 的首字母，表示基于中国国情和住宅建设及其部品发展现状而设定的相关要求。

S 是英文 Skeleton 的首字母，表示具有耐久性、公共性的住宅支撑体，是住宅中不允许住户随意变动的一部分，包括住宅的主体结构、分户墙、除门窗以外的外围护结构和公用管道井等公共部分，具有高耐久性。

I 是英文 Infill 的首字母，表示具有灵活性、专有性的住宅内填充体，是住宅内住户在住宅全寿命周期内可以根据需要灵活改变的部分，主要包括内隔墙及装修、整体卫浴、整体厨房、门窗、架空层、设备管线等部分，具有可变性。

"CSI 住宅"的核心特点包括：支撑体部分与填充体基本分离；卫生间实现同层排水和干式架空；部品模数化、集成化；套内接口标准化；室内布局具有部分可变更性；按耐久年限和权属关系划分部品群；强调住宅维修和维护管理体系。

前面介绍的上吊顶、下架空、内隔墙都属于 CSI 的内容。

住房和城乡建设部主编的《CSI 住宅建设技术导则（试行）》对 CSI 有系统全面的引导。PC 建筑的推广应当是 CSI 的发展机会。

5.9　外墙保温设计

对于外墙外保温而言，PC 建筑常用的保温方式是夹芯保温板（"三明治板"），这也是欧美 PC 建筑常用的保温方式。

日本 PC 建筑大多采用外墙内保温方式，"三明治板"很少用。

本节先分析目前国内外墙外保温方式存在的问题，然后介绍夹芯保温构件和我国有关研究单位和企业研发的 PC 外墙保温新方式。

5.9.1　目前外墙保温存在的问题

目前我国大多数住宅采用外墙外保温方式，将保温材料（聚苯乙烯板）粘在外墙上，挂玻璃纤维网抹薄灰浆保护层。

外墙外保温具有保温节能效果好、不影响室内装修的优点，但目前的黏贴抹薄灰浆的方式存在三个问题：

（1）薄壁保护层容易裂缝和脱落，这是常见的质量问题。

（2）保温材料本身也会脱落，已经发生过多起脱落事故。

（3）薄壁灰浆保护层防火性能不可靠，有火灾隐患。已发生过多起保温层着火事故。

5.9.2　夹芯保温构件（"三明治板"）

1. 夹芯保温构件

夹芯保温板国外称为"三明治板"，由钢筋混凝土外叶板、保温层和钢筋混凝土内叶板组成，是建筑、结构、保温、装饰一体化墙板，如图 5.9-1 所示。

外围柱、梁也可以做夹芯保温。沈阳万科春河里住宅的柱、梁就是夹芯保温柱、梁。所以，这里用"夹芯保温构件"的概念，包括夹芯保温剪力墙外墙板、夹芯保温外墙挂板、夹芯保温柱、夹芯保温梁等。

夹芯保温构件的外叶板最小厚度为 50mm，一般是 60mm，外叶板用可靠的拉结件与内叶板连接，不会像薄层灰浆那样裂缝脱落，保温层也不会脱落，防火性能大大提高。

外叶板可以直接做成装饰层或作为装饰面层的基层。

夹芯保温构件的保温材料可用 XPS，即挤塑板，不能用 EPS 板，因为 EPS 板强度低、颗粒松散，拉结件穿过时容易破损，会形成热桥；浇筑混凝土时也容易压缩变形，特别是柱、梁构件。

图 5.9-1　夹芯保温板构造

夹芯板保温构件比粘贴保温层抹薄灰浆的方式增加了外叶板重量和成本，也增加了无使用效能的建筑面积。但这不能看作是装配式导致的成本增加，而是提高建筑保温安全性（防止脱落，提高防火性能）所增加的成本。

PC 建筑外墙外保温也可以沿用传统的粘贴保温层抹薄灰浆的做法，目前国内一些 PC 建筑也这样做。但这样做没有借装配式之机提高保温层的安全性和可靠性，也削弱了装配式的优势，属于为了装配式而装配式的应付做法。

2. 有空气层的夹芯保温构件

外墙外保温构造中没有空气层，结露区在保温层内，时间长了会导致保温效能下降。

夹芯保温板内叶板和外叶板是用拉结件连接的，不需要与保温层粘接，如此，外叶板内壁可以做成槽形，在保温板与外叶板之间形成空气层，以结露排水，如图 5.9-2 所示，这是夹芯保温板的升级做法，对长期保证保温效果非常有利。

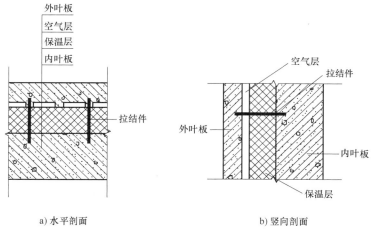

a) 水平剖面　　　　　　　　b) 竖向剖面

图 5.9-2　有空气层的夹芯保温板构造

5.9.3　PC 建筑保温新思路

国内有科研机构和企业研发了 PC 建筑保温新做法，这里做简单介绍。

1. 双层轻质保温外墙板

双层轻质保温外墙板是用低导热系数的轻质钢筋混凝土制成的墙板，分结构层和保温层两层，如图 5.9-3 所示。结构层混凝土强度等级 C30，密度为 $1700kg/m^3$；导热系数 λ 约为 0.2，比普通混凝土提高了隔热性能；保温层混凝土强度等级 C15，密度为 $1300 \sim 1400kg/m^3$，导热系数 λ 约为 0.12。结构层与保温层钢筋网之间有拉结筋。保温层表面或直接涂漆，或做装饰混凝土面层。

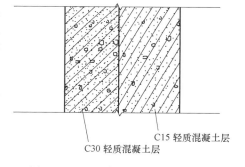

C15 轻质混凝土层

C30 轻质混凝土层

双层轻质保温外墙板的优点是制作工艺简单，成本低。双层轻质保温外墙板采用憎水型轻骨料，可用在不很寒冷的地区。

图 5.9-3　双层轻质保温外墙板构造

2. 无龙骨锚栓干挂装饰面板

无龙骨锚栓干挂装饰面板就是在保温层外干挂石材或装饰混凝土板，但不用龙骨。

由于 PC 墙板具有比较高的精度，可以在制作时准确埋置内埋式螺母，由此，干挂石材或装饰混凝土板可以省去龙骨，干挂石材的锚栓直接与内埋式螺母连接，如图 5.9-4 所示。

无龙骨锚栓保护板方式与夹芯保温墙板比较，由于没有外叶板，减轻了重量。与传统的保温层薄壁抹灰方式比较，不会脱落，安全可靠。与有龙骨幕墙比较节省了龙骨材料和安装费用。干挂方式保温材料可以用岩棉等 A 级保温材料。此种方法仅限于石材幕墙或装饰混凝土幕墙。

5.9.4　保温防火构造

夹芯保温构件使用 B 级保温材料时，为更好地提高防火性能，可在窗口、板边处用 A 级保温材料封边，宽 100mm；在墙板连接节点塞填 A 级保温材料。其中，窗口部位应当是加强防火措施的重点部位。

窗口和板边 A 级保温材料封边如图 5.9-5 所示。

墙板连接处防火构造见 5.11 节和 5.12 节。

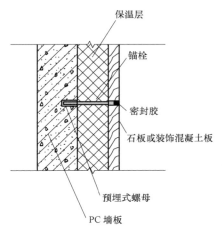

图 5.9-4　无龙骨锚栓干挂保护层

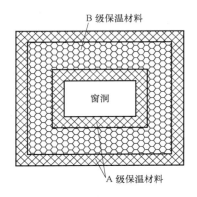

图 5.9-5　夹芯保温板窗口和板边 A 级保温材料封边示意图

5.9.5　日本的外墙内保温

日本建筑外墙保温目前绝大多数采用外墙内保温方式。虽然政府也推广外墙外保温，但仅在北海道有应用。由于日本的采暖与空调都是以户为单元开启和计量，外墙内保温方式似乎更精确一些。由于日本住宅都是精装修，顶棚吊顶、地面架空，内壁有架空层，外墙内保温在顶棚、地面防止热桥的构造不存在影响室内空间问题。户与户之间的隔墙也有保温层。

5.10　建筑表皮质感设计

PC 建筑常见的表皮质感包括清水混凝土、涂料、石材、面砖、装饰混凝土等。

5.10.1　清水混凝土

预制构件可以提供高品质的清水混凝土表面，既可以做到安藤忠雄那种绸缎般细腻的混凝土质感，也可以做到勒·柯布西耶粗野的清水混凝土风格。图 5.3-3 所示日本鹿岛 PC 建筑裸露的柱梁就是清水混凝土；图 5.3-8 是哈尔滨大剧院的清水混凝土幕墙板。

建筑师选择清水混凝土质感，应要求工厂打样，作为制作和验收依据。

建筑师对清水混凝土质感可以有较高的要求，甚至光滑如镜面，但对颜色均匀不应有过高期望，因为水泥先后窑产品、混凝土干燥程度不同都会有色差。存在一定的色差是混凝土固有的特征，要求颜色必须均匀，只能靠涂刷具有清水混凝土效果的涂料来实现，但效果并不真实。真实的清水混凝土存在一定的色差。当然，因水泥和骨料不是同一来源、配合比不准确、骨料含泥量大等因素造成的色差应当避免。

清水混凝土构件垂直角容易磕碰，宜做成抹角或圆弧角，对此设计应当给出要求，见本章 5.12 节。当然，有的建筑师喜欢清晰的直角感觉，也可以实现，需要强调构件的棱角保护。

清水混凝土柱子如果要求4个面都做成光洁质感，设计师应当给出明确说明。因为正常情况下，柱子是在"躺着"的模具里制作的，5个模具面，1个压光面。压光面的光洁度要差些。4面光洁的柱子应当用立式模具制作。

设计师应要求清水混凝土表面涂覆透明的保护剂，以保护面层不被雾霾、沙尘和雨雪污染。

5.10.2 涂漆

在混凝土表面涂漆是 PC 建筑常见的做法，可以涂乳胶漆、氟碳漆或喷射真石漆。由于 PC 构件表面可以做得非常光洁，涂漆效果要比现浇混凝土抹灰后涂漆精致很多，如图 5.10-1 所示。

涂漆作业最好在构件工厂进行，可以更好地保证质量和色彩均匀，这需要产品在存放、运输、安装和缝隙处理环节的精心保护。

图 5.10-1　表面涂漆的 PC 墙板

5.10.3 石材质感

1. 石材"反打"

石材是 PC 建筑常用的建筑表皮，用"反打"工艺实现。不仅 PC 建筑，许多钢结构建筑的石材幕墙也用石材反打的 PC 墙板，如图 5.10-2 所示。

图 5.10-2　日本大阪钢结构商业综合体的石材反打 PC 墙板幕墙

石材反打是将石材铺到模具中,装饰面朝向模具,用不锈钢卡钩将石材钩住。不锈钢卡钩的数量取决于石板面积,如图 5.10-3 所示。钢筋穿过卡钩,然后浇筑混凝土,石材与混凝土结合为一体。在石材与混凝土之间须涂覆隔离剂,一是防止混凝土"泛碱"透过石材,避免湿法粘贴石材常出现的问题;二是起到隔离作用,削弱石材与混凝土温度变形不一致产生的温度应力的不利影响。

图 5.10-3 石材反打工艺——把石材铺到模具上,背后有不锈钢卡钩

夹芯保温板石材反打是在外叶板上进行的,外叶板由此会增加厚度和重量,对拉结件的结构计算和布置会有影响,应提醒结构设计师。

石材反打设计,建筑师应给出详细的石材拼图和要求,如是否有缝,如果有缝,缝宽是多少等。石材规格严格按照设计要求加工。从图 5.10-4、图 5.10-5 所示石材反打成品照片中,可以看到石材拼图的精细程度。

图 5.10-4 石材反打成品

2. 无龙骨锚栓石材

前面 5.9.3 小节第 2 条介绍了无龙骨锚栓保护板,无龙骨锚栓石材就是以石材为保护板,在 PC 墙板上埋置内埋式螺母,用连接件和锚栓干挂石材。

图 5.10-5　无缝的石材反打 PC 墙板

3. 有龙骨石材幕墙

国内有的企业在设计 PC 建筑时，幕墙依然采用有龙骨幕墙，在 PC 墙板预制时埋设内埋式螺母，固定龙骨，然后干挂幕墙。

5.10.4　装饰面砖反打

装饰面砖也是 PC 建筑常用的建筑表皮，如图 5.10-6 所示，用"反打"工艺实现。面砖还可以在弧面上反打，如图 5.10-7 所示。

图 5.10-6　面砖反打的 PC 墙板　　　　图 5.10-7　面砖反打的弧形 PC 阳台板

装饰面砖反打工艺原理与石材反打一样，将面砖铺到模具中，装饰面朝向模具，在面砖背面浇筑混凝土，如图 5.10-8 所示。装饰面砖反打要比现场贴面砖精致很多，100 多 m 高的建筑，外墙面砖接缝看上去是笔直的，误差在 2mm 以内，如图 5.10-9、图 5.10-10 所示。面砖反打工艺，面砖与混凝土的结合也很牢固，据日本 PC 工厂技术人员介绍，日本几十年面砖反打工程没有出现脱落现象，比现场湿法粘贴安全可靠。

装饰面砖反打，建筑师须给出详细的排砖布置图。面砖供货商按照图样配置瓷砖，有些特殊规格的瓷砖，如转角瓷砖，需特殊加工。

面砖反打可以与石材反打搭配，如图 5.10-11 所示。

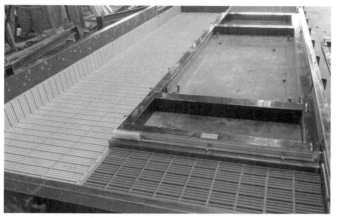

图 5.10-8　反打面砖工艺

图 5.10-9　面砖反打 PC 板成品

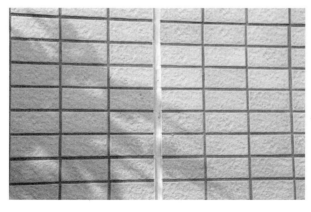

图 5.10-10　面砖反打可以做到非常精致

图 5.10-11　面砖反打与石材反打结合

5.10.5　装饰混凝土

装饰混凝土是指有装饰效果的水泥基材质，包括彩色混凝土、仿砂岩、仿石材、文化石、仿木、仿砖等。

本章开头介绍的美国著名建筑组合墨菲西斯设计的渐变地质纹理质感预制混凝土板就是采用装饰混凝土的做法。

装饰混凝土的造型与质感通过模具、附加装饰混凝土质感层、无龙骨干挂装饰混凝土板等方式实现。

装饰混凝土的色彩通过水泥或白水泥、彩色骨料和颜料实现。

1. 依靠模具形成造型与质感

装饰混凝土依靠模具的形状和纹理形成造型与质感，如图 5.10-12、图 5.10-13 所示。模具材质包括硅胶、橡胶、水泥基、玻璃钢等。

图 5.10-12　模具形成凸凹不平的石材质感

图 5. 10-13　模具形成的条状造型

2. 表面附着质感装饰层

在混凝土表面附着质感装饰层，附着的方式是在模具中首先浇筑质感装饰层，然后再浇筑混凝土层。质感装饰层的原材料包括水泥（或白水泥）、彩砂（花岗石人工砂和石英砂等）、砂子、颜料、水、外加剂等。质感装饰层适宜的厚度为 10～20mm，过薄容易透色，即混凝土浆料的颜色透到装饰混凝土表面；过厚容易开裂。

表面质感形成的方式包括：

（1）在模具表面刷缓凝剂，脱模后用水刷方式刷去水泥浆，露出彩砂骨料的质感。

（2）用喷砂方式把表面水泥石打去，形成凹凸表面，露出彩砂骨料质感。

（3）用人工剔凿的方式凿去水泥石，露出彩砂骨料质感。剔凿方式多用于凹凸条纹板。凸出部位厚度可达 60mm。

PC 表面装饰混凝土质感如图 5. 10-14、图 5. 10-15 和彩页图 C-13-1～图 C-13-6 所示。

图 5. 10-14　不同质感的装饰混凝土墙板

3. 无龙骨干挂装饰混凝土板

装饰混凝土板基层材质用 GRC 或超高性能混凝土（加钢纤维），表层为装饰混凝土。GRC 板基层与装饰层可以做成一样。

装饰混凝土板厚度为 15 ~ 30mm，可做成 $2m^2$ 以下带边肋板、平板或曲面板，用无龙骨锚栓方式干挂。

图 5.10-15　各种装饰混凝土质感

5.11　PC 幕墙建筑设计

PC 幕墙是钢筋混凝土预制墙板组成的幕墙，可用于钢筋混凝土框架结构、框架-剪力墙结构、筒体结构等结构体系，国外许多钢结构建筑也用 PC 幕墙。

PC 幕墙建筑设计包括幕墙板拆分、PC 幕墙板造型、接缝宽度与构造、幕墙板其他构造。

PC 幕墙板结构设计见第 11 章。

5.11.1　幕墙板拆分

1. 拆分原则

PC 墙板具有整体性，板的尺寸根据层高与开间大小确定。PC 墙板一般用 4 个节点与主体结构连接，宽度小于 1.2m 的板也可以用 3 个节点连接。比较多的方式是一块墙板覆盖一个开间和层高范围，称作整间板。如果层高较高，或开间较大，或重量限制，或建筑风格的要求，墙板也可灵活拆分，但都必须与主体结构连接。有上下连接到梁或楼板上的竖向板；左右连接到柱子上的横向板；也有悬挂在楼板或梁上的横向板。

关于外挂墙板，有"小规格多组合"的主张，这对 ALC 等规格化墙板是正确的，但对 PC 墙板不合适。PC 墙板的拆分原则是在满足以下条件的情况下，大一些为好。

（1）满足建筑风格的要求。

（2）安装节点的位置在主体结构上。

（3）保证安装作业空间。

（4）板的重量和规格符合制作、运输和安装限制条件。

2. 墙板类型

（1）整间板　整间板是覆盖一跨和一层楼高的板，安装节点一般设置在梁或楼板上如

图 5.11-1 所示。图 5.3-4、图 5.3-6、图 5.7-11、图 5.10-12 都是整间板的例子。

（2）横向板　横向板是水平方向的板，安装节点设置在柱子或楼板上，如图 5.11-2 所示。

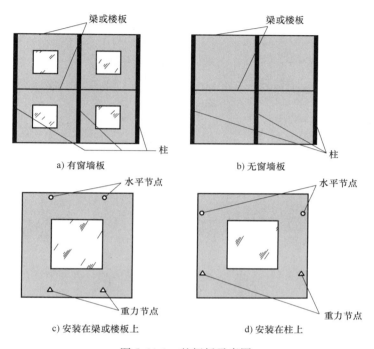

图 5.11-1　整间板示意图

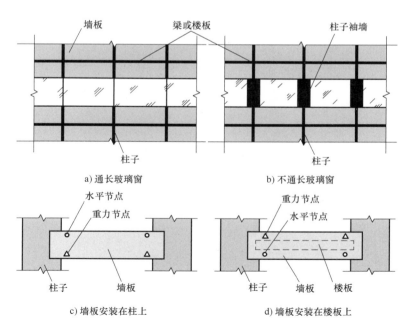

图 5.11-2　横向板示意图

（3）竖向板　竖向板是竖直方向的板，安装节点设置在柱旁或上下楼板、梁上，如图5.11-3所示。

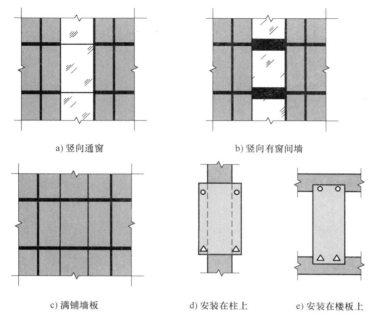

a) 竖向通窗　　　　　　　　　b) 竖向有窗间墙

c) 满铺墙板　　　　　d) 安装在柱上　　　　e) 安装在楼板上

图 5.11-3　竖向板示意图

3. 转角拆分

建筑平面的转角有阳角直角、斜角和阴角，拆分时要考虑墙板与柱子的关系，考虑安装作业的空间。

（1）平面阳角直角拆分　平面直角板的连接有直板平接、折板、直板对角三种方式，如图5.11-4所示。

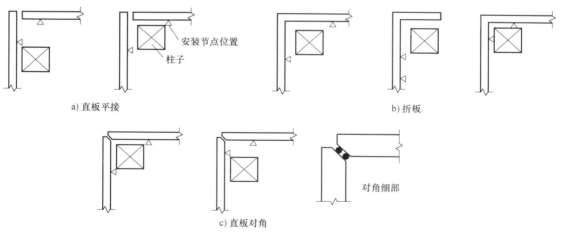

a) 直板平接　　　　　　　　　　　　　　　　b) 折板

c) 直板对角

图 5.11-4　平面阳角直角拆分示意图

（2）平面斜角拆分　平面斜角拆分如图5.11-5所示。

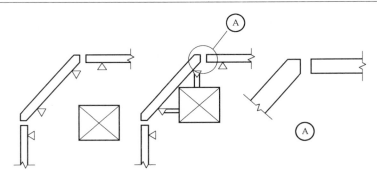

图 5.11-5　平面斜角拆分示意图

（3）平面阴角拆分　平面阴角拆分如图 5.11-6 所示。

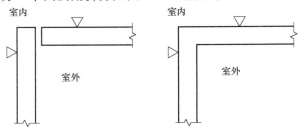

图 5.11-6　平面阴角拆分示意图

5.11.2　墙板造型

从前面给出的 PC 工程实例可知，PC 墙板可以方便地做成平面板（图 5.3-4）、曲面板（图 5.3-8）、实体板（图 5.10-6）、镂空板（彩页图 C-10）。可以实现墙板与窗户一体化，墙板与窗户、保温、装饰一体化等。建筑设计师应尽可能选择一体化设计。

1. 墙板造型

造型是预制混凝土的优势，在进行造型设计时，建筑师应当了解和注意以下几点：

（1）任何复杂的造型或曲面，只要用参数化技术或算法技术生成数字模型，就可以方便地借助于计算机和数控机床，准确地制作出模具；还可以由雕塑师雕塑模型，再翻制出模具。然后在模具中浇筑混凝土，制作出构件。

（2）有规律数量多的构件，即使造型复杂，模具成本高，但可以摊在多个构件上。如果个性化构件太多，模具类型和数量就会很多，会大幅度增加成本。

（3）构件应避免凸出的锐角造型，在制作、运输和安装过程中容易损坏。

（4）构件造型应考虑脱模的便利性。

2. 一体化墙板设计

整间板可以实现墙板与窗户、保温、装饰一体化；横向和竖向条形板可以实现保温、装饰一体化，无法实现窗户一体化，应为安装窗户设置预埋木砖等。

5.11.3　墙板接缝

PC 幕墙板之间的接缝需设计缝的宽度，还需设计防水构造。

1. 缝宽计算

墙板与墙板之间水平方向接缝（竖缝）宽度应考虑如下因素：

（1）温度变化引起的墙板与结构的变形差；PC 墙板与钢筋混凝土结构线膨胀系数是一样的，热胀冷缩变形按说应当一样。但三明治板的外叶板与内叶板之间有保温层，有温度差，外叶板与内叶板和主体结构的变形不一样，板缝按外叶板考虑应当计算温度差导致的变形差。

（2）结构发生层间位移时，墙板不应当随之扭曲。相对于主体结构的位移被允许，因此接缝要留出板平面内移动的预留量。

（3）密封胶或胶条可压缩空间比率，温度变形和地震位移要求的是净空间，所以，密封胶或胶条压缩后的空间才是有效的。

（4）安装允许误差。

（5）留有一定的富余量。

竖缝宽度计算见式（5.11-1）

$$W_s = (\Delta L_t + \Delta L_E)/\delta + d_c + d_f \qquad (5.11\text{-}1)$$

式中　W_s——板与板之间接缝宽度；

　　ΔL_t——温度变化引起的变形；

　　ΔL_E——地震时平面内位移预留量；

　　δ——密封胶或胶条可压缩空间比率，如果两者同时使用，取较小者；

　　d_c——施工允许误差，$3 \sim 5mm$；

　　d_f——富余量，$3 \sim 5mm$。

1）ΔL_t 计算。

$$\Delta L_t = \alpha \Delta T L \qquad (5.11\text{-}2)$$

式中　α——线膨胀系数，$\alpha = (1.0 \sim 2.0) \times 10^{-5}/℃$；

　　ΔT——温差，取墙板与结构之间的相对温差，两者线膨胀系数一样，因有保温层的缘故，存在温差，与保温层厚度有关；

　　L——计算竖缝时取构件长度；计算横缝时取构件高度。

2）ΔL_E 计算。ΔL_E 只在竖缝计算中考虑，横缝不需考虑。幕墙规范规定，幕墙构件平面内变形预留量应当是结构层间位移的 3 倍

$$\Delta L_E = 3\Delta \qquad (5.11\text{-}3)$$

式中　ΔL_E——平面内变形预留量；

　　Δ——层间位移。

$$\Delta = \beta h \qquad (5.11\text{-}4)$$

式中　β——层间位移角；

　　h——板高。

层间位移角见表 5.11-1。

3）δ 计算。δ 是密封胶与胶条压缩后的比率

$$\delta = \Delta W/W \qquad (5.11\text{-}5)$$

式中　δ——密封胶或胶条可压缩空间的比率；

　　ΔW——可压缩的宽度，或压缩后空隙宽度；

　　W——压缩前宽度。

表 5.11-1　主体结构楼层最大弹性层间位移角

结 构 类 型		建筑高度 H/m		
		$H \leqslant 150$	$150 < H \leqslant 250$	$H > 250$
钢筋混凝土结构	框架	1/550	—	—
	板柱-剪力墙	1/800	—	—
	框架-剪力墙、框架-核心筒	1/800	线性插值	—
	筒中筒	1/1000	线性插值	1/500
	剪力墙	1/1000	线性插值	—
	框支层	1/1000	—	—
多、高层钢结构		1/300		

注：1. 表中弹性层间位移角 Δ/h，Δ 为最大弹性层间位移量，h 为层高。

　　2. 线性插值是指建筑高度在 150~250m 之间，层间位移角取 1/800（1/1000）与 1/500 线性插值。

　　密封胶压缩后的比率是指固化后的压缩比率。密封胶厂家提供试验数据，一般在 25%~50% 之间。如果密封胶与胶条同时使用，选其中较小者计算。

　　只打密封胶不用胶条，只计算密封胶的压缩后比率。

　　对于不打胶的敞开缝，此项不需考虑。

　　通过以上计算的竖缝宽度如果小于 20mm，应按 20mm 设定缝宽。

　　横缝宽度可参照式（5.11-3）计算，没有地震位移，计算结果小于竖缝宽度。如果没有通过缝宽变化强调横向或竖向线条的建筑艺术方面的考虑，横缝可与竖缝宽度一样。

2. 接缝构造

（1）无保温墙板接缝构造　PC 墙板水平缝防水设置包括密封胶、橡胶条和企口构造，竖缝防水设置为密封胶、橡胶条和排水槽，如图 5.11-7 所示。

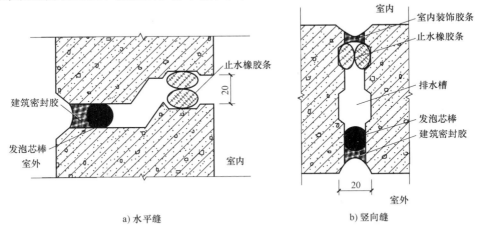

a）水平缝　　　　　　　　　　　　b）竖向缝

图 5.11-7　无保温墙板接缝构造

　　（2）夹芯保温板接缝构造　夹芯保温板接缝有两种方案：第一种方案是将防水构造分别设置在外叶板和内叶板上，此方案的优点是便于制作，但保温层防水措施只有一道密封胶，一旦密封胶防水失效，会影响保温效果；第二种方案是将密封胶、橡胶条和企口都设置在外叶板上，对保温层有防水保护，但外叶板端部需要加宽，端部保温层厚度变小，为保证隔热效果，局部可采用低导热系数的保温材料，如图 5.11-8 所示。

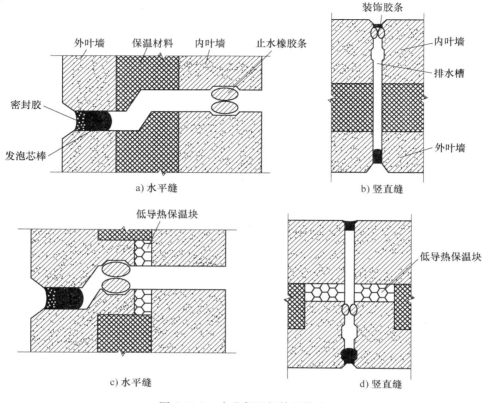

图 5.11-8 夹芯保温板接缝构造

（3）夹芯保温板外叶板端部封头构造 夹芯保温板接缝在柱子处，且夹芯保温层厚度不大的情况下，外叶板端部可做封头处理，如图 5.11-9 所示。

（4）防水构造所用密封胶和橡胶条材质要求 防水构造所用密封胶和橡胶条材质要求见第 3 章。需要强调的是：

1）密封胶必须是适于混凝土的。

2）密封胶除了密封性能和耐久性好外，还应当有较好的弹性，压缩率高。

3）止水橡胶条必须是空心的，除了密封性能和耐久性好外，还应当有较好的弹性，压缩率高。

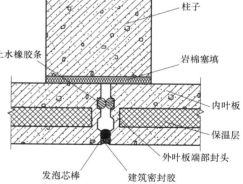

图 5.11-9 外叶板封头的夹芯保温板接缝构造

5.11.4 PC 幕墙防火构造

PC 幕墙防火构造的三个部位是：有防火要求的板缝、层间缝隙和板柱之间缝隙。

1. 板缝防火构造

板缝防火构造是指板缝之间塞填防火材料，如图 5.11-10 所示。板缝塞填防火材料的长度 L_{fh} 与耐火极限的要求和缝的宽度有关，需要通过计算确定。

有防火要求的板缝，墙板保温材料的边缘应当用 A 级防火等级保温材料。

2. 层间防火构造

层间防火构造是指 PC 幕墙与楼板或梁之间缝隙的防火封堵，如图 5.11-11 所示。

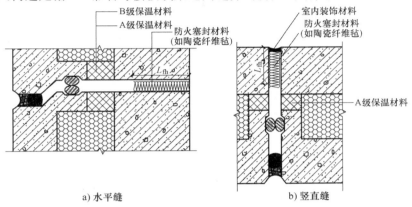

a) 水平缝   b) 竖直缝

图 5.11-10 PC 幕墙板缝防火构造

3. 板柱缝隙防火构造

板柱缝隙防火构造是指 PC 幕墙与柱或内墙之间缝隙的防火构造，如图 5.11-12 所示。

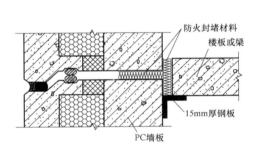

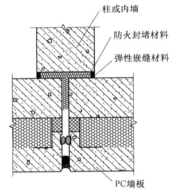

图 5.11-11 PC 幕墙与楼板或梁
之间缝隙防火构造

图 5.11-12 PC 幕墙与柱或内墙
之间缝隙的防火构造

5.11.5 屋顶与墙脚

1. 女儿墙

PC 幕墙女儿墙有三种方案：一是 PC 外挂墙板顶部附加 PC 盖顶板；二是 PC 外挂墙板顶部做成向内的折板；三是在 PC 外墙挂板与屋面板腰墙上盖金属盖板，如图 5.11-13 所示。

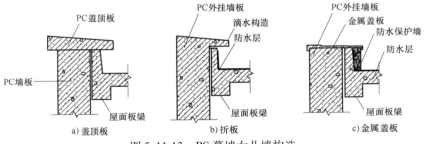

a) 盖顶板   b) 折板   c) 金属盖板

图 5.11-13 PC 幕墙女儿墙构造

PC 墙板折板盖顶方案，顶盖的坡度、泛水和滴水细部构造等都要在 PC 构件中实现，构件制作图须给出详细做法。

金属盖顶方案，PC 板和楼板的腰板要预埋固定金属盖板的预埋件，固定节点应设计可靠的防水措施。

日本有一座 PC 建筑，把屋顶做成观景平台，"女儿墙"做成玻璃墙，也是一种风格，如图 5.11-14 所示。

图 5.11-14　PC 建筑屋顶做成观景台

2. 墙脚

PC 幕墙墙脚处常见做法如图 5.11-15 所示，收集雨水的墙脚做法如图 5.11-16 所示。

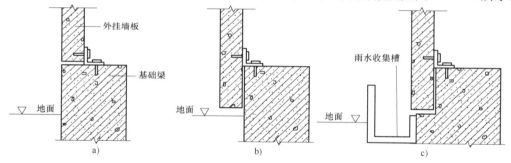

图 5.11-15　PC 幕墙墙脚构造

图 5.11-16　PC 幕墙墙脚收集雨水槽

5.12　建筑构造设计

5.12.1　夹芯保温剪力墙外墙建筑构造

1. 夹芯保温剪力墙外墙水平缝节点

夹芯保温剪力墙外墙的内叶板是通过套筒灌浆料或浆锚搭接的方式与后浇梁连接的，外叶板有水平缝及其防水构造，如图 5.12-1 所示。

2. 夹芯保温剪力墙外墙竖缝节点

剪力墙外墙的竖缝一般在后浇混凝土区。预制剪力墙的保温层与外叶板外延，以遮挡后浇区，也作为后浇区混凝土的外模板，如图 5.12-2 所示。

3. L 形后浇段构造

剪力墙外墙转角处一般为后浇区，此处构造为：制作与夹芯保温剪力墙外墙板的外叶板厚度和质感一样的带保温层的墙板，作为后浇区永久性外模板，表皮与其他墙板一样，如图 5.12-3 所示。

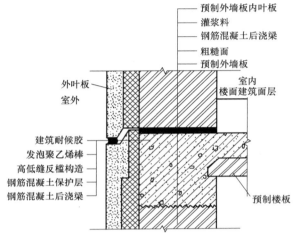

图 5.12-1　水平缝构造

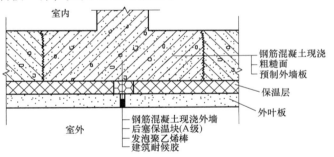

图 5.12-2　竖缝构造

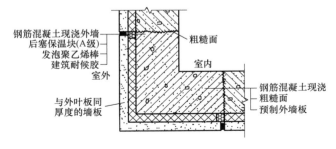

图 5.12-3　L 形竖向后浇段构造

图 5.12-3 所示构造的竖缝位置可能对建筑立面分格的规律或韵律有影响，也可以采取将预制剪力墙外叶板延伸的做法，竖缝设置在转角处，如图 5.12-4 所示。

4. 剪力墙女儿墙构造

剪力墙女儿墙构造如图 5.12-5 所示。

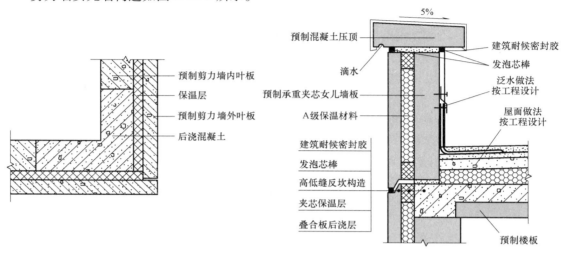

图 5.12-4　转角处预制剪力墙外叶板延伸构造

图 5.12-5　剪力墙女儿墙构造

5.12.2　外墙门窗节点

1. 外墙门窗的安装方式

PC 建筑的窗户节点设计与窗户是否与 PC 墙板一体化制作有关，也与外墙保温的做法有关。

PC 建筑外墙门窗有两种安装方式：一种是与 PC 墙板一体化制作；另一种是在 PC 墙板做好或就位后安装，如图 5.12-6 所示。

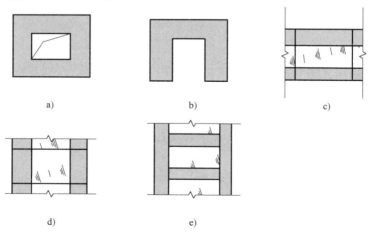

图 5.12-6　外墙门窗类型与安装方式的关系

窗洞开在整块墙板上（图 5.12-6a），窗户才有可能与 PC 墙板一体化制作，包括带窗洞的外挂墙板和剪力墙外墙整间板。当然，也可以采用后安装的方法。

开在整块墙板上的阳台门和落地窗（图 5.12-6b）理论上可以与墙板一体化制作，但由于墙板有一边是敞口的，运输吊装过程板的受力和变形情况复杂，不宜一体化制作，一般是构件安装后再安装门窗。

窗户由两个以上构件围成，如 PC 幕墙上下横向板之间的窗户（图 5.12-6c），左右竖向板之间的窗户（图 5.12-6d），柱、梁构件围成的窗户（图 5.12-6e）等，不能与 PC 构件一体化制作，只能在构件安装后安装窗户。

2. 窗户与 PC 墙板一体化节点

窗户与 PC 墙板一体化，窗框在混凝土浇筑时锚固其中，两者之间没有后填塞的缝隙，密闭性好，防渗和保温性能好，窗户甚至包括玻璃都可以在工厂安装好，现场作业简单。

窗户与无保温层 PC 墙板一体化节点如图 5.12-7 所示，窗户与夹芯保温 PC 墙板一体化节点如图 5.12-8 所示。

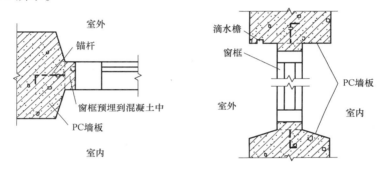

图 5.12-7　窗户与无保温层 PC 墙板一体化节点

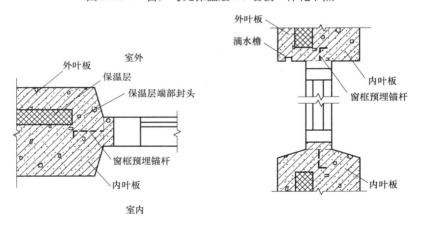

图 5.12-8　窗户与夹芯保温 PC 墙板一体化节点

3. 窗户后安装节点

窗户后安装节点，对于没有保温层或外墙内保温构件，做法与现浇混凝土建筑窗户安装做法一样。在 PC 构件预制时需要预埋安装窗框的木砖。

对于夹芯保温构件，窗户安装节点与现浇混凝土结构不一样，窗框位置有在保温层处和保温层里侧位置的情况，下面分别介绍。

（1）窗框位置在保温层处节点　后安装窗户的 PC 夹芯保温墙板，窗户位置一般在保温层处，如图 5.12-9 所示；带翼缘的夹芯保温柱、梁和窗户位置靠外的夹芯保温柱、梁的窗户位置也在保温层处，如图 5.12-10 所示。

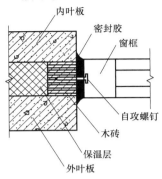

图 5.12-9　夹芯保温 PC 构件窗户后安装节点

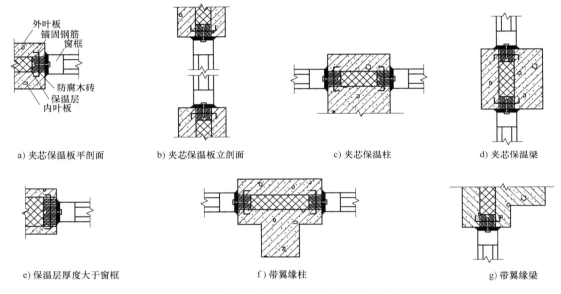

a) 夹芯保温板平剖面　　b) 夹芯保温板立剖面　　c) 夹芯保温柱　　d) 夹芯保温梁

e) 保温层厚度大于窗框　　　　　f) 带翼缘柱　　　　　g) 带翼缘梁

图 5.12-10　窗框位置在保温层处窗户后安装节点

（2）窗户凹入柱、梁的节点　有的建筑师喜欢窗户凹入柱、梁，夹芯保温柱窗户节点如图 5.12-11 所示。

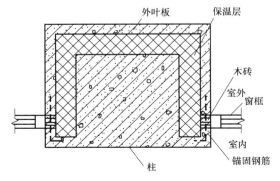

图 5.12-11　夹芯保温柱窗户后安装节点

4. 飘窗

一些地区的人喜欢"飘窗"——探出墙体的窗，有的地方甚至没有飘窗的住宅会影响销售。尽管 PC 建筑不大适合里出外进的构件，但装配式应当服从市场所要求的建筑功能。

剪力墙结构的飘窗可以整体预制，如图 5.12-12 所示。

图 5.12-12　上海保利 PC 建筑剪力墙结构整体式飘窗

飘窗的外探宽度应当尽可能克制。

5. 保护要求

PC 墙板窗户与 PC 一体化制作，或虽采用后装法但在工厂将窗户装配好，需要采取保护措施，设计时需要提出保护要求。

未安装玻璃时，可在窗框表面套上塑料保护套；安装玻璃时，应有防止碰撞玻璃的措施。

5.12.3　滴水、排水、泛水构造

由于 PC 建筑外墙构件不需要抹灰，以往在抹灰阶段形成的防止水渍、积灰和积冰污染滴水构造与排水坡度，防止渗漏的女儿墙和飘窗泛水构造等，必须在 PC 构件制作时形成。

1. 滴水构造

须设置滴水的构件包括窗上口的梁或墙、挑檐板、阳台、飘窗顶板、空调板、遮阳板等水平方向悬挑构件。

PC 构件的滴水构造宜用滴水槽，不适宜用鹰嘴构造。滴水槽或采用硅胶条模具形成，或埋设塑料槽，如图 5.12-13 所示。

2. 排水构造

挑檐板、阳台、飘窗顶板、空调板、遮阳板等水平方向悬挑构件的排水构造主要是排水坡度，对于叠合悬挑构件，排水坡度在后浇混凝土时形成；对于全预制构件，排水坡度在工厂预制时形成。

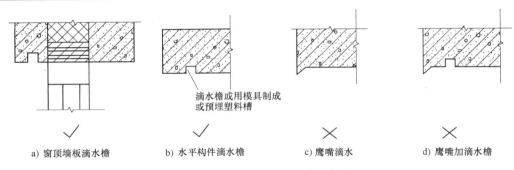

a) 窗顶墙板滴水檐　　b) 水平构件滴水檐　　c) 鹰嘴滴水　　d) 鹰嘴加滴水檐

图 5.12-13　悬挑 PC 构件滴水构造

阳台板还需要设置落水管孔和地漏孔，如图 5.12-14 所示。

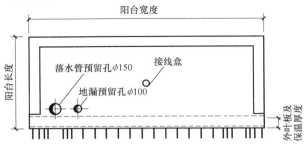

图 5.12-14　阳台板落水管孔和地漏孔（选自标准图集 15G368-1）

3. 泛水构造

PC 女儿墙和飘窗墙板须在预制时设置泛水构造，如图 5.12-15 所示。

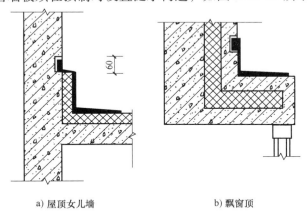

a) 屋顶女儿墙　　　　　　b) 飘窗顶

图 5.12-15　泛水构造

5.12.4　缝的设计

1. 宽缝与深缝

出于建筑设计效果的考虑，如强调某个方向的线条感，可以采用宽缝或深缝方式。所谓宽缝，是缝的表面宽度加大了，实际缝宽还是按照计算宽度设置，构造示意如图 5.12-16 所示。

2. 分隔缝（假缝）构造

在连接缝以外部位从建筑艺术效果考虑设置的墙面分隔缝是假缝，在 PC 构件制作时形成，缝的构造应便于脱模，如图 5.12-17 所示。

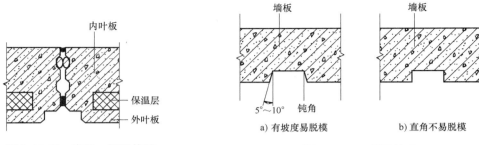

图 5.12-16　宽缝、深缝构造　　　　　图 5.12-17　假缝构造

3. 灌浆料部位凹缝

无保温层或外墙内保温的构件，表面为清水混凝土或涂漆时，连接节点灌浆料部位往往做成凹缝，构造如图 5.12-18 所示。为保证接缝处受力钢筋的保护层厚度达到 20mm，用橡胶条塞入堵缝，灌浆后取出，形成凹缝。

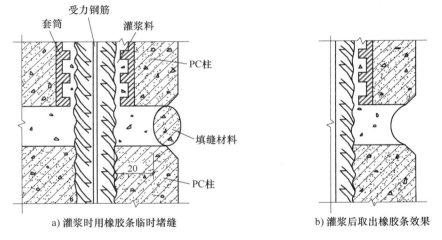

图 5.12-18　灌浆料部位凹缝构造

4. 腰墙、垂墙、袖墙缝

腰墙、垂墙和袖墙，从结构考虑，与相邻构件之间需要留缝，避免地震时互相作用，如图 5.12-19 所示。缝的构造需要塞填橡胶条和建筑密封胶。

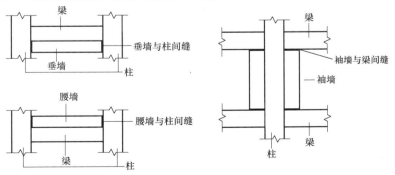

图 5.12-19　腰墙、垂墙、袖墙构造缝示意图

5. 变形缝

变形缝构造如图 5.12-20 所示。

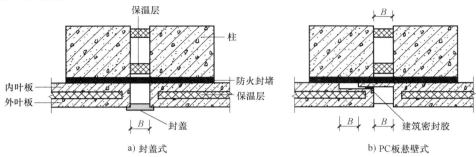

a) 封盖式

b) PC板悬壁式

图 5.12-20　变形缝构造

5.12.5　构件细部构造

1. 构件边角细部

构件边角细部可做成直角、抹角、圆弧角，其中以 45° 抹角为宜，不易破损，制作便利，如图 5.12-21 所示。

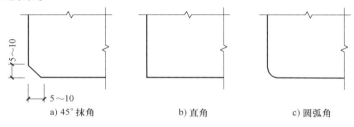

a) 45° 抹角

b) 直角

c) 圆弧角

图 5.12-21　构件边角构造

2. 石材、瓷砖反打边角

石材、瓷砖反打构件的边角构造如图 5.12-22 所示。

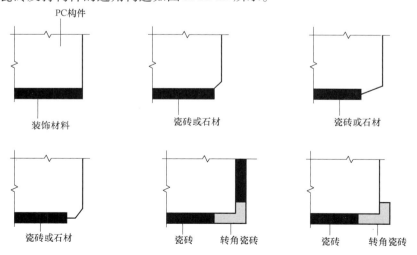

图 5.12-22　瓷砖和石材反打边角构造

3. 楼梯防滑构造

PC 楼梯防滑构造如图 5.12-23 所示。

4. 镂空构造

镂空 PC 构件，为脱模方便，应当有一定的坡度，如图 5.12-24 所示。

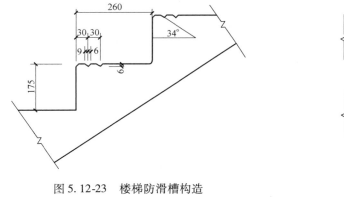

图 5.12-23　楼梯防滑槽构造

（选自标准图集 15G367-1）

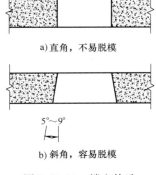

图 5.12-24　镂空构造

5. 管线穿过 PC 构件构造

管线穿过 PC 构件必须在构件预留孔洞，不能到现场切割。管线穿过 PC 构件构造如图 5.12-25 所示。

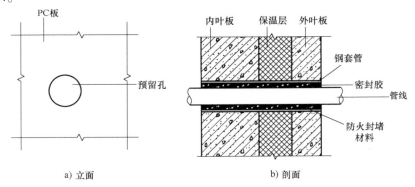

图 5.12-25　管线穿过 PC 构件构造

5.13　装饰设计

5.13.1　PC 建筑的装饰设计

现浇建筑的装饰装修设计一般由装饰企业承担或购房者自己设计。而 PC 建筑，建筑设计时必须考虑装饰设计。

一方面，PC 建筑不能随意在结构构件上砸墙凿洞，不能随意打膨胀螺栓。当然，现浇混凝土结构建筑也不能随意砸墙凿洞。但 PC 建筑有更"敏感"甚至更"脆弱"的部位。例如，一旦砸墙凿洞破坏了结构连接部位，就可能造成严重的隐患甚至事故。

另一方面，建筑装饰一体化、集成化、工厂化是建筑现代化，也是 PC 化的主要目的之一。集约式装饰装修会大幅度降低成本，提高质量，减少浪费，有利于建筑安全（如防火）、结构安全，提升建筑功能，便利用户，也避免了新住宅区各家各户不同步装修，在相当长的时间里对住户生活的干扰。

就装饰装修而言，PC 建筑有很大优势。由于湿作业很少，围护结构与主体结构同步施工，装修工期只比结构工期慢 3 层楼。笔者在日本看到一栋超高层装配式建筑施工现场，主体结构施工到 45 层，室内装修已经做完 42 层了，水、电、煤气都已经进入调试阶段，地毯也铺好了。

无论开发商是不是交付全装修房，购房者一定是要装修的。设计师应当在设计中考虑装饰的要求。

5.13.2 装饰设计协同

建筑设计必须考虑装修需要，与结构设计师共同给出布置、固定、悬挂方案。

（1）顶棚吊顶或局部吊顶的吊杆预埋件布置。

（2）墙体架空层龙骨固定方式，如果需要预埋件，考虑预埋件布置。

（3）收纳柜如何固定，吊柜（图 5.13-1）悬挂预埋件布置。

（4）整体厨房（图 5.13-2）选型，平面与空间布置。

（5）窗帘盒或窗帘杆固定等。

图 5.13-1　起居室吊柜

图 5.13-2　整体式厨房

5.14　水暖电设计协同

5.14.1　设计协同内容

由于 PC 建筑很多结构构件是预制的，水电暖各个专业对结构有诸如"穿过""埋设"或"固定于其上"的要求，这些要求都必须准确地在建筑、结构和构件图上表达出来。PC 建筑除了叠合板后浇层可能需要埋置电源线、电信线外，其他结构部位和电气通信以外的管线都不能在施工现场进行"埋设"作业，不能砸墙凿洞，不能随意打膨胀螺钉。其实，现浇混凝土结构建筑也不应当砸墙凿洞或随意打膨胀螺栓，只是多年来设计不到位、不精确和房主自己搞装修，养成了恶习。这个恶习会带来安全隐患，在 PC 建筑中必须杜绝。

在 PC 建筑设计中，水电暖各专业须根据设计规范进行设计，与建筑、结构、构件设计以及装饰设计协同互动，将各专业与装配式有关的要求和节点构造，准确定量地表达在建筑、结构和构件图样上，具体事项包括（不限于）：

（1）竖向管线穿过楼板。

（2）横向管线穿过结构梁、墙。

（3）有吊顶时固定管线和设备的楼板预埋件。

（4）无吊顶时叠合楼板后浇混凝土层管线埋设。

（5）梁、柱结构体系墙体管线敷设与设备固定。

（6）剪力墙结构墙体管线敷设与设备固定。

（7）有架空层时地面管线敷设。

（8）无架空层时地面管线敷设。

（9）整体浴室。

（10）整体厨房。

（11）防雷设置。

（12）其他。

以下分项具体介绍。

5.14.2 竖向管线穿过楼板

需穿过楼板的竖向管线包括电气干线、电信（网线、电话线、有线电视线、可视门铃线）干线、自来水给水、中水给水、热水给水、雨水立管、消防立管、排水、暖气、燃气、通风、烟气管道等。《装规》规定："竖向管线宜集中布置，并应满足维修更换的要求。"一般设置管道井。

竖向管线穿过楼板，需在预制楼板上预留孔洞，圆孔壁宜衬套管，如图 5.14-1 所示。

竖向管线穿过楼板的孔洞位置、直径、防水防火隔声的封堵构造设计等，PC 建筑与现浇混凝土结构建筑基本没有区别，需要注意的就是其准确的位置、直径、套管材质、误差要求等，必须经建筑师、结构工程师同意，判断位置的合理性，对结构安全和预制楼板的制作是否有不利影响，是否与预制楼板的受力钢筋或桁架筋"撞车"，如有"撞车"，须进行调整。所有的设计要求必须落到拆分后的构件制作图中。需提醒的是：

图 5.14-1 预制楼板预留竖向管线孔洞

（1）叠合楼板预制时埋设的套管应考虑混凝土后浇层厚度和按规范要求高出地面的高度，如图 5.14-2 所示。

（2）设计防火防水隔声封堵构造时，如果有需要设置在叠合楼板预制层的预埋件，应落到预制叠合楼板的构件图中。

5.14.3 横向管线穿过结构梁、墙

可能穿过结构梁、墙的横向管线包括电源线、电信线、给水、暖气、燃气、通风管道、空调管线等。横向管线穿过结构梁或结构墙体，需要在梁或墙体上预留孔洞或套管，如图 5.14-3 所示。

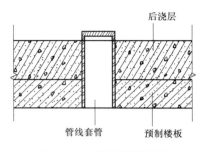

图 5.14-2 预制楼板埋设套管高度示意图

横向管线穿过结构梁、墙体的孔洞位置、直径、防水防火隔声的封堵构造设计等，与竖向管线一样，其准确的位置、直径、误差要求、套管材质等，必须经建筑师、结构工程师同意，判断对结构安全和预制构件的制作是否有不利影响，是否与预制构件的受力钢筋"撞车"，如有"撞车"，须进行调整。所有详细的设计要求必须落到拆分后的构件制作图中。设计防火防水隔声封堵构造时，如果有需要设置预制梁或墙体的预埋件，应落到预制构件图中。

图 5.14-3 结构梁预留横向管线孔洞

5.14.4 有吊顶时固定管线和设备的楼板预埋件

PC 建筑顶棚宜有吊顶，如此，所有管线都不用埋设在叠合板后浇筑混凝土层中。

顶棚有吊顶，需在预制楼板中埋设预埋件，以固定吊顶与楼板之间敷设的管线和设备，吊顶本身也需要预埋件。

特别指出，国内目前许多工程在顶棚敷设管线时，不是在预制楼板中埋设预埋件，而是在现场打金属膨胀螺栓或塑料涨栓，打孔随意性强，有时候打到钢筋再换地方，裸露钢筋也不处理，或者把保护层打裂，最严重的是把钢筋打断，非常不安全。

敷设在吊顶上的管线可能包括电源线、电信线、暖气管线、中央空调管道、通风管道、给水管线、燃气管线等，还有空调设备、排气扇、吸油烟机、灯具、风扇的固定预埋件。设计协同中，各专业需提供固定管线和设备的预埋件位置、重量以及设备尺寸等，由建筑师统一布置，结构设计师设计预埋件或内埋式螺栓的具体位置，避开钢筋，确定规格和埋置构造等，所有设计须落在拆分后的预制楼板图样上。

固定电源线等可采用内埋式塑料螺母，如图 5.14-4 所示。如果悬挂较重设备，宜用内埋式金属螺母或钢板预埋件。自动化程度高的楼板生产线，内埋螺母可由机器人定位、画线、安放。

关于内埋式金属螺母，设计宜提出使用前进行实际使用荷载的拉拔试验的要求。

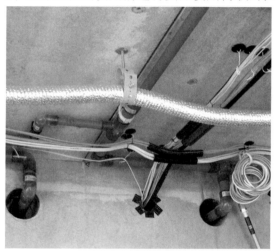

图 5.14-4　预制叠合板内埋式塑料螺母

5.14.5　无吊顶时叠合楼板后浇混凝土层管线埋设

给水、排水、暖气、空调、通风、燃气的管线不可以埋置在预制构件或叠合板后浇筑混凝土层中，只有电源线和弱电管线可以埋设于结构混凝土中。

在顶棚不吊顶的情况下，电源线需埋设在叠合楼板后浇混凝土层中，叠合楼板预制板中须埋设灯具接线盒和安装预埋件，为此可能需要增加楼板厚度 20mm。

5.14.6　柱、梁结构体系墙体管线敷设与设备固定

柱、梁结构体系是指框架结构、框架-剪力墙结构和密柱筒体结构。

（1）外围护结构墙板不应埋设管线和固定管线、设备的预埋件，如果外墙所在墙面需要设置电源、电视插座或埋设其他管线，应当设置架空层，如图 5.8-5、图 5.8-6 所示。

（2）如果需要在梁、柱上固定管线或设备，应当在构件预制时埋入内埋式螺母或预埋件，不要安装后在梁、柱上打膨胀螺栓。内埋式螺母或预埋件的位置和构造应设计在拆分后的构件制作图上。

（3）柱、梁结构体系内隔墙宜采用可方便敷设管线的架空墙、空心墙板或轻质墙板等。

5.14.7　剪力墙结构墙体管线敷设与设备固定

（1）剪力墙结构外墙不应埋设管线和固定管线、设备的预埋件，如果外墙所在墙面需要设置电源、电视插座或埋设其他管线，应与框架结构外围护结构墙体一样，设置架空层，如图 5.8-6 所示。

（2）剪力墙内墙如果有架空层，管线敷设在架空层内。

（3）剪力墙内墙如果没有架空层，又需要埋设电源线、电信线、插座或配电箱等，设计中须注意以下几点：

1）电源线、照明开关、电源插座、电话线、网线、有线电视线、可视门铃线及其插

座和接线盒，可埋设在剪力墙体内，在构件预制时埋设，或预留沟槽，不得在现场剔凿沟槽。

2）剪力墙埋设管线和埋设物必须避开套筒、浆锚连接孔等连接区域，高于连接区域100mm 以上，如图 5.14-5 所示。

3）管线和埋设物应避开钢筋。

4）管线和埋设物的位置、高度，管线在墙体断面中的位置、允许误差等，应设计到预制构件制作图上。

（4）如果需要在剪力墙或连梁上固定管线或设备，应当在构件预制时埋入内埋式螺母或预埋件，不要安装后在墙体或连梁上打膨胀螺栓。内埋式螺母或预埋件的位置和构造应设计在拆分后的构件制作图上。

（5）剪力墙结构建筑的非剪力墙内隔墙宜采用可方便敷设管线的架空墙或空心墙板。

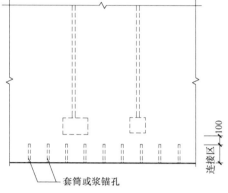

图 5.14-5　剪力墙埋设管线和埋设物的高度

（6）电气以外的其他管线不能埋设在混凝土中；墙体没有架空层的情况下，必须敷设在墙体上的管线应明管敷设，靠装修解决。

5.14.8　有架空层时地面管线敷设

PC 建筑的地面如果设置架空层，可以方便地实现同层排水，多户共用竖向排水干管。管线敷设对结构没有影响。

5.14.9　无架空层时地面管线敷设

在地面不做架空层的情况下，实现多户同层排水相对困难，除非两户的卫生间相邻。为实现同层排水，局部楼板应下降高度，如图 5.14-6 所示。

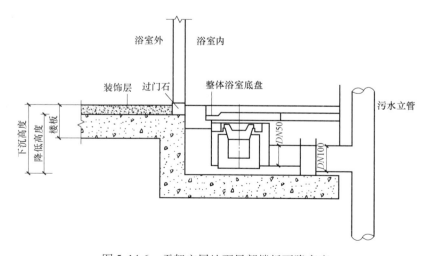

图 5.14-6　无架空层地面局部楼板下降高度

5.14.10　整体浴室

　　PC 建筑宜设置整体浴室（图 5.14-7）。设计时应当与整体浴室制作厂家对接，确认整体浴室的尺寸、布置，自来水、热水、中水、排水、电源、排气道的接口，并将接口对结构构件的要求，如管道孔洞、预埋件等设计到构件制作图中。

图 5.14-7　整体浴室

5.14.11　整体厨房

　　整体厨房的概念与整体浴室不一样。整体浴室就是一个集成体，一个小房子，而整体厨房是由分部组块组成的，实际上是整体橱柜的组合。整体厨房是 PC 建筑的重要构成，设计时应当与整体厨房制作厂家对接，确认整体厨房分部件的尺寸、布置，自来水、热水、排水、电源、燃气、排烟道的接口，并将接口对结构构件的要求，如管道孔洞、预埋件等，设计到构件制作图中。

5.14.12　防雷设置

1. 防雷引下线

　　PC 建筑受力钢筋的连接，无论是套筒连接还是浆锚连接，都不能确保连接的连续性，因此不能用钢筋作防雷引下线，应埋设镀锌扁钢带做防雷引下线。镀锌扁钢带尺寸不小于 25mm×4mm，在埋置防雷引下线的柱子或墙板的构件制作图中给出详细的位置和探出接头长度，引下线在现场焊接连成一体，焊接点要进行防锈蚀处理。美国规范是涂刷富锌防锈漆。

　　日本 PC 建筑采用在柱子中预埋直径 10～15mm 的铜线做防雷引下线，接头为专用接头，如图 5.14-8 所示。

2. 阳台金属护栏防雷

　　阳台金属护栏应当与防雷引下线连接，如此，预制阳台应当预埋 25mm×4mm 镀锌钢带，一端与金属护栏焊接，如图 5.14-9 所示；另一端与其他 PC 构件的引下线系统连接。

3. 铝合金窗和金属百叶窗防雷

　　距离地面高度 4.5m 以上外墙铝合金窗、金属百叶窗，特别是飘窗铝合金窗的金属窗框和百叶应

图 5.14-8　日本防雷引下铜线及连接头

当与防雷引下线连接，如此，预制墙板或飘窗应当预埋 25mm×4mm 镀锌钢带，一端与铝合金窗、金属百叶窗焊接，如图 5.14-10 所示，另一端与其他 PC 构件的引下线系统连接。

4. 阳台自设窗户或窗户外金属防盗网

有的房主自己把阳台用铝合金窗封闭，或安装金属防盗网，这是防雷的空白地带。设计者应给出解决办法，或明确禁止，或预埋避雷引下线。

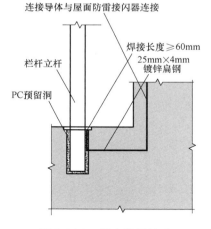

图 5.14-9　阳台防雷构造
（选自标准图集 15G368-1）

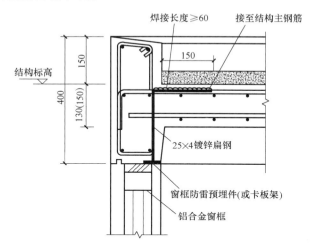

图 5.14-10　铝合金窗防雷构造（选自标准图集 15G368-1）

5.14.13　其他

（1）辽宁省和北京市有关装配式的地方标准关于采暖都规定"优先采用低温热水地面辐射供暖系统"。主要基于外墙板不宜设置固定散热器的考虑。

（2）分体式空调，空调设计位置外墙应当预理空调凝水器管通过的套管。

（3）当不采用整体浴室时，卫生间顶棚或墙壁应考虑电源、给水、热水、中水和排水的管线固定和排气扇、淋浴器、灯具、镜子等设施固定的预埋件。如果需要预埋在预制构件中，须落实到构件图样上。

（4）当不采用整体厨房时，厨房顶棚或墙壁应考虑给水、排水、燃气管线固定和吸油烟机、排烟道固定的预埋件，如果需要预埋在预制构件中，须落实到构件图样上。

第6章

结构设计概述

6.1 概述

6.1.1 PC建筑结构设计内容

必须强调，再三强调：PC建筑的结构设计绝不是按现浇混凝土结构设计完后，进行延伸与深化；绝不仅仅是结构拆分与预制构件设计；也绝不能任由拆分设计机构或PC构件厂家自行其是。

PC建筑的结构设计虽然不是另起炉灶自成体系，虽然基本上也须按照现浇混凝土结构进行设计计算，以现行国家和行业标准《混凝土结构设计规范》（GB 50010—2010）、《高层建筑混凝土结构技术规程》（JGJ3—2010）和《建筑抗震设计规范》（GB 50011—2010）等结构设计标准为基本依据，但装配式混凝土结构有自身的结构特点，行业标准《装配式混凝土结构技术规程》（JGJ 1—2014）（以下简称《装规》）有一些不同于现浇混凝土结构的规定，这些特点和规定，必须从结构设计一开始就贯彻落实，并贯穿整个结构设计过程，而不是"事后"延伸或深化设计所能解决的。

PC建筑的结构设计主要包括以下工作：

（1）根据建筑功能需要、项目环境条件、装配式行业标准或地方标准的规定和装配式结构的特点，选定适宜的结构体系，即确定该建筑是框架结构、框架-剪力墙结构、筒体结构还是剪力墙结构。

（2）根据装配式行业标准或地方标准的规定和已经选定的结构体系，确定建筑最大适用高度和最大高宽比。

（3）根据建筑功能需要、项目约束条件（如政府对装配率、预制率的刚性要求）、装配式行业标准或地方标准的规定和所选定的结构体系的特点，确定装配式范围，哪一层哪一部位哪些构件预制。

（4）在进行结构分析、荷载与作用组合和结构计算时，根据装配式行业标准或地方标准的要求，将不同于现浇混凝土结构的有关规定，如抗震的有关规定、附加的承载力计算、有关系数的调整等，输入计算过程或程序，体现到结构设计的结果上。

（5）进行结构拆分设计，选定可靠的结构连接方式，进行连接节点和后浇混凝土区的结构构造设计，设计结构构件装配图。

（6）对需要进行局部加强的部位进行结构构造设计。

（7）与建筑专业确定哪些部件实行一体化，对一体化构件进行结构设计。

（8）进行独立预制构件设计，如楼梯板、阳台板、遮阳板等构件。

（9）进行拆分后的预制构件结构设计，将建筑、装饰、水暖电等专业需要在预制构件中埋设的管线、预埋件、预埋物、预留沟槽，连接需要的粗糙面和键槽要求，制作、施工环节需要的预埋件等，都无一遗漏地汇集到构件制作图中。

（10）当建筑、结构、保温、装饰一体化时，应在结构图样上表达其他专业的内容。例如，夹芯保温板的结构图样不仅有结构内容，还要有保温层、窗框、装饰面层、避雷引下线等内容。

（11）对预制构件制作、脱模、翻转、存放、运输、吊装、临时支撑等各个环节进行结构复核，设计相关的构造等。

6.1.2 结构各章内容

从第6章到第13章，用8章介绍PC建筑的结构设计。

本章介绍装配式混凝土结构的定义（6.2）；结构体系与装配式（6.3）；PC建筑结构设计的基本原理与规定（6.4）；装配式结构连接方式（6.5）；结构拆分设计（6.6）；预埋件设计（6.7）、夹芯保温构件外叶板与拉结件设计（6.8）、日本PC建筑结构设计做法（6.9）。

第7章介绍楼盖设计；第8章介绍柱、梁结构体系设计，包括框架结构、框架-剪力墙结构、筒体结构等，主要介绍框架结构设计；第9章介绍剪力墙结构设计；第10章介绍多层剪力墙结构设计；第11章介绍外挂墙板结构设计；第12章介绍楼梯、阳台板、挑檐板、飘窗等非结构构件设计；第13章介绍构件制作图设计。

考虑到许多从事PC建筑工作的读者可能不是学结构专业的，为了使他们对装配式结构知识有清晰的了解，对关键的结构环节知其所以然，在结构设计各章，会对涉及的一些基本结构知识和术语做简要的解释。

6.2 装配式混凝土结构的定义

1. 装配式混凝土结构

根据行业标准《装规》的定义，装配式混凝土结构是：由预制混凝土构件通过可靠的连接方式装配而成的混凝土结构，包括装配整体式混凝土结构、全装配混凝土结构等。这个定义给出了装配式结构建筑两个核心特征：

（1）预制混凝土构件。

（2）可靠的连接方式。

2. 装配整体式混凝土结构

装配整体式混凝土结构的定义是：由预制混凝土构件通过可靠的方式进行连接并与现场后浇混凝土、水泥基灌浆料形成整体的装配式混凝土结构。简言之，装配整体式混凝土结构的连接以"湿连接"为主要方式。

装配整体式混凝土结构具有较好的整体性和抗震性。目前，大多数多层和全部高层装配式混凝土结构建筑采用装配整体式混凝土结构，有抗震要求的低层装配式建筑也多是装配整体式混凝土结构。

3. 全装配混凝土结构

全装配混凝土结构预制混凝土构件靠干法连接（如螺栓连接、焊接等）形成整体性。

国内许多预制钢筋混凝土柱单层厂房就属于全装配混凝土结构。

国外一些低层建筑或非抗震地区的多层建筑采用全装配混凝土结构。

6.3 结构体系与装配式

一般而言，任何结构体系的钢筋混凝土建筑，框架结构、框架-剪力墙结构、筒体结构、剪力墙结构、部分框支剪力墙结构、无梁板结构等，都可以实现装配式。但是，有的结构体系更适宜一些，有的结构体系则勉强一些；有的结构体系技术与经验已经成熟，有的结构体系则正在摸索之中。下面分别介绍各种结构体系的装配式适宜性。

6.3.1 框架结构

框架结构是由柱、梁为主要构件组成的承受竖向和水平作用的结构。框架结构是空间刚性连接的杆系结构，如图 6.3-1 所示。

目前框架结构的柱网尺寸可做到 12m，可形成较大的无柱空间，平面布置灵活，适合办公、商业、公寓和住宅。

在我国，框架结构较多地用于办公楼和商业建筑，住宅用得比较少。一个重要原因是认为柱、梁凸入房屋空间，影响布置，不如没有梁、柱凸入的剪力墙结构受欢迎。

日本多层和高层住宅大都是框架结构（日本高 60m 以上建筑算超高层）。笔者与日本设计师交流过，日本住宅为什么很少用剪力墙结构？日本设计师说主要基于以下考虑：

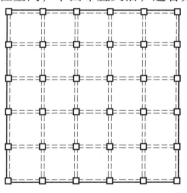

图 6.3-1 框架结构平面示意图

（1）他们比较信任柔性抗震，混凝土框架结构建筑经历了地震的考验。日本人把柱、梁结构建筑称为"拉面"结构，"拉面"的日语发音与汉语一样。

（2）框架结构布置灵活，户内布置可以改变。日本建筑寿命为 65 年、100 年和 100 年以上，房屋的土地是永久产权。高层和超高层建筑的寿命大都是 100 年和 100 年以上。框架结构可以使不同年代不同年龄段的居住者根据自己的需要和偏好方便地进行户内布置改变。

（3）关于柱子与梁凸入房屋空间对布置不利问题，从日本的实践看，一方面，目前框架结构很少有 6m 以下的小柱网，大都是大跨度柱网，柱子间距可达 12m。大柱网布置基本削弱了这个不利影响；另一方面，合理的户型设计也会削弱不利影响；还有，日本住宅都是精装修，上有吊顶、下有架空，室内布置比较多的收纳柜，自然而然地遮掩了柱、梁凸出问题。

（4）框架结构管线布置比较方便。

框架结构最主要的问题是高度受到限制，按照我国现行规范，现浇混凝土框架结构，无抗震设计最大建筑适用高度为 70m，有抗震设计根据设防烈度高度为 35～60m。PC 框架结构的适用高度与现浇结构基本一样，只是 8 度（0.3g）地震设防时低了 5m。

国外多层和小高层 PC 建筑大都是框架结构。框架结构的 PC 技术比较成熟。

装配整体式框架结构的结构构件包括柱、梁、叠合梁、柱梁一体构件和叠合楼板等。还有外墙挂板、楼梯、阳台板、挑檐板、遮阳板等。多层和低层框架结构有柱板一体化构件，板边缘是暗柱。

装配整体式框架结构的连接，柱子和梁采用套筒连接，楼板为叠合楼板或预应力叠合楼板。

框架 PC 建筑的外围护结构或采用 PC 外墙挂板；或直接用结构柱、梁与玻璃窗组成围护结构；或用带翼缘的结构柱、梁与玻璃窗组成围护结构；多层建筑外墙和高层建筑凹入式阳台的外墙，也可用 ALC 墙板。

6.3.2　框架-剪力墙结构

框架-剪力墙结构是由柱、梁和剪力墙共同承受竖向和水平作用的结构。由于在结构框架中增加了剪力墙，弥补了框架结构侧向位移大的缺点；又由于只在部分位置设置剪力墙，不失框架结构空间布置灵活的优点，如图 6.3-2 所示。

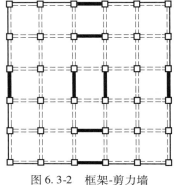

图 6.3-2　框架-剪力墙
结构平面示意图

框架-剪力墙结构的建筑适用高度比框架结构大大提高了。无抗震设计时最大适用高度为 150m，有抗震设计根据设防烈度最大适用高度为 80 ~ 130m。PC 框架-剪力墙结构，在框架部分为装配式、剪力墙部分为现浇的情况下，最大适用高度与现浇框架-剪力墙结构完全一样。框架-剪力墙结构多用于高层和超高层建筑。

装配整体式框架-剪力墙结构，现行行业标准《装规》要求剪力墙部分现浇。日本的框架-剪力墙结构，剪力墙部分也是现浇。

框架-剪力墙结构框架部分的装配整体式与框架结构装配整体式一样，构件类型、连接方式和外围护做法没有区别，参见 6.3.1 小节。

6.3.3　筒体结构

筒体结构是由竖向筒体为主组成的承受竖向和水平作用的建筑结构。筒体结构的筒体分剪力墙围成的薄壁筒和由密柱框架或壁式框架围成的框筒等。

筒体结构还包括框架核心筒结构和筒中筒结构等。框架核心筒结构为由核心筒与外围稀柱框架组成的筒体结构。筒中筒结构是由核心筒与外围框筒组成的筒体结构。筒体结构平面示意如图 6.3-3 所示。

筒体结构相当于固定于基础的封闭箱形悬臂构件，具有良好的抗弯抗扭性，比框架结构、框架-剪力墙结构和剪力墙结构具有更高的强度和刚度，可以应用于更高的建筑。

《高规》关于现浇筒体结构的适用高度规定，框架核心筒结构比框架-剪力墙结构和剪力墙结构高 10m，筒中筒结构，高出 20 ~ 50m，无抗震要求达到 200m，有抗震设防要求从 100 ~ 180m。

《装规》对装配式筒体结构没有规定。

辽宁省地方标准《装配式混凝土结构设计规程》（DB21/T 2572—2016）中给出了装配

整体式"框架-现浇核心筒结构"和"密柱框架筒结构"的最大适用高度：6 度抗震设防是 150m；7 度抗震设防是 130m；8 度（0.2g）抗震设防是 100m。

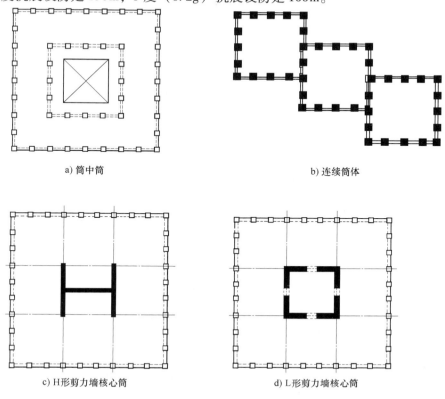

a) 筒中筒   b) 连续筒体

c) H形剪力墙核心筒   d) L形剪力墙核心筒

图 6.3-3 筒体结构平面示意图

装配整体式筒体结构在日本应用较多，超高层建筑都是筒体结构，最高达 208m，技术成熟，也经历了大地震的考验。

几栋日本超高层装配整体式筒体结构建筑的有关数据见表 6.3-1。

尽管行业规范暂时没有给出筒体结构的规定，笔者认为筒体结构是装配式建筑的方向。

表 6.3-1 几栋日本超高层装配整体式筒体结构建筑有关数据

序号	工程名称	功能	层数	高度/m	建筑面积/m²	户数	外形	结构平面	结构体系类型	说明
1	大阪北浜大厦	综合住宅	地下 1、地上 54	208	79605	465			筒体-稀柱框架	
2	东京芝浦空中大厦	综合住宅	地下 1、地上 48	169	85512	871			筒中筒结构	内外都是密柱框筒

（续）

序号	工程名称	功能	层数	高度/m	建筑面积/m²	户数	外形	结构平面	结构体系类型	说明
3	东京练马区第一大厦	综合住宅	地下1、地上43	108	31745	286			单筒结构	
4	东京中央区胜哄广场大厦	综合住宅	地下2、地上41	155	56765	512			双H形稀柱-剪力墙筒体结构	特殊的稀柱-剪力墙筒体结构。一个方向不对称的矩形平面，非常适合住宅的平面形状
5	东京港区虎之门大厦	综合住宅	地下1、地上37	147	38800	266			束筒结构	一个方向不对称的束筒结构
6	东京港区海角大厦	综合住宅	地下1、地上48	155	139812	1095			Y字形密柱筒体结构	

注：此表根据日本鹿岛建设提供的资料整理，表中建筑都是由鹿岛建设施工。

（1）从节约用地的角度看，超高层建筑具有巨大的优势。日本最高的 PC 建筑高 208m，筒体结构，容积率高达 12.58%。

（2）从装配式效率看，超高层建筑层数多，模具摊销次数多，成本低。

（3）从使用功能看，筒体结构可以获得更大的无障碍空间。

筒体结构的主要问题是，其平面形状多是方形或接近方形，即"点式"建筑，用于住宅有朝向问题和自然通风问题。这两个问题日本的解决方案是：朝向问题，在背阴面布置小户型公寓；通风问题，设置微型强制通风系统等。装配整体式筒体结构与框架结构一样，构件类型、连接方式和外围护做法等没有区别，如果有剪力墙核心筒，则采用现浇方式。

6.3.4 剪力墙结构

剪力墙结构是由剪力墙组成的承受竖向和水平作用的结构。剪力墙与楼盖一起组成空间体系。

剪力墙结构没有梁、柱凸入室内空间的问题，但墙体的分布使空间受到限制，无法做成大空间，适宜住宅和旅馆等隔墙较多的建筑，如图6.3-4所示。

现浇剪力墙结构建筑的高度，无抗震设计时最大适用高度为150m，有抗震设计根据设防烈度最大适用高度为80~140m。与现浇框架-剪力墙结构基本一样，仅6度设防时比框架-剪力墙结构高了10m。装配整体式剪力墙结构最大适用高度比现浇结构低了10~20m。

剪力墙结构 PC 建筑在国外非常少，高层建筑几乎没有，没有可供借鉴的装配式理论与经验。

国内多层和高层剪力墙结构住宅很多。目前装配式结构建筑大都是剪力墙结构。就装配式而言，剪力墙结构的优势是：

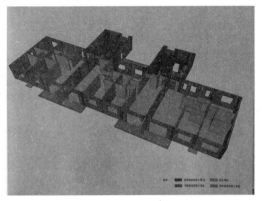

图 6.3-4 剪力墙结构示意图
（选自辽宁省装配式标准化设计图）

（1）平板式构件较多，有利于实现自动化生产。

（2）模具成本相对较低。

装配式剪力墙结构目前存在的问题是：

（1）剪力墙装配式的试验和经验相对较少。较多的后浇筑区对装配式效率有较大的影响。

（2）结构连接的面积较大，连接点多，连接成本高。

（3）装饰装修、机电管线等受结构墙体约束较大。

6.3.5 无梁板结构

无梁板结构是由柱、柱帽和楼板组成的承受竖向与水平作用的结构。

无梁板结构由于没有梁，空间通畅，适用于多层公共建筑和厂房、仓库等，我国20世纪80年代前就有装配整体式无梁板结构建筑的成功实践。

装配整体式无梁板结构示意如图6.3-5所示。

（1）先安装预制杯形基础。

（2）柱子通长预制，也就是说5层楼高的建筑，柱子就做成5层楼高，柱子由于是整根的，就不存在结构连接点，将柱子立起。

（3）在柱帽位置下方插入承托柱帽的型钢横挡，柱子在该位置有预留孔。

（4）像插糖葫芦一样，将柱帽从柱子顶部插入。柱帽中心是方孔。落在型钢横挡上。

（5）安装叠合楼板预制板。

（6）绑扎钢筋，浇筑叠合楼板后浇筑混凝土，形成整体楼板。

（7）继续安装上一层的横挡、柱帽、叠合板，浇筑混凝土……直到屋顶。

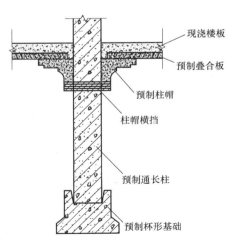

图 6.3-5 装配式无梁板结构示意图

6.3.6　单层钢筋混凝土柱厂房

单层钢筋混凝土柱厂房是由钢筋混凝土柱、轨道梁、预应力混凝土屋架或钢结构屋架组成的承受竖向和水平作用的结构。

单层钢筋混凝土柱厂房在我国工厂中应用较多，大多为全装配结构，干法连接。

装配式单层钢筋混凝土柱厂房预制结构构件包括柱、轨道梁、屋架、外墙板等，有的工程还包括预制杯形基础。

6.4　PC 建筑结构设计的基本原理与规定

6.4.1　等同原理

PC 建筑结构设计的基本原理是等同原理。也就是说，通过采用可靠的连接技术和必要的结构与构造措施，使装配整体式混凝土结构与现浇混凝土结构的效能基本等同。

实现等同效能，结构构件的连接方式是最重要最根本的。但并不是仅仅连接方式可靠就高枕无忧了，必须对相关结构和构造做一些加强或调整，应用条件也会比现浇混凝土结构限制得更严。

等同原理不是一个严谨的科学原理，而是一个技术目标。目前，柱、梁结构体系大体上实现了这个目标，而剪力墙结构体系还有距离。比如，建筑最大适用高度降低、边缘构件现浇等规定，表明在技术效果上尚未达至等同。

6.4.2　极限状态设计方法

装配式混凝土结构与现浇混凝土结构一样，都是采用极限状态设计方法。

《装规》第 6.1.10 条规定：装配式结构构件及节点应进行承载能力极限状态及正常使用极限状态设计。

《装规》第 6.3.2 条规定：装配整体式结构承载能力极限状态及正常使用极限状态的作用效应分析可采用弹性方法。此条与《混凝土结构设计规范》（GB 50010—2010）的规定一样。

1. 极限状态设计方法

整个结构或结构的一部分超过某一特定状态就不能满足设计规定的某一功能要求，此特定状态为该功能的极限状态。

极限状态设计方法以概率理论为基础。

极限状态分为两类：承载能力极限状态和正常使用极限状态。

在进行强度、失稳等承载能力设计时，采用承载能力极限设计方法；在进行挠度等设计时，采用正常使用极限状态。

进行设计时，要根据所设计功能要求属于哪个状态进行荷载选取、计算和组合。

2. 承载能力极限状态

承载能力极限状态对应于结构和构件的安全性、可靠性和耐久性，超过此状态，结构和构件就不能继续承受荷载了。装配式结构和构件，包括连接件、预埋件、拉结件等，出现下列状态之一时，就认为超过了承载能力极限状态：

（1）因超过材料强度而破坏；如构件断裂、出现严重的穿透性裂缝等。

（2）因疲劳导致的强度破坏。

（3）变形过度而不能继续使用。

（4）丧失稳定。

（5）变为机动体系。

3. 正常使用极限状态

正常使用极限状态对应于构件的装饰性。超过此状态，构件尽管没有破坏，但超过了可以容忍的正常使用状态。出现下列状态之一时，被认为超过了正常使用极限状态：

（1）出现影响正常使用的变形，如挠度超过了规定的限值。

（2）局部破坏，如表面裂缝或局部裂缝等。

4. 弹性方法

弹性方法是在结构分析时考虑结构处于弹性阶段而不是塑性、弹塑性阶段，采用结构力学和弹性力学的分析方法。

6.4.3　作用及作用组合

（1）PC 建筑主体结构使用阶段的作用和作用组合计算，与现浇混凝土结构一样，没有特殊规定。

（2）外挂墙板的作用及作用组合，《装规》给出了具体公式，将在第 11 章介绍。

（3）PC 建筑与现浇建筑不同之处是混凝土构件在工厂预制，预制构件在脱模、吊装等环节所承受的荷载是现浇混凝土结构所没有的，《装规》给出了脱模、吊装荷载的计算规定，将在第 13 章介绍。

6.4.4　《装规》关于结构设计的一般规定

1. 适用高度

关于 PC 建筑的适用高度，已经在第 5 章介绍了。

现行行业标准《装规》规定的装配整体式混凝土结构的最大适用高度与《高规》规定的现浇混凝土结构的最大适用高度比较如下：

（1）框架结构，装配式与现浇一样。

（2）框架装配式、剪力墙现浇的框架-剪力墙结构，与现浇框架-剪力墙结构一样。

（3）结构中竖向构件全部现浇，仅楼盖采用叠合梁、板时，与现浇一样。

（4）剪力墙结构，装配式比现浇降低 10 ~ 20m。

（5）《装规》对装配式筒体结构没有给出规定。

见表 5.4-1。

行业标准《预制预应力混凝土装配整体式框架结构技术规程》（JGJ 224—2010）第 3.1.1 条对预应力混凝土装配整体式框架结构的适用高度的规定，在抗震设防时，比非预应力结构适用高度要低些，见表 5.4-2。

行业标准《装规》对筒体结构的适用高度没有规定，辽宁省地方标准《装配式混凝土结构设计规程》（DB21/T 2572—2016）第 6.1.1 条表 6.1.1《装配整体式结构房屋的最大适用高度》中，有关于筒体结构适用高度的规定，见表 5.4-3。

2. 高宽比

关于装配式建筑的高宽比，已经在第5章介绍了。

现行行业标准《装规》与《高规》分别规定了装配式混凝土结构建筑与现浇混凝土结构建筑的高宽比，两者比较如下：

（1）框架结构装配式与现浇混凝土结构一样。

（2）框架-剪力墙结构和剪力墙结构，在非抗震设计情况下，装配式比现浇要小；在抗震设计情况下，装配式与现浇一样。

（3）《装规》对其他结构没有规定。

辽宁省地方标准《装配式混凝土结构设计规程》（DB21/T 2572—2016）对筒体结构抗震设计的高宽比有规定，与《高规》规定的混凝土结构一样。

《高规》《装规》和辽宁省地方标准关于高宽比的规定见表5.4-5。

3. 平面形状

关于装配式建筑的平面形状，已经在第5章介绍了。行业标准《装规》关于装配式混凝土结构建筑的平面形状的规定与《高规》关于混凝土结构平面布置的规定一样。建筑平面尺寸及凸出部位比例限制照搬了《高规》的规定，见图5.6-1和表5.6-1。

4. 结构竖向布置

关于装配式结构的竖向布置，《装规》第6.1.6条规定：装配式结构竖向布置应连续、均匀，应避免抗侧力结构的侧向刚度和承载力沿竖向突变，并应符合现行国家标准《建筑抗震设计规范》（GB 50011—2010）的有关规定。

特别不规则的建筑不适宜装配式结构，非标准构件多，在地震作用下内力分布复杂。

5. 关于现浇部位的规定

《装规》第6.1.8条规定了高层装配整体式结构的现浇部位：

（1）宜设置地下室，地下室宜采用现浇混凝土。

（2）剪力墙结构底部加强部位的剪力墙宜采用现浇混凝土。

（3）框架结构首层柱采用现浇混凝土，顶层采用现浇楼盖结构。

以上规定主要考虑确保装配式建筑的抗震性能和整体性。实际上，由于建筑功能和结构的需要，建筑底部与标准层大都不一样，包括平面布置、结构断面和配筋等，做装配式既不方便也不合算。

6. 转换层的规定

带转换层的装配整体式结构，《装规》第6.1.9条规定如下：

（1）当采用部分框支剪力墙结构时，底部框支层不宜超过2层，且框支层及相邻上一层应采用现浇结构。

（2）部分框支剪力墙以外的结构中，转换梁、转换柱宜现浇。

7. 混凝土强度

《装规》第4.1.2条规定：装配式结构预制构件的混凝土强度等级不宜低于C30；预应力混凝土预制构件的强度等级不宜低于C40，且不应低于C30；现浇混凝土的强度等级不应低于C25。

装配式结构最低混凝土强度等级高于现浇混凝土结构。

《装规》第6.1.12条规定：预制构件节点及接缝处后浇混凝土强度等级不应低于预制

构件的混凝土强度等级；多层剪力墙结构中墙板水平接缝用坐浆材料的强度等级值应大于被连接构件的混凝土强度等级值。

需要提示的是，这条规定中的"坐浆材料"不是套筒灌浆连接和浆锚连接的灌浆料，仅限于多层剪力墙结构墙板接缝使用。框架结构和高层剪力墙结构的水平接缝应当用灌浆料填满。

8. 关于外露金属件的要求

《装规》第 6.1.13 条规定：预埋件和连接件等外露金属件应按不同环境类别进行封闭或防腐、防锈、防火处理，并应符合耐久性要求。

关于此条，宜区分长期使用的预埋件、连接件和制作施工期间临时用的预埋件的区别。施工期间临时用的预埋件和连接件可不做防锈蚀处理。

6.4.5　《装规》关于装配整体式结构的抗震规定

1. 设防范围

《装规》适用于民用建筑非抗震设计和 6～8 度设防烈度抗震设计的装配式混凝土结构。9 度设防烈度抗震设计需要专门论证。

2. 丙类建筑抗震等级

《装规》第 6.1.3 的强制性条款规定：装配整体式结构构件的抗震设计，应根据设防类别、烈度、结构类型和房屋高度采用不同的抗震等级，并应符合相应的计算和构造设计要求。丙类装配整体式结构的抗震等级应按表 6.1.3 确定（见表 6.4-1）。

表 6.4-1　丙类装配整体式结构的抗震等级（《装规》表 6.1.3）

结构类型		抗震设防烈度					
		6 度		7 度		6 度	
装配整体式框架结构	高度/m	≤24	>24	≤24	>24	≤24	>24
	框架	四	三	三	二	二	一
	大跨度框架	三		二		一	
装配整体式框架-现浇剪力墙结构	高度/m	≤60	>60	≤24	>24 且 ≤60	>60	≤24	>24 且 ≤60	>60
	框架	四	三	四	三	二	三	二	一
	剪力墙	三	三	三	三	二	二	二	一
装配整体式剪力墙结构	高度/m	≤70	>70	≤24	>24 且 ≤70	>70	≤24	>24 且 ≤70	>70
	剪力墙	四	三	四	三	二	三	二	二
装配整体式部分框支剪力墙结构	高度/m	≤70	>70	≤24	>24 且 ≤70	>70	≤24	>24 且 ≤70	>70
	现浇框支框架	二	二	二	二	一	二	一	一
	底部加强部位剪力墙	三	三	三	三	二	二	二	一
	其他区域剪力墙	四	三	四	三	二	三	二	

注：大跨度框架指跨度不小于 18m 的框架。

此表与《建筑抗震设计规范》（GB 50011—2010）比较，框架结构、框架-现浇剪力墙结构，装配式与现浇有以下几点不同：

（1）对剪力墙结构装配式要求更严，装配式的划分高度比现浇低10m，从80m降到70m。

（2）同样，部分框支剪力墙结构的划分高度，装配式比现浇低10m，由80m降到70m。

（3）没有给出筒体结构和板柱-剪力墙结构的抗震等级。

辽宁省地方标准《装配式混凝土结构设计规程》（DB21/T 2572—2016）关于抗震等级的规定，给出了筒体结构和板柱-剪力墙结构的抗震等级，与《建筑抗震设计规范》（GB 50011—2010）关于现浇混凝土结构的规定一样。

丙类建筑是指一般的工业与民用建筑。

3. 乙类建筑

乙类建筑是指地震时使用功能不能中断或需尽快恢复的建筑。

《装规》第6.1.4条款规定：乙类装配式整体式结构应按本地区抗震设防烈度提高一度的要求加强其抗震措施；当本地区抗震设防烈度为8度且抗震等级为一级时，应采取比一级更高的抗震措施；当建筑场地为Ⅰ类时，仍可按本地区抗震设防烈度的要求采取抗震构造措施。此条与《建筑抗震设计规范》和《高规》关于现浇混凝土结构的规定一样。

4. 甲类建筑

甲类建筑是指特大建筑工程和地震时不能发生严重次生灾害的建筑。《装规》不适用甲类建筑。

5. 《装规》未覆盖的情况

《装规》第6.1.7条款规定：抗震设计的高层装配式结构，当其房屋高度、规则性、结构类型等超过本规程的规定或抗震设防标准有特殊要求时，可按现行行业标准《高层建筑混凝土结构技术规程》（JGJ 3—2010）的有关规定进行结构抗震性能设计。

6. 抗震调整系数 γ_{RE}

《装规》第6.1.7条款规定：抗震设计时，构件及节点的承载力抗震调整系数 γ_{RE} 应按表6.1.11采用；当仅考虑竖向地震作用组合时，承载力抗震调整系数 γ_{RE} 应取1.0。预埋件锚筋截面计算的承载力抗震调整系数 γ_{RE} 应取1.0。见表6.4-2。

表6.4-2　构件及节点承载力抗震调整系数 γ_{RE}　（《装规》表6.1.11）

结构构件类别	正截面承载力计算					斜截面承载力计算	受冲切承载力计算、接缝受剪承载力计算
	受弯构件	偏心受压柱		偏心受拉构件	剪力墙	各类构件及框架节点	
		轴压比小于0.15	轴压比不小于0.15				
γ_{RE}	0.75	0.75	0.8	0.85	0.85	0.85	0.85

7. 地震作用下的弯矩与剪力的放大

《装规》第6.3.1条中有如下规定："当同一层内既有预制又有现浇抗侧力构件时，地震状况下宜对现浇抗侧力构件在地震作用下的弯矩和剪力进行适当放大。"

这条规定出于对装配式抵抗侧向力的效能的审慎，但究竟适当放大多少合适？是5%还是 30%？规范没有给出具体的范围，条文说明中也没有说明，只能靠结构设计师自己判断。

6.4.6　结构分析

1. 结构分析方法

《装规》第 6.3.1 条规定：装配整体式结构可采用与现浇混凝土结构相同的方法进行结构分析。

2. 楼层层间最大位移与层高之比

《装规》第 6.3.3 条给出了按弹性方法计算的风荷载或多遇地震标准值作用下的楼层层间最大位移 $\Delta\mu$ 与层高 h 之比的限值，见表 6.4-3。

表 6.4-3　楼层层间最大位移 $\Delta\mu$ 与层高 h 之比的限值（《装规》表 6.3.3）

结　构　类　型	$\Delta\mu/h$ 限值
装配整体式框架结构	1/550
装配整体式框架—现浇剪力墙结构	1/800
装配整体式剪力墙结构、装配整体式部分框支剪力墙结构	1/1000
多层装配式剪力墙结构	1/1200

3. 楼盖刚度

《装规》第 6.3.4 条规定：在结构内力与位移计算时，对现浇楼盖和叠合楼盖，均可假定楼盖在其自身平面内为无限刚性；楼面梁的刚度可计入翼缘作用予以增大；梁刚度增大系数可根据翼缘情况近似取为 1.3 ~ 2.0。

6.5　装配式结构连接方式

6.5.1　结构连接方式简述

对装配式结构而言，"可靠的连接方式"是第一重要的，是结构安全的最基本保障。装配式混凝土结构连接方式包括：

（1）套筒灌浆连接。

（2）浆锚搭接连接。

（3）后浇混凝土连接。后浇混凝土的钢筋连接方式有：搭接、焊接、套筒注胶连接、套筒机械连接、软索与钢筋销连接等。

（4）预制混凝土构件与后浇混凝土连接面的粗糙面和键销构造。

（5）螺栓连接。

（6）焊接连接。

6.5.2　接缝承载力

装配整体式结构中的接缝主要是指预制构件之间的接缝和预制构件与现浇及后浇混凝土之间的结合面，包括梁端接缝、柱顶柱底接缝、剪力墙竖向接缝和水平缝等。

接缝是装配整体式结构的关键部位，关于接缝承载力，《装规》第 6.5.1 条规定：装配整体式结构中，接缝的正截面承载力应符合现行国家标准《混凝土结构设计规范》（GB 50010—2010）的规定。接缝的受剪承载力应符合下列规定：

（1）持久设计状况

$$\gamma_o V_{jd} \leq V_u \qquad (6.5\text{-}1)（《装规》公式 6.5.1\text{-}1）$$

（2）地震设计状况

$$V_{jdE} \leq V_{uE}/\gamma_{RE} \qquad (6.5\text{-}2)（《装规》公式 6.5.1\text{-}2）$$

在梁、柱端部箍筋加密区及剪力墙底部加强部位尚应符合下式要求

$$\eta_j V_{mua} \leq V_{uE} \qquad (6.5\text{-}3)（《装规》6.5.1\text{-}3）$$

式中　　γ_o——结构重要性系数，安全等级为一级时不应小于1.1，安全等级为二级时不应小于1.0；

γ_{RE}——抗震调整系数，见表6.4-2；

V_{jd}——持久设计状况下接缝剪力设计值；

V_{jdE}——地震设计状况下接缝剪力设计值；

V_u——持久设计状况下梁端、柱端、剪力墙底部接缝受剪承载力设计值；

V_{uE}——地震设计状况下梁端、柱端、剪力墙底部接缝受剪承载力设计值；

V_{mua}——被连接构件端部按实配钢筋面积计算的斜截面受剪承载力设计值；

η_j——接缝受剪承载力增大系数，抗震等级为一、二级取1.2，抗震等级为三、四级取1.1。

《装规》第6.5.1条只给出了接缝受剪承载力的计算公式，没有给出正截面受压、受拉和受弯承载力的计算公式。对此，该条条文说明解释：

接缝的压力通过后浇混凝土、灌浆料或坐浆材料直接传递；拉力通过由各种方式连接的钢筋、预埋件传递。预制构件连接接缝一般采用强度等级高的于构件的后浇混凝土、灌浆料或坐浆材料，当穿过接缝的钢筋不少于构件内钢筋并且构造符合《装规》规定时，节点及接缝的正截面受压、受拉及受弯承载力一般不低于构件，可不必进行承载力验算。当需要计算时，可按照混凝土构件正截面的计算方法进行，混凝土强度取接缝及构件混凝土材料强度的较低值，钢筋取穿过正截面且有可靠锚固的钢筋数量。

之所以给出受剪承载力计算公式，条文说明中说明：接缝的剪力由结合面混凝土的粘接强度、键槽或者粗糙面、钢筋的摩擦抗剪作用、销栓抗剪作用承担；接缝处于受压、受弯状态时，静力摩擦可承担一部分剪力。后浇混凝土、灌浆料或坐浆材料与预制构件结合面的粘接抗剪强度往往低于预制构件本身混凝土的抗剪强度。因此，预制构件的接缝一般都需要进行受剪承载力的计算。

《装规》还给出了框架、剪力墙结构接缝受剪承载力的计算公式，分别在第8章和第9章介绍。

6.5.3　套筒灌浆连接

套筒灌浆连接是装配整体式结构最主要最成熟的连接方式，美国人1970年发明套筒灌浆技术，至今已经有40多年的历史。套筒灌浆连接技术发明初期就在美国夏威夷一座38层建筑中应用，而后在欧美和亚洲得到广泛应用，目前在日本应用最多，用于很多超高层建筑，最高建筑200多m高。日本的套筒灌浆连接PC建筑经历过多次大地震的考验。

1. 原理

（1）工作原理　套筒灌浆连接的工作原理是：将需要连接的带肋钢筋插入金属套筒内"对接"，在套筒内注入高强早强且有微膨胀特性的灌浆料，灌浆料在套筒筒壁与钢筋之间形成较大的正向应力，在带肋钢筋的粗糙表面产生较大的摩擦力，由此得以传递钢筋的轴向力，如图 6.5-1 ~ 图 6.5-3 所示。

以现场柱子连接为例介绍套筒灌浆的工作原理。

下面柱（现浇和预制都可以）伸出钢筋（图 6.5-4），上面预制柱与下面柱伸出钢筋对应的位置埋置了套筒，预制柱的钢筋插入到套筒上部一半位置，套筒下部一半空间预留给下面柱的钢筋插入。预制柱套筒对准下面柱伸出钢筋安装，使下面柱钢筋插入套筒，与预制柱的钢筋形成对接（图 6.5-5）。然后通过套筒灌浆口注入灌浆料，使套筒内注满灌浆料。

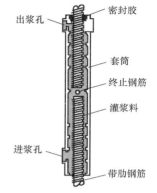

图 6.5-1　套筒灌浆连接原理

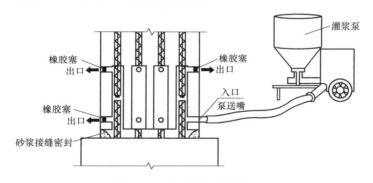

图 6.5-2　套筒灌浆作业原理

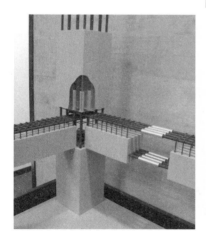

图 6.5-3　套筒灌浆实物样品

图 6.5-4　下面柱伸出钢筋

套筒连接是对现行混凝土结构规范的"越线"，全部钢筋都在同一截面连接，这违背了规范关于钢筋接头同一截面不大于 50% 的规定。但由于这种连接方式经过了试验和工程实践的验证，特别是超高层建筑经历过大地震的考验，是可靠的连接方式。

图 6.5-5　上面柱对应下面柱钢筋位置是套筒

以上套筒是埋置在预制混凝土构件中与其他构件伸出钢筋连接的。

还有一种套筒是后浇区钢筋连接用的注胶套筒，先将其套在一个构件的钢筋上，两个构件对接后，移动套筒，使之套上另一个构件的钢筋，钢筋接头空隙小于 30mm，然后注胶，如图 6.5-6 所示。

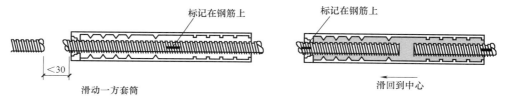

图 6.5-6　后浇区钢筋套筒灌浆连接示意图

注胶套筒在日本应用较多。国内与注胶套筒同样功能的钢筋连接套筒多采用机械套筒，最常见的是螺旋套筒。螺旋套筒与钢筋连接靠螺纹的方式，对接钢筋端部像螺栓一样有螺纹，套筒相当于大的螺母旋在两根钢筋上，形成连接，见第 3 章 3.2.2。

（2）套筒　套筒的材质有碳素结构钢、合金结构钢和球墨铸铁，要求内壁粗糙。日本用的套筒材质是球墨铸铁，大都由我国工厂加工制作。国内既有球墨铸铁套筒，也有碳素结构钢和合金结构钢材质套筒。

套筒的行业标准是《钢筋连接用灌浆套筒》（JG/T 398—2012）。关于套筒的技术要求见第 3 章 3.2 节。

（3）灌浆料　灌浆料要求具有高强、早强、不收缩，微膨胀的特点，灌浆料行业标准《钢筋连接用套筒灌浆料》（JG/T 408—2013），见第 3 章 3.2.3。

2. 《装规》关于套筒灌浆连接的规定

（1）接头应满足行业标准《钢筋机械连接技术规程》（JGJ 107—2010）中Ⅰ级接头的性能要求，并应符合国家现行有关标准的规定。

（2）预制剪力墙中钢筋接头处套筒外侧钢筋混凝土保护层厚度不应小于 15mm，预制柱中钢筋接头处套筒外侧箍筋的混凝土保护层厚度不应小于 20mm。

（3）套筒之间净距不应小于 25mm。

（4）预制结构构件采用钢筋套筒灌浆连接时，应在构件生产前进行钢筋套筒灌浆连接接头的抗拉强度试验，每种规格的连接接头试件数量不应少于 3 个（这一条是强制性规定）。

（5）当预制构件中钢筋的混凝土保护层厚度大于 50mm 时，宜对钢筋的混凝土保护层采取有效的构造措施（如铺设钢筋网片等）。

另外，辽宁省地方标准《装配式混凝土结构设计规程》（DB21/T 2572—2016）关于套筒灌浆连接钢筋直径规定不应小于 12mm，不宜大于 40mm。

3. 设计要点

套筒灌浆连接的承载力等同于钢筋或高一些，即使破坏，也是在套筒连接之外的钢筋破坏，而不是套筒区域破坏，这样的等同效果是套筒和灌浆料厂家的试验所证明的。所以，结构设计对套筒灌浆节点不需要进行结构计算，主要是选择合适的套筒灌浆材料，设计中需要注意的要点是：

（1）应符合《装规》和现行行业标准《钢筋套筒灌浆连接应用技术规程》（JGJ 355—2015）的规定。

（2）采用套筒灌浆连接时，钢筋应当是带肋钢筋，不能用光圆钢筋。

（3）选择可靠的灌浆套筒和灌浆料，应选择匹配的产品。

（4）结构设计师应按规范规定提出套筒和灌浆料选用要求，并应在设计图样强调，在构件生产前须进行钢筋套筒灌浆连接接头的抗拉强度试验，每种规格的连接接头试件数量不应少于 3 个。

（5）须了解套筒直径、长度、钢筋插入长度等数据，据此做出构件保护层、伸出钢筋长度等细部设计。

（6）由于套筒外径大于所对应的钢筋直径，由此：

1）套筒区箍筋尺寸与非套筒区箍筋尺寸不一样，且箍筋间距加密。

2）两个区域保护层厚度不一样；在结构计算时，应当注意由于套筒引起的受力钢筋保护层厚度的增大，或者说 h_0 的减小。

3）对于按照现浇结构进行设计，之后才决定采用装配式的工程，以套筒箍筋保护层作为控制因素，或断面尺寸不变，受力钢筋"内移"，由此会减小 h_0，或断面尺寸扩大，由此会改变构件刚度，结构设计必须进行复核计算，做出选择。

（7）套筒连接的灌浆不仅仅是要保证套筒内灌满，还要灌满构件接缝缝隙。构件接缝缝隙一般为 20mm 高。规范要求预制柱底部须设置键槽，键槽深度不小于 30mm，如此键槽处缝高达 50mm。构件接缝灌浆时需封堵，避免漏浆或灌浆不密实。

（8）外立面构件因装饰效果或因保温层等原因不允许或无法接出灌浆孔和出浆孔，可用灌浆孔导管引向构件的其他面。

6.5.4　浆锚搭接

尽管浆锚搭接连接方式所依据的技术原理源于欧洲，但目前国外在装配式建筑中没有研发和应用这一技术。我国近年来有大学、研究机构和企业做了大量研究试验，有了一定的技术基础，在国内装配整体式结构建筑中也有应用。浆锚搭接方式最大的优势是成本低于套筒灌浆连接方式。行业规范《装规》对浆锚搭接方式给予了审慎的认可。毕竟，浆锚搭接不像套筒灌浆连接方式那样有几十年的工程实践经验并经历过多次大地震的考验。

1. 工作原理

浆锚搭接的工作原理是：将需要连接的带肋钢筋插入预制构件的预留孔道里，预留孔道内壁是螺旋形的。钢筋插入孔道后，在孔道内注入高强早强且有微膨胀特性的灌浆料，锚固住插入钢筋。在孔道旁边，是预埋在构件中的受力钢筋，插入孔道的钢筋与之"搭接"。这种情况属于有距离搭接。

浆锚搭接有两种方式，一是两根搭接的钢筋外圈有螺旋钢筋，它们共同被螺旋钢筋所约束，如图6.5-7所示；二是浆锚孔用金属波纹管。

2. 预留孔洞内壁

浆锚搭接方式，预留孔道的内壁是螺旋形的，有两种成型方式：

（1）埋置螺旋的金属内模，构件达到强度后旋出内模。

（2）预埋金属波纹管做内模，不用抽出。

金属内模方式旋出内模时容易造成孔壁损坏，也比较费工，不如金属波纹管方式可靠简单。

3. 浆锚搭接灌浆料

浆锚搭接灌浆料为水泥基灌浆料，其性能应符合《装规》表4.2.3《钢筋浆锚搭接连接接头用灌浆料性能要求》的规定，见表3.2-10。

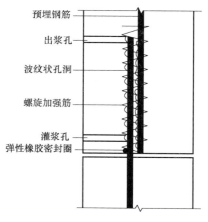

图6.5-7　浆锚搭接原理

浆锚搭接所用的灌浆料的强度低于套筒灌浆连接的灌浆料。因为浆锚搭接由螺旋钢筋形成的约束力低于金属套筒的约束力，灌浆料强度高了属于功能过剩。

4.《装规》关于浆锚搭接的规定

（1）《装规》第6.5.4条规定：纵向钢筋采用浆锚搭接连接时，对预留成孔工艺、孔道形状和长度、构造要求、灌浆料和被连接钢筋，应进行力学性能以及适用性的试验验证。直径大于20mm的钢筋不宜采用浆锚搭接连接，直接承受动力荷载构件的纵向钢筋不应采用浆锚搭接连接。

这里，试验验证的概念，是指需要验证的项目须经过相关部门组织的专家论证或鉴定后方可使用。

（2）《装规》第7.1.2条规定：在装配整体式框架结构中，预制柱的纵向钢筋连接应符合下列规定：

1）当房屋高度不大于12m或层数不超过3层时，可采用套筒灌浆、浆锚搭接、焊接等连接方式。

2）当房屋高度大于12m或层数超过3层时，宜采用套筒灌浆连接。

也就是说，在多层框架结构中，《装规》不推荐浆锚搭接方式。

5. 辽宁省地方标准关于浆锚搭接的规定

辽宁省地方标准关于浆锚搭接的规定见第3章3.2.4。

6. 设计要点

浆锚搭接节点设计与套筒灌浆连接一样，结构设计对节点不需要进行结构计算，主要是选择合适的浆锚搭接方式，设计中需要注意的要点是：

（1）应符合《装规》和当地地方标准的规定。

（2）钢筋应是带肋钢筋，不能用光圆钢筋。

（3）按规范规定提出灌浆料选用要求。

（4）根据浆锚连接的技术要求确定钢筋搭接长度、孔道长度。

（5）要保证螺旋钢筋保护层，由此受力钢筋的保护层增大。在结构计算时，应注意受力钢筋保护层厚度的增大或 h_0 的减小。对于按照现浇进行结构设计，之后才决定采用装配式的工程，以螺旋钢筋保护层作为控制因素，或断面尺寸不变，受力钢筋"内移"，由此会减小 h_0，或断面尺寸扩大，由此会改变构件刚度，结构设计必须进行复核计算，做出选择。

（6）浆锚搭接的灌浆不仅仅是要保证孔道内灌满，还要灌满构件接缝缝隙。构件接缝缝隙一般为 20mm 高。规范要求预制柱底部须设置键槽，键槽深度不小于 30mm，如此键槽处缝高达 50mm。构件接缝灌浆时需封堵，避免漏浆或灌浆不密实。当采用嵌入式封堵条时，应避免嵌入过多影响受力钢筋的保护层厚度。

（7）外立面构件因装饰效果或因保温层等原因不允许或无法接出灌浆孔，可用灌浆孔导管引向其他面。

6.5.5　后浇混凝土

1. 后浇混凝土的应用范围

后浇混凝土是指预制构件安装后在预制构件连接区或叠合层现场浇筑的混凝土。在装配式建筑中，基础、首层、裙楼、顶层等部位的现浇混凝土，称为现浇混凝土；连接和叠合部位的现浇混凝土称为"后浇混凝土"。

后浇混凝土是装配整体式混凝土结构非常重要的连接方式。到目前为止，世界上所有的装配整体式混凝土结构建筑，都会有后浇混凝土。日本预制率最高的 PC 建筑鹿岛新办公楼，所有柱、梁连接节点都是套筒灌浆连接，都没有后浇混凝土，但楼板依然是叠合楼板，依然有后浇混凝土。

后浇混凝土的应用范围包括：

（1）柱子连接。

（2）柱、梁连接。

（3）梁连接。

（4）剪力墙边缘构件。

（5）剪力墙横向连接。

（6）叠合板式剪力墙空心层浇筑。

（7）圆孔板式剪力墙圆孔内浇筑。

（8）叠合楼板。

（9）叠合梁。

（10）其他叠合构件（阳台板、挑檐板）等。

2. 后浇混凝土钢筋连接

钢筋连接是后浇混凝土连接节点最重要的环节。后浇区钢筋连接方式包括：

（1）机械（螺纹）套筒连接。

（2）注胶套筒连接。

（3）钢筋搭接。

（4）钢筋焊接等。

3. 后浇混凝土区的钢筋锚固

关于预制构件受力钢筋在后浇混凝土区的锚固，《装规》第6.5.6条规定：预制构件纵向钢筋宜在后浇混凝土内直线锚固；当直线锚固长度不足时，可采用弯折、机械锚固方式，并应符合现行国家标准《混凝土结构设计规范》（GB 50010—2010）和《钢筋锚固板应用技术规程》（JGJ 256—2011）的规定。

6.5.6 粗糙面与键槽

1. 粗糙面和键槽的作用

预制混凝土构件与后浇混凝土的接触面须做成粗糙面或键销面，以提高抗剪能力。试验表明，不计钢筋作用的平面、粗糙面和键销面混凝土抗剪能力的比例关系是1∶1.6∶3，也就是说，粗糙面抗剪能力是平面的1.6倍，键销面是平面的3倍。所以，预制构件与后浇混凝土接触面或做成粗糙面，或做成键销面，或两者兼有。

2.《装规》关于粗糙面与键槽的规定

《装规》第6.5.5条规定：预制构件与后浇混凝土、灌浆料、坐浆材料的结合面应设置粗糙面、键槽，并应符合下列规定：

（1）预制板与后浇混凝土叠合层之间的结合面应设置粗糙面。

（2）预制梁与后浇混凝土叠合层之间的结合面应设置粗糙面；预制梁端面应设置键槽（图6.5-8）且宜设置粗糙面。键槽的尺寸和数量应按《装规》第7.2.2条（见第8章8.3.2节）计算确定；键槽的深度t不宜小于30mm，宽度w不宜小于深度的3倍且不宜大于深度的10倍；键槽可贯通截面，当不贯通时槽口距离边缘不宜小于50mm；键槽间距宜等于键槽宽度；键槽端部斜面倾角不宜大于30°。

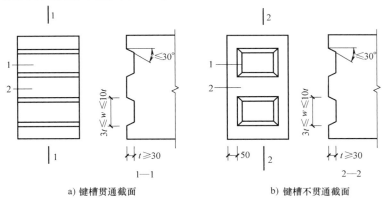

a) 键槽贯通截面　　　　　　　　b) 键槽不贯通截面

图6.5-8 梁端键槽构造示意图（《装规》图6.5.5）

1—键槽　2—梁端面

（3）预制剪力墙的顶部和底部与后浇混凝土的结合面应设置粗糙面；侧面与后浇混凝土的结合面应设置粗糙面，也可设置键槽；键槽深度t不宜小于20mm，宽度w不宜小于深度的3倍且不宜大于深度的10倍；键槽间距宜等于键槽宽度；键槽端部斜面倾角不宜大于30°。

（4）预制柱的底部应设置键槽且宜设置粗糙面，键槽应均匀布置，键槽深度不宜小于30mm，键槽端部斜面倾角不宜大于 30°。柱顶应设置粗糙面。

（5）粗糙面的面积不宜小于结合面的 80%，预制板的粗糙面凹凸深度不应小于 4mm，预制梁端、预制柱端、预制墙端的粗糙面凹凸深度不应小于 6mm。

3. 粗糙面和键槽的实现办法

（1）粗糙面 对于压光面（如叠合板、叠合梁表面）在混凝土初凝前"拉毛"形成粗糙面，如图 6.5-9 所示。

对于模具面（如梁端、柱端表面），可在模具上涂刷缓凝剂，拆模后用水冲洗未凝固的水泥浆，露出骨料，形成粗糙面，如图6.5-10 所示。

（2）键槽 键槽是靠模具凸凹成型的，日本 PC 柱子底部的键槽如图 6.5-11 所示。

图 6.5-9 预应力叠合板压光面处理粗糙面

图 6.5-10 缓凝剂处理的粗糙面

图 6.5-11 日本 PC 柱底键槽

6.5.7 钢丝绳索套加钢筋销连接

钢丝绳加钢筋销连接是欧洲常见的连接方法，用于墙板与墙板之间后浇区竖缝构造连接。相邻墙板在连接处伸出钢丝绳索套交汇，中间插入竖向钢筋，然后浇筑混凝土，如图6.5-12 ~ 图 6.5-14 所示。

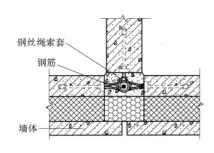

图 6.5-12 钢丝绳索套加钢筋销连接原理

图 6.5-13 钢丝绳索套加钢筋销连接实例

预埋伸出钢丝绳索套比出筋方便，适于自动化生产线，现场安装简单，作为构造连接，是非常简便的连接方式，目前国内规范对这种连接方式尚未有规定。

6.5.8　螺栓连接

螺栓连接是用螺栓和预埋件将预制构件与预制构件或预制构件与主体结构进行连接。前面介绍的套筒灌浆连接、浆锚搭接连接、后浇筑连接和钢丝绳索套加钢筋销连接都属于湿连接，螺栓连接属于干连接。

1. 螺栓连接在装配整体式混凝土结构建筑中的应用

在装配整体式混凝土结构中，螺栓连接仅用于外挂墙板和楼梯等非主体结构构件的连接。

图 6.5-14　钢丝绳索套

（1）外挂墙板连接　外挂墙板的安装节点都是螺栓连接，如图 6.5-15 所示。安装节点设计将在第 11 章详细介绍。

（2）楼梯连接　楼梯与主体结构的连接方式之一是螺栓连接，如图 6.5-16 所示。安装节点设计将在第 12 章详细介绍。

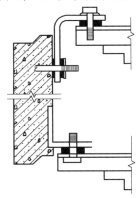

图 6.5-15　外挂墙板螺栓连接示意图

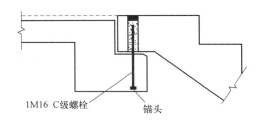

1M16 C级螺栓　　锚头

图 6.5-16　楼梯螺栓连接

（3）型钢混凝土剪力墙采用螺栓连接，见第 9 章。

2. 螺栓连接在全装配式混凝土结构中的应用

螺栓连接是全装配式混凝土结构的主要连接方式。可以连接结构柱、梁。非抗震设计或低抗震设防烈度设计的低层或多层建筑，当采用全装配式混凝土结构时，可用螺栓连接主体结构。

欧洲一座全装配式混凝土框架结构建筑（图 6.5-17），柱、梁体系都是用螺栓连接。螺栓连接柱子如图 6.5-18 所示。螺栓连接墙板如图 6.5-19 所示。

3. 螺栓连接节点设计

（1）螺栓连接节点设计首先需要根据结构设计对节点的要求，确定节点的类型。螺栓连接节点类型包括刚结点和铰结点；铰结点包括固定铰结点和滑动铰结点。

图 6.5-17　螺栓连接的框架结构全装配式建筑

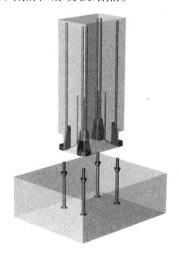

图 6.5-18　螺栓连接柱子示意图

（2）螺栓连接节点设计内容：

1）组成螺栓连接节点的部件包括预埋件、预埋螺栓、预埋螺母、连接件和连接螺栓等，节点设计须用其中的部件组合成连接节点。

2）对于铰结点设计允许转动位移的方式，对滑动铰结点设计允许滑动位移的方式。

3）预埋件、预埋螺母或预埋螺栓在混凝土中的锚固设计，见本章 6.7 节。

4）螺栓、预埋件、连接件的抗剪、抗拉、抗压承载力设计。

5）对于柔性节点，进行变形验算。

本书将在第 11 章介绍外挂墙板的螺栓连接节点设计；在第 12 章介绍楼梯的螺栓连接节点设计。

图 6.5-19　螺栓连接墙板示意图

4. 螺栓连接节点设计依据

螺栓连接节点设计应依据现行国家标准《钢结构设计规范》（GB 50017—2003）中关于紧固件连接的规定、《混凝土结构设计规范》（GB 50010—2010）中关于预埋件及连接件的规定、现行行业标准《钢结构高强度螺栓连接技术规程》（JGJ 82—2011）的规定进行设计。

6.5.9　焊接连接

焊接连接方式是在预制混凝土构件中预埋钢板，构件之间如钢结构一样用焊接方式连接。与螺栓连接一样，焊接方式在装配整体式混凝土结构中，仅用于非结构构件的连接。在全装配式混凝土结构中，可用于结构构件的连接。

焊接连接在混凝土结构建筑中用得比较少。有的预制楼梯固定结点采用焊接连接方式。单层装配式混凝土结构厂房的吊车梁和屋顶预制混凝土桁架与柱子连接也会用到焊接方式。

用于钢结构建筑的 PC 构件也可能采用焊接方式。

焊接连接结点设计需要进行预埋件锚固设计和焊缝设计，须符合现行国家标准《混凝土结构设计规范》（GB 50010—2010）中关于预埋件及连接件的规定、《钢结构设计规范》（GB 50017—2003）和《钢结构焊接规范》（GB 50661—2011）的有关规定。

6.6 结构拆分设计

6.6.1 拆分原则

装配整体式结构拆分是设计的关键环节。拆分基于多方面因素：建筑功能性和艺术性、结构合理性、制作运输安装环节的可行性和便利性等。拆分不仅是技术工作，也包含对约束条件的调查和经济分析。拆分应当由建筑、结构、预算、工厂、运输和安装各个环节技术人员协作完成。

在第 5 章 5.7.3 小节介绍了建筑外立面的构件拆分原则。建筑外立面构件拆分以建筑艺术和建筑功能需求为主，同时满足结构、制作、运输、施工条件和成本因素。建筑外立面以外部位结构的拆分，主要从结构的合理性、实现的可能性和成本因素考虑。

拆分工作包括：

（1）确定现浇与预制的范围、边界，见 6.4.4 小节第 5 条、第 6 条。

（2）确定结构构件在哪个部位拆分。

（3）确定后浇区与预制构件之间的关系，包括相关预制构件的关系。例如，确定楼盖为叠合板，由于叠合板钢筋需要伸到支座中锚固，支座梁相应地也必须有叠合层。

（4）确定构件之间的拆分位置，如柱、梁、墙、板构件的分缝处。

6.6.2 从结构角度考虑拆分

从结构合理性考虑，拆分原则如下：

（1）结构拆分应考虑结构的合理性。如四边支承的叠合楼板，板块拆分的方向（板缝）应垂直于长边。

（2）构件接缝选在应力小的部位。

（3）高层建筑柱、梁结构体系套筒连接节点应避开塑性铰位置。具体地说，柱、梁结构一层柱脚、最高层柱顶、梁端部和受拉边柱，这些部位不应设计套筒连接部位。日本鹿岛的装配式设计规程特别强调这一点。我国现行行业标准规定装配式建筑一层宜现浇，顶层楼盖现浇，如此已经避免了柱的塑性铰位置有装配式连接节点。避开梁端塑性铰位置，梁的连接节点不应设在距离梁端 h 范围内（h 为梁高），如图 6.6-1 所示。

（4）尽可能统一和减少构件规格。

（5）应当与相邻的相关构件拆分协调一致，如叠合板的拆分与支座梁的拆分需要协调一致。

楼板、框架结构和剪力墙结构的拆分设计，将在第 7 章、

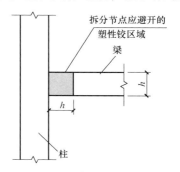

图 6.6-1　结构梁连接节点
避开塑性铰位置

第 8 章、第 9 章分别进行介绍。

6.6.3　制作、运输、安装条件对拆分的限制

从安装效率和便利性考虑，构件越大越好，但必须考虑工厂起重机能力、模台或生产线尺寸、运输限高限宽限重约束、道路路况限制、施工现场塔式起重机能力限制等。

1. 重量限制

（1）工厂起重机起重能力（工厂桁式起重机一般为 12 ~ 25t）。

（2）施工塔式起重机起重能力（施工塔式起重机一般为 10t 以内）。

（3）运输车辆限重一般为 20 ~ 30t。

此外，还需要了解工厂到现场的道路、桥梁的限重要求等。

数量不多的大吨位 PC 构件可以考虑大型汽车起重机，但汽车起重机的起吊高度受到限制。

2. 尺寸限制

（1）运输超宽限制为 2.2 ~ 2.45m。

（2）运输超高限制为 4m，车体高度为 1.2m，构件高度在 2.8m 以内。如果斜放，可以再高些。有专业运输 PC 板的低车体车辆，构件高度可以达到 3.5m 高。

（3）运输长度依据车辆不同，最长不超过 15m。

还需要调查道路转弯半径、途中隧道或过道电线通信线路的限高等。

3. 形状限制

一维线性构件和两维平面构件比较容易制作和运输，三维立体构件制作和运输都会麻烦一些。

6.6.4　预制构件表

为了对装配式混凝土结构的预制构件有一个总体的了解，各种 PC 预制构件，包括拆分后构件和独立构件，见表 6.6-1。

表 6.6-1　PC 构件分类

类别	序号	名　称	应　用　范　围						说　明
			混凝土装配整体式				混凝土全装配式	钢结构	
			框架	剪力墙	框剪	筒体	框架		
楼板	1	叠合板	—	—	—	—		—	半预制半现浇
	2	预应力叠合板	—	—	—	—		—	半预制半现浇
	3	空心楼板							
	4	预应力空心楼板					—		
	5	双 T 形叠合板	—	—	—	—			
剪力墙板	6	剪力墙板		—					
	7	剪力墙装饰一体化板		—					板外表面有装饰层
	8	剪力墙保温一体化板		—					剪力墙板 + 保温层 + 外叶板
	9	剪力墙保温装饰一体化板		—					三明治板外叶板有装饰层

（续）

类别	序号	名称	应用范围						说明
			混凝土装配整体式				混凝土全装配式	钢结构	
			框架	剪力墙	框剪	筒体	框架		
剪力墙板	10	剪力墙切糕装饰一体化板		—					剪力墙板＋保温层＋装饰层
	11	叠合剪力墙板		—					双层板中间空心,有钢筋连接
	12	剪力墙一字形板		—					
	13	剪力墙转角板		—					平面为L形
外挂墙板	14	外挂墙板	—	—	—	—	—	—	
	15	非线性外挂墙板	—	—	—	—	—	—	曲面板
	16	镂空外挂墙板	—	—	—	—	—	—	
	17	装饰一体化外挂墙板	—	—	—	—	—	—	有装饰面层
	18	装饰保温一体化外挂墙板	—	—	—	—	—	—	三明治外墙挂板,有装饰层
	19	外挂转角墙板	—	—	—	—	—	—	
梁	20	梁	—		—	—	—		
	21	叠合梁	—		—	—	—		半预制半现浇
	22	连梁		—					
	23	过梁					—		
	24	预应力梁					—		
	25	预应力叠合梁	—		—	—	—		半预制半现浇
	26	带翼缘梁	—		—	—	—		
	27	各种夹芯保温梁	—		—	—	—		
柱	28	柱	—		—	—	—		
	29	带翼缘柱	—		—	—	—		
	30	各种夹芯保温柱	—		—	—	—		
复合构件	31	暗柱墙板		—					柱子与墙板一体,柱子处配筋大
	32	暗梁墙板	—	—	—	—	—		梁与墙板一体,梁处配筋大
	33	柱梁一体线形构件(莲藕梁)	—		—	—	—		
	34	柱梁一体二维构件	—		—	—	—		
	35	柱梁一体三维构件	—		—	—	—		
其他构件	36	楼梯板	—	—	—	—	—	—	
	37	阳台板	—	—	—	—	—	—	
	38	空调板	—	—	—	—	—	—	
	39	挑檐板	—	—	—	—	—	—	
	40	遮阳板	—	—	—	—	—	—	
	41	内隔墙板	—	—	—	—	—	—	

6.7　预埋件设计

6.7.1　PC 建筑预埋件

PC 建筑预埋件包括使用阶段用的预埋件和制作、安装阶段用的预埋件。

使用阶段用的预埋件包括构件安装预埋件（如外挂墙板和楼梯板安装预埋件）、装饰装修和机电安装需要的预埋件等，使用阶段用的预埋件有耐久性要求，应与建筑物同寿命。

制作、安装阶段用的预埋件包括脱模、翻转、吊装、支撑等预埋件，没有耐久性要求。PC 建筑预埋件一览见表 6.7-1。

表 6.7-1　PC 建筑预埋件一览表

阶段	预埋件用途	可能需埋置的构件	可选用预埋件类型								备注
			预埋钢板	内埋式金属螺母	内埋式塑料螺母	钢筋吊环	埋入式钢丝绳吊环	吊钉	木砖	专用	
使用阶段（与建筑物同寿命）	构件连接固定	外挂墙板、楼梯板	—	—							
	门窗安装	外墙板、内墙板		—					—	—	
	金属阳台护栏	外墙板、柱、梁		—							
	窗帘杆或窗帘盒	外墙板、梁		—							
	外墙水落管固定	外墙板、柱		—							
	装修用预埋件	楼板、梁、柱、墙板									
	较重的设备固定	楼板、梁、柱、墙板	—								
	较轻的设备、灯具固定	楼板、梁、柱、墙板									
	通风管线固定	楼板、梁、柱、墙板									
	管线固定	楼板、梁、柱、墙板									
	电源、电信线固定	楼板、梁、柱、墙板									
制作、运输、施工（过程用，没有耐久性要求）	脱模	预应力楼板、梁、柱、墙板		—		—					
	翻转	墙板		—							
	吊运	预应力楼板、梁、柱、墙板		—		—					
	安装微调	柱	—	—						—	
	临时侧支撑	柱、墙板		—							
	后浇筑混凝土模板固定	墙板、柱、梁		—							无装饰的构件
	脚手架或塔式起重机固定	墙板、柱、梁	—	—							无装饰的构件
	施工安全护栏固定	墙板、柱、梁		—							无装饰的构件

PC 建筑预埋件有预埋钢板、附带螺栓的预埋钢板、预埋螺栓、内埋式金属螺母、内埋式塑料螺母等。

6.7.2 预埋件设计

这里所说的预埋件是指预埋钢板和附带螺栓的预埋钢板。预埋钢板称为锚板，焊接在锚板上的锚固钢筋称为锚筋。

1. 设计依据

预埋件设计应符合《装规》、现行国家标准《混凝土结构设计规范》（GB 50010—2010）、《钢结构设计规范》（GB 50017—2003）和《混凝土结构工程施工规范》（GB 50666—2011）等有关规定。

2. 关于预埋件兼用

《装规》要求：用于固定连接件的预埋件与预埋吊件、临时支撑用预埋件不宜兼用；当兼用时，应同时满足各种设计工况要求。

3. 锚板

受力预埋件的锚板宜采用 Q235、Q345 级钢，锚板厚度应根据受力情况计算确定，且不宜小于锚筋直径的 60%；受拉和受弯预埋件的锚板厚度尚应大于 $b/8$（b 为锚筋的间距）。

4. 锚筋

受力预埋件的锚筋应采用 HRB400 或 HPB300 钢筋，不应采用冷加工钢筋。

5. 锚板与锚筋的焊接

直锚筋与锚板应采用 T 形焊接。当锚筋直径不大于 20mm 时宜采用压力埋弧焊；当锚筋直径大于 20mm 时应采用穿孔塞焊。

当采用手工焊时，焊缝高度不宜小于 6mm，且对 300MPa 级钢筋不宜小于 $0.5d$，对其他钢筋不宜小于 $0.6d$（d 为锚筋直径）。

6. 直锚筋预埋件锚筋总面积

由锚板和对称配置的直锚筋所组成的受力预埋件如图 6.7-1 所示，其锚筋截面面积 A_s 应符合下列规定：

（1）当有剪力、法向拉力和弯矩共同作用时，应按下列两个公式计算，并取其中的较大值

$$A_s \geqslant \frac{V}{a_r a_v f_y} + \frac{N}{0.8 a_b f_y} + \frac{M}{1.3 a_r a_b f_y z} \qquad (6.7\text{-}1 \text{《混凝土结构设计规范》式 } 9.7.2\text{-}1)$$

$$A_s \geqslant \frac{N}{0.8 a_b f_y} + \frac{M}{0.4 a_r a_b f_y z} \qquad (6.7\text{-}2 \text{《混凝土结构设计规范》式 } 9.7.2\text{-}2)$$

（2）当有剪力、法向压力和弯矩共同作用时，应按下列两个公式计算，并取其中的较大值

$$A_s \geqslant \frac{V - 0.3N}{a_r a_v f_y} + \frac{M - 0.4NZ}{1.3 a_r a_b f_y z} \qquad (6.7\text{-}3 \text{《混凝土结构设计规范》式 } 9.7.2\text{-}3)$$

$$A_s \geqslant \frac{M - 0.4NZ}{0.4 a_r a_b f_y z} \qquad (6.7\text{-}4 \text{《混凝土结构设计规范》式 } 9.7.2\text{-}4)$$

当 M 小于 $0.4NZ$ 时，取 $0.4NZ$。

上述公式中的系数 a_v、a_b 应按下列公式计算

$$a_v = (4.0 - 0.08d)\sqrt{\frac{f_c}{f_y}}$$ （6.7-5《混凝土结构设计规范》式9.7.2-5）

$$a_b = 0.6 + 0.25\frac{t}{d}$$ （6.7-6《混凝土结构设计规范》式9.7.2-6）

当 a_v 大于 0.7 时，取 0.7；当采取防止锚板弯曲变形的措施时，可取 a_b 等于 1.0。

式中　f_y——锚筋的抗拉强度设计值，按《混凝土结构设计规范》第 4.2 节采用，但不应大于 $300N/mm^2$；

　　　V——剪力设计值；

　　　N——法向拉力或法向压力设计值，法向压力设计值不应大于 $0.5f_cA$，此处，A 为锚板面积；

　　　M——弯矩设计值；

　　　a_r——锚筋层数的影响系数；当锚筋按等间距布置时，两层取 1.0；三层取 0.9；四层取 0.85；

　　　a_v——锚筋的受剪承载力系数；

　　　d——锚筋直径；

　　　a_b——锚板的弯曲变形折减系数；

　　　t——锚板厚度；

　　　z——沿剪力作用方向最外层锚筋中心线之间的距离。

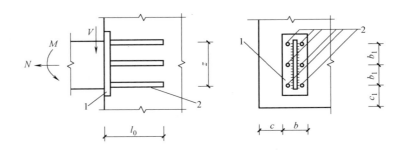

图 6.7-1　由锚板和直筋组成的预埋件（《混凝土结构设计规范》图 9.7.2）

1—锚板　2—直锚筋

7. 弯折锚筋与直锚筋预埋件总面积

由锚板和对称配置的弯折锚筋及直锚筋共同承受剪力的预埋件，如图 6.7-2 所示，其弯折锚筋的截面面积 A_{sb} 应符合下列规定

$$A_{sb} \geqslant 1.4\frac{V}{f_y} - 1.25a_vA_s$$ （6.7-7《混凝土结构设计规范》式9.7.3）

式中系数 a_v 按上面第 6 条取用。当直锚筋按构造要求设置时，A_s 应取 0。

注：弯折锚筋与钢板之间的夹角不宜小于 15°，也不宜大于 45°。

8. 锚筋布置

（1）预埋件锚筋中心至锚板边缘的距离不应小于 $2d$ 和 20mm。

（2）预埋件的位置应使锚筋位于构件的外层主筋的内侧。

（3）预埋件的受力直锚筋直径不宜小于8mm，且不宜大于25mm。

（4）直锚筋数量不宜少于4根，且不宜多于4排。

（5）受剪预埋件的直锚筋可采用2根。

（6）对受拉受弯预埋件（图6.7-1），其锚筋的间距b、b_1和锚筋至构件边缘的距离c、c_1，均不应小于$3d$和45mm。

（7）对受剪预埋件（图6.7-2），其锚筋的间距b、b_1，不应大于300mm，b_1不应小于$6d$和70mm；锚筋至构件边缘的距离c_1不应小于$6d$和70mm；b、c均不应小于$3d$和45mm。

9. 锚筋锚固长度

（1）受拉直锚筋和弯折锚筋的锚固长度按6.7.5小节计算。

（2）当锚筋采用HPB300级钢筋时末端还应有弯钩。

（3）当无法满足锚固长度要求时，应采用其他有效的锚固措施。

（4）受剪和受压直锚筋的锚固长度不应小于$15d$（d为锚筋的直径）。

10. 附带螺栓的预埋件

附带螺栓的预埋件有两种组合方式。第一种是在锚板表面焊接螺栓；第二种是螺栓从钢板内侧穿出，在内侧与钢板焊接，如图6.7-3所示。第二种方法在日本应用较多。

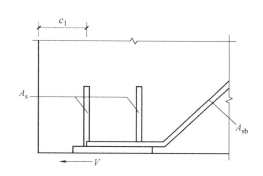

图6.7-2　由锚板和弯折锚筋及
直锚筋组成的预埋件
（《混凝土结构设计规范》图9.7.3）

图6.7-3　附带螺栓的预埋钢板

6.7.3　内埋式螺母设计

现行国家标准《混凝土结构设计规范》（GB 50010—2010）中要求：预制构件宜采用内埋式螺母和内埋式吊杆等。

内埋式螺母对PC构件而言确实有优点，制作时模具不用穿孔，运输、堆放、安装过程不会挂碰等。

内埋式螺母由专业厂家制作，其在混凝土中的锚固可靠性由试验确定：内埋式螺母所对应的螺栓在荷载的作用下破坏，但螺母不会被拔出或周围混凝土不会被破坏。

内埋式螺母设计主要是选择可靠的产品，并要求PC厂家在使用前进行试验。内埋式螺母选用见第3章3.4节。

预制构件中内埋式螺母附近没有钢筋时，构件脱模后有可能在螺母处出现裂缝，这是由混凝土收缩或温度变化较快在螺母附近形成的应力集中造成的，为预防这种情况，内埋式螺母附近可增加构造钢筋或钢丝网，如图 6.7-4 所示。

6.7.4　内埋螺栓设计

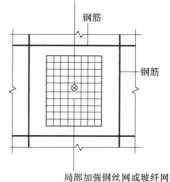

图 6.7-4　内埋式螺母增加钢筋网

内埋式螺栓是预埋在混凝土内的螺栓，或直接埋设满足锚固长度要求的长镀锌螺杆，或在螺栓端部焊接锚固钢筋。当采用焊接方式时，应选用与螺栓和钢筋适配的焊条。

PC 建筑用到的螺栓包括楼梯和外挂墙板安装用的螺栓，宜选用高强度螺栓或不锈钢螺栓。高强度螺栓应符合现行行业标准《钢结构高强度螺栓连接技术规程》（JGJ82—2001）的要求。

内埋式螺栓的锚固长度，受剪和受压螺栓的锚固长度不应小于 15d（d 为锚筋的直径）。受拉和弯折螺栓的锚固长度应符合 6.7.5 的要求。

6.7.5　受拉直锚筋和弯折锚筋的锚固长度

预埋件、预埋螺栓的受拉直锚筋和弯折锚筋按照受拉钢筋的锚固长度计算。

1. 基本锚固长度

基本锚固长度按下式计算

$$L_{ab} = \alpha \frac{f_y}{f_c} d \qquad \text{（6.7-8，《混凝土结构设计规范》式 8.3.1-1）}$$

式中　L_{ab}——受拉钢筋的基本锚固长度；

$\quad\quad\ f_y$——钢筋抗拉强度设计值；

$\quad\quad\ f_c$——混凝土轴心抗压强度设计值，当混凝土强度等级高于 C60 时，按 C60 取值；

$\quad\quad\ d$——钢筋直径；

$\quad\quad\ \alpha$——锚固钢筋外形系数，光圆钢筋取 0.16，带肋钢筋取 0.14。

注：光圆钢筋末端应做 180°。

2. 受拉钢筋锚固长度

锚固长度按下式计算且不应小于 200mm。

$$L_a = \xi_a L_{ab} \qquad \text{（6.7-9，《混凝土结构设计规范》式 8.3.1-3）}$$

式中　L_a——受拉钢筋的锚固长度；

$\quad\quad\ \xi_a$——锚固长度修正系数。锚筋保护层厚度为 3d 时，取 0.8；为 5d 时取 0.7，中间可按内插取值，但不能小于 0.6（d 为钢筋直径）。

6.8　夹芯保温构件外叶板与拉结件设计

6.8.1　夹芯保温构件及其设计内容

"夹芯保温构件"是"预制混凝土夹芯保温构件"的简称，也称为"三明治构件"，是指由混凝土构件、保温层和外叶板构成的预制混凝土构件。包括"预制混凝土夹芯保温外墙板""预制混凝土夹芯保温柱""预制混凝土夹芯保温梁"。其中，应用最多的是"预制混凝土夹芯保温外墙板"，即"三明治板"。

行业标准《装规》给出了"预制混凝土夹芯保温外墙板"的术语解释：中间夹有保温层的预制混凝土外墙板。简称夹芯外墙板。

在柱、梁结构体系装配式建筑中，外围结构柱梁直接作为建筑围护结构的一部分是常见做法，此时，"夹芯保温"是柱、梁构件保温装饰一体化的主要手段。彩页图 C-1 所示沈阳春河里住宅外围护结构没有墙板，就是在预制外围结构柱、梁时，做了夹芯保温层，即"预制混凝土夹芯保温柱"和"预制混凝土夹芯保温梁"。

夹芯保温构件的内叶构件——内叶板、结构柱与结构梁的结构设计属于主体结构设计或围护结构设计范围，设计时须考虑外叶板通过拉结件传递的荷载。

本节主要介绍夹芯构件外叶板的结构设计、外叶板与内、外叶构件之间的拉结件设计，包括：拉结件布置、外叶板结构计算和拉结件结构计算。

外叶板和拉结件尽管不是主要结构部件，但对于建筑物的正常与安全使用非常重要。拉结件如果强度不够或耐久性不好，拉不住或时间长了拉不住外叶板，就可能导致重大安全事故。拉结件保证不了足够的刚度，外叶板错位变形较大，也会影响正常使用，例如会对窗户形成变形压力或导致裂缝。拉结件布置过疏，也可能造成外叶板承载力不足，导致裂缝。

拉结件主要类型有树脂拉结件和金属拉结件，见第 3 章 3.2.8。

6.8.2 拉结件布置

1. 布置原则

外叶板与拉结件设计首先要布置拉结件。拉结件对外叶板而言是支座，拉结件距离远近影响外叶板的内力大小，也影响到拉结件自身所承受的作用的大小，拉结件的疏密影响保温效果，也影响成本。

拉结件布置是个试算过程，先布置一个方案，据此计算外叶板与拉结件的承载能力和变形，根据计算结果再进行调整，直到最优方案。

在外叶板和拉结件承载能力得到保证、变形控制在允许范围的情况下，拉结件越少越好，因为：

（1）拉结件自身会形成热桥　导热系数再低的拉结件也比保温材料的导热系数高许多，拉结件布置密了，会增加热桥。

（2）拉结件周围保温层容易有缝隙会形成热桥　拉结件穿过保温层，容易对周围保温层造成一定程度的破坏，或有小的缝隙，也会增加热桥。

（3）成本增加　增加拉结件会增加材料成本和人工成本。

2. 影响拉结件布置的因素

（1）荷载与作用　主要是风荷载、自重荷载、地震作用和温度作用。

（2）外叶板厚度或重量　按照行业规范《装规》规定，外叶板厚度不小于 50mm。国家标准图中剪力墙外叶板厚度是 60mm。外叶板有装饰混凝土面层，反打装饰面砖或反打石材，厚度和重量就会增加，由此会影响拉结件的布置。

（3）保温层厚度　保温层厚度越厚，拉结件越长，拉结件的弯曲应力和变形都会加大。

（4）拉结件的材质和形状　拉结件的抗剪、抗拉、抗弯强度和弹性模量的大小，拉结件的形状等，是影响拉结件间距的重要因素。

有技术实力和经验的拉结件厂家会有现成的计算程序，输入风荷载、地震作用的数据，外叶板的厚度、重量，保温层的厚度等数据，计算程序运算后就会给出相应的布置方案、承载力和变形计算结果。

6.8.3　外叶板结构设计

拉结件厂家一般会给出拉结件布置方案和拉结件自身的承载力与变形计算结果，但不会给出外叶板的配筋设计。结构设计师需要对外叶板进行结构设计，特别是有反打石材或装饰混凝土表面的外叶板。

1. 计算简图

外叶板相当于以拉结件为支撑的无梁板。

2. 荷载与作用

外叶板的荷载与作用包括自重、风荷载、地震作用、温度作用。

（1）外叶板自重荷载　外叶板自重荷载平行于板面，在设计拉结件时需要考虑，在设计计算外叶板时不用考虑。

（2）外叶板温度应力　外叶板与内叶板或柱、梁同样的混凝土，热膨胀系数一样，但由于有保温层隔离，存在温差，温度变形不一样，由此会形成温度应力。

（3）风荷载　风荷载垂直于板面，是外叶板结构设计的主要荷载。

（4）地震作用　垂直于板面的地震作用，外叶板设计时需要考虑；平行于板面的地震作用，外叶板设计时不用考虑，连接件结构设计时需要考虑。

（5）作用组合　计算外叶板和拉结件时，进行不同的作用组合。

3. 内力计算

外叶板按无梁板计算，计算方法采用"等代梁经验系数法"，该方法以板系理论和试验结果为依据，把无梁板简化为连续梁进行计算。即按照多跨连续梁公式计算内力。

"等代梁经验系数法"将支点支座视为在一个方向上连续的支座，这与实际不符，所以需进行调整，调整的方法是将板分为支座板带和跨中板带，支座板带负担内力多一些，如图6.8-1 所示。

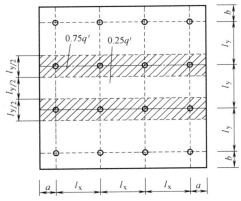

图 6.8-1　等代梁支座板带与跨中板带

支座板带和跨中板带都按照 1/2 跨度考虑，内力分配系数见表 6.8-1。

表 6.8-1　内力分配系数

截面位置	支座板带	跨中板带
制作截面弯矩	75%	25%
跨中截面弯矩	55%	45%
端支座	90%	10%

4. 配筋复核

计算外叶板内力后，可以对外叶板进行配筋设计。

6.8.4 拉结件结构设计

1. 作用分析

拉结件的荷载与作用包括外叶板重量、风荷载、地震作用、温度作用、脱模荷载和吊装荷载等。

（1）外叶板重量　外叶板重量是拉结件的主要荷载。包括传递给拉结件的剪力、弯矩和由于偏心形成的拉力（或压力）。

（2）风荷载　风荷载对拉结件的作用为拉力（风吸力时）和压力（风压力时）。

（3）地震作用　平行于板面和垂直于板面的地震作用对拉结件产生不同方向的剪力和弯矩。

（4）温度作用　外叶板与内叶板的变形差对拉结件的作用而形成弯矩。

（5）脱模荷载　脱模荷载，即外叶板的重量加上模具的吸附力对拉结件形成的拉力。

（6）翻转、吊装荷载　翻转或吊装时，外叶板的重量乘以动力系数对拉结件形成的拉力。

2. 拉结件锚固

拉结件在混凝土中的锚固设计没有规范可循，锚固方式与构造依据拉结件厂家的试验结果确定。结构设计师在选用拉结件时，应提供给厂家拉结件设计作用组合值，由厂家提供相应的拉结件设计。结构设计师应审核拉结件厂家提供的试验数据和结构计算书，并在图样中要求 PC 工厂进行试验验证。PC 工厂在进行锚固试验时，混凝土强度应当是构件脱模时的强度，这时拉结件锚固最弱。

3. 拉结件承载力和变形验算

（1）拉结件的承载能力和变形主要以拉结件厂家的试验数据和经验公式为依据进行验算，设计要求 PC 工厂进行试验验证。拉结件所用材质不是通用建筑材料，其物理力学性能，如抗拉强度、抗压强度、抗弯强度、抗剪强度、弹性模量等，都应当由工厂提供。

（2）计算简图。拉结件计算简图可视为两端嵌固。直杆式拉结件为两端嵌固杆。

树脂类拉结件断面沿长度是变化的，材质也是变化的。按各项均质等截面杆件计算有些勉强，计算只是一种参考，还是应强调 PC 工厂进行试验验证。

（3）拉结件验算内容。拉结件需要验算的内容为：剪切、拉力、剪切加受拉（或受压）、受弯、挠度。

（4）承载能力验算。

1）拉结件所承受的剪力、拉力、弯矩，分别小于拉结件的容许剪力、拉力和弯矩。

2）当同时承受拉力和剪力时

$$(V_s/V_t + P_s/P_t) \leqslant 1 \tag{6.8-1}$$

式中　V_s——拉结件承受的剪力；

V_t——拉结件容许剪力（根据试验得到）；

P_s——拉结件承受的拉力；

P_t——拉结件容许拉力（根据试验得到）。

（5）变形计算。

$$\Delta = Q_g d_A^3 / 12 E_A I_A \qquad (6.8\text{-}2)$$

式中　Δ——垂直荷载作用下，拉结件悬臂端的挠度值；

　　　Q_g——作用在单个拉结件悬臂端外叶墙自重荷载；

　　　d_A——拉结件的悬臂端长度；

　　　E_A——拉结件的弹性模量；

　　　I_A——单个拉结件的截面惯性矩。

（6）有关系数。拉结件承载能力的安全系数应当不小于 4.0。

6.9　日本 PC 建筑结构设计做法

本书主要编著人员或多次考察日本 PC 建筑，或在日本接受过培训，在与日本最大建筑企业鹿岛建设合作时，鹿岛提供了他们的 PC 建筑规范，这里列出笔者了解到的日本 PC 建筑结构方面的一些做法，供读者参考。

（1）日本 PC 建筑的结构体系是框架结构、框架-剪力墙结构和筒体结构，没有剪力墙结构。

（2）框架-剪力墙结构的剪力墙位置上下对应。剪力墙处的框架结构梁做成与剪力墙同宽的暗梁。

（3）地下室、首层或与标准层不一样的底部裙楼、顶层楼盖采用现浇混凝土；框架-剪力墙结构和筒体结构中的剪力墙也现浇。

（4）构件拆分的结构原则是在应力小的地方拆分。

（5）结构连接方式是套筒灌浆和后浇筑区结合的方式。楼盖为叠合楼板或预应力叠合楼板。

（6）梁的结合面以键销为主；柱的结合面以粗糙面为主。

（7）对结构构件连接接缝处进行受剪承载力验算。

（8）超高层建筑（即高 60m 以上建筑），柱、梁结构体系的连接节点避开塑性铰位置，即不在塑性铰位置设置套筒连接。塑性铰位置包括：梁端部、1 层柱底和最顶层柱顶。

（9）避免非结构构件对主体结构的刚性影响和两者受力状态复杂化。对附着在主体构件上的非结构构件，如为减小窗洞面积而设置的梁、柱翼缘，与相邻主体构件之间断开。

（10）用高强度等级混凝土。混凝土强度等级最低为设计强度标准值 21MPa（比 C30 略高一些），一般构件混凝土设计强度标准值最高为 80MPa（相当于 C120 以上了），柱子混凝土设计强度标准值最高为 100MPa。一方面与 PC 建筑多是超高层建筑有关，日本的超高层建筑使用寿命都在 100 年以上；另一方面为了减小构件断面尺寸。

（11）用高强度大直径钢筋。柱、梁主筋使用屈服极限 490MPa 以上的钢筋（相当于国内最高强度的钢筋），最高用到屈服极限 1275MPa 的钢筋。使用高强度大直径钢筋可以减少钢筋根数，从而减少套筒连接节点。

（12）尽量统一结构构件的断面形状和尺寸。如柱子断面尺寸尽量不变化，而是调整混凝土强度等级。底层柱子强度等级高，顶层柱子强度等级低。如此，可以减少模具类型。

（13）尽量统一钢筋布置类型。如钢筋位置和间距不变，调整钢筋强度和直径，如此，可以减少与构件出筋有关的模具种类。

（14）钢筋保护层。

1）最小保护层。最小保护层规定：柱、梁、剪力墙为 30mm，楼板、屋顶、非剪力墙墙板为 20mm。

2）设计保护层。最小保护层是必须确保的保护层，并不是设计保护层。设计保护层要加上制作施工可能的误差。

对于现场浇筑混凝土，保护层增加 10mm；对于预制构件，因为在工厂质量可以控制得好一些，保护层增加 5mm；对于有钢筋伸入后浇混凝土区的预制构件，其保护层应当按照现浇混凝土增加 10mm。

3）套筒保护层。有套筒连接的钢筋，保护层从套筒外皮或箍筋计算。

第7章

PC 楼盖设计

7.1 概述

不同结构体系的 PC 建筑可能采用同样的楼盖，钢结构建筑也可采用 PC 楼盖。所以，将楼盖设计单独列为一章。

本章讨论楼盖类型（7.2）、楼盖设计内容（7.3）、楼盖预制范围与拆分（7.4）、普通叠合楼盖设计（7.5）、预应力叠合楼盖设计（7.6）、预应力空心楼板简介（7.7）。

7.2 楼盖类型

PC 建筑楼盖包括叠合楼盖、全预制楼盖和现浇楼盖。

叠合楼盖包括普通叠合楼板、带肋预应力叠合楼板、空心预应力叠合板、双 T 形预应力叠合楼板；全预制楼盖主要包括空心板和预应力空心板（SP）。

PC 建筑有一部分现浇楼盖，一般是首层和顶层楼盖现浇；还有一些特殊部位现浇，如通过管线较多的楼板、局部下沉的不规则楼板等。PC 建筑的现浇楼盖与现浇混凝土结构楼盖没有区别，这里不进行介绍。

7.2.1 叠合楼盖

叠合楼盖是预制底板与现浇混凝土叠合的楼盖。

1. 普通叠合楼板

普通叠合楼板的预制底板一般厚 60mm，包括有桁架筋预制底板和无桁架筋预制底板。预制底板安装后绑扎叠合层钢筋，浇筑混凝土，形成整体受弯楼盖，如图 7.2-1 所示。

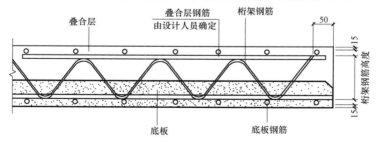

图 7.2-1 普通叠合楼盖

叠合楼盖也可做成"空心"叠合板，比较简单的办法在桁架筋之间铺聚苯乙烯板，既作为顶面叠合层的模板，也提高了楼板的保温和隔声性能，如图 7.2-2 所示。

普通叠合楼板是装配整体式 PC 建筑应用最多的楼盖类型。

图 7.2-2　在桁架筋之间铺聚苯乙烯板形成"空心"板

普通叠合楼板按现行行业标准《装配式混凝土结构技术规程》（JGJ 1—2014）（以下简称《装规》）的规定可做到 6m 长，日本最长做到 9m，宽度一般不超过运输限宽，可做到 3.5m，如果在工地预制，可以做得更宽。普通叠合楼板适用于框架结构、框架-剪力墙结构、剪力墙结构、筒体结构等结构体系的 PC 建筑，也可用于钢结构建筑。普通叠合楼板在欧洲、澳洲、日本、东南亚和中国广泛应用。

2. 带肋预应力叠合楼板

预应力叠合楼板由预制预应力底板与非预应力现浇混凝土叠合而成。

带肋预应力叠合楼板的底板包括无架立筋（图 7.2-3）和有架立筋（图 7.2-4）两种。

图 7.2-3　无架立筋的预应力叠合楼板底板

图 7.2-4　有架立筋的预应力叠合楼板底板

3. 预应力空心叠合楼板

预应力空心叠合楼板是预应力空心楼板与现浇混凝土叠合层的结合，如图 7.2-5 所示。

4. 预应力双 T 形板和双槽形板叠合楼板

预应力双 T 形板（7.2-6）和预应力双槽形板（7.2-7）的肋朝下，在板面上浇筑混凝土形成叠合板，适用于公共建筑、工业厂房和车库。

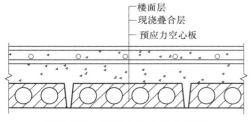

图 7.2-5　预应力空心叠合楼板

图 7.2-6　预应力双 T 形板

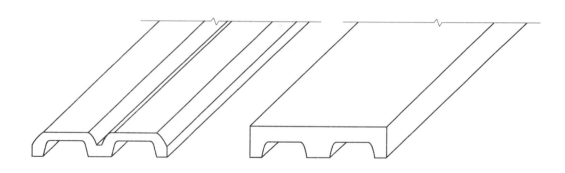

图 7.2-7　预应力双槽形板

7.2.2　全预制楼盖

全预制楼盖多用于全装配式建筑，即干法装配的建筑，可在非抗震或低抗震设防烈度工程中应用。包括预应力空心板和预应力双 T 形板。

1. 预应力空心板

预应力空心板也称为 SP 板（图 7.2-8），多用于多层框架结构建筑，可用于大跨度的住宅、写字楼建筑。在美国应用较多，欧洲也有应用。日本由于抗震设防烈度高，PC 建筑要求整体性强，较少采用 SP 板。

2. 预应力双 T 形板

预应力双 T 形板可用作叠合板的底板，也可以直接作为全预制楼板，用于大跨度公共建筑和工业厂房。

图 7.2-8　预应力空心楼板

7.3　楼盖设计内容

PC 楼盖设计不仅需要考虑楼盖本身，还要考虑楼盖在结构体系中的作用及其与其他构件的关系。PC 建筑的楼盖设计内容包括：

（1）根据规范要求和工程实际情况，确定现浇楼盖和预制楼盖的范围。

（2）选用楼盖类型。

（3）进行楼盖拆分设计。

（4）根据所选楼板类型及其与支座的关系，确定计算简图，进行结构分析和计算。

（5）进行楼板连接节点、板缝构造设计。

（6）进行支座节点设计。

（7）进行预制楼板构件制作图设计。

（8）给出施工安装阶段预制板临时支撑的布置和要求。

（9）将预埋件、预埋物、预留孔洞汇集到楼板制作图中，避免与钢筋干扰。

7.4 楼盖预制范围与拆分

7.4.1 楼盖现浇与预制范围的确定

按照《装规》规定：

（1）装配整体式结构的楼盖宜采用叠合楼盖。

（2）结构转换层宜采用现浇楼盖。

（3）平面复杂或开洞较大的楼层宜采用现浇楼盖。

（4）作为上部结构嵌固部位的地下室楼层宜采用现浇楼盖。

（5）高层装配式框架结构顶层楼盖宜现浇。

7.4.2 楼盖拆分原则

楼盖拆分原则：

（1）在板的次要受力方向拆分，也就是板缝应当垂直于板的长边，如图 7.4-1 所示。

（2）在板受力小的部位分缝，如图 7.4-2 所示。

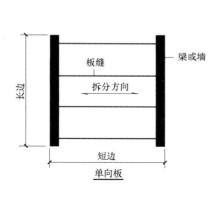

图 7.4-1　板的拆分方向

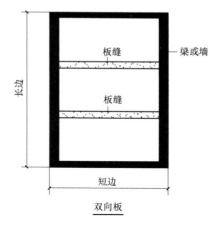

图 7.4-2　板分缝适宜的位置

（3）板的宽度不超过运输超宽的限制和工厂生产线模台宽度的限制。

（4）尽可能统一或减少板的规格，宜取相同宽度。

（5）有管线穿过的楼板，拆分时须考虑避免与钢筋或桁架筋的冲突。

（6）顶棚无吊顶时，板缝应避开灯具、接线盒或吊扇位置。

7.5 普通叠合楼板设计

普通叠合楼板是应用最广泛的楼板，也是本章内容的重点。

7.5.1　一般规定

《装规》规定：叠合楼板应按现行国家标准《混凝土结构设计规程》（GB 50010—2010）进行设计，并应符合下列规定：

（1）叠合板的预制板厚度不宜小于 60mm，后浇混凝土叠合层厚度不应小于 60mm。

（2）当叠合板的预制板采用空心板时，板端空腔应封堵。

（3）跨度大于 3m 的叠合板，宜采用钢筋混凝土桁架筋叠合板。

（4）跨度大于 6m 的叠合板，宜采用预应力混凝土叠合板。

（5）厚度大于 180mm 的叠合板，宜采用混凝土空心板。

辽宁省地方标准《装配式混凝土结构设计规程》（DB21/T 2572—2016）（以下简称《辽宁装规》）规定：后浇混凝土叠合层厚度不宜小于 70mm，屋面如采用叠合板，后浇混凝土叠合层厚度不宜小于 80mm。

当叠合板的预制板采用空心板时，板端空腔应封堵；堵头深度不宜小于 60mm，并应采用强度等级不低于 C25 的混凝土灌实。

7.5.2　单向板与双向板

叠合板设计分为单向板和双向板两种情况，根据接缝构造、支座构造和长宽比确定。《装规》规定：当预制板之间采用分离式接缝时，宜按单向板设计。对长宽比不大于 3 的四边支承叠合板，当其预制板之间采用整体式接缝或无接缝时，可按双向板计算。

叠合板的预制板布置形式如图 7.5-1 所示。

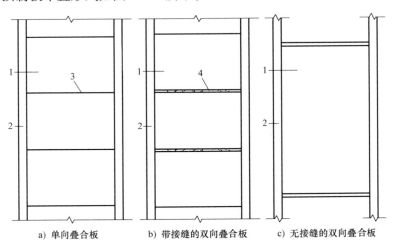

a) 单向叠合板　　b) 带接缝的双向叠合板　　c) 无接缝的双向叠合板

图 7.5-1　叠合楼板预制板布置形式示意图（《装规》图 6.6.3）

1—预制板　2—梁或墙　3—板侧分离式接缝　4—板侧整体式接缝

7.5.3　板缝对内力分布的影响

板缝分为分离式和整体式两种情况，如图 7.5-3、图 7.5-4 所示。

这里需要指出，现浇混凝土楼盖没有接缝，只要长宽比不大于 2 都按双向板计算。叠合楼盖当因为有接缝而按单向板计算时，应考虑板对梁的约束影响。由于存在接缝而按单向板计算，但实际上叠合层的钢筋伸入了侧向支座，会有内力分布给侧边的梁，对其刚性会产生影响，对此应进行结构分析。

7.5.4 叠合楼板计算

（1）《装规》未给出叠合楼板计算的具体要求，其平面内抗剪、抗拉和抗弯设计验算可按常规现浇楼板进行。

叠合楼板底板大都设立桁架筋，以增加板的刚度和抗剪能力。当桁架钢筋布置方向为主受力方向时，预制底板受力钢筋计算方式等同现浇楼板，桁架下弦杆钢筋等同板底受力钢筋，按照计算结果确定钢筋直径、间距。

安装时需要支撑及支撑布置计算，设计人员应当根据支撑布置图进行二次验算，预制底板受力钢筋、桁架下弦钢筋直径、间距，应当考虑预制底板上面的施工荷载及堆载，详见第13章。

（2）叠合面及板端连接处

《辽宁装规》给出了叠合板的叠合面及板端连接处的抗剪强度验算的规定，按下列规定进行抗剪强度验算。

（1）对叠合面未配置抗剪钢筋的叠合板，当叠合面粗糙度符合《辽宁装规》6.5.6条构造要求时（见6.5.6小节），叠合面受剪强度应符合下式要求：

$$\frac{V}{bh_0} \leq 0.4 \ (\text{N/mm}^2) \qquad (7.5\text{-}1，《辽宁装规》式6.6.14\text{-}1)$$

式中　V——竖向荷载作用下支座剪力设计值（N）；

　　　b——结合面的宽度（mm）；

　　　h_0——叠合面的有效高度（mm）。

（2）预制板的板端与梁、剪力墙连接处，叠合板端竖向接缝的受剪承载力应符合下式要求

$$V \leq 1.65 A_{sd} \sqrt{f_c f_y (1 - \alpha^2)} \qquad (7.5\text{-}2，《辽宁装规》式6.6.14\text{-}2)$$

式中　V——竖向荷载作用下单位长度内板端边缘剪力设计值；

　　　A_{sd}——垂直穿过结合面的所有钢筋的面积，当钢筋与结合面法向夹角为 θ 时，乘以 $\cos\theta$ 折减；

　　　f_c——预制构件混凝土轴心抗压强度设计值；

　　　f_y——垂直穿过结合面钢筋抗拉强度设计值；

　　　α——板端负弯矩钢筋拉应力标准值与钢筋强度标准值之比，钢筋的拉应力可按下式计算

$$\sigma_s = \frac{M_s}{0.87 h_0 A_s} \qquad (7.5\text{-}2，《辽宁装规》式6.6.14\text{-}3)$$

式中　M_s——按标准组合计算的弯矩值；

　　　h_0——计算截面的有效高度，当预制底板内的纵向受力钢筋伸入支座时，计算截面取叠合板厚度；当预制底板内的纵向受力钢筋不伸入支座时，计算截面取后浇叠合层厚度；

　　　A_s——板端负弯矩钢筋的面积。

7.5.5　支座节点设计

关于叠合楼板的支座,《装规》规定:

(1) 叠合板支座处,预制板内的纵向受力钢筋宜从板端伸出并锚入支承梁或墙的后浇混凝土中,锚固长度不应小于 5d(d 为纵向受力钢筋直径),且宜过支座中心线,如图 7.5-2a 所示。

(2) 单向叠合板的板侧支座处,当预制板内的板底分布钢筋伸入支承梁或墙的后浇混凝土中时应符合 (1) 的要求;当板底分布钢筋不伸入支座时,宜在紧邻预制板顶面的后浇混凝土叠合层中设置附加钢筋,附加钢筋截面面积不宜小于预制板内的同向分布钢筋面积,间距不宜大于 600mm,在板的后浇混凝土叠合层内锚固长度不应小于 15d,在支座内锚固长度不应小于 15d(d 为附加钢筋直径),且宜过支座中心线,如图 7.5-2b 所示。

(3)《装标》[一] 5.5.3 条规定,当桁架钢筋混凝土叠合楼板的后浇混凝土叠合层厚度不小于 100mm 且不小于预制板厚度的 1.5 倍时,支承端预制板内纵向受力钢筋可采用间接搭接方式锚入支承梁或墙的后浇混凝土中。

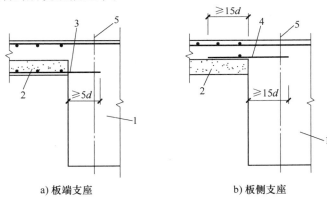

a) 板端支座　　　　　　　　　　　　b) 板侧支座

图 7.5-2　叠合板端及板侧支座构造示意 (《装规》图 6.6.4)

1—支撑梁或墙　2—预制板　3—纵向受力钢筋　4—附加钢筋　5—支座中心线

7.5.6　接缝构造设计

1. 分离式接缝

《装规》规定:单项叠合板板侧的分离式接缝宜配置附加钢筋,并应符合下列规定:

(1) 接缝处紧邻预制板顶面宜设置垂直于板缝的附加钢筋,附加钢筋伸入两侧后浇混凝土叠合层的锚固长度不应小于 15d(d 为附加钢筋直径)。

(2) 附加钢筋截面面积不宜小于预制板中该方向钢筋面积,钢筋直径不宜小于 6mm,间距不宜大于 250mm,如图 7.5-3 所示。

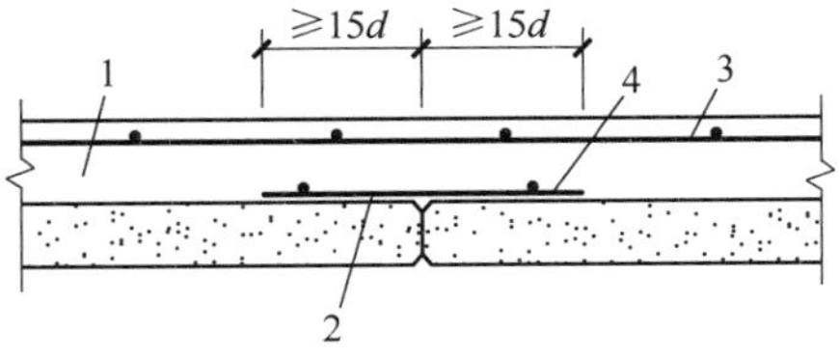

2. 整体式接缝

《装规》规定:双向叠合板板侧的整体式接缝宜设置在叠合板的次要受力方向上且宜避开最大弯

图 7.5-3　单向叠合板板侧分离式拼缝构造示意图 (《装规》图 6.6.5)

1—后浇混凝土叠合层　2—预制板
3—后浇层内钢筋　4—附加钢筋

―――――――
○ 《装配式混凝土建筑技术标准》GB/T 51231—2016 的简称。

矩截面，可设置在距支座 0.2 ~ 0.3L 尺寸的位置（L 为双向板次要受力方向净跨度）。接缝可采用后浇带形式，并应符合下列规定：

（1）后浇带宽度不宜小于 200mm。

（2）后浇带两侧板底纵向受力钢筋可在后浇带中焊接、搭接连接、弯折锚固。

（3）当后浇带两侧板底纵向受力钢筋在后浇带中弯折锚固时，应符合下列规定：

1）叠合板厚度不应小于 10d，且不应小于 120mm（d 为弯折钢筋直径的较大值）。

2）接缝处预制板侧伸出的纵向受力钢筋应在后浇混凝土叠合层内锚固，且锚固长度不

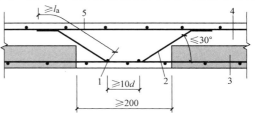

图 7.5-4　双向叠合板整体式接缝构造示意图
（《装规》图 6.6.6）

1—通长构造筋　2—纵向受力钢筋　3—预制板
4—后浇混凝土叠合层　5—后浇层内钢筋

应小于 l_a；两侧钢筋在接缝处重叠的长度不应小于 10d，钢筋弯折角度不应大于 30°，弯折处沿接缝方向应配置不少于 2 根通长构造钢筋，且直径不应小于该方向预制板内钢筋直径，如图 7.5-4 所示。

3. 板拼缝构造大样

板拼缝构造大样如图 7.5-5 所示。

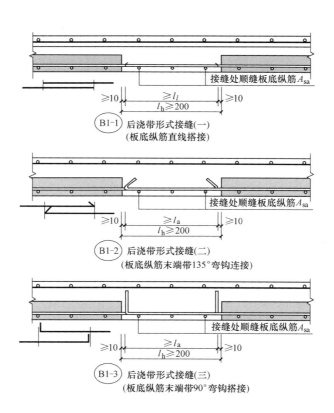

图 7.5-5　板拼缝构造大样（国标图集 15G310-1）

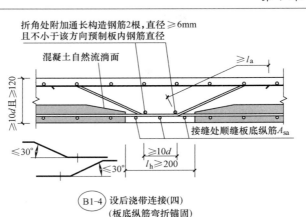

图 7.5-5　板拼缝构造大样（国标图集 15G310-1）（续）

7.5.7　有桁架钢筋的普通叠合板

非预应力叠合板用桁架筋主要起抗剪作用，如图 7.5-6 所示。《装规》规定：桁架钢筋混凝土叠合板应满足下列要求：

（1）桁架钢筋沿主要受力方向布置。

（2）桁架钢筋距离板边不应大于 300mm，间距不宜大于 600mm。

（3）桁架钢筋弦杆钢筋直径不宜小于 8mm，腹杆钢筋直径不应小于 4mm。

（4）桁架钢筋弦杆混凝土保护层厚度不应小于 15mm。

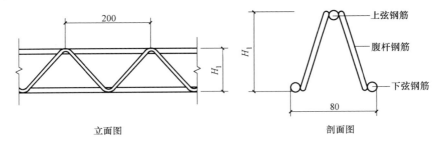

图 7.5-6　桁架钢筋示意图

7.5.8　没有桁架钢筋的普通叠合板

《装规》规定：

（1）当未设置桁架钢筋时，在下列情况下，叠合板的预制板与后浇混凝土叠合层之间应设置抗剪构造钢筋：

1）单向叠合板跨度大于 4.0m 时，距支座 1/4 跨范围内。

2）双向叠合板短向跨度大于 4.0m 时，距四边支座 1/4 短跨范围内。

3）悬挑叠合板。

4）悬挑叠合板的上部纵向受力钢筋在相邻叠合板的后浇混凝土锚固范围内。

（2）叠合板的预制板与后浇混凝土叠合层之间设置的抗剪构造钢筋应符合下列规定：

1）抗剪构造钢筋宜采用马镫形状，间距不大于 400mm，钢筋直径 d 不应小于 6mm。

2）马镫钢筋宜伸到叠合板上、下部纵向钢筋处，预埋在预制板内的总长度不应小于 $15d$，水平段长度不应小于 50mm。

《辽宁装规》给出了叠合板设置构造钢筋示意图，如图 7.5-7 所示。

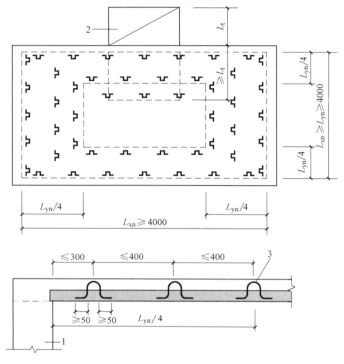

图 7.5-7　叠合板设置构造钢筋示意图（《辽宁装规》图 6.6.9）
1—梁或墙　2—悬挑板　3—抗剪构造钢筋

7.5.9　板的构造

1. 板边角构造

叠合板边角做成 45° 倒角。单向板和双向板的上部都做成倒角，一是为了保证连接节点钢筋保护层厚度；二是为了避免后浇段混凝土转角部位应力集中。单向板下部边角做成倒角是为了便于接缝处理，如图 7.5-8 所示。

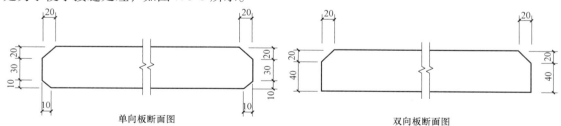

图 7.5-8　叠合板边角构造
（选自国家标准图集《桁架钢筋混凝土叠合板》15G366-1）

2. 叠合板支座构造

（1）双向板和单向板的端支座　单向板和双向板的板端支座的节点是一样的，负弯矩钢筋伸入支座转直角锚固，下部钢筋伸入支座中心线处，如图 7.5-9 所示。

（2）双向板侧支座　双向板每一边都是端支座，不存在所谓的侧支座，如果习惯把长边支座称为侧支座，其构造也与端支座完全一样，即按照图 7.5-9 所示的构造做。

（3）单向板侧支座　单向板的侧支座有两种情况，一种情况是板边"侵入"墙或梁 10mm，如端支座一样，如图 7.5-9 所示；另一种情况是板边距离墙或梁有一个缝隙 δ，如图 7.5-10 所示。单向板侧支座与端支座的不同就是在底板上表面伸入支座一根连接钢筋。

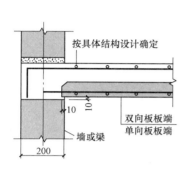

图 7.5-9　单向板和双向板的端部支座构造
（选自国家标准图集《桁架钢筋
混凝土叠合板》15G366-1）

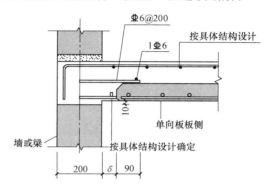

图 7.5-10　单向板侧支座构造
（选自国家标准图集《桁架钢筋
混凝土叠合板》15G366-1）

（4）中间支座构造　中间支座有多种情况：墙或梁的两侧是单向板还是双向板，支座对于两侧的板是端支座还是侧支座，如果是侧支座，是无缝支座还是有缝支座。

中间支座的构造设计有以下几个原则：

1）上部负弯矩钢筋伸入支座不用转弯，而是与另一侧板的负弯矩钢筋共用一根钢筋。

2）底部伸入支座的钢筋与端部支座或侧支座一样伸入即可。

3）如果支座两边的板都是单向板侧边，连接钢筋合为一根；如果有一个板不是单向板侧边，则与板侧支座图 7.5-10 一样，伸到中心线位置。

中间支座两侧都是单向板侧边的情况如图 7.5-11 所示。

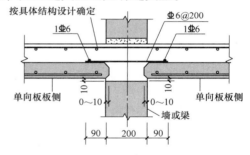

图 7.5-11　单向板侧边中间支座构造
（选自国家标准图集《桁架钢筋
混凝土叠合板》15G366-1）

3. 其他构造规定

（1）对于没有吊顶的楼板，楼板需预埋灯具吊点与接线盒等，避开板缝与钢筋。

（2）对于有吊顶楼板，须预埋内埋式金属螺母和塑料螺母。

（3）不准许穿过楼板的管线孔洞在施工现场打孔，必须在设计时确定位置，制作时预留孔洞。孔洞不得切断钢筋，如叠合楼板钢筋网片和桁架筋数与孔洞相互干扰，或移动孔洞位置，或调整板的拆分，实在无法调整再调整钢筋布置。国家标准图集《桁架钢筋混凝土叠合板》（15G366-1）给出了局部放大钢筋网的大样图，如图 7.5-12 所示。

（4）关于叠合板的吊点设计，见第 13 章。

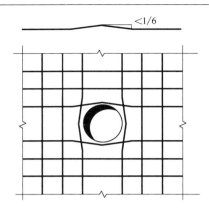

图 7.5-12　叠合板局部放大孔眼钢筋网构造

7.6　预应力叠合楼板设计

预应力叠合板与普通叠合板的不同之处是预制底板为先张法预应力板。7.2 节已经介绍了，预应力底板的断面形状有带肋板、空心板、双 T 形、双槽形。

预应力叠合板的跨度比普通叠合板大，普通叠合板可做到 6m（日本是 9m）；带肋预应力叠合板可做到 12m（日本是 16m）；空心预应力叠合板可做到 18m；双 T 形预应力叠合板可做到 24m。

预应力叠合板多用于大柱网的柱、梁结构体系，剪力墙结构楼盖跨度较小，较少使用预应力叠合板。

行业标准《装规》没有给出预应力叠合板的设计规定。辽宁省地方标准《辽宁装规》给出了预应力双 T 形叠合板的设计规定。

7.6.1　预应力双 T 形叠合板

《辽宁装规》关于预应力双 T 形叠合板的规定：

1. 基本规定

楼、屋面采用预应力混凝土双 T 形板时，应符合下列规定：

（1）应根据房屋的实际情况，选用适宜的结构体系，并符合现行国家标准《建筑抗震设计规范》（GB 50011—2010）的有关规定。

（2）双 T 形板应支承在钢筋混凝土框架梁上，板跨小于 24m 时支承长度不宜小于 200mm；板跨不小于 24m 时支承长度不宜小于 250mm。

（3）当楼层结构高度较小时，可采用倒 T 形梁及双 T 形板端部肋局部切角；切角高度不宜大于双 T 形板板端高度的 1/3，并应计算支座处的抗弯承载力，配置抗弯钢筋。

（4）当支承双 T 形板的框架梁采用倒 T 形梁时，支承双 T 形板的框架梁挑耳厚度不应小于 300mm；双 T 形板端面与框架梁的净距不宜小于 10mm；框架梁挑耳部位应有可靠的补强措施。

（5）双 T 形板预制楼盖体系宜采用设置后浇混凝土层的湿式体系，也可采用干式体系；后浇混凝土层厚度不宜小于 50mm，并应双向配置直径不小于 6mm，间距不大于 150mm 的钢筋网片，钢筋宜锚固在梁或墙内。

2. 抗拉连接与弹性状态

（1）在湿式连接中不宜考虑混凝土和楼盖内部钢筋对楼盖整体性的贡献，应在结构的横向、纵向及周边提供可靠的抗拉连接，以有效地连接起结构的各个构件，不得使用仅依赖构件之间的摩擦力的连接形式。

（2）双 T 形板楼盖在地震作用下应保持弹性状态。

3. 双 T 形板连接的具体规定

预应力双 T 形板翼缘间的连接可采用湿式连接、干式连接或混合连接，并应符合下列规定：

（1）连接件设计时，应将连接中除锚筋以外的其他部分（钢板、嵌条焊缝等）进行超强设计，以避免过早破坏。

（2）翼缘间的连接尚应抵抗施工荷载引起的内力。

（3）当翼缘间的连接采用预埋八字筋并于现场焊接固定时，八字筋的直径不宜小于16mm，双 T 形板的每一侧边至少应设置 2 处，间距不宜大于 2500mm。

4. 双 T 形板开洞口的规定

当预应力混凝土双 T 形板板面开设洞口时，应符合下列规定：

（1）洞口宜设置在靠近双 T 形板端部支座部位，不应在同一截面连续开洞，同一截面的开洞率不应大于板宽的 1/3，开洞部位的截面应按等同原则加厚该截面。

（2）双 T 形板的加厚部分应与板体同时制作，并采用相同等级的混凝土。

7.6.2　日本带肋预应力叠合板和双槽形预应力叠合板

前面 7.2 节介绍了带肋预应力叠合楼板包括无架立筋（图 7.2-3）和有架立筋（图 7.2-4）两种。

日本 PC 建筑 9m 以上大跨度楼盖多用倒 T 形预应力叠合楼板，板长最多可做到 16m。

日本带肋预应力叠合楼板的预制底板为标准化板，板宽 2000mm，板厚 42.6mm，肋净距330mm，肋顶宽 170mm，预应力张拉平台、设备和肋的固定架都是标准化的。肋高（从板上面到肋顶面高度）有 3 种规格：75mm、95mm、115mm；后浇筑叠合层高度依据设计确定。

带肋预应力板的钢绞线布置在肋中，板配置直径 3.2mm 的镀锌钢丝网。叠合板肋之间可在现场完全浇筑混凝土填实。较厚的板也可以填充聚苯乙烯板，浇筑叠合层后，形成了"空心"叠合板，既减轻板重，又有助于保温、隔声，如图 7.6-1 所示。

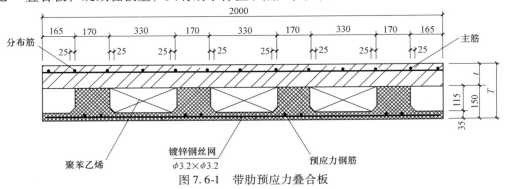

图 7.6-1　带肋预应力叠合板

日本双槽形预应力预制底板为标准化产品，有 150mm 和 180mm 两种高度，板宽 1m，后浇叠合层高度根据设计确定，如图 7.6-2 所示。

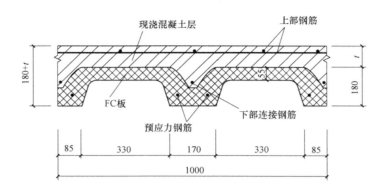

图 7.6-2 日本双槽形预应力叠合板

7.7 预应力空心楼板简介

全预制楼板包括普通实心楼板、普通空心楼板和预应力空心楼板。多用于全预制混凝土结构，限于非地震地区或低地震烈度地区的建筑，且限于多层和低层建筑。

本节简单介绍 SP 预应力空心楼板。

SP 预应力空心楼板是美国 SPANCRETE 公司的专利产品，挤压成型，为 1.2m 宽的标准板，最大跨度可达 18m，可承受最大荷载 13.5kN/m，同跨度叠合板最大荷载为 67.1kN/m。

SP 预应力空心楼板有 3 种应用方式：

（1）有后浇混凝土叠合层的叠合板，作为装配整体式楼盖，与其他预应力叠合板的作用一样。

（2）干法连接，即全预制板。

（3）混合连接，即有一定的湿连接加强整体性，但从性质和计算上还是属于干连接。SP 预应力空心楼板嵌锁式键槽连接构造使得 SP 预应力空心楼板灌缝后形成了较好的整体楼面。

SP 预应力空心楼板基本规定：

（1）挠度规定。允许挠度 $[\alpha]$ 按照荷载效应标准组合并考虑荷载长期作用影响的刚度进行计算。其计算值不应超过 $[\alpha]$。

$L_0 < 7m$ 时，$[\alpha] = L_0/200$

$7m \leqslant L_0 \leqslant 9m$ 时，$[\alpha] = L_0/250$

$L_0 > 9m$ 时，$[\alpha] = L_0/300$

L_0 为板的计算跨度。

（2）支承长度。板支承在钢筋混凝土构件上的最小支承长度 a_{0min} 按照板的跨度考虑：

$L_0 \leqslant 10m$ 时，$a_{0min} = 55mm$

$10m < L_0 \leqslant 14.4m$ 时，$a_{0min} = 80mm$

14.4m $< L_0 \leqslant$ 18m 时，$a_{0min} = 100$mm

支承在钢梁等构件上的最小支承长度可以参考以上数据，并结合具体情况确定。当在具体工程中支承长度不能满足最小支承长度要求时，板端应采取配置钢筋等措施加以拉锚。

（3）为了保证 SP 预应力空心楼板有足够的刚度和在合理适用范围内，选用时板跨高比一般不宜超过下列范围：

屋面板：$L/h \leqslant 50$

楼板：$L/h \leqslant 40$

第 8 章

框架结构及其他柱、梁（板）体系结构设计

8.1 概述

本章主要介绍框架结构体系 PC 结构设计。对其他柱、梁体系如筒体结构、柱板体系如无梁板结构的 PC 结构设计，也做简要介绍。

柱、梁结构体系包括框架结构、框架-剪力墙结构、密柱筒体结构、稀柱核心筒结构等，结构主要构件是柱、梁、板，PC 装配式结构有共性和相似性。框架-剪力墙结构是框架结构和剪力墙的结合，稀柱核心筒结构是框架结构与剪力墙核心筒的结合，尽管这两种结构体系有剪力墙，但通常情况下，剪力墙和剪力墙核心筒现浇，PC 构件也是柱、梁、板。

柱、梁结构体系特别是框架结构和筒体结构是各国 PC 建筑采用最多的结构体系，欧洲是，美洲是，日本和东南亚也是。柱、梁结构体系也是装配式技术最为成熟的结构体系，不仅办公楼、商业建筑大量采用，住宅也大量采用。关于柱、梁结构体系与装配式，在第 6 章 6.3 节已经介绍过了，本章具体介绍柱、梁结构体系的设计。

现行行业标准《装配式混凝土结构技术规程》（JGJ 1—2014）（以下简称《装规》）只给出了装配整体式框架结构的设计规定。对于框架-剪力墙结构的剪力墙部分要求现浇，其框架部分的 PC 结构设计可参照框架结构的有关规定；对于筒体结构的 PC 设计《装规》没有给出规定。

本章主要介绍行业标准关于装配整体式框架结构的设计。包括框架结构设计的基本规定（8.2）、框架结构承载力计算（8.3）、柱、梁体系拆分设计原则（8.4）、框架结构构造设计（8.5）、多层框架结构设计（8.6）。

大空间建筑会用到预应力板或预应力梁，本章对预应力框架结构装配整体式建筑做简单的介绍（8.7）。

框架结构建筑允许的高度比较低，抗震设防 6 度地区建筑适用高度只有 60m，7 度地区只有 50m。只适用于多层和小高层建筑。

由于城市土地资源的日益稀缺，也由于市场对大空间的需求，特别是高层写字楼和公寓，筒体结构高层和超高层建筑在城市建筑中将会越来越多，将成为 PC 建筑的重要部分。日本大多数高层 PC 建筑是筒体结构，高度多在 100m 以上，最高的筒体结构 PC 建筑高达 208m。所以，本章对筒体结构 PC 设计也做简单介绍（8.8）。

商店、冷库、仓库、车库等多层建筑常常用钢筋混凝土无梁楼盖结构。无梁楼盖结构属于柱板体系，也可做成装配式，我国 20 世纪 70、80 年代有过成功经验，本章对此也做简单介绍（8.9）。

8.2　框架结构设计的基本规定

现行行业标准《装规》关于装配整体式框架结构的一般规定包括以下内容：

（1）装配整体式框架结构可按现浇混凝土框架结构进行设计。装配整体式框架结构是指 PC 梁、柱构件通过可靠的方式进行连接并与现场后浇混凝土、水泥基灌浆料形成整体，也就是用所谓的"湿连接"形成整体，设计等同于现浇。至于用预埋螺栓连接或者预埋钢板焊接，即所谓的"干连接"，不是装配整体式，不能视为等同于现浇。

（2）装配整体式框架结构中，预制柱的纵向钢筋连接应符合以下规定：

1）当房屋高度不大于 12m 或层数不超过 3 层时，可采用套筒连接、浆锚搭接、焊接等连接方式。

2）当房屋高度大于 12m 或层数超过 3 层时，宜采用套筒灌浆连接。

套筒灌浆连接方式是一种质量可靠、操作简单的技术，在日本、欧美等国家已经有长期、大量的实践经验，国内也已有充分的试验研究、一定的应用经验和相关的产品、技术规程。当结构层数较多时，柱的纵向钢筋采用套筒灌浆连接可保证结构的安全。对于低层框架结构，柱的纵向钢筋连接也可以采用一些相对简单及造价较低的方法。钢筋焊接连接方式应符合行业标准《钢筋焊接及验收规程》（JGJ 18—2012）的规定。

（3）装配整体式框架结构中，预制柱水平接缝处不宜出现拉力。

试验研究表明，预制柱的水平接缝处，受剪承载力受柱轴力影响较大。当柱受拉时，水平接缝的抗剪能力较差，易发生接缝的滑移错动。因此，应通过合理的结构布置，避免柱的水平接缝处出现拉力。

8.3　框架结构承载力计算

《装规》关于框架结构承载力计算的规定见 8.3.1～8.3.4 小节。

8.3.1　梁柱节点核心区验算

对一、二、三级抗震等级的装配整体式框架，应进行梁柱节点核心区抗震受剪承载力验算；对四级抗震等级可不进行验算。梁柱节点核心区抗震受剪承载力验算和构造应符合现行国家标准《混凝土结构设计规范》（GB 50010—2010）和《建筑抗震设计规范》（GB 50011—2010）中的有关规定。装配整体式结构节点核心区的抗震要求与现浇结构相同。

8.3.2　叠合梁端竖向接缝受剪承载力

叠合梁端竖向接缝主要包括框架梁与节点区的接缝、梁自身连接的接缝以及次梁与主梁的接缝等几种类型。叠合梁端竖向接缝受剪承载力的组成主要包括：新旧混凝土结合面的黏结力、键槽的抗剪能力、后浇混凝土叠合层的抗剪能力、梁纵向钢筋的销栓抗剪作用。

行业标准《装规》关于竖向接缝抗剪承载力不考虑新旧混凝土结合面的黏结力，取混凝土抗剪键槽的受剪承载力、后浇层混凝土的受剪承载力、穿过结合面的钢筋的销栓抗剪作用之和。地震往复作用下，对后浇层混凝土部分的受剪承载力进行折减，参照混凝土斜截面受剪承载力设计方法，折减系数取 0.6。

叠合梁端竖向接缝的受剪承载力设计值应按下列公式计算：

1. 持久设计状况

$$V_u = 0.07f_cA_{c1} + 0.10f_cA_k + 1.65A_{sd}\sqrt{f_cf_y} \qquad (8.3\text{-}1，《装规》式 7.2.2\text{-}1)$$

2. 地震设计状况

$$V_{uE} = 0.04f_cA_{c1} + 0.06f_cA_k + 1.65A_{sd}\sqrt{f_cf_y} \qquad (8.3\text{-}2，《装规》式 7.2.2\text{-}2)$$

式中　　A_{c1}——叠合梁端截面后浇混凝土叠合层截面面积；

　　　　f_c——预制构件混凝土轴心抗压强度设计值；

　　　　f_y——垂直穿过结合面钢筋抗拉强度设计值；

　　　　A_k——各键槽的根部截面面积（图 8.3-1）之和，按后浇键槽根部截面和预制键槽根部截面分别计算，并取二者的较小值；

　　　　A_{sd}——垂直穿过结合面所有钢筋的面积，包括叠合层内的纵向钢筋。

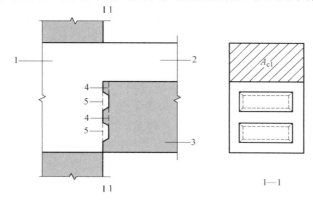

图 8.3-1　叠合梁端受剪承载力计算参数示意图
1—后浇节点区　2—后浇混凝土叠合层　3—预制梁　4—预制键槽根部截面
5—后浇键槽根部截面

8.3.3　预制柱底水平缝受剪承载力

预制柱底水平接缝的受剪承载力的组成主要包括：新旧混凝土结合面的黏结力、粗糙面或键槽的抗剪能力、轴压产生的摩擦力、梁纵向钢筋的销栓抗剪作用或摩擦抗剪作用，其中后两者为受剪承载力的主要组成部分。在非抗震设计时，柱底剪力通常较小，不需要验算。地震往复作用下，混凝土自然黏结及粗糙面的受剪承载力丧失较快，计算中不考虑其作用。

预制柱底水平接缝受剪承载力计算在地震设计状况下，预制柱底水平接缝的受剪承载力设计值应按下列公式计算。

当预制柱受压时

$$V_{uE} = 0.8N + 1.65A_{sd}\sqrt{f_cf_y} \qquad (8.3\text{-}3，《装规》式 7.2.3\text{-}1)$$

当预制柱受拉时

$$V_{uE} = 1.65A_{sd}\sqrt{f_cf_y\left[1 - \left(\frac{N}{A_{sd}f_y}\right)^2\right]} \qquad (8.3\text{-}4，《装规》式 7.2.3\text{-}2)$$

式中　f_c——预制构件混凝土轴心抗压强度设计值；

　　　f_y——垂直穿过水平结合面钢筋抗拉强度设计值；

　　　N——与剪力设计值 V 相应的垂直于水平结合面的轴向力设计值，取绝对值进行计算；

　　　A_{sd}——垂直穿过水平结合面所有钢筋的面积；

　　　V_{uE}——地震设计状况下接缝受剪承载力设计值。

8.3.4　叠合梁设计

混凝土叠合梁的设计应符合《装规》和现行国家标准《混凝土结构设计规范》（GB 50010—2010）中的有关规定。

8.3.5　其他有关规定

深圳市技术规范《预制装配整体式钢筋混凝土结构技术规范》（SJG18—2009）中规定：

（1）多遇地震作用和设防烈度地震作用下，按弹性方法进行结构整体分析；罕遇地震作用下，按弹塑性方法进行结构整体分析。

（2）在结构内力与位移计算中，楼面的中梁刚度可根据翼缘情况取 1.5~2.0 的增大系数，楼面的边梁刚度可根据翼缘情况取 1.2~1.5 的增大系数。

（3）在结构内力与位移计算中，可根据外挂墙板（含开洞情况）及与边框架的连接方式考虑其对结构自振周期的影响，可取 0.8~0.9 的折减系数，当外墙开洞率较小时取大值，外墙开洞率较大时取小值。

（4）叠合板可按同等厚度的现浇板进行计算，楼板内力和挠度应考虑预制板拼缝的影响进行调整。

（5）另《高层建筑混凝土结构技术规程》（JGJ 3—2010）中规定在竖向荷载作用下，可考虑框架梁端塑性变形内力重分布，对梁端负弯矩乘以调幅系数进行调幅，并应符合下列规定：

1）装配整体式框架梁端负弯矩调幅系数可取 0.7~0.8，现浇框架梁端负弯矩调幅系数可取 0.8~0.9。

2）框架梁端负弯矩调幅后，梁跨中弯矩应按平衡条件相应增大。

3）应先对竖向荷载作用下框架梁的弯矩进行调幅，再与水平荷载作用产生的框架梁弯矩进行组合。

4）截面设计时，框架梁跨中截面正弯矩设计值不应小于竖向荷载作用下按简支梁计算的跨中弯矩设计值的 50%。

8.4　柱、梁体系拆分设计原则

关于 PC 结构的拆分，在第 5 章 5.7.3 小节和第 6 章 6.6 节分别进行了介绍，这里就柱、梁体系结构拆分结合日本的经验做具体介绍。

装配整体式框架结构地下室与一层宜现浇，与标准层差异较大的裙楼也宜现浇；最顶层楼板应现浇。其他楼层结构构件拆分原则如下：

（1）装配式框架结构中预制混凝土构件的拆分位置除宜在构件受力最小的地方拆分和依据套筒的种类、结构弹塑性分析结果（塑性铰位置）来确定外，还应考虑生产能力、道路运输、吊装能力及施工方便等条件。

（2）梁拆分位置可以设置在梁端，也可以设置在梁跨中，拆分位置在梁的端部时，梁纵向钢筋套管连接位置距离柱边不宜小于 $1.0h$（h 为梁高），不应小于 $0.5h$（考虑塑性铰，塑性铰区域内存在套管连接，不利于塑性铰转动）。

（3）柱拆分位置一般设置在楼层标高处，底层柱拆分位置应避开柱脚塑性铰区域，每根预制柱长度可为 1 层、2 层或 3 层高。

（4）日本鹿岛公司归纳的常用柱、梁体系拆分方法如图 8.4-1～图 8.4-8 所示。

在 PC 柱、梁结合部位，叠合梁和叠合楼板的叠合层后浇筑混凝土部位的拆分方法如图 8.4-1 所示。拆分时，每根预制柱的长度为 1 层，连接套筒预埋在柱底；梁要按照柱距的 1 个跨度为单位预制，梁主筋连接通常是在柱距的中心部位进行后浇筑混凝土，钢筋连接方式为注胶套筒连接，也可采用机械套筒连接。

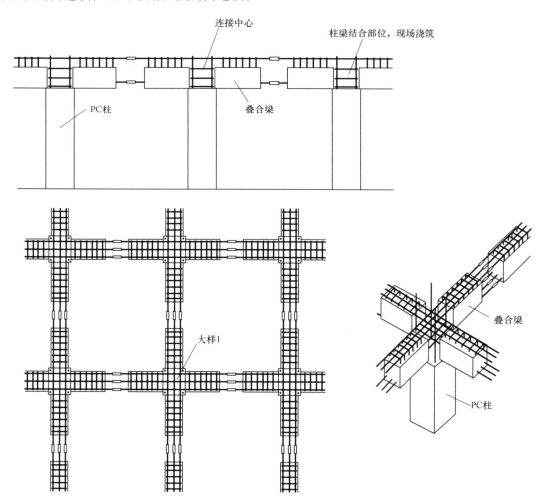

图 8.4-1 常规柱、梁体系拆分法

柱梁一体化三维 PC 构件拆分方法如图 8.4-2 所示，考虑到三维构件运输困难，可选择在现场预制。日本通常的做法是在工厂单独生产柱、梁，然后将它们运至现场后组装成三维构件。还可以采取另外一种方法：外部框架用三维 PC 构件，内部框架在工厂制造莲藕形 PC 构件，如图 8.4-3 所示。

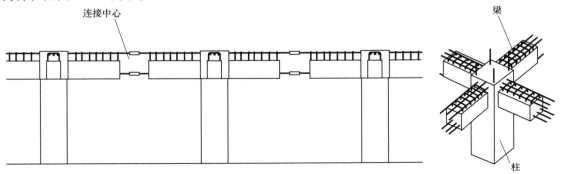

图 8.4-2　柱梁一体化三维 PC 构件拆分法

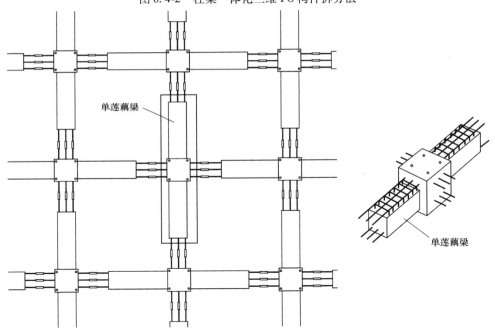

图 8.4-3　单莲藕梁拆分法

要实现工厂制作，就必须考虑运输问题，单向的梁基本不存在问题，但是当遇到双向交叉十字形梁结构时，必须把十字形梁的一侧调整到运输车辆的车宽以下。也就是说，只能把由梁与楼板连接区域至梁主筋的突出长度缩短，梁主筋的连接位置会因此调整成为梁的端部。

梁在预制柱顶部用套筒连接拆分法如图 8.4-4 所示。

应用梁端部连接、2 层层高 1 节柱的拆分方法如图 8.4-5 所示。框架 PC 柱交替制成 2 层 1 节。通过连接柱之间的两跨为一体的莲藕梁及楼板连接区域一体化的 PC 构件，可以取得合理的拆分效果。梁的连接部位为每跨有 1 个；而柱的连接部位则为每两层有 1 个。与普通的 PC 拆分法相比，可以减少一半的连接套筒使用量，因此比较经济。PC 构件的数量减少了，施工速度也得到了提高。但每个构件单体重量却会增大，因此需要适当地提高塔式起重机的吊装能力。

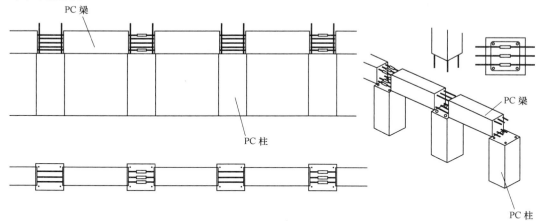

图 8.4-4 梁在预制柱顶部用套筒连接拆分法

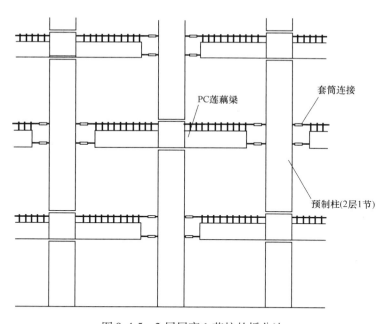

图 8.4-5 2 层层高 1 节柱的拆分法

十字形莲藕梁如图 8.4-6 所示。由于三维柱梁构件无法运输，可在工厂制作十字形 PC 梁，中间部位是莲藕柱，留有像莲藕一样的预留孔，以便柱子主筋能够穿过。

梁浇筑通柱拆分法如图 8.4-7 所示，柱及梁主筋一体化在工厂预制，梁后浇筑混凝土的组合施工方法，柱到梁与楼板的连接区域一体化装配式建筑。具有适用于单、双两向咬合结构，即使在 X、Y 方向上的梁高不同，也具有易于施工的特点。

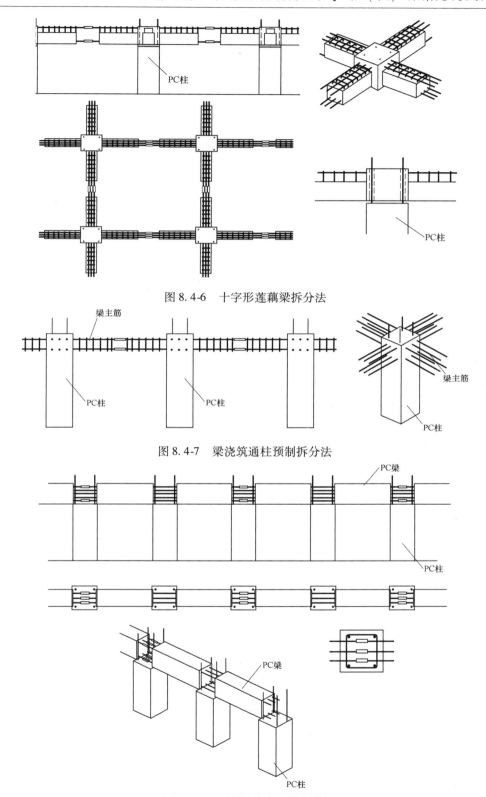

图 8.4-6 十字形莲藕梁拆分法

图 8.4-7 梁浇筑通柱预制拆分法

图 8.4-8 预制柱底部套筒连接

8.5　框架结构构造设计

本节介绍《装规》关于框架结构构造设计的规定。

8.5.1　叠合梁后浇混凝土

装配整体式框架结构中，当采用叠合梁时，框架梁的后浇混凝土叠合层厚度不宜小于150mm（图8.5-1），次梁的后浇混凝土叠合层厚度不宜小于120mm；当采用凹口截面预制梁时（图8.5-1b），凹口深度不宜小于50mm，凹口边厚度不宜小于60mm。

当叠合板的总厚度小于叠合梁的后浇混凝土叠合层厚度要求时，预制部分可采用凹口截面形式，增加梁的后浇层厚度。预制梁也可采用其他截面形式，如倒T形截面或传统的花篮梁的形式等。

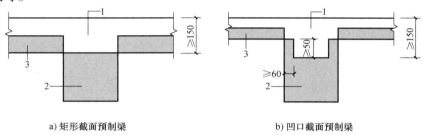

a) 矩形截面预制梁　　　　　　　　b) 凹口截面预制梁

图8.5-1　叠合框架梁截面示意图（《装规》图7.3.1）
1—后浇混凝土叠合层　2—预制梁　3—预制板

8.5.2　叠合梁配筋

叠合梁的箍筋配置应符合下列规定：

（1）抗震等级为一、二级的叠合框架梁的梁端箍筋加密区宜采用整体封闭箍筋，如图8.5-2a所示。

（2）采用组合封闭箍筋的形式（图8.5-2b）时，开口箍筋上方应做成135°弯钩；非抗震设计时，弯钩端头平直段长度不应小于5d（d为箍筋直径）；抗震设计时，平直段长度不应小于10d。现场应采用箍筋帽封闭开口箍筋，箍筋帽末端应做成135°弯钩；非抗震设计时，弯钩端头平直段长度不应小于5d；抗震设计时，平直段长度不应小于10d。

"组合式封闭箍筋"是指U形的

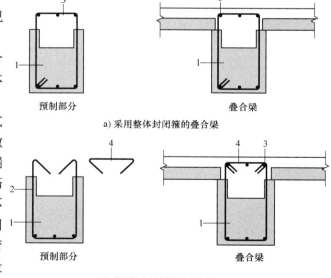

a) 采用整体封闭箍的叠合梁

b) 采用组合封闭箍的叠合梁

图8.5-2　叠合梁箍筋构造示意图（《装规》图7.3.2）
1—预制梁　2—开口箍筋　3—上部纵筋　4—箍筋帽

上开口箍筋和 Ⅱ 形的下开口箍筋，共同组合形成的组合式封闭箍筋。组合式封闭箍筋便于提升现场钢筋安装效率与质量。当采用整体封闭箍筋不便安装上部纵筋时，可采用组合封闭箍筋。

8.5.3　叠合梁对接连接

叠合梁可采用对接连接（图 8.5-3），并应符合下列规定：

（1）连接处应设置后浇段，后浇段的长度应满足梁下纵向钢筋连接作业的空间需求。

（2）梁下部纵向钢筋在后浇段内宜采用机械连接（加长螺纹型直螺纹接头）、套筒灌浆连接或焊接连接。

（3）后浇段内的箍筋应加密，箍筋间距不应大于 $5d$（d 为纵向钢筋直径），且不应大于 100mm。

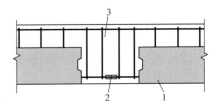

图 8.5-3　叠合梁连接节点示意图
（《装规》图 7.3.3）
1—预制梁　2—钢筋连接接头　3—后浇段

8.5.4　主梁与次梁后浇段连接

主梁与次梁采用后浇段连接时，应符合下列规定：

（1）在端部节点处，次梁下部纵向钢筋伸入主梁后浇段内的长度不应小于 $12d$（d 为纵向钢筋直径）。次梁上部纵向钢筋应在主梁后浇段内锚固。当采用弯折锚固（图 8.5-4a）或锚固板时，锚固直段长度不应小于 $0.6l_{ab}$；当钢筋应力不大于钢筋强度设计值的 50% 时，锚固直段长度不应小于 $0.35l_{ab}$；弯折锚固的弯折后直段长度不应小于 $12d$。

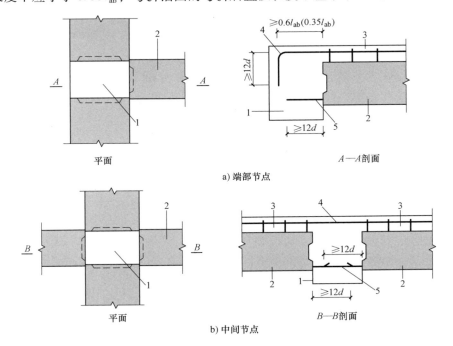

图 8.5-4　主次梁连接节点构造示意图（《装规》图 7.3.4）
1—主梁后浇段　2—次梁　3—后浇混凝土叠合层　4—次梁上部纵向钢筋　5—次梁下部纵向钢筋

（2）在中间节点处，两侧次梁的下部纵向钢筋伸入主梁后浇段内长度不应小于12d（d为纵向钢筋直径）；次梁上部纵向钢筋应在后浇层内贯通（图8.5-4b）。

8.5.5 预制柱设计

预制柱的设计应符合现行国家标准《混凝土结构设计规范》（GB 50010—2010）的要求，并应符合下列规定：

（1）柱纵向受力钢筋直径不宜小于20mm。

（2）矩形柱截面宽度或圆柱直径不宜小于400mm，且不宜小于同方向梁宽的1.5倍。

（3）柱纵向受力钢筋在柱底采用套筒灌浆连接时，柱箍筋加密区长度不应小于纵向受力钢筋连接区域长度与500mm之和；套筒上端第一道箍筋距离套筒顶部不应大于50mm，如图8.5-5所示。

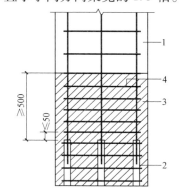

图8.5-5 钢筋采用套筒灌浆连接时柱底箍筋加密区域构造示意图
（《装规》图7.3.5）
1—预制柱 2—套筒灌浆连接接头
3—箍筋加密区（阴影区域）
4—加密区箍筋

采用较大直径的钢筋及较大的柱断面，可以减少钢筋根数，增大间距，便于柱钢筋连接及节点区钢筋布置。套筒连接区域柱截面刚度及承载力较大，柱的塑性铰区可能会上移到套筒连接区域以上，因此至少应将套筒连接区域以上500mm高度区域内的柱箍筋加密。

以上3条为《装规》的规定，以下3条（第4～6条）为辽宁省地方标准《装配式混凝土结构设计规程》（DB21/T 2572—2016）（以下简称《辽宁装规》）的规定。

（4）灌浆套筒长度范围内箍筋宜采用连续复合箍筋或连续复合螺旋箍筋；如采用拉筋，其弯钩的弯折角度宜为180°。

（5）灌浆套筒长度范围内外侧箍筋的混凝土保护层厚度不应小于20mm。

（6）当在框架柱根部之外连接时，自灌浆套筒长度向上延伸300mm范围内，箍筋直径不应小于8mm，箍筋间距不应大于100mm。

8.5.6 预制柱与叠合梁柱底接缝

采用预制柱及叠合梁的装配整体式框架中，柱底接缝宜设置在楼面标高处，如图8.5-6所示，并应符合下列规定：

（1）后浇区节点混凝土上表面应设置粗糙面。

（2）柱纵向受力钢筋应贯穿后浇节点区。

（3）柱底接缝厚度宜为20mm，并应采用灌浆料填实。

以上3条为《装规》的规定，以下2条（第4、5条）为《辽宁装规》的规定。

（4）当采用多层预制柱时，柱底接缝在满足施工要求的前提下，宜尽量设置在靠近楼面标高以下20mm处，柱底面宜采用斜面。

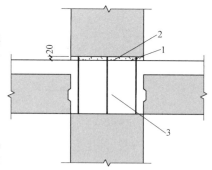

图8.5-6 预制柱底接缝构造示意图
（《装规》图7.3.6）
1—后浇节点区混凝土上表面粗糙面
2—接缝灌浆层 3—后浇区

（5）多层预制柱的节点处应增设交叉钢筋，并应在预制柱上下侧混凝土内可靠锚固，如图 8.5-7 所示。交叉钢筋每侧应设置一片，每根交叉钢筋斜段垂直投影长度可比叠合梁高小 50mm，端部直线段长度可取 500mm。交叉钢筋的强度等级不应小于 HRB400，其直径应按运输、施工阶段的承载力及变形要求计算确定，且不应小于 16mm。

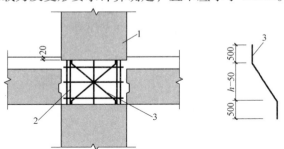

图 8.5-7 多层预制柱接缝构造示意图（《辽宁装规》图 7.3.5）
1—多层预制柱 2—柱纵向钢筋 3—交叉钢筋
h—梁高

8.5.7 梁、柱纵向钢筋锚固

梁、柱纵向钢筋在后浇节点区内采用直线锚固、弯折锚固或机械锚固的方式时，其锚固长度应符合现行国家标准《混凝土结构设计规范》（GB 50010—2010）中的有关规定；当梁、柱纵向钢筋采用锚固板时，应符合现行行业标准《钢筋锚固板应用技术规程》（JGJ 256—2011）中的有关规定。

在预制柱叠合梁框架节点中，梁钢筋在节点中锚固及连接方式是决定施工可行性以及节点受力性能的关键。梁、柱构件尽量采用较粗直径、较大间距的钢筋布置方式，节点区的主梁钢筋较少，有利于节点的装配施工，保证施工质量。设计过程中，应充分考虑到施工装配的可行性，合理确定梁、柱截面尺寸及钢筋的数量、间距、位置等。在十字形节点中，两侧梁的钢筋在节点区内锚固时，位置可能冲突，可采用弯折避让的方式，弯折角度不宜大于 1:6。节点区施工时，应注意合理安排节点区箍筋、预制梁、梁上部钢筋的安装顺序，控制节点区箍筋的间距满足要求。

8.5.8 梁纵向钢筋在后浇区的锚固

采用预制柱及叠合梁的装配整体式框架节点，梁纵向受力钢筋应伸入后浇节点区内锚固或连接，并应符合下列规定：

（1）对框架中间层中节点，节点两侧的梁下部纵向受力钢筋宜锚固在后浇节点区内，如图 8.5-8a 所示，也可采用机械连接或焊接的方式直接连接，如图 8.5-8b 所示；梁的上部纵向受力钢筋应贯穿后浇节点区。

（2）对框架中间层端节点，当柱截面尺寸不满足梁纵向受力钢筋的直线锚固要求时，宜采用锚固板锚固，如图 8.5-9 所示，也可采用 90°弯折锚固。

（3）对框架顶层中节点，梁纵向受力钢筋的构造应符合（1）的规定。柱纵向受力钢筋宜采用直线锚固；当梁截面尺寸不满足直线锚固要求时，宜采用锚固板锚固，如图 8.5-10 所示。

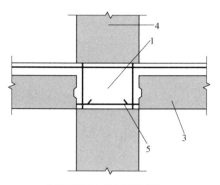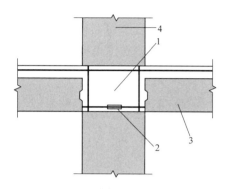

a) 梁下部纵向受力钢筋锚固　　　　　　　　　　b) 梁下部纵向受力钢筋连接

图 8.5-8　预制柱及叠合梁框架中间层中节点构造示意图（《装规》图 7.3.8-1）

1—后浇区　2—梁下部纵向受力钢筋连接　3—预制梁　4—预制柱

5—梁下部纵向受力钢筋锚固

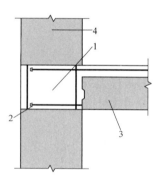

图 8.5-9　预制柱及叠合梁框架中间层端节点构造示意图（《装规》图 7.3.8-2）

1—后浇区　2—梁纵向受力钢筋锚固　3—预制梁　4—预制柱

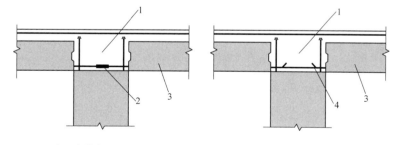

a) 梁下部纵向受力钢筋连接　　　　　　　　　　b) 梁下部纵向受力钢筋锚固

图 8.5-10　预制柱及叠合梁框架顶层中节点构造示意图（《装规》图 7.3.8-3）

1—后浇区　2—梁下部纵向受力钢筋连接　3—预制梁　4—梁下部纵向受力钢筋锚固

（4）对框架顶层端节点，梁下部纵向受力钢筋应锚固在后浇节点区内，且宜采用锚固板的锚固方式；梁、柱其他纵向受力钢筋的锚固应符合下列规定：

1）柱宜伸出屋面并将柱纵向受力钢筋锚固在伸出段内，如图 8.5-11a 所示，伸出段长度不宜小于 500mm，伸出段内箍筋间距不应大于 $5d$（d 为柱纵向受力钢筋直径），且不应大于 100mm；柱纵向钢筋宜采用锚固板锚固，锚固长度不应小于 40d；梁上部纵向受力钢筋宜采用锚固板锚固。

2）柱外侧纵向受力钢筋也可与梁上部纵向受力钢筋在后浇节点区搭接，如图 8.5-11b 所示，其构造要求应符合现行国家标准《混凝土结构设计规范》（GB 50010—2010）中的规定；柱内侧纵向受力钢筋宜采用锚固板锚固。

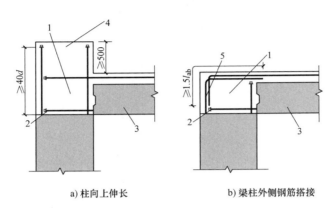

a) 柱向上伸长　　　　　　b) 梁柱外侧钢筋搭接

图 8.5-11　预制柱及叠合梁框架顶层端节点构造示意图（《装规》图 7.3.8-4）

1—后浇区　2—梁下部纵向受力钢筋锚固　3—预制梁　4—柱延伸段

5—梁、柱外侧钢筋搭接

8.5.9　节点区外后浇段

采用预制柱及叠合梁的装配整体式框架节点，若梁下部纵向钢筋在节点区内连接较困难时，可在节点区外设置后浇梁段，梁下部纵向受力钢筋也可伸至节点区外的后浇段内连接，如图 8.5-12 所示，为保证梁端塑性铰区的性能，连接接头与节点区的距离不应小于 $1.5h_0$（h_0 为梁截面有效高度）。

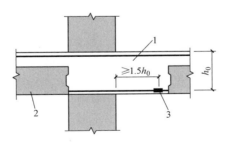

图 8.5-12　梁纵向钢筋在节点区外的后浇段内连接示意图（《装规》图 7.3.9）

1—后浇段　2—预制梁　3—纵向受力钢筋连接

8.5.10　梁纵向受力钢筋锚固

现浇柱与叠合梁组成的框架节点中，梁纵向受力钢筋的连接与锚固应符合前述 8.5.3 ～ 8.5.9 的规定。

该做法与预制柱、叠合梁的节点做法类似。节点区混凝土应与梁板后浇混凝土同时现浇，柱内受力钢筋的连接方式与常规的现浇混凝土结构相同，柱的钢筋布置灵活，对加工精度及施工的要求略低。此种节点连接方式较易施工，工程质量更容易得到保证。

8.5.11　辽宁省地方标准关于框架结构构造的其他规定

《辽宁装规》关于装配式框架结构的构造设计除了与《装规》一样的规定外，还有如下规定：

（1）叠合梁预制部分的梁宽和梁高均不应小于 200mm。

（2）计算叠合梁受扭承载力时不应计入组合封闭箍筋的作用；不承受扭矩的预制梁的腰筋可不伸入梁柱节点。

（3）在预制梁的预制面以下 100mm 范围内，宜设置 2 根直径不小于 10mm 的腰筋（附加纵筋），如图 8.5-13 所示，其他位置的腰筋应按国家现行有关标准确定。预制面以下的腰筋设计应考虑构件在制作、吊装、运输、安装等不利荷载组合下的受力情况。

（4）当预制梁上板的搁置长度大于梁箍筋混凝土保护层厚度时可采用下列构造。

1）采用设置挑耳（图 8.5-14a）方式时，挑耳高度应计算确定且不小于预制板厚度；挑耳挑出长度应满足预制板搁置长度要求；挑耳内应设置纵向钢筋和伸入梁内的箍筋，纵向钢筋和箍筋的直径分别不应小于 12mm 和 8mm。

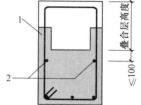

图 8.5-13　叠合梁腰筋构造示意图
（《辽宁装规》图 7.3.2-4）
1—预制反沿　2—预制面以下
100mm 范围内设置的腰筋

2）采用设置 U 形插筋（图 8.5-14b）方式时，插筋直径、间距宜同预制梁箍筋；预制板端后浇混凝土接缝宽度不宜小于 50mm，且不应考虑其叠合效应。

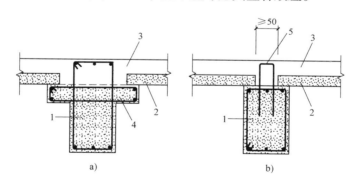

a)　　　　　　　　　　　　b)

图 8.5-14　板搁置长度较大时梁构造示意图（《辽宁装规》图 7.3.3）
1—预制梁　2—预制板　3—后浇混凝土叠合层　4—梁挑耳　5—U 形插筋

（5）当预制柱采用多螺箍筋时，相关构造要求及计算可按《辽宁装规》中附录 B 的规定执行。

（6）由于预制梁吊装为从上往下，顶层柱钢筋弯锚会影响预制梁的放置，为方便施工顶层柱纵筋可采用机械直锚。由于取消了柱纵筋的弯锚段，对柱顶部箍筋进行了适当加强，顶层中节点参考日本做法设置开口 U 形箍（U 形箍位于最顶层梁筋之上）。

框架顶层柱的纵向受力钢筋当采用锚固板锚固时，锚固长度不应小于 $0.5l_{aE}$ 和 0.8 倍梁高的较大值，如图 8.5-15 所示；在柱范围内应沿梁设置伸至梁底的开口箍筋，开口箍筋的间距不大于 100mm，直径和肢数可与梁加密区相同，如图 8.5-16 所示。

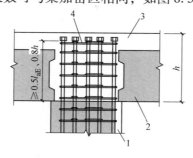

图 8.5-15　顶层中节点柱纵向钢筋锚固构造示意图（《辽宁装配》图 7.4.4-3.2）
1—预制柱　2—预制梁　3—后浇叠合层　4—加强水平箍筋

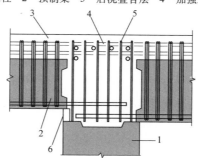

图 8.5-16　顶层中节点开口箍筋示意图（《辽宁装配》图 7.4.4-3.3）
1—预制柱　2—预制梁　3—后浇叠合层　4—梁最上排纵向钢筋
5—U 形开口箍筋　6—支模或梁扩大端

（7）顶层柱顶宜设置不少于 1 排的箍筋，箍筋直径不宜小于 14mm，肢距不应大于 300mm。

（8）主、次梁连接采用主梁上设置挑耳，次梁设置缺口连接或牛担板连接时，相关的构造要求及承载力计算可按辽宁省地方标准《装配式混凝土设计规程》（DB21/T 2572—2016）中附录 C 的规定执行。

（9）装配整体式框架结构抗侧力体系中，框架梁的端部连接可设计为延性连接或强连接，并应符合下列规定：

1）当采用延性连接时，梁下部纵向钢筋连接接头与梁柱节点区的距离不应小于 $1.5h$（h 为梁高）。

2）当采用强连接时，梁下部纵向钢筋连接接头与节点区无距离限制。

（10）装配整体式框架-现浇剪力墙（核心筒）结构中，当预制柱为现浇剪力墙边框柱时，剪力墙顶宜设置框架梁或宽度与墙厚相同的暗梁，节点在梁高范围内应采用现浇混凝土；与现浇剪力墙相连的预制柱侧面，应设置粗糙面并宜设置键槽；剪力墙水平钢筋可采用机械连接或焊接连接，如图 8.5-17 所示。

（11）叠合梁采用对接连接时（图 8.5-18），应符合下列规定：

1）连接处应设置后浇段，后浇段的长度应满足梁下纵向钢筋连接作业的空间要求。

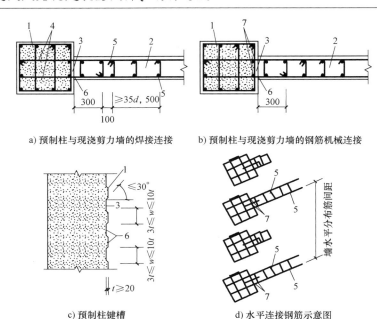

a) 预制柱与现浇剪力墙的焊接连接　　　　b) 预制柱与现浇剪力墙的钢筋机械连接

c) 预制柱键槽　　　　　　　d) 水平连接钢筋示意图

图 8.5-17　预制柱与现浇剪力墙的竖向连接示意图（《辽宁装规》图 7.4.9）

1—预制柱　2—现浇剪力墙　3—键槽　4—预制柱预留钢筋　5—钢筋焊接连接接头

6—粗糙面　7—钢筋机械连接接头（仅用于机械连接时）

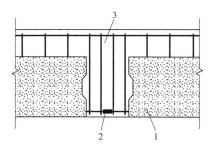

图 8.5-18　叠合梁节点示意图（《辽宁装规》图 7.4.10）

1—预制梁　2—钢筋连接接头　3—后浇段

2）梁下部纵向钢筋在后浇段内宜采用机械连接、套筒灌浆连接或焊接连接。

3）后浇段内的箍筋应加密，箍筋间距不应大于 5d（d 为纵向钢筋直径），且不应大于 100mm。

（12）主梁与次梁采用后浇段连接时，应符合下列规定：

1）在端部节点处，次梁下部纵向钢筋伸入主梁后浇段内的长度不应小于 12d（d 为纵向钢筋直径）。次梁上部纵向钢筋应在主梁后浇段内锚固。当采用弯折锚固（图 8.5-19a）或锚固板时，锚固直段长度不应小于 0.6l_{ab}；当钢筋应力不大于钢筋强度设计值的 50% 时，锚固直段长度不应小于 0.35l_{ab}；弯折锚固的弯折后直段长度不应小于 12d。

2）在中间节点处，两侧次梁的下部纵向钢筋伸入主梁后浇段内的长度不应小于 12d（d 为纵向钢筋直径）；次梁上部纵向钢筋应在后浇层内贯通，如图 8.5-19b 所示。

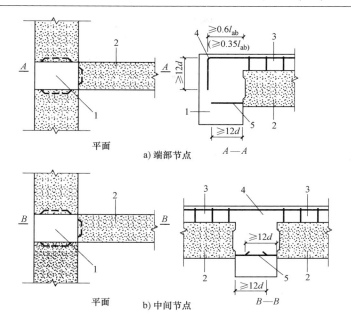

图 8.5-19　主、次梁连接节点构造示意图（《辽宁装规》图 7.4.11）

8.5.12　沈阳南科大厦

框架-剪力墙结构 PC 建筑在我国应用较少，日本鹿岛建设在沈阳指导建造了国内第一座框架-剪力墙结构 PC 建筑，高 99.55m，地上 23 层，如图 8.5-20 ~ 图 8.5-24 所示。

对南科大厦 7 ~ 23 层结构进行了 PC 拆分设计，将结构拆分为预制柱、预制梁、预制叠合板，如图 8.5-25 ~ 图 8.5-27 所示。

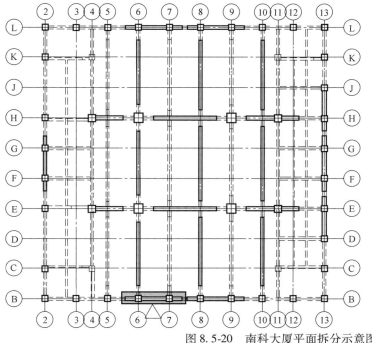

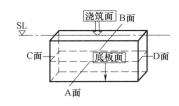

图 8.5-20　南科大厦平面拆分示意图

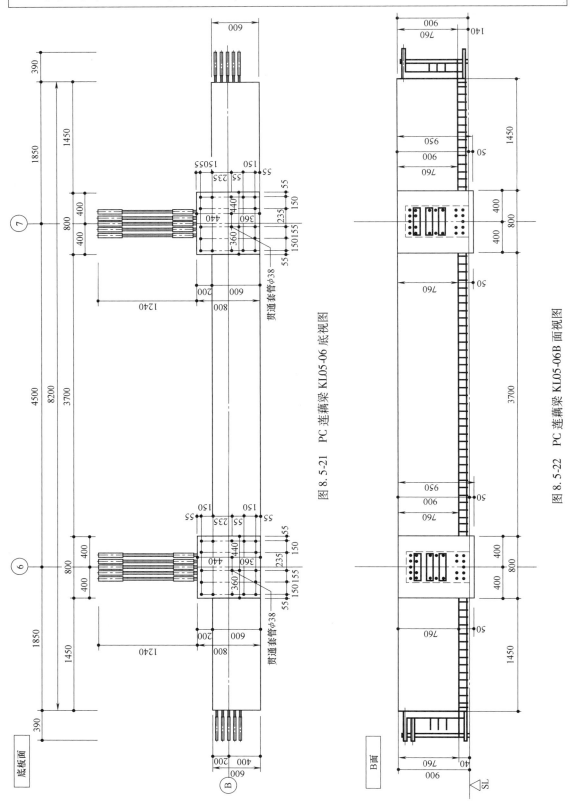

图 8.5-21　PC 连藕梁 KL05-06 底视图

图 8.5-22　PC 连藕梁 KL05-06B 面视图

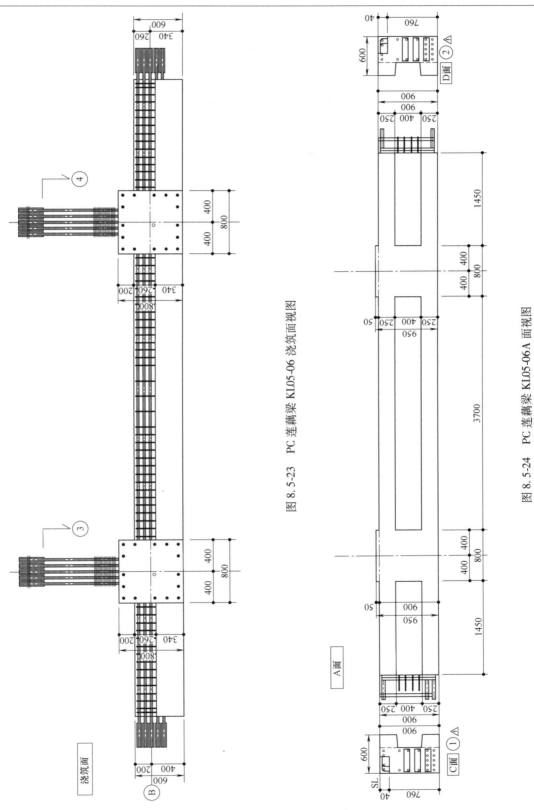

图 8.5-23　PC 连耦梁 KI05-06 浇筑面视图

图 8.5-24　PC 连耦梁 KI05-06A 面视图

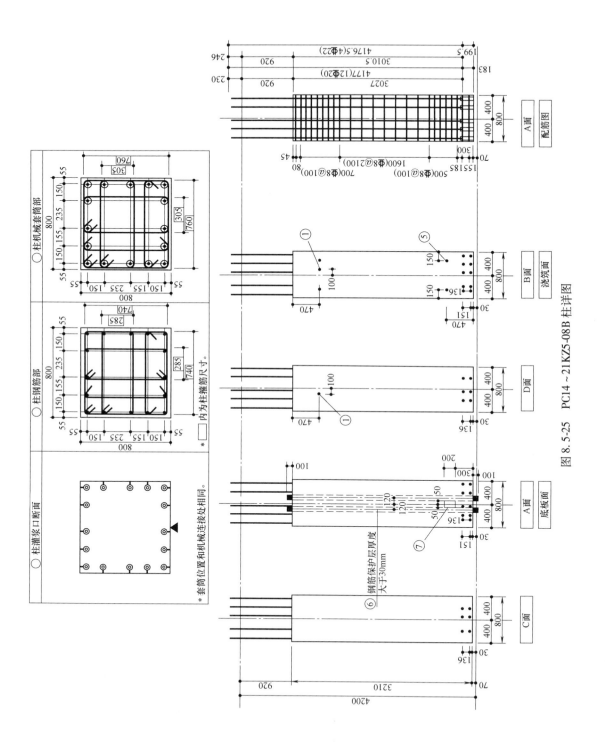

图 8.5-25　PC14～21KZ5-08B 柱详图

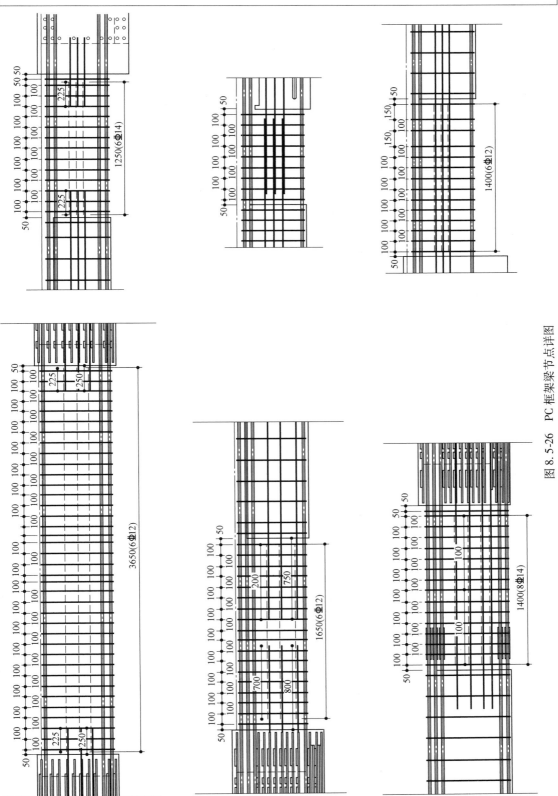

图 8.5-26 PC 框架梁节点详图

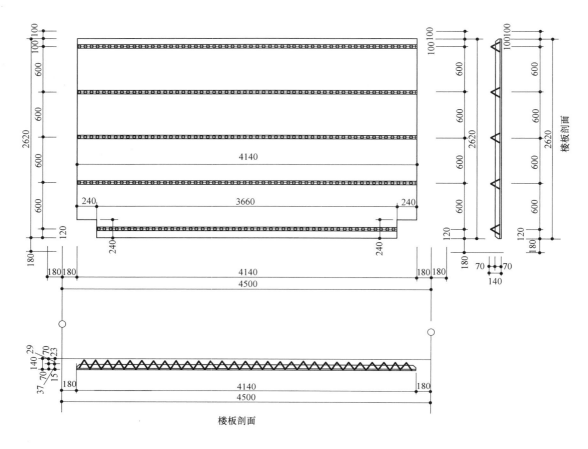

图 8.5-27 PC 楼板详图

8.6　多层框架结构设计

欧洲和美国的 PC 建筑,高层和超高层比较少,大多是多层建筑,以框架结构居多。多层建筑的结构连接比较简单,有的建筑可以减少甚至不用湿连接,容易实现 PC 构件的简单化和标准化,进而实现自动化。欧洲的 PC 建筑生产线大都自动化程度很高,与连接方式的简单化有很大的关系。

多层建筑在国内城市建设中占有很大的比例,在小城镇和新农村建设中所占比例更大,多层建筑 PC 化是建筑产业化的重要方向。

《辽宁装规》有多层框架结构设计的规定,本节主要介绍这些规定,并简单介绍欧洲多层框架结构 PC 建筑的一些做法。

8.6.1　《辽宁装规》多层框架结构设计一般规定

(1) 适用于高度在 24m 以下、建筑设防类别为丙类的装配式框架结构设计。

(2) 多层装配式框架结构可采用弹性方法进行结构分析,并宜按结构实际情况建立分析模型。

（3）在抗震设计状况下，预制柱底水平接缝的受剪承载力计算应符合本章第8.3节的规定。

（4）装配式框架结构可由抗侧力体系与抗重力体系组成，不考虑抗重力体系对侧向刚度和抵抗力的贡献。抗重力体系仅承担重力荷载，在考虑结构最大侧向位移时，抗重力体系连接接合部应有足够侧向变形能力与结构抗侧力体系协同变形。

（5）装配式框架结构采用全干式连接时，宜满足抗连续性倒塌概念设计要求，防止结构发生连续性倒塌。

（6）抗连续倒塌概念设计应符合下列规定：

1）应采取必要的结构连接措施，保证结构的整体性。

2）主体结构宜采用多跨规则的超静定结构。

3）结构构件应具有一定的延性，避免剪切破坏、压溃破坏、锚固破坏、节点先于构件破坏。

4）结构构件应具有一定的反向承载能力。

5）周边及边跨框架的柱距不宜过大。

6）独立基础之间宜采用拉梁连接。

（7）当采用外壳预制柱时，应采取有效的设计方法，确保叠合受弯构件和外壳预制柱中预制部分和现浇混凝土的共同工作，所配钢筋应能将裂缝控制在允许范围以内，防止叠合构件各组成单元相互分离。

8.6.2　《辽宁装规》多层框架结构构造及连接设计

（1）预制框架柱构件的钢筋配置、构造要求应符合现行国家标准《混凝土结构设计规范》（GB 50010—2010）的有关规定；柱的截面形式可采用实心柱，也可采用预制外壳与后浇混凝土组合的形式，如图8.6-1所示。传统的预制柱截面形式（图8.6-1a），柱与柱之间可采用套筒或现浇混凝土连接；预制外壳叠合柱（图8.6-2b）是改进的预制柱形式，它由预制外壳柱和现浇混凝土组成，同济大学试验研究表明，该形式的预制柱具有与现浇柱相近的抗震性能。目前，该形式的预制柱在国内外实际工程中已有成功应用。

a) 预制实心柱　　b) 预制外壳柱

图 8.6-1　预制混凝土柱截面形式示意图

（《辽宁装规》图9.2.1）

（2）预制外壳柱—U形叠合梁的节点连接应符合下列规定：

1）预制外壳柱—U形叠合梁节点适用于抗震等级为三、四级的多层框架结构。

2）节点核心区混凝土强度等级、构造与计算均与现浇结构节点相同，但对预制外壳及U形梁尚应进行施工吊装阶段抗裂验算，如图8.6-2所示。

同济大学的研究成果说明，该种节点整体性好、预制构件自重轻、运输与安装方便、现场湿作业少、大量节省模板与支撑、施工便捷等。

（3）装配式框架结构中，结构抗侧力体系可采用湿式连接或有约束的铰接连接；结构抗重力体系宜采用干式连接，且应采用铰接或近似铰接的形式。

（4）装配式框架结构也可采用整浇式、齿槽式、暗牛腿式、明牛腿式、叠压浆锚式等连接方式，应按现行协会标准《钢筋混凝土装配整体式框架节点与连接设计规程》（CECS 43—1992）中有关规定执行。

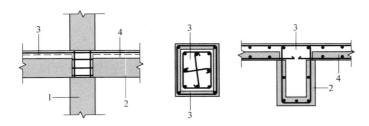

图 8.6-2　预制外壳柱—U 形叠合梁连接示意图（《辽宁装规》图 9.2.2）

1—预制柱　2—预制梁　3—现浇混凝土　4—预制板

（5）当预制柱采用浆锚搭接连接时，应符合下列规定：

1）柱浆锚搭接连接适用于满足本章第 8.2 节要求的建筑，且不得用于受拉构件。

2）柱纵向钢筋直径不宜大于 18mm，且搭接长度应满足本章的相关规定。

3）柱钢筋连接区域的箍筋保护层厚度不应小于 20mm。

4）预留孔长度应大于钢筋搭接长度至少 50mm；预留孔宜选用金属波纹管，直径应大于浆锚插筋直径的 3 倍且不宜小于 60mm。

5）柱箍筋加密区长度不应小于纵向受力钢筋连接区域长度与 500mm 之和；预留孔上端第一道箍筋距离孔道顶部不应大于 50mm，如图 8.6-3 所示。

6）上、下柱端宜设置构造钢筋网且不少于 3 片，钢筋直径不宜小于 6mm，间距不宜大于 100mm。

7）柱正截面承载力设计应符合现行国家标准《混凝土结构设计规范》（GB 50010—2010）的要求；当进行偏心受压构件计算时，应取图 8.6-3 中柱底截面的轴向压力及弯矩设计值，柱截面有效高度应按浆锚插筋处的 h_{01} 计算。

（6）当预制柱采用螺栓连接时，应符合下列规定：

1）应对预埋连接器和锚栓在不同设计状况下的承载力进行验算，并应符合现行国家标准《混凝土结构设计规范》（GB 50010—2010）和《钢结构设计规范》（GB 50017—2003）的规定。

2）连接处未灌浆时，应计算风荷载和永久荷载（柱自重）作用下螺栓的弯曲与屈曲；当螺栓承载力不足时，应调整安装阶段使用的柱脚连接座和连接螺栓。

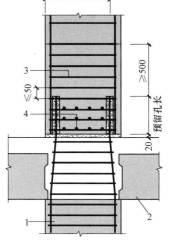

图 8.6-3　钢筋浆锚搭接
连接时柱底构造示意图
（《辽宁装规》图 9.2.4）

1—预制柱　2—叠合梁
3—加密区箍筋　4—钢筋网片

3）在预制柱安装后，连接处和螺栓凹槽处的灌浆应尽早进行。当灌浆层的强度达到材料生产商灌浆说明中的强度时，方可进行上部结构的安装。

4）基础中螺栓的边距、中心距及附加锚固钢筋等构造应满足基础混凝土受拉、受剪、局部受压的承载力要求。

（7）预制柱与基础连接时，柱底应设置抗剪键槽（图 8.6-4），柱底接缝厚度宜为 20mm，并采用灌浆料填实。预制框架柱底的连接构造是根据润泰集团多年工程实践的总结。在中国建筑科学研究院、同济大学、台湾大学等研究机构的协助下，经过足尺节点试验的验证，证实节点具有和现浇结构相当的抗震性能，同时也经受了我国台湾 9.21 大地震的检验。

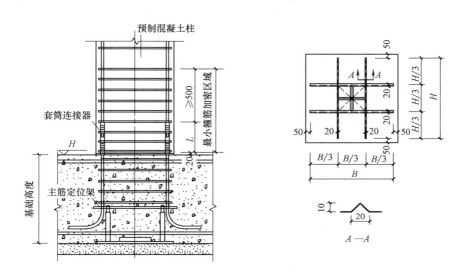

图 8.6-4　预制柱与基础连接及柱底抗剪键槽构造示意图（《辽宁装规》图 9.2.6）

8.6.3　国外多层框架结构

本书第 6 章 6.5.8 节介绍了欧洲多层建筑螺栓连接的例子，下面再介绍几个节点和例子，如图 8.6-5 ~ 图 8.6-8 所示。

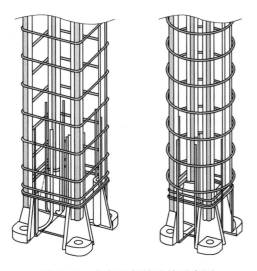

图 8.6-5　框架柱螺栓连接示意图

图 8.6-6　框架结构连接预埋件

图 8.6-7　法国第戎混凝土住宅

图 8.6-8　美国凤凰城图书馆

8.7 预应力 PC 框架结构

预应力 PC 框架结构中的柱子不是预应力的，或现浇或预制；梁和楼板是预应力叠合梁、板。预应力楼板可以获得比普通楼板更大的柱网间距。

现行行业标准《预制预应力混凝土装配整体式框架结构技术规程》（JGJ 224—2010）（以下简称《预规》中的预应力 PC 框架结构体系是来自我国台湾的"世构体系"，其主要技术特点是梁、柱的键槽连接节点。

8.7.1 适用范围

（1）适用于非抗震设防区及抗震设防烈度为 6 度和 7 度地区。

（2）除甲类以外装配式建筑。

8.7.2 基本规定

1. 建筑适用高度

在第 5 章 5.4 节，已经介绍了预应力 PC 框架结构和框架-剪力墙结构的适用高度，见表5.4-2。

2. 抗震等级

预制预应力混凝土装配整体式房屋的抗震等级见表 8.7-1。

表 8.7-1　预制预应力混凝土装配整体式房屋的抗震等级（《预规》表 3.12）

结 构 类 型		烈度				
		6		7		
装配式框架结构	高度/m	≤24	>24	≤24	>24	
	框架	四	三	三	二	
	大跨度框架	三		二		
装配式框架-剪力墙结构	高度/m	≤60	>60	<24	24~60	>60
	框架	四	三	四	三	二
	剪力墙	三		三	二	

注：1. 建筑场地为Ⅰ类时，除 6 度外允许按表内降低一度所对应的抗震等级采取抗震构造措施，但相应的计算要求不应降低。

2. 接近或等于高度分界时，允许结合房屋不规则程度及场地、地基条件确定抗震等级。

3. 乙类建筑应按本地区抗震设防烈度提高一度的要求加强其抗震措施，当建筑场地为Ⅰ类时，除 6 度外允许仍按本地区抗震设防烈度的要求采取抗震构造措施。

4. 大跨度框架是指跨度不小于 18m 的框架。

3. 混凝土强度等级要求

（1）键槽节点部分应采用比预制构件混凝土强度等级高一级且不低于 C45 的无收缩细石混凝土填实。

（2）叠合板的预制板混凝土 C40 及以上。

（3）其他预制构件和现浇叠合层混凝土 C40 及以上。

4. 预应力钢筋

预应力钢筋宜采用预应力螺旋肋钢丝、钢绞线，且强度标准值不宜低于 1570MPa。

5. 键槽内 U 形钢筋

连接节点键槽内的 U 形钢筋应采用 HRB400 级、HRB500 级或 HRB335 级钢筋。

6. 柱子的要求

应采用矩形截面，边长不宜小于 400mm。一次成型的预制柱长度不超过 14m 和 4 层层高的较小值。

7. 梁的要求

预制梁的截面边长不应小于 200mm。预制梁端部应设键槽，键槽中应放置 U 形钢筋，并应通过后浇混凝土实现下部纵向受力钢筋的搭接。

8. 板的要求

预制板的厚度不应小于 50mm，且不应大于楼板总厚度的 1/2。预制板的宽度不宜大于 2500mm，且不宜小于 600mm。预应力钢筋宜采用直径 4.8mm 或 5mm 的高强螺旋肋钢丝。

9. 板预应力钢丝的保护层厚度

预制板厚度 50mm 或 60mm，保护层厚度 17.5mm；预制板厚度大于等于 70mm，保护层厚度为 20.5mm。

8.7.3　连接节点

1. 柱与柱连接

柱与柱连接有两种方式：

（1）型钢支撑连接　用上面柱子伸出工字钢，大于柱子受力主筋搭接长度，在连接段后浇筑混凝土连接，如图 8.7-1a 所示。

（2）预留孔插筋连接　属于浆锚搭接方式，金属波纹管成型孔，留孔的柱子在下方，上方柱子的伸出钢筋插入孔中，如图 8.7-1b 所示。

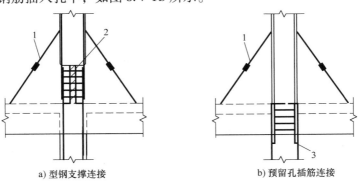

a) 型钢支撑连接　　　　　　　　　　　　b) 预留孔插筋连接

图 8.7-1　柱与柱连接（JGJ 224—2010 图 5.2.2）

1—可调斜撑　2—工字钢（承受上柱自重）　3—预留孔

2. 梁与柱子连接

预应力叠合梁与柱子连接是世构体系的核心技术，如图 8.7-2 所示。

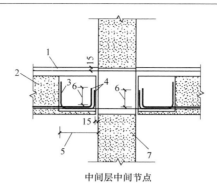

中间层中间节点

图 8.7-2　梁柱节点连接（JGJ 224—2010 图 5.2.3d）

1—叠合层　2—预制梁　3—U 形钢筋　4—预制梁中伸出、弯折钢绞线

5—键槽长度　6—钢绞线弯锚长度　7—框架柱

l_{aE}—受拉钢筋抗震锚固长度　l_a—受拉钢筋锚固长度

3. 板与板连接

板与板连接如图 8.7-3 所示，跨越板缝加一片钢筋网片。

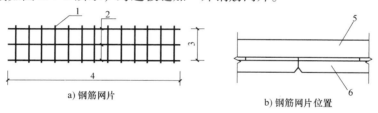

a) 钢筋网片　　　　　　　　　　b) 钢筋网片位置

图 8.7-3　板纵缝连接构造（JGJ 224—2010 图 5.2.5）

1—钢筋网片的短向钢筋　2—钢筋网片的长向钢筋　3—钢筋网片的短向长度

4—钢筋网片的长向长度　5—叠合层　6—预制板

8.8　PC 筒体结构

本书在第 6 章已经分析，出于节约土地、节约资源和提高效率，超高层筒体结构将是 PC 建筑的重要发展方向。

本书 6.3.3 小节介绍了 PC 筒体结构，表 6.3.1 给出了几座日本超高层 PC 住宅的基本情况，这些超高层建筑都是筒体结构，表中有结构平面示意图。日本筒体结构超高层 PC 建筑的技术非常成熟，经历了大地震的考验。

目前行业标准关于筒体结构设计没有规定，辽宁省地方标准给出了筒体结构的适用高度和高宽比规定，见第 5 章表 5.4-3、表 5.4-4。但没有给出筒体结构设计的具体规定。

本节简单介绍一个筒体结构 PC 建筑的实例，供读者参考。

日本鹿岛建设在东京的一栋办公楼是一座高预制率筒体结构 PC 建筑，这座建筑有两个突出的特点：

（1）柱子和梁所有连接节点都是套筒灌浆料连接，没有后浇混凝土区，这在世界 PC 建筑史上是首创，也就是说，除了基础和楼板以外，没有其他现浇混凝土，施工效率非常高。

（2）该建筑是筒体结构，但既不是密柱筒体，也不是稀柱-剪力墙筒体，而是群柱长梁。建筑外围，4 根柱子组成一个柱群，柱群之间用长梁连接，如图 8.8-1、图 8.8-2 所示。

图 8.8-1 PC 框架结构外立面

图 8.8-2 PC 框架结构柱、梁安装节点

8.9 装配整体式 PC 无梁楼板结构

8.9.1 无梁楼板简介

无梁楼板又称为板柱体系，此类楼板中不设主梁和次梁，将等厚的平板直接支撑于柱上。无梁楼板分无柱帽和有柱帽两种类型。当荷载较大时，为避免楼板太厚，应采用有柱帽无梁楼板，以增加板在柱上的支承面积。

无梁楼板的构造有利于采光和通风，便于安装管道和布置电线，在同样的净空条件下，可减小建筑物的高度，因此无梁楼板常用于跨度较小的多层工业与公共建筑中，例如商场、书库、冷库、仓库等。无梁板与柱构成的板柱结构体系，由于侧向刚度较差，只有在层数较少的建筑中才靠无梁板柱结构本身来抵抗水平荷载。当层数较多或要求抗震时，一般需设剪力墙、筒体等来增加侧向刚度。

8.9.2 无梁板装配式简介

（1）装配式无梁板结构的基础、柱子、叠合柱帽和叠合楼板都是预制，只有柱帽叠合层和楼板叠合层现浇混凝土。

（2）柱子与柱帽：柱子一般做成通长柱，柱帽中间有孔洞，柱子可以穿过。

（3）楼板种类：平板——上下表面是平的，柱网尺寸选6m左右比较经济。预应力钢筋混凝土板——施加预应力改善了板的受力性能，可适用于9m左右的柱网。

（4）预制楼板可根据柱网大小、运输和吊装的条件，在每个柱网单元采用整板或拼板，如图8.9-1所示。

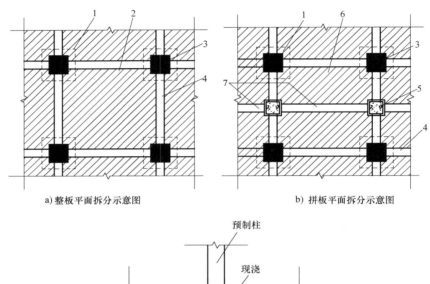

a) 整板平面拆分示意图 b) 拼板平面拆分示意图

c) 无梁板安装示意图

图8.9-1　无梁板装配式拆分示意图

1—柱帽　2—预制整板　3—预制柱　4—柱轴线明槽　5—预制方垫块

6—预制拼板　7—拼缝明槽

（5）装配方式：

1）安装预制杯形柱基础。

2）安装柱子，固定。

3）在柱子预留的孔洞插入柱帽重力销。

4）从柱子顶部套入柱帽，降至重力销处定位。

5）安装楼板。

6）绑扎叠合楼板和柱帽的钢筋，浇筑叠合层。

7）安装上一层重力销，开始新的循环。

8）直到安装至顶层屋盖。

（6）PC 无梁楼板结构和构造设计参照协会标准《整体预应力装配式板柱结构技术规程》（CECS52—2010）和《钢筋混凝土升板结构技术规范》（GBJ130—1990）。

第 9 章

剪力墙结构设计

9.1 概述

剪力墙结构是我国多层和高层住宅用得最多的结构形式，但国外应用不多，关于装配整体式剪力墙结构建筑的研究、试验和经验比较少。国内装配整体式剪力墙结构建筑应用时间不长，研究和经验也不是很多，因此，行业标准《装配式混凝土结构技术规程》（JGJ 1—2014）（以下简称《装规》）关于剪力墙整体装配式建筑的规定比较慎重。剪力墙结构的 PC 化还有许多研发课题和试验工作需要深入，是我国 PC 化最需要攻克的堡垒。

本章介绍装配整体式剪力墙结构的设计，主要是针对高层剪力墙结构建筑。6 层和 6 层以下丙类装配整体式剪力墙建筑设计在第 10 章介绍。

本章重点介绍现行行业标准《装规》中关于装配整体式剪力墙结构的设计规定，对各地方标准关于装配整体式剪力墙结构设计的不同之处也会简单介绍。内容包括：装配整体式剪力墙结构类型（9.2）、设计一般规定（9.3）、设计计算（9.4）、拆分设计原则（9.5）、剪力墙构造设计（9.6）、连接设计（9.7）、叠合板剪力墙设计（9.8）、空心板剪力墙设计（9.9）、型钢混凝土剪力墙设计（9.10）和 PC 剪力墙结构须解决的问题（9.11）。

9.2 装配整体式剪力墙结构类型

装配整体式剪力墙结构墙体构件竖向连接方式包括灌浆连接方式、后浇筑混凝土连接和型钢焊接（或螺栓连接）方式。

灌浆连接方式又分为套筒灌浆连接和浆锚搭接连接两种方式；后浇筑混凝土连接方式包括叠合剪力墙板、预制圆孔板剪力墙两种方式；型钢焊接（或螺栓连接）是一种方式——型钢混凝土剪力墙。如此，装配整体式剪力墙结构类型目前有五种。

这五种类型装配整体式剪力墙结构，灌浆和后浇混凝土连接方式、墙体构件的水平连接（即竖缝）都采用湿连接，即后浇筑混凝土连接方式。型钢混凝土剪力墙则采用干式连接，采用钢板预埋件焊接。

下面对五种装配整体式剪力墙结构做简要介绍：

1. 套筒灌浆连接

套筒灌浆连接方式是 PC 建筑应用最多也最成熟的连接方式，在柱、梁结构体系的柱子连接中采用较多。套筒灌浆连接可以是构件之间直接连接，也可以与后浇筑混凝土连接。目前国内剪力墙结构套筒灌浆连接，多在构件之间隔着后浇混凝土圈梁或水平后浇带（图9.2-1），构件之间直接连接的情况较少。

2. 浆锚搭接连接

浆锚搭接连接用于装配整体式剪力墙结构是我国的特有做法，包括螺旋筋约束和波纹管成孔两种方式，除搭接节点与套筒灌浆不同外，连接节点的其他构造与套筒灌浆连接相同。

3. 叠合剪力墙板

叠合剪力墙板技术源于欧洲。预制墙板是 2 层 60mm 厚的钢筋混凝土板用桁架筋连接，板之间为 100mm 的空心，现场安装后，上下构件的竖向钢筋在空心内布置、搭接，然后浇筑混凝土形成实心板，如图 9.2-2 所示。叠合剪力墙板不需要套筒或浆锚连接，具有整体性好，板的两面光洁的特点。

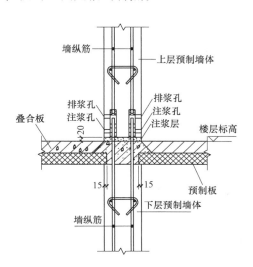

图 9.2-1　剪力墙套筒连接示意图
（参照图集 15G310-2）

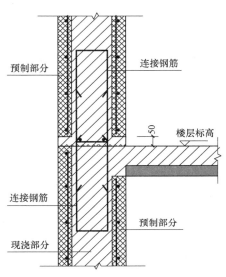

图 9.2-2　叠合剪力墙板连接示意图
（《辽宁装规》图 A.5.3b）

4. 预制圆孔板剪力墙

预制圆孔剪力墙板是在墙板中预留圆孔，即做成圆孔空心板。现场安装后，上下构件的竖向钢筋网片在圆孔内布置、搭接，然后在圆孔内浇筑微膨胀混凝土形成实心板，如图 9.2-3 所示。预制圆孔板剪力墙不需要套筒或浆锚连接，板的两面光洁。

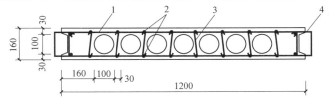

图 9.2-3　预制圆孔板剪力墙连接示意图（北京地方标准
《装配式剪力墙住宅结构设计规程》图 7.2.2）
1—横向箍筋　2—竖向分布钢筋　3—拉筋　4—贴模钢筋

5. 型钢混凝土剪力墙

装配式型钢混凝土剪力墙结构是在预制墙板的边缘构件设置型钢，拼缝位置设置钢板预埋件，型钢和钢板预埋件在拼缝位置采用焊接或螺栓连接的装配式剪力墙结构，如图 9.2-4 所示。

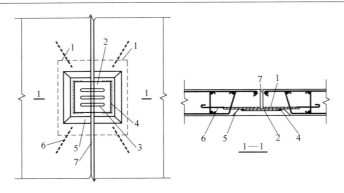

图 9.2-4　型钢混凝土剪力墙连接示意

1—预埋连接钢板　2—后焊连接钢板　3—连接板水平开孔　4—焊缝

5—凹槽　6—锚固钢筋　7—安装缝隙

装配整体式剪力墙结构一览见表 9.2-1。

表 9.2-1　装配整体式剪力墙结构一览

竖向连接类型（水平缝）	名　　　称		水平连接（竖缝）	标　　准
灌浆连接	套筒灌浆连接剪力墙		后浇筑混凝土	国家行业标准
	浆锚搭接连接剪力墙	约束螺旋筋	后浇筑混凝土	国家行业标准
		波纹管	后浇筑混凝土	国家行业标准
后浇筑混凝土	叠合剪力墙板		后浇筑混凝土	辽宁省地方标准
	预制圆孔板剪力墙		后浇筑混凝土	北京市地方标准
焊接或锚栓连接	型钢混凝土剪力墙		焊接或锚栓连接	北京市地方标准

9.3　设计一般规定

9.3.1　整体性基本思路

目前，国内关于装配整体式剪力墙结构形成整体性的主要思路是依靠现浇混凝土，即使采用灌浆连接方式，上下剪力墙之间也都设置水平现浇带，剪力墙的水平连接也是靠后浇混凝土。

竖向钢筋的连接。采用套筒灌浆连接时，边缘构件逐根连接；非边缘构件采用隔根连接。浆锚搭接连接方式无论边缘构件还是非边缘构件都逐根连接。叠合板剪力墙和圆孔板剪力墙为逐根连接。

在水平连接后浇区，钢筋采用搭接或焊接方式。

9.3.2　标准与标准图

1. 行业标准与地方标准

现行行业标准《装规》给出了装配整体式剪力墙结构设计的规定。各地方有关装配式建筑的地方标准多以剪力墙结构为重点，北京、江苏、黑龙江等地还专门编制了装配整体式剪力墙结构的规程，见附录 2。

2. 标准图集

国家标准院还编制了装配整体式剪力墙结构的标准图集：

国家建筑标准设计图集《预制混凝土剪力墙外墙板》15G365-1。

国家建筑标准设计图集《预制混凝土剪力墙内墙板》15G365-2。

国家建筑标准设计图集《装配式混凝土结构连接节点构造（剪力墙）》15G310-2。

9.3.3　各环节衔接

关于 PC 设计各个环节的衔接，本书第 4 章、第 5 章、第 6 章都有介绍。PC 剪力墙建筑结构与其他环节衔接更多，更复杂，这里再强调以下几点：

（1）剪力墙、叠合楼盖和其他 PC 构件如楼梯板、阳台板、挑檐板的衔接。

（2）叠合楼板接缝构造处理。

（3）剪力墙与保温层和外装饰的衔接。

（4）剪力墙 PC 构件与边缘构件等后浇区保温、装饰衔接。

（5）剪力墙与门窗衔接。

（6）剪力墙与内隔墙的衔接。

（7）剪力墙与水、电、暖、空调、燃气、通信、有线电视线路等的衔接，如何解决维修便利并保证不破坏结构构件问题等。

（8）剪力墙板和叠合板结构构件做到无抹灰的技术要求。

（9）结构构件对室内装饰的适应性设计等。

9.3.4　现浇墙增大系数

《装规》规定：抗震设计时，对同一层内既有现浇墙肢也有预制墙肢的装配整体式剪力墙结构，现浇墙肢水平地震作用弯矩、剪力宜乘以不小于 1.1 的增大系数。

此项规定是考虑预制剪力墙的接缝会造成墙肢抗侧刚度的削弱，所以对弹性计算的内力进行调整，适当放大现浇墙肢在水平地震作用下的剪力和弯矩。

由于剪力墙结构设计都使用现成的结构计算软件，现用软件大都无法实现这样的调整。已知可以实现系数调整的软件是盈建科及 PKPM 等计算软件。

没有现成计算软件的情况下，有的设计单位采用人工计算复核，比较麻烦；也有人干脆都增加 1.1 的系数，如此增加了不必要的成本。

9.3.5　结构布置要求

1. 《装规》要求

《装规》规定装配式剪力墙的结构布置应满足下列要求：

（1）应沿两个方向布置剪力墙。

（2）剪力墙的截面宜简单、规则；预制墙的门窗洞口宜上下对齐、成列布置。

2. 辽宁省地方标准要求

辽宁省地方标准《装配式混凝土结构设计规程》（DB21/T 2572—2016（以下简称《辽宁装规》）规定得更细一些，还包括以下各条：

（1）剪力墙布置两个方向的侧向刚度不宜相差过大；剪力墙自下而上宜连续布置，避免层间抗侧刚度突变；不宜采用部分框支剪力墙结构。

（2）抗震设计时，剪力墙底部加强部位不宜采用错洞墙，结构全高范围内均不应采用叠合错洞墙。

（3）采用部分预制、部分现浇的结构形式时，现浇剪力墙的布置宜均匀、对称。

以上《装规》与《辽宁装规》的规定，与现行行业标准《高层建筑混凝土结构技术规程》（JGJ 3—2010）（以下简称《高规》）关于剪力墙布置规定的原则是一致的。

9.3.6　抗震设计时短肢剪力墙的规定

《装规》规定：抗震设计时，高层装配整体式剪力墙结构不应全部采用剪力墙；抗震设防烈度为 8 度时，不宜采用具有较多短肢剪力墙的剪力墙结构。当采用具有较多短肢剪力墙的剪力墙结构时，应符合下列规定：

（1）在规定的水平作用力下，短肢剪力墙承担的底部倾覆力矩不宜大于结构底部总地震倾覆力矩的 50%。

（2）房屋适用高度比《装规》规定的装配整体式剪力墙结构的最大适用高度适当降低，抗震设防烈度为 7 度和 8 度时宜分别降低 20m。

短肢剪力墙的定义：短肢剪力墙是指截面厚度不大于 300mm、各肢截面高度与厚度之比的最大值大于 4 但不大于 8 的剪力墙。

具有较多短肢剪力墙的剪力墙结构是指，在规定的水平地震作用下，短肢剪力墙承担的底部倾覆力矩不小于结构底部总地震倾覆力矩的 30% 的剪力墙结构。

从第 5 章和第 6 章已经知道，现行行业标准《装规》规定的装配整体式剪力墙结构的建筑的适用高度比现浇剪力墙的适用高度低 10m 或 20m，与预制剪力墙构件底部承担的在水平力作用下该楼层总剪力有关，如果采用具有较多短肢剪力墙的高层装配式剪力墙结构，这里规定的适用高度还应再降低。

9.3.7　电梯井筒规定

抗震设防烈度为 8 度时，高层装配整体式剪力墙结构中的电梯井筒宜采用现浇混凝土结构，这样有利于保证结构的抗震性能。

9.4　设计计算

9.4.1　计算方法

一般情况下，装配整体式剪力墙结构的结构计算分析方法和现浇剪力墙结构相同。

9.4.2　建模

装配整体式剪力墙结构的结构计算分析方法和现浇剪力墙结构相同。

在计算分析软件中，墙可采用专用的墙元或者壳元模拟。预制墙板之间如果为整体式拼缝（拼缝后浇混凝土，拼缝两侧钢筋直接连接或者锚固在拼缝混凝土中），可将拼缝两侧预制墙板和拼缝作为同一墙肢建模计算；预制墙板之间如果没有现浇拼缝，则应作为两个独立的墙肢建模计算。

9.4.3　连梁增大系数

根据《高规》的规定：当采用叠合楼板时，结构内力与位移计算应考虑叠合板对梁刚度的增大作用，中梁可根据翼缘情况取 1.3～2.0 的增大系数，边梁可根据翼缘情况取 1.0～1.5 的增大系数。

与叠合楼板相连接的梁，一般中梁刚度增大系数可取 1.8，边梁刚度增大系数可取 1.2。

9.4.4　位移

《辽宁装规》规定：按弹性方法计算的风荷载或多遇地震标准值作用下装配整体式剪力墙结构的楼层层间最大水平位移与层高之比不宜大于 1/1000。

预制墙片之间的接缝对刚度的削弱作用，实际结构水平位移略大于计算值，但是根据哈尔滨工业大学的试验结果，装配整体式剪力墙结构的延性要好于现浇结构，如果层间位移角限制过于严格，会造成剪力墙面积和配筋的增加，因此装配整体式剪力墙结构弹性层间位移角限值取为 1/1100，比现浇结构略严格，对于 7 度地区剪力墙结构，一般均可满足要求。

9.4.5　叠合板的竖向荷载传递

叠合楼板的竖向荷载传递方式宜与现浇板相同。

如果叠合楼板设计为双向板，楼板荷载按照双向传递，与现浇板相同。如果叠合楼板按照单向板进行设计，但是由于整体现浇层的存在，楼板的竖向荷载传递仍然为四边传递为主，因此楼盖结构竖向荷载传递方式按照与现浇板相同的方式进行。

9.4.6　剪力墙水平缝计算

《装规》规定：在地震设计状况下，剪力墙的水平接缝的受剪承载力设计值应按下式计算

$$V_{uE} = 0.6f_y A_{sd} + 0.8N \qquad (9.4\text{-}1)（《装规》公式 8.3.7）$$

式中　f_y——垂直穿过结合面的钢筋抗拉强度设计值；

N——与剪力设计值 V 相应的垂直于结合面的轴向力设计值，压力时取正，拉力时取负；

A_{sd}——垂直穿过结合面的抗剪钢筋面积。

9.4.7　叠合连梁端部竖向接缝受剪承载力计算

《装规》规定：叠合连梁端部竖向接缝的受剪承载力计算应按框架结构叠合梁端竖向承载力计算，见本书第 8 章 8.3.2 节的计算公式。

9.4.8　其他规定

预制装配整体式剪力墙结构内力和变形计算时，应考虑预制填充墙对结构固有周期的影响。

9.5 拆分设计原则

关于 PC 结构的拆分，在第 5 章 5.7.3 小节和第 6 章 6.6 节分别进行了介绍，这里就剪力墙结构拆分做具体介绍。

（1）《装规》规定：

1）高层装配整体式剪力墙结构底部加强部位的剪力墙宜采用现浇混凝土。

2）带转换层的装配整体式结构：

①当采用部分框支剪力墙结构时，底部框支层不宜超过 2 层，且框支层及相邻上一层应采用现浇结构。

②部分框支剪力墙以外的结构中，转换梁、转换柱宜现浇。

（2）预制剪力墙宜按建筑开间和进深尺寸划分，高度不宜大于层高；预制墙板的划分还应考虑预制构件制作、运输、吊运、安装的尺寸限制。

（3）预制剪力墙的拆分应符合模数协调原则，优化预制构件的尺寸和形状，减少预制构件的种类。

（4）预制剪力墙的竖向拆分宜在各层层高处进行。

（5）预制剪力墙的水平拆分应保证门窗洞口的完整性，便于部品标准化生产。

（6）预制剪力墙结构最外部转角应采取加强措施，当不满足设计的构造要求时可采用现浇构件。

9.6 预制剪力墙构造设计

《装规》和一些地方标准，关于预制剪力墙的构造要求给出了具体的规定。

9.6.1 《装规》的规定

（1）预制剪力墙板宜采用一字形，也可采用 L 形、T 形或 U 形；开洞预制剪力墙洞口宜居中布置，洞口两侧的墙肢宽度不应小于 200mm，洞口上方连梁高度不宜小于 250mm。

（2）预制剪力墙的连梁不宜开洞；当需开洞时，洞口宜预埋套管，洞口上、下截面的有效高度不宜小于梁高的 1/3，且不宜小于 200mm；被洞口削弱的连梁截面应进行承载力验算，洞口处应配置补强纵向钢筋和箍筋，补强纵向钢筋的直径不应小于 12mm。

（3）预制剪力墙开有边长小于 800mm 的洞口且在结构整体计算中不考虑其影响时，应沿洞口周边配置补强钢筋；补强钢筋的直径不应小于 12mm，截面面积不应小于同方向被洞口截断的钢筋面积；该钢筋自孔洞边角算起伸入墙内的长度，非抗震设计时不应小于 l_a，抗震设计时不应小于 l_{aE}，如图 9.6-1 所示。

（4）当采用套筒灌浆连接时，自套筒底部至套筒顶部并向上延伸 300mm 范围内，预制剪力墙的水平分布筋应加密，如图 9.6-2 所示，加密区水平分布筋的最大间距及最小直径应符合表 9.6-1 的规定，套筒上端第一道水平分布钢筋距离套筒孔顶部不应大于 50mm。

（5）端部无边缘构件的预制剪力墙，宜在端部配置 2 根直径不小于 12mm 的竖向构造钢筋；沿该钢筋竖向应配置拉筋，拉筋直径不宜小于 6mm、间距不宜大于 250mm。

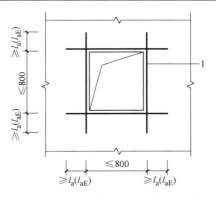

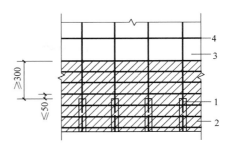

图 9.6-2　钢筋套筒灌浆连接部位水平分布筋
加密构造示意图（《装规》图 8.2.4）
1—竖向钢筋连接　2—水平钢筋加密
区域（阴影区域）　3—竖向钢筋
4—水平分布钢筋

图 9.6-1　预制剪力墙洞口补强钢筋
配置示意图（《装规》图 8.2.3）
1—洞口补强钢筋

表 9.6-1　加密区水平分布钢筋的要求

抗震等级	最大间距/mm	最小直径/mm
一级、二级	100	8
三级、四级	150	8

（6）当预制外墙采用夹芯墙板时，应满足下列要求：

1）外叶板厚度不应小于 50mm；且外叶板应与内叶板可靠连接。

2）夹芯外墙板的夹层厚度不宜大于 120mm。

3）当作为承重墙时，内叶板应按剪力墙进行设计。

9.6.2　辽宁省地方标准的规定

辽宁省地方标准关于剪力墙的构造规定主要部分与《装规》的规定一样，有些地方细化了或增加了。

（1）预制剪力墙两侧的接缝部位宜设在结构受力较小的部位。

（2）预制剪力墙截面厚度不宜小于 200mm（这一条不加区分的规定比《高规》关于现浇剪力墙最小厚度不应小于 160mm 的规定增加了 40mm）。

（3）预制剪力墙洞洞口两侧的墙肢宽度不宜小于 400mm，不应小于 200mm。

（4）双洞口预制剪力墙，当洞口间墙肢宽度不大于 4 倍墙厚时，墙肢宜按非承重结构构件设计；洞口上方的连梁跨度应取两洞口宽度和洞口间墙体宽度之和。

（5）当采用浆锚搭接连接时，预制剪力墙竖向钢筋连接区域并向上延伸 300mm 范围内，水平分布筋应加密，如图 9.6-3 所示，加密区水平分布筋的间距和直径应符合表 9.6-1 的规

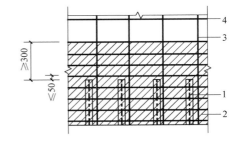

图 9.6-3　钢筋浆锚搭接连接部位水平
分布筋加密构造示意图
（《辽宁装规》图 8.2.5 右图）
1—竖向钢筋连接　2—水平钢筋加密区域（阴影区域）
3—竖向钢筋　4—水平分布钢筋

定，浆锚搭接孔上端第一道水平分布钢筋距离浆锚搭接孔顶部不应大于 50mm。

（6）关于外墙夹芯板。

1）外叶板厚度不小于 60mm（比《装规》规定厚了 10mm）。

2）混凝土强度等级不应低于 C30；外叶板内应配置单层双向钢筋网片，钢筋直径不宜小于 5mm，间距不宜大于 150mm。

3）内叶板和外叶板之间填充的保温材料应连续设置，厚度不应小于 30mm，且不宜大于 120mm。

4）应满足正常使用状态、地震作用和风荷载作用下的承载力要求。

5）应减小内叶板、外叶板间相互影响。

6）在内叶板、外叶板中应有可靠的锚固性能。

7）耐久性能应满足结构设计使用年限的要求。

9.7 连接设计

预制构件的连接节点设计应满足结构承载力和抗震性能要求，宜构造简单，受力明确，方便施工。

《装规》规定：楼层内相邻预制剪力墙之间应采用整体式接缝连接，且应符合下列规定：

（1）当接缝位于纵横墙交接处的约束边缘构件区域时，约束边缘构件的阴影区域宜全部采用后浇混凝土，如图 9.7-1 所示，并应在后浇段内设置封闭箍筋。

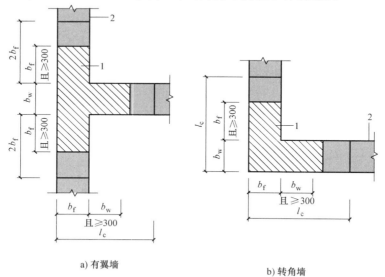

a) 有翼墙

b) 转角墙

图 9.7-1 约束边缘构件阴影区域全部后浇构造示意图（《装规》图 8.3.1-1）

l_c—约束边缘构件沿墙肢的长度

1—后浇段 2—预制剪力墙

（2）当接缝位于纵横墙交接处的构造边缘构件位置时，构造边缘构件宜全部采用后浇混凝土，如图 9.7-2 所示；当仅在一面墙上设置后浇段时，后浇段的长度不宜小于 300mm，如图 9.7-3 所示。

（3）边缘构件内的配筋及构造要求应符合现行国家标准《建筑抗震设计规范》（GB 50011—2010）的有关规定；预制剪力墙的水平分布筋在后浇段内的锚固、连接应符合现行国家标准《混凝土结构设计规范》（GB 50010—2010）的有关规定。

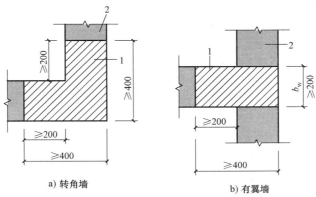

a) 转角墙　　　　　　　　　b) 有翼墙

图 9.7-2　构造边缘构件全部后浇构造示意图（阴影区域为构造边缘构件范围）

（《装规》图 8.3.1-2）

1—后浇段　2—预制剪力墙

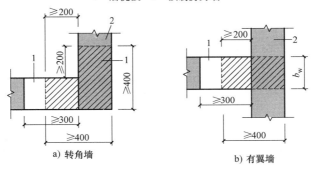

a) 转角墙　　　　　　　　　b) 有翼墙

图 9.7-3　构造边缘构件部分后浇构造示意图（阴影区域为构造边缘构件范围）

（《装规》图 8.3.1-3）

1—后浇段　2—预制剪力墙

（4）非边缘构件位置，相邻预制剪力墙之间应设置后浇段，后浇段的宽度不应小于墙厚且不宜小于 200mm，辽宁省地方标准要求后浇段的宽度不应小于墙厚且不宜小于 400mm；后浇段内应设置不少于 4 根竖向钢筋，钢筋直径不应小于墙体竖向分布筋直径且不应小于 8mm；两侧墙体的水平分布筋在后浇段内的锚固、连接应符合现行国家标准《混凝土结构设计规范》（GB 50010—2010）的有关规定。

剪力墙竖向接缝位置的确定首先要尽量避免拼缝对结构整体性能的影响，还要考虑建筑功能和艺术效果，便于生产、运输和安装。当主要采用一字形墙板构件时，拼缝通常位于纵横墙片交接处的边缘构件位置，边缘构件是保证剪力墙抗震性能的重要构件，《装规》主张宜全部或者大部分采用现浇混凝土。如边缘构件的一部分现浇，一部分预制，则应采取可靠连接措施，保证现浇与预制部分共同组成叠合式边缘构件。

对于约束边缘构件，阴影区域宜采用现浇，则竖向钢筋可均配置在现浇拼缝内，且在现浇拼缝内配置封闭箍筋及拉筋，预制墙板中的水平分布筋在现浇拼缝内锚固。如果阴影区域部分预制，则竖向钢筋可部分配置在现浇拼缝内，部分配置在预制段内；预制段内的水平钢筋和现浇拼缝内的水平钢筋需通过搭接、焊接等措施形成封闭的环箍，并满足国家现行相关规范的配箍率要求。

墙肢端部的构造边缘构件通常全部预制；当采用 L 形、T 形或者 U 形墙板时，拐角处的构造边缘构件可全部位于预制剪力墙段内，竖向受力钢筋可采用搭接连接或焊接连接。

9.7.1 屋面及收进位置后浇圈梁

《装规》规定：屋面以及立面收进的楼层，应在预制剪力墙顶部设置封闭的后浇钢筋混凝土圈梁，如图 9.7-4 所示，并应符合下列规定：

（1）圈梁截面宽度不应小于剪力墙的厚度，截面高度不宜小于楼板厚度及 250mm 的较大值；圈梁应与现浇或者叠合楼、屋盖浇筑成整体。

（2）圈梁内配置的纵向钢筋不应少于 4ϕ12，且按全截面计算的配筋率不应小于 0.5% 和水平分布筋配筋率的较大值，纵向钢筋竖向间距不应大于 200mm；箍筋间距不应大于 200mm，且直径不应小于 8mm。

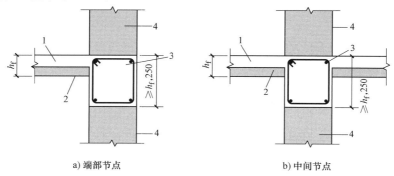

a) 端部节点　　　　　　　　　　　　　b) 中间节点

图 9.7-4　后浇钢筋混凝土圈梁构造示意图（《装规》图 8.3.2）

1—后浇混凝土叠合层　2—预制板　3—后浇圈梁　4—预制剪力墙

9.7.2 楼层水平后浇带

《装规》规定：各层楼面位置，预制剪力墙顶部无后浇圈梁时，应设置连续的水平后浇带，如图 9.7-5 所示。水平后浇带应符合下列规定：

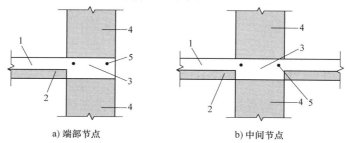

a) 端部节点　　　　　　　　　　　　　b) 中间节点

图 9.7-5　水平后浇带构造示意图（《装规》图 8.3.3）

1—后浇混凝土叠合层　2—预制板　3—水平后浇带　4—预制墙板　5—纵向钢筋

（1）水平后浇带宽度应取剪力墙的厚度，高度不应小于楼板厚度；水平后浇带应与现浇或者叠合楼、屋盖浇筑成整体。

（2）水平后浇带内应配置不少于 2 根连续纵向钢筋，其直径不宜小于 12mm。

9.7.3　预制剪力墙底部接缝

《装规》规定：预制剪力墙底部接缝宜设置在楼面标高处，并应符合下列规定：

（1）接缝高度宜为 20mm。

（2）接缝宜采用灌浆料填实。

（3）接缝处后浇混凝土上表面应设置粗糙面。

9.7.4　竖向钢筋套筒灌浆连接和浆锚搭接连接

《装规》规定：上下层预制剪力墙的竖向钢筋，当采用套筒灌浆连接和浆锚搭接时，应符合下列规定：

（1）边缘构件竖向钢筋应逐根连接。由于边缘构件是保证剪力墙抗震性能的重要构件，而且钢筋较粗，故要求每根钢筋应逐一连接。

（2）预制剪力墙的竖向分布钢筋，当仅部分连接时，如图 9.7-6 所示，被连接的同侧钢筋间距不应大于 600mm，且在剪力墙构件承载力设计和分布钢筋配筋率计算中不得计入不连接的分布钢筋；不连接的竖向分布钢筋直径不应小于 6mm。

（3）一级抗震等级剪力墙以及二、三级抗震等级底部加强部位，剪力墙的边缘构件竖向钢筋宜采用套筒灌浆连接。

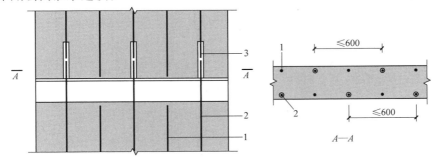

图 9.7-6　预制剪力墙竖向分布钢筋连接构造示意图（《装规》图 8.3.5）
1—不连接的竖向分布钢筋　2—连接的竖向分布钢筋　3—连接接头

预制剪力墙相邻下层为现浇剪力墙时，预制剪力墙与下层现浇剪力墙中竖向钢筋的连接应符合前述规定，下层现浇剪力墙顶面应设置粗糙面。

9.7.5　预制剪力墙洞口上方连梁

《装规》规定：预制剪力墙洞口上方的预制连梁宜与后浇圈梁或水平后浇带形成叠合连梁，如图 9.7-7 所示，叠合连梁的配筋及构造要求应符合现行国家标准《混凝土结构设计规范》（GB 50010—2010）的有关规定。

《辽宁装规》中要求"刀把墙"连梁（图 9.7-8）预制部分在顶部应增设纵向钢筋，并验算吊装、运输过程的承载力和裂缝宽度。

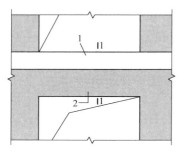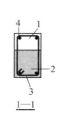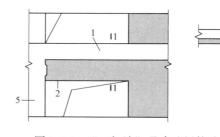

图 9.7-7　预制剪力墙叠合连梁构造示意图
（《装规》图 8.3.8）

1—后浇圈梁或后浇带　2—预制连梁
3—箍筋　4—纵向钢筋

图 9.7-8　"刀把墙"叠合连梁构造示意图
（《辽宁装规》图 8.3.10-2）

1—后浇圈梁或后浇带　2—预制连梁
3—箍筋　4—纵向钢筋
5—后浇边缘构件　6—增设纵向钢筋

关于连梁与框架梁的区别：

（1）《高层建筑混凝土结构技术规程》（JGJ 3—2010）第 7.1.3 条：两端与剪力墙在平面内相连的梁为连梁。跨高比小于 5 的连梁按《高规》第 7 章连梁设计，大于 5 的连梁按框架梁设计。

（2）如果连梁以水平荷载作用下产生的弯矩和剪力为主，竖向荷载下的弯矩对连梁影响不大（两端弯矩反号），那么该连梁对剪切变形十分敏感，容易出现剪切裂缝，则应按连梁设计的规定进行设计，一般是跨度较小的连梁；反之，则宜按框架梁进行设计，其抗震等级与所连接的剪力墙的抗震等级相同。

（3）框架梁与连梁的本质区别在于二者的受力机理不同。框架梁以弯矩为主，强调跨中钢筋和支座负筋；连梁以剪力为主，强调箍筋全长加密。

9.7.6　楼面梁与剪力墙连接

《装规》规定：楼面梁不宜与预制剪力墙在剪力墙平面外单侧连接；当楼面梁与剪力墙在平面外单侧连接时，宜采用铰接。

《辽宁装规》提出当楼面梁与剪力墙在平面外单侧连接时宜设置壁柱。

9.7.7　预制叠合连梁的连接

《装规》规定：预制叠合连梁的预制部分宜与剪力墙整体预制，也可在跨中拼接或在端部与预制剪力墙拼接。

当预制叠合连梁在跨中拼接时，可按本书第 8 章 8.5.3 节框架结构叠合梁的对接连接进行接缝构造设计。

9.7.8　预制叠合连梁与预制剪力墙拼接

《装规》规定：当预制叠合连梁端部与预制剪力墙在平面内拼接时，接缝构造应符合下列规定：

（1）当墙端边缘构件采用后浇混凝土时，连梁纵向钢筋应在后浇段中可靠锚固（图 9.7-9a）或连接（图 9.7-9b）。

（2）当预制剪力墙端部上角预留局部后浇节点区时，连梁的纵向钢筋应在局部后浇节点内可靠锚固（图 9.7-9c）或连接（图 9.7-9d）。

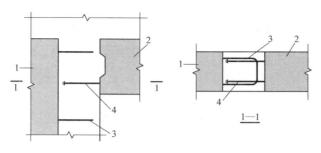

a) 预制连梁钢筋在后浇段内锚固构造示意

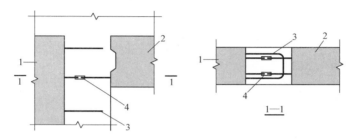

b) 预制连梁钢筋在后浇段内与预制剪力墙预留钢筋连接构造示意

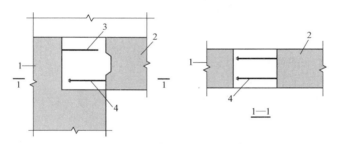

c) 预制连梁钢筋在预制剪力墙局部后浇节点区内锚固构造示意

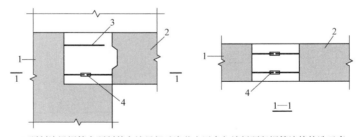

d) 预制连梁钢筋在预制剪力墙局部后浇节点区内与墙板预留钢筋连接构造示意

图 9.7-9　同一平面内预制连梁与预制剪力墙连接构造示意图（《装规》图 8.3.12）

1—预制剪力墙　2—预制连梁　3—边缘构件箍筋　4—连梁下部纵向受力钢筋锚固或连接

9.7.9　预制叠合连梁与预制剪力墙后浇连接

《装规》规定：当采用后浇连梁时，宜在预制剪力墙端伸出预留纵向钢筋，并与后浇连梁的纵向钢筋可靠连接，如图 9.7-10 所示。

9.7.10 预制剪力墙洞口下方墙

预制剪力墙洞口下方有墙时，宜将洞口下墙作为单独的连梁进行设计，如图 9.7-11 所示。

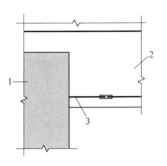

图 9.7-10 后浇连梁与预制剪力墙连接
构造示意图（《装规》图 8.3.13）

1—预制剪力墙 2—后浇连梁
3—预制剪力墙伸出纵向受力钢筋

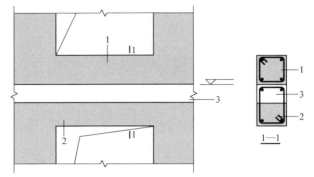

图 9.7-11 预制剪力墙洞口下墙与叠合连梁
的关系示意图（《装规》图 8.3.15）

1—洞口下墙 2—预制连梁 3—后浇圈梁或水平后浇带

9.7.11 《辽宁装规》关于剪力墙分布钢筋锚固的规定

《辽宁装规》规定：预制剪力墙水平分布钢筋在后浇段内的锚固、连接应符合下列规定：

（1）当采用预留直线钢筋连接时，钢筋搭接长度不应小于 $1.2l_{aE}$。

（2）当采用预留弯钩钢筋连接时，钢筋搭接长度不应小于 l_{aE}。

（3）当采用预留弯钩钢筋与 U 形钢筋连接时，钢筋搭接长度不应小于 $0.8l_{aE}$。

（4）当采用预留 U 形钢筋连接时，宜采用两侧相互搭接的形式（图 9.7-12a），也可采用设置附加封闭箍筋的形式（图 9.7-12b）；U 形钢筋相互搭接或与附加箍筋搭接的长度不应小于 $0.6l_{aE}$；附加箍筋的直径及配筋率不应小于墙体水平分布钢筋。

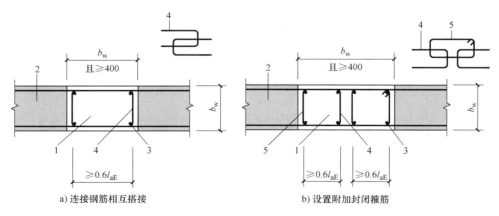

a) 连接钢筋相互搭接　　　　　　　　b) 设置附加封闭箍筋

图 9.7-12 相邻预制剪力墙竖向接缝构造示意图（《辽宁装规》图 8.3.6-4）

1—后浇段 2—预制剪力墙 3—竖向钢筋 4—预留 U 形连接钢筋 5—附加封闭箍筋

9.8　叠合板式剪力墙设计

《辽宁装规》给出了叠合板式剪力墙设计的规定，主要内容如下：

9.8.1　一般规定

（1）叠合板式剪力墙结构应从结构布置、连接构造等方面保证结构具有足够的承载能力、适当的刚度和良好的延性，应避免因部分结构或构件的破坏而导致整个结构丧失承受重力荷载、风荷载和地震作用的能力。

（2）预制叠合墙板的混凝土强度等级不宜低于 C35，不应低于 C30，现浇墙体的混凝土强度等级不宜低于 C30。

（3）抗震设计时，叠合板式剪力墙结构不应采用框支剪力墙。

（4）抗震设防烈度为 6、7 度时，不应采用具有较多短肢剪力墙的叠合板式剪力墙结构；抗震设防烈度为 8 度时，不应采用短肢剪力墙。

（5）叠合板式剪力墙结构中，连梁及其他楼面梁宜采用现浇混凝土。

9.8.2　叠合板式剪力墙构造

（1）叠合板式剪力墙宜采用一字形。开洞叠合剪力墙洞口宜居中布置，洞口两侧的墙肢宽度，外墙不应小于 500mm，内墙不应小于 300mm，洞口上方连梁高度不宜小于 400mm。

（2）叠合板式剪力墙截面厚度不应小于 200mm，墙板预制部分厚度不应小于 50mm。两片预制墙板的内表面应做成凹凸深度不小于 4mm 的粗糙面。

（3）叠合板式剪力墙的连梁不宜开洞。当需开洞时，洞口宜埋设套管，洞口上、下截面的有效高度不宜小于梁高的 1/3，且不宜小于 200mm。被洞口削弱的连梁截面应进行承载力验算，洞口处应配置补强纵向钢筋和箍筋，补强纵向钢筋直径不应小于 12mm。

（4）预制叠合墙板的宽度不宜大于 6m，高度不宜大于楼层高度。

（5）叠合板式剪力墙预制墙板内配置的桁架钢筋应满足下列要求：

1）桁架钢筋应沿竖向布置，中心间距不应大于 400mm，边距不应大于 200mm，且每块墙板至少设置 2 榀。

2）上弦钢筋直径不应小于 10mm，端部距墙板边缘不宜大于 50mm；下弦、斜向腹杆钢筋直径不应小于 6mm；斜向腹杆钢筋的配筋量尚不应低于现行行业标准《高层建筑混凝土结构技术规程》（JGJ 3—2010）中有关墙体拉筋的规定。

3）桁架钢筋的上、下弦钢筋可作为墙板的竖向分布筋考虑。

9.8.3　连接设计

（1）叠合板式剪力墙的连接宜设置在结构受力较小且便于施工的部位；构件间的连接构造应满足结构内力传递的要求。

（2）叠合板式剪力墙水平接缝宜设置在楼面标高处，并应符合下列规定：

1）接缝高度宜为 50mm。

2）接缝内应设置不少于 2 根直径 12mm 的通长水平钢筋，通长水平钢筋间沿接缝尚应设置拉筋，拉筋直径不应小于6mm、间距不宜大于450mm。

3）接缝处预制墙板及后浇混凝土上表面应设置粗糙面。

4）接缝宜与楼板后浇叠合层混凝土一同浇筑并填充密实。

（3）叠合板式剪力墙水平接缝处应设置竖向连接钢筋，并应符合下列规定：

1）叠合墙板在楼层连接处，竖向连接钢筋与预制墙板内纵向钢筋的搭接长度，抗震设计时不应小于$1.2l_{aE}$，如图9.8-1a、b所示。

2）叠合墙板与现浇混凝土基础连接处，竖向连接钢筋应伸入施工缝以上的叠合墙板内，连接钢筋与预制墙板内的纵向钢筋的搭接长度，抗震设计时不应小于$1.2l_{aE}$，如图9.8-1c所示。

3）竖向连接钢筋应计算确定，且其抗拉承载力不宜小于预制墙板内竖向分布钢筋抗拉承载力的1.1倍；连接钢筋上、下端头错开的距离不应小于500mm，如图9.8-1d所示。

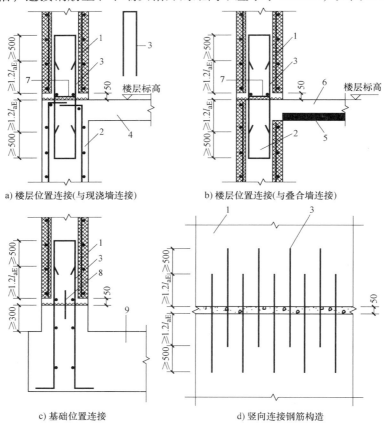

图9.8-1 叠合板式剪力墙水平接缝构造示意图（《辽宁装规》图A.5.3）

1—预制墙板 2—现浇剪力墙 3—竖向连接钢筋 4—现浇楼板 5—预制底板
6—后浇混凝土叠合层 7—缝内钢筋 8—止水钢板 9—基础

9.9 预制圆孔板剪力墙设计

北京市地方标准《装配式剪力墙结构设计规程》（以下简称《北京装规》）给出了预制圆孔板剪力墙规定，主要内容如下：

9.9.1　一般规定

（1）适用于墙体采用预制钢筋混凝土圆孔板的预制剪力墙结构；预制圆孔墙板的每个圆孔内应配置连续的竖向钢筋网，并应现浇微膨胀混凝土。

圆孔内配筋、现浇混凝土使预制圆孔墙板成为实体墙板。圆孔内现浇微膨胀混凝土可减少混凝土的收缩。

（2）圆孔板剪力墙结构整体弹性计算分析时，以及墙肢和连梁承载力计算时，墙肢、连梁的截面厚度应取预制圆孔墙板的厚度，门洞上方连梁的截面高度应取圈梁的截面高度，窗洞上方连梁的截面高度可取窗上圈梁的截面高度与上一层窗下墙截面高度之和。

窗洞上方的连梁，由窗上墙与上一层的窗下墙组成，窗上墙为现浇圈梁，窗下墙为预制圆孔墙板，可将两者视为叠合梁。

（3）圆孔板剪力墙结构墙肢承载力计算应符合下列规定：

1）可采用现浇剪力墙结构墙肢承载力的计算公式计算。

2）计算墙肢受剪承载力时，应考虑预制圆孔墙板水平箍筋的作用。

3）计算墙肢受弯承载力时，应考虑圆孔内钢筋网竖向钢筋的作用，不应考虑预制圆孔墙板竖向钢筋的作用。

（4）圆孔板剪力墙结构连梁的承载力计算应符合下列规定：

1）可采用现浇剪力墙结构连梁承载力的计算公式计算。

2）门洞上方连梁及窗洞上方连梁的受弯承载力可分别取门洞上方圈梁的受弯承载力及窗洞上方圈梁的受弯承载力。

3）门洞上方连梁及窗洞上方连梁的受剪承载力可分别取门洞上方圈梁的受剪承载力及窗洞上方圈梁的受剪承载力与窗下墙的受剪承载力之和，窗下墙的受剪承载力不应计入预制圆孔板内钢筋的作用。

采取措施后的圆孔板剪力墙结构的墙肢和连梁为实体墙肢和实体连梁，可采用与现浇剪力墙结构相同的方法计算其墙肢和连梁的承载力。窗洞上方连梁的受剪承载力取圈梁和窗下预制圆孔墙板受剪承载力之和。

（5）圆孔板剪力墙结构在重力荷载代表值作用下墙肢的轴压比不宜大于 0.3。计算墙肢轴压比时，墙肢的截面面积不应扣除圆孔的面积。

墙肢轴压比限值取 0.3，目的是避免在底部加强部位采用约束边缘构件。由于建筑高度不超过 24m，一般都能满足。

9.9.2　预制圆孔墙板设计

（1）预制圆孔墙板宽度可为 600mm、900mm、1200mm 和 1500mm，厚度不应小于160mm。墙板类型不宜过多，以利于标准化生产和现场施工安装。通过调节墙板之间现浇段的宽度，可拼装成所需长度的墙肢。墙板的最小厚度考虑圆孔的直径、混凝土的最小厚度确定。墙板高度可根据层高、圈梁高等确定。

（2）预制圆孔墙板的混凝土强度等级不宜低于 C30。

（3）预制圆孔墙板的圆孔直径不应小于 100mm，相邻圆孔之间混凝土的最小厚度不应小于 30mm，边缘的圆孔与墙板侧面之间混凝土的最小厚度不宜小于 100mm，圆孔与板面之间混凝土的最小厚度不应小于 30mm。

圆孔直径小于 100mm 时浇筑混凝土困难。规定混凝土最小厚度，是为了避免构件制作、运输时混凝土开裂。

（4）预制圆孔墙板的配筋应符合下列要求：

1）应配置横向箍筋和竖向分布钢筋形成双层钢筋网，钢筋网之间应配置拉结筋。

2）横向箍筋和竖向分布钢筋的直径均不应小于 8mm，拉结筋的直径不应小于 6mm。

3）横向箍筋的间距不应大于 200mm，墙板两端 300mm 高度范围内横向箍筋的间距不应大于 100mm。

4）相邻圆孔之间应配置竖向分布钢筋。

（5）预制圆孔墙板（包括预制窗下圆孔墙板）的顶面和底面宜做成粗糙面，两侧面可做成槽形及粗糙面，也可做键槽及粗糙面，顶面和底面的粗糙面凹凸不宜小于 4mm，两侧面的粗糙面凹凸不宜小于 4mm。

做成粗糙面或键槽的目的是增强墙板与现浇混凝土或坐浆之间的整体性，避免预制墙板与现浇混凝土或坐浆之间的接缝过早破坏。

（6）预制圆孔墙板（包括窗下预制圆孔墙板）的底面两端可做成板腿，其高度不宜小于 40mm、宽度不宜小于 100mm。

墙板底面两端做成板腿便于施工安装，且墙板底面与楼板之间有高度不小于 40mm 的现浇混凝土对结构的整体性有利。

（7）预制圆孔墙板的两侧面应从墙板内伸出 U 形贴模钢筋，其直径不应小于 6mm，间距不宜大于 200mm；贴模钢筋在墙板内应有足够长的锚固长度，伸出墙板侧面不应小于 50mm。

贴模钢筋是使墙板与现浇连接柱成为整体的重要措施之一。

9.9.3 连接设计

（1）楼层内相邻预制圆孔墙板之间应设置现浇段，且应符合下列规定：

1）现浇段的厚度应与预制圆孔墙板的厚度相同。

2）洞口两侧及纵横墙交接处边缘构件位置，现浇段的长度宜符合图 9.9-1 的要求，其竖向钢筋配筋应满足受弯承载力要求及符合相同抗震等级现浇剪力墙结构构造边缘构件的规定。

3）非边缘构件位置现浇段的长度不宜小于 200mm，其竖向钢筋的数量不应少于 4 根，直径不应小于 10mm，如图 9.9-2 所示。

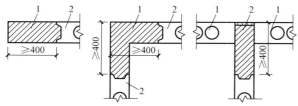

图 9.9-1 现浇段为边缘构件时的
最小长度（《北京装规》）
1—现浇边缘构件 2—预制圆孔墙板

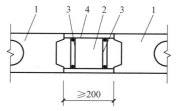

图 9.9-2 非边缘构件位置
现浇段（《北京装规》）
1—预制圆孔墙板 2—现浇段
3—贴模钢筋 4—箍筋

4）现浇段应配置箍筋，其直径不应小于 6mm，间距不应大于 200mm，箍筋应与预制圆孔墙板的贴模钢筋连接。

5）上下层现浇段的竖向钢筋应连续。

现浇段是保证圆孔板剪力墙结构整体性的关键之一。转角、纵横墙连接、门窗洞口、同一方向墙板之间，都应设置现浇段，外墙转角现浇段的截面长度宜适当大于内墙转角现浇段的截面长度。

（2）上层墙板的板腿与下层圈梁之间预留间隙的高度宜为 10~20mm，且应采用坐浆填实，坐浆的立方体抗压强度宜高于墙板混凝土立方体抗压强度 5MPa 或以上；墙板与圈梁之间板腿以外的其他部分，应采用现浇混凝土填实。

墙板板腿与圈梁之间预留的间隙采用坐浆填实，用于调整墙板的垂直度。浇筑圆孔内的混凝土时，同时用混凝土填实板腿以外的其他部分，使预制圆孔板的水平接缝具有更好的整体性。

（3）墙板的每个圆孔内配置的竖向钢筋网片应符合下列规定：

1）网片的竖向钢筋不应少于 2 根，直径不应小于 10mm。

2）网片横向钢筋的直径不宜小于 6mm，间距不宜大于 200mm。

3）网片应在墙板圆孔内通长配置。

4）相邻上下层钢筋网片应连续。

墙板圆孔内配置钢筋网片、现浇混凝土，使圆孔墙板成为实体墙；相邻上下层的钢筋网片连续，其竖向钢筋起到抗剪切滑移的作用和作为竖向分布钢筋抗弯的作用。

（4）窗下预制圆孔墙板的每个圆孔内配置的竖向钢筋网片应符合下列规定：

1）网片的竖向钢筋可为 2 根，直径可为 10mm。

2）网片横向钢筋的直径可为 6mm，间距可为 200mm。

3）网片应在下一楼层的圈梁内预埋，伸进预制窗下墙圆孔内的长度不应小于 300mm。

通过本条规定的措施，以保证窗下预制圆孔墙板与圈梁有可靠的连接。

（5）现浇段、圈梁及圆孔内的混凝土强度等级宜相同，且应高于墙板立方体抗压强度 5MPa 或以上。

现浇段、圈梁及圆孔内的混凝土应同时浇筑，强度等级相同。

9.10　型钢混凝土剪力墙设计

《北京装规》给出了型钢混凝土剪力墙的规定，主要内容如下：

9.10.1　一般规定

（1）装配式型钢混凝土剪力墙结构，其预制墙的边缘构件位置中预埋有型钢，边缘构件处的型钢在水平缝位置通过预埋型钢之间的焊接或机械连接完成；在水平缝位置设置钢板抗剪键抵抗水平剪力作用；竖缝采用钢板抗剪键连接。

（2）型钢混凝土剪力墙结构计算时可采用现浇剪力墙结构的分析方法，应考虑其竖缝刚度低于现浇结构对整体计算的影响。进行多遇地震下的抗震分析时，墙体刚度需进行折减，墙体刚度折减系数可通过弹性有限元分析对比得到。

（3）型钢混凝土剪力墙结构在罕遇地震下的弹塑性层间位移角不应大于 1/120。

型钢混凝土剪力墙结构在侧向刚度弱于现浇混凝土结构，但其在罕遇地震下的耗能能力优于现浇结构；这里提高了其在罕遇地震下的侧向位移要求。

9.10.2 型钢混凝土剪力墙墙板设计

（1）型钢混凝土剪力墙墙板厚度不应小于 180mm。为保证埋设型钢的空间，本条规定了型钢混凝土剪力墙墙板的最小厚度。

（2）型钢混凝土剪力墙墙板中的型钢与板面之间混凝土的最小厚度不应小于 40mm。

由于型钢至墙板表面的厚度内配置有箍筋，因此本条规定了型钢混凝土剪力墙墙板中型钢至板面的最小距离。

（3）型钢混凝土剪力墙墙板的配筋应符合下列要求：

1）应配置横向箍筋和竖向分布钢筋形成双层钢筋网，钢筋网之间应配置拉结筋。

2）横向箍筋和竖向分布钢筋的直径均不应小于 8mm，拉结筋的直径不应小于 6mm。

3）横向箍筋的间距不应大于 200mm，墙板两端 300mm 高度范围内横向箍筋的间距不应大于 100mm。

本条规定的是型钢剪力墙墙板的最小截面及最低配筋要求。

（4）型钢混凝土剪力墙墙板的顶面和底面宜制作成粗糙面，凹凸不宜小于 4mm；当竖缝采用后浇混凝土连接节点时，两侧面应制作成槽形及粗糙面，凹凸不宜小于 4mm。

（5）型钢混凝土剪力墙结构应按现浇混凝土剪力墙结构采取基本抗震构造措施，其边缘构件的型钢截面一般可采用角钢或一字形钢板，如图 9.10-1 所示。可根据由计算和构造要求得到的钢筋面积按等强度计算相应的型钢截面。边缘构件处箍筋应按现浇混凝土剪力墙结构设置，边缘构件处纵向钢筋不少于 4 根，直径同墙体竖向分布筋。

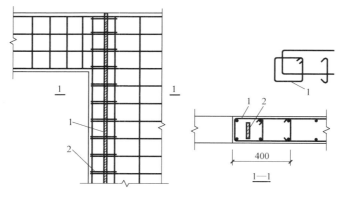

图 9.10-1　非边缘构件位置现浇段（《北京装规》）

1—箍筋　2—边缘构件钢板

（6）型钢混凝土剪力墙结构墙肢和连梁的承载力验算，可按现浇剪力墙结构墙肢和连梁的承载力验算方法进行。

装配式型钢剪力墙墙板及连梁破坏模式与现浇剪力墙结构基本相同，可按现浇剪力墙结构的方法进行承载力验算。

9.10.3　型钢混凝土剪力墙连接设计

（1）上下层相邻预制剪力墙的竖向型钢和钢筋的连接方式如图 9.10-2 ~ 图 9.10-4 所示，并应符合下列规定：

1）边缘构件的每根竖向型钢骨应各自连接。

2）竖向分布钢筋宜各自伸入圈梁。

3）应设置预埋抗剪件抵抗水平剪力。

（2）水平缝抗弯承载力计算可采用现浇混凝土剪力墙结构墙肢计算方式，仅考虑型钢受拉，不应考虑抗剪键的受拉；水平缝抗剪承载力计算仅考虑抗剪键的水平抗剪承载力。

（3）楼层标高的圈梁内的通长钢筋在跨越竖缝位置时，应采用柔性材料握裹，柔性材料握裹后的总直径不应小于 2cm，握裹范围为竖缝两侧各 10cm。

试验和分析表明，罕遇地震作用下，楼层标高的圈梁在竖缝位置会有较为明显的开裂和错动，为防止圈梁钢筋被剪断，需采取柔性握裹措施。

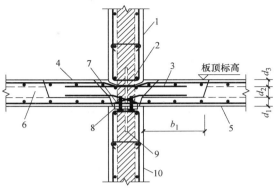

图 9.10-2　水平缝处内墙边缘构件连接示意图（《北京装规》）

1—上层墙板　2—边缘构件钢板　3—对侧楼板甩筋
4—预制楼板肋板　5—预制楼板　6—预制板孔
7—连接螺栓　8—法兰端板　9—法兰端板
加劲肋板　10—下层墙板
b_1—楼板后浇空间　d_1—预制楼板下缘厚
d_2—预制楼板孔高　d_3—预制楼板上缘厚

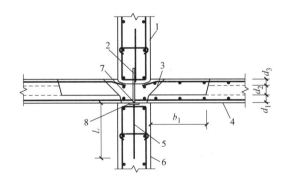

图 9.10-3　水平缝处内墙抗剪键连接示意图（《北京装规》）

1—上层墙板　2—抗剪键钢板　3—预制楼板肋板
4—预制楼板　5—连接板锚筋　6—下层墙板
7—现场连接焊缝　8—连接端板
b_1—楼板后浇空间　L—连接板锚筋长度
d_1—预制楼板下缘厚　d_2—预制楼板孔高
d_3—预制楼板上缘厚

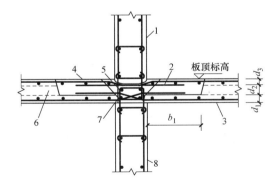

图 9.10-4　水平缝处内墙一般位置连接示意图（《北京装规》）

1—上层墙板　2—对侧楼板甩筋　3—预制楼板
4—预制楼板肋板　5—上层墙板甩封闭筋
6—预制楼板孔　7—下层墙板甩封闭筋
8—下层墙板
b_1—楼板后浇空间　d_1—预制楼板下缘厚
d_2—预制楼板孔高　d_3—预制楼板上缘厚

9.11 PC 剪力墙结构须解决的问题

本书在第 2 章和第 4 章都介绍了剪力墙结构特别是高层剪力墙结构大规模实行 PC 化的难度，从结构角度看更是如此。

（1）剪力墙结构与柱、梁结构体系相比，搞装配式有诸多短板：混凝土量大；结构构件连接面积大；钢筋间距大，不适于采用高强度大直径钢筋以减少钢筋连接数量，成本不易降下来。

（2）我国现浇剪力墙结构施工技术比较成熟，效率较高，靠装配式提高效率的空间有限，降低成本的难度更大。

（3）由于目前剪力墙科研工作和工程实践在国内外都比较少，所以我国的标准规范采取了审慎的态度，比较保守。审慎当然是必要的，但保守只能是过渡阶段的措施。目前大量剪力墙预制构件一个边是套筒或浆锚孔，三个边出筋，制作麻烦，很难实现高效率的自动化生产；现场既要有现浇体系，又要有装配式体系，为吊装预备大吨位塔式起重机，工序反而更繁杂了。装配式的一个重要优势是不用抹灰，比较多的现浇与预制结合，现浇部位的表面还是要处理，与相邻的预制构件的表面不统一。

（4）由于结构上的审慎，每个细节似乎只有"加码"才放心。这里增加一点系数，那里降低建筑高度，局部再增加一点尺寸，如此叠加，成本上升了，效率也不易提高。

笔者认为，这些问题的解决，一个重要的思路应当是减少对现浇混凝土连接的依赖，在研究和试验方向上强化这方面的工作。装配式的重要思路是等同，非现浇连接等同于现浇连接，如果结构连接无法等同现浇，重要连接节点都靠现浇混凝土，这样的装配式是非常勉强的。

第 10 章

多层剪力墙结构设计

10.1　概述

多层建筑是指 6 层和 6 层以下的建筑。由于建筑高度降低，多层剪力墙装配整体式结构要比高层剪力墙结构简单，是第 9 章介绍的高层剪力墙装配整体式建筑的简化版，墙体厚度可以减小，连接构造简单，施工方便，成本低。现行行业标准《装配式混凝土结构技术规程》（JGJ1—2014）（以下简称《装规》）将多层剪力墙结构设计单独列为一章，本章介绍《装规》和地方标准关于多层剪力墙结构的规定，包括：一般规定（10.2）、结构分析和设计（10.3）、拆分设计原则（10.4）、连接设计（10.5）、辽宁省地方标准关于螺栓连接的规定（10.6）。

10.2　一般规定

《装规》关于多层剪力墙的一般规定：

（1）适用于 6 层及 6 层以下、建筑设防类别为丙类的装配式剪力墙结构设计。

（2）多层装配式剪力墙结构抗震等级应符合下列规定：

1）抗震设防烈度为 6、7 度时取四级。

2）抗震设防烈度为 8 度时取三级。

（3）当房屋高度不大于 10m 且不超过 3 层时，预制剪力墙截面厚度不应小于 120mm；当房屋超过 3 层时，预制剪力墙截面厚度不应小于 140mm。

（4）当预制剪力墙截面厚度不小于 140mm 时，应设置双排双向分布钢筋网。剪力墙中水平及竖向分布筋的最小配筋率不应小于 0.15%。

（5）预制剪力墙构件构造可参考剪力墙结构的构造，见第 9 章 9.5 节。

10.3　结构分析和设计

10.3.1　计算方法

《装规》规定：多层装配式剪力墙结构可采用弹性方法计算进行结构分析，并宜按结构实际情况建立分析模型。

在条文说明中，有如下说明：

（1）地震作用可采用底部剪力法计算。

（2）各抗震墙肢按照负荷面积分担地震力。

（3）采用后浇混凝土连接的预制墙肢可作为整体构件考虑。

（4）采用分离式拼缝（预埋件焊接连接、预埋螺栓连接等，无后浇混凝土）连接的墙肢应作为独立的墙肢进行计算和截面设计，计算模型中应包括墙肢的连接节点。

（5）按照《装规》的做法，在计算模型中，墙肢底部的水平缝可按照整体接缝考虑，并取墙肢底部的剪力进行水平缝的受剪承载力计算。

10.3.2 水平接缝承载力计算

预制剪力墙的竖向接缝采用后浇混凝土连接时，受剪承载力与整浇混凝土结构接近，不必计算其受剪承载力。预制剪力墙底部的水平接缝需要进行受剪承载力计算。

《装规》规定：在地震设计状况下，预制剪力墙水平缝的受剪承载力设计值应按下式计算

$$V_{uE} = 0.6f_y A_{sd} + 0.6N \tag{10.3-1}$$

式中 f_y——垂直穿过结合面的钢筋抗拉强度设计值；

      N——与剪力设计值 V 相应的垂直于结合面的轴向力设计值，压力时取正，拉力时取负；

      A_{sd}——垂直穿过结合面的抗剪钢筋面积。

受剪承载力计算公式与第 9 章 9.4.6 中的公式相似，由于多层装配式剪力墙结构中，预制剪力墙水平接缝采用坐浆材料而非灌浆料填充，接缝受剪时静摩擦系数较低，取为 0.6。

10.4 拆分设计原则

多层装配整体式剪力墙构件拆分原则与高层剪力墙建筑一样，见第 9 章 9.5 节。

10.5 连接设计

10.5.1 转角、纵横墙交接部位

《装规》规定：抗震等级为三级的多层装配式剪力墙结构，在预制剪力墙转角、纵横墙交接部位应设置后浇混凝土暗柱，并应符合下列规定：

（1）后浇混凝土暗柱截面高度不宜小于墙厚，且不应小于 250mm，截面宽度可取墙厚，如图 10.5-1 所示。

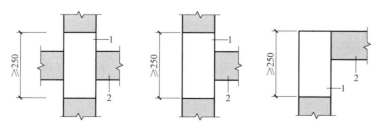

图 10.5-1　多层装配式剪力墙结构后浇混凝土暗柱示意图（《装规》图 9.3.1）

1—后浇段　2—预制剪力墙

（2）后浇混凝土暗柱内应配置竖向钢筋和箍筋，配筋应满足墙肢截面承载力的要求，并应满足表 10.5-1 的要求。

（3）预制剪力墙内的水平分布钢筋在后浇混凝土暗柱内的锚固、连接应符合现行国家标准《混凝土结构设计规范》（GB 50010—2010）的有关规定。

表 10.5-1　多层装配式剪力墙结构后浇混凝土暗柱配筋要求（《装规》表 9.3.1）

底层			其他层		
纵向钢筋	箍筋/mm		纵向钢筋	箍筋/mm	
最小量	最小直径	沿竖向最大间距	最小量	最小直径	沿竖向最大间距
4ϕ12	6	200	4ϕ10	6	250

10.5.2　竖缝后浇段连接

《装规》规定：楼层内相邻预制剪力墙之间的竖向接缝可采用后浇段连接，并应符合下列规定：

（1）后浇段内应设置竖向钢筋，竖向钢筋配筋率不应小于墙体竖向分布钢筋配筋率，且不宜小于 2ϕ12。

（2）预制剪力墙的水平分布钢筋在后浇段内的锚固、连接应符合现行国家标准《混凝土结构设计规范》（GB 50010—2010）的有关规定。

采用后浇混凝土连接的接缝有利于保证结构的整体性，且接缝的耐久性、防水、防火性能均比较好。接缝宽度大小并没有做出规定，但进行钢筋连接时，要保证其最小的作业空间，两侧墙体内的水平分布钢筋可在后浇段内互相焊接、搭接、弯折锚固或者做成锚环锚固，如图 10.5-2 所示。

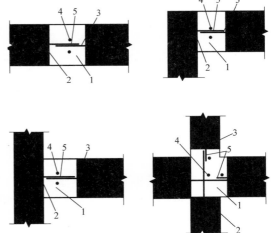

图 10.5-2　预制墙板竖向接缝构造
示意图（《装规》条文说明图 5）
1—后浇段　2—键槽或粗糙面　3—连接钢筋
4—竖向钢筋　5—钢筋焊接或搭接

10.5.3　水平接缝

《装规》规定：预制剪力墙水平接缝宜设置在楼面标高处，并应满足下列要求：

（1）接缝厚度宜为 20mm。

（2）接缝处应设置连接节点，连接节点间距不宜大于 1.1m；穿过接缝的连接钢筋数量应满足接缝受剪承载力的要求，且配筋率不应低于墙板竖向钢筋配筋率，连接钢筋直径不应小于 14mm。

（3）连接钢筋可采用套筒灌浆连接、浆锚搭接连接、螺栓连接、焊接连接，并应满足行业标准《装规》附录 A 的规定。

10.5.4　房屋层数大于 3 层时水平连接

《装规》规定：当房屋层数大于 3 层时，应符合下列规定：

（1）屋面、楼面宜采用叠合楼板，叠合楼板与预制剪力墙的连接应符合《装规》第 6.6.4 条的规定，见本书第 7 章 7.5.6。

（2）沿各层预制剪力墙顶应设置水平后浇带，并应符合《装规》第 8.3.3 条的规定，见本书第 9 章 9.6.3。

（3）当抗震等级为三级时，应在屋面设置封闭的后浇钢筋混凝土圈梁，圈梁应符合《装规》第 8.3.2 条的规定，见本书第 9 章 9.6.2。

10.5.5　房屋层数不大于 3 层时水平连接

《装规》规定：当房屋层数不大于 3 层，楼面可采用预制板，应符合下列规定：

（1）预制板在梁或墙上的搁置长度不应小于 60mm，当墙厚不能满足搁置长度要求时可设挑耳；板端后浇混凝土接缝宽度不宜小于 50mm，接缝内应配置连续的通长钢筋，钢筋直径不应小于 8mm。

（2）当板端伸出锚固钢筋时，两侧伸出的锚固钢筋应互相可靠连接，并应与支承墙伸出的钢筋、板端接缝内设置的通长钢筋拉结。

（3）当板端不伸出锚固钢筋时，应沿板跨方向布置连系钢筋。连系钢筋直径不应小于 10mm，间距不应大于 600mm；连系钢筋应与两侧预制板可靠连接，并应与支承墙伸出的钢筋、板端接缝内设置的通长钢筋拉结。

10.5.6　连梁连接

《装规》规定：连梁宜与剪力墙整体预制，也可在跨中拼接。预制剪力墙洞口上方的预制连梁可与后浇混凝土圈梁或水平后浇带形成叠合连梁；叠合连梁的配筋及构造要求应符合现行国家标准《混凝土结构设计规范》（GB 50010—2010）的有关规定。

10.5.7　预制剪力墙与基础连接

《装规》规定：预制剪力墙与基础的连接应符合下列规定：

（1）基础顶面应设置现浇混凝土圈梁，圈梁上表面应设置粗糙面。

（2）预制剪力墙与圈梁顶面之间的接缝构造应符合《装规》第 9.3.3 条规定，见本章 10.5.3，连接钢筋应在基础中可靠锚固，且宜伸入到基础底部。

（3）剪力墙后浇暗柱和竖向接缝内的纵向钢筋应在基础中可靠锚固，且宜伸入到基础底部。

10.6　辽宁省地方标准关于螺栓连接的规定

辽宁省地方标准《装配式混凝土结构设计规程》（DB21/T 2572—2016）给出了预制剪力墙螺栓连接的规定：预制剪力墙采用螺栓连接时，可采用设置暗梁的形式（图 10.6-1a）或预埋连接器的形式（图 10.6-1b），并应符合下列规定：

（1）应对暗梁和预埋连接器在不同设计状况下的承载力进行验算，并应符合现行国家标准《混凝土结构设计规范》（GB 50010—2010）和《钢结构设计规范》（GB 50017—2003）的规定。

（2）当采用单排螺栓连接时，附加连接螺栓与剪力墙竖向分布钢筋应等强配置，且螺栓的锚固长度应符合现行国家标准《混凝土结构设计规范》（GB 50010—2010）的规定。

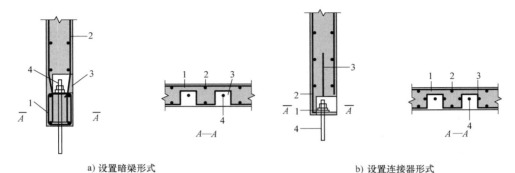

a) 设置暗梁形式   b) 设置连接器形式

图 10.6-1 预制剪力墙螺栓连接构造示意图

1—暗梁或预埋连接器 2—剪力墙竖向钢筋 3—预留手孔或锚筋 4—连接螺栓

第 11 章

外挂墙板结构设计

11.1 概述

PC 外墙挂板应用非常广泛，可以组合成 PC 幕墙，也可以局部应用，不仅用于 PC 装配式建筑，也用于现浇混凝土结构建筑，日本还大量用于钢结构建筑。

PC 外墙挂板不属于主体结构构件，是装配在混凝土结构或钢结构上的非承重外围护构件。PC 外挂墙板的建筑设计在第 5 章 5.11 节已经讨论了。

PC 外墙挂板有普通 PC 墙板和夹心保温墙板两种类型。普通 PC 墙板是单叶墙板；夹心保温墙板是双叶墙板，两层钢筋混凝土板之间夹着保温层。单叶墙板结构设计包括墙板设计和连接节点设计；双叶墙板增加了外叶墙板设计和拉结件设计。

外叶墙板和连接件设计在第 6 章已经讨论了。本章介绍 PC 外挂墙板的墙板结构设计和连接节点设计，包括 PC 墙板结构设计内容（11.2）、一般规定（11.3）、拆分原则（11.4）、作用及作用组合（11.5）、连接节点的原理与布置（11.6）、墙板结构设计（11.7）、连接节点设计（11.8）。

11.2 PC 墙板结构设计内容

11.2.1 PC 墙板结构设计目的

PC 墙板结构设计目的是：设计合理的墙板结构和与主体结构的连接节点，使其在承载能力极限状态和正常使用极限状态下，符合安全、正常使用的要求和规范规定。

1. 承载能力极限状态

（1）在自重、风荷载、地震作用等作用下，墙板不会脱落，墙板和连接件的承载能力在容许应力以下。

（2）当主体结构发生层间位移时，墙板不会脱落或破坏。

2. 正常使用极限状态

（1）在风荷载、地震作用等作用下，墙板挠度和裂缝在容许范围内；连接件不出现超出设计允许范围的位移。

（2）当主体结构发生层间位移时，墙板的连接系统能够"应对"，避免因结构位移出现对墙板的附加作用而导致裂缝。

（3）当墙板与主体结构有温度变形差异时，墙板的连接系统能够"应对"，避免温度应力引起墙板裂缝。

11.2.2　PC 墙板结构设计内容

1. 连接节点布置

PC 墙板的结构设计首先要进行连接节点的布置，因为墙板以连接节点为支座，结构设计计算在连接节点确定之后才能进行。

2. 墙板结构设计

墙板自身的结构设计包括墙板结构尺寸的确定、作用及作用组合计算、配置钢筋、结构承载能力和正常使用状态的验算、墙板构造设计等。

3. 连接节点结构设计

设计连接节点的类型、连接方式；作用及作用组合计算；进行连接节点结构计算；设计应对主体结构变形的构造；连接节点的其他构造设计。

4. 制作、堆放、运输、施工环节的结构验算与构造设置

PC 墙板在制作、堆放、运输、施工环节的结构验算与构造设置包括脱模、翻转、吊运、安装预埋件的设置；制作、施工环节荷载作用下墙板承载能力和裂缝验算等，在第 13 章里统一介绍。

11.3　一般规定

11.3.1　行业标准的规定

现行行业标准《装配式混凝土结构技术规程》（JGJ 1—2014）（以下简称《装规》）关于外挂墙板有如下规定：

（1）外挂墙板应采用合理的连接节点与主体结构可靠连接，有抗震设防要求时，应对外挂墙板及其与主体结构的连接节点进行抗震设计。

（2）外挂墙板结构分析可采用线弹性方法，计算简图应符合实际受力状态。

（3）对外挂墙板和连接节点进行承载力验算时，其结构构件重要性系数 γ_0 应取不小于 1.0，连接节点承载力抗震调整系数 γ_{RE} 应取 1.0。

（4）支承外挂墙板的结构构件，应具有足够的承载能力和刚度。

（5）外挂墙板与主体结构宜采用柔性连接，连接节点应具有足够的承载力和适应主体结构变形的能力，并应采取可靠的防腐、防锈和防火措施。

11.3.2　辽宁省地方标准的规定

辽宁省地方标准《装配式混凝土结构设计规程》（DB21/T 2572—2016）（以下简称《辽装规》）关于外挂墙板的一般规定比行业标准更细一些，除了与行业标准一样的条文外，还包括以下内容：

（1）外挂墙板的材料、选型和布置，应根据建筑功能、设防烈度、房屋高度、建筑体型、结构层间变形、墙体自身抗侧力性能的利用等因素，综合分析确定，并应满足下列要求：

1）宜优先采用轻质墙体材料；应满足防水、保温、防火、隔声等建筑功能的要求；应采取措施减少对主体结构的不利影响。

2）外挂墙板的布置，应避免使结构形成刚度和强度分布上的突变；外挂墙板非对称均匀布置时，应考虑质量和刚度的差异对主体结构抗震的不利影响。

3）外挂墙板应与主体结构可靠连接，应能适应主体结构不同方向的层间位移。

（2）外挂墙板与主体结构的连接宜选用柔性连接的点支承，也可采用线支承。当采用点支承时，其连接节点应具有足够的延性和适当的转动能力，宜满足在设防地震下主体结构层间变形的要求，并适应施工过程中允许的构件制作误差和施工误差。

（3）支承外挂墙板的结构构件应具有足够的尺度以满足连接件的锚固要求。

（4）计算外挂墙板因其支承点相对水平位移产生的内力时，该相对水平位移取值，抗震设计时，不应小于主体结构弹塑性层间位移限值。

（5）外挂墙板与主体结构连接件承载力设计的安全等级应提高一级。

11.4 拆分原则

外挂墙板不是结构构件，其拆分设计主要由建筑师根据建筑立面效果确定，第5章5.11.1小节已经从建筑角度讨论了外挂墙板的拆分。第6章6.6节讨论了结构构件拆分的原则。这里再从结构角度强调一下外挂墙板拆分几点具体要求。

1. 与主体结构连接点位置的影响

外挂墙板应安装在主体结构构件上，即结构柱、梁、楼板或结构墙体上，墙板拆分受到主体结构布置的约束，必须考虑到实现与主体结构连接的可行性。如果主体结构体系的构件无法满足墙板连接节点的要求，应当引出如"牛腿"类的连接件或次梁次柱等二次结构体系，以服从建筑功能和艺术效果的要求。

2. 墙板尺寸

外挂墙板最大尺寸一般以一个层高和一个开间为限。

欧美国家也有跨两个层高的超大型墙板，但制作和运输都很不方便。

3. 开口墙板的边缘宽度

开口墙板如设置窗户洞口的墙板，洞口边板的有效宽度不宜低于300mm（图11.4-1）。

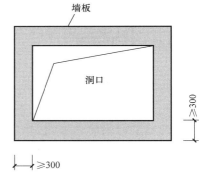

图 11.4-1 开口板边缘宽度

11.5 作用及作用组合

外挂墙板按围护结构进行设计。在进行结构设计计算时，不考虑分担主体结构所承受的荷载和作用，只考虑直接施加于外墙上的荷载与作用。

竖直外挂墙板承受的作用包括自重、风荷载、地震作用和温度作用。

建筑表面是非线性曲面时，可能会有仰斜的墙板，其荷载应当参照屋面板考虑，还有雪荷载、施工维修时的集中荷载等。

11.5.1　行业标准《装规》的规定

《装规》关于外挂墙板作用与组合的规定如下：

（1）计算外挂墙板及连接节点的承载力时，荷载组合的效应设计值应符合下列规定：

1）持久设计状况：

当风荷载效应起控制作用时：

$$S = \gamma_G S_{Gk} + \gamma_w S_{wk} \qquad (11.5\text{-}1)（《装规》公式10.2.1\text{-}1）$$

当永久荷载效应起控制作用时：

$$S = \gamma_G S_{Gk} + \psi_w \gamma_w S_{wk} \qquad (11.5\text{-}2)（《装规》公式10.2.1\text{-}2）$$

2）地震设计状况：

在水平地震作用下：

$$S_{Eh} = \gamma_G S_{Gk} + \gamma_{Eh} S_{Ehk} + \psi_w \gamma_w S_{wk}$$

$$(11.5\text{-}3)（《装规》公式10.2.1\text{-}3）$$

在竖向地震作用下：

$$S_{Ev} = \gamma_G S_{Gk} + \gamma_{Ev} S_{Evk} \qquad (11.5\text{-}4)（《装规》公式10.2.1\text{-}4）$$

式中　S——基本组合的效应设计值；

　　　S_{Eh}——水平地震作用组合的效应设计值；

　　　S_{Ev}——竖向地震作用组合的效应设计值；

　　　S_{Gk}——永久荷载的效应标准值；

　　　S_{wk}——风荷载的效应标准值；

　　　S_{Ehk}——水平地震作用的效应标准值；

　　　S_{Evk}——竖向地震作用的效应标准值；

　　　γ_G——永久荷载分项系数，按本小节第（2）条规定取值；

　　　γ_w——风荷载分项系数，取1.4；

　　　γ_{Eh}——水平地震作用分项系数，取1.3；

　　　γ_{Ev}——竖向地震作用分项系数，取1.3；

　　　ψ_w——风荷载组合系数。在持久设计状况下取0.6，地震设计状况下取0.2。

（2）在持久设计状况、地震设计状况下，进行外挂墙板和连接节点的承载力设计时，永久荷载分项系数 γ_G 应按下列规定取值：

1）进行外挂墙板平面外承载力设计时，γ_G 应取为0；进行外挂墙板平面内承载力设计时，γ_G 应取为1.2。

2）进行连接节点承载力设计时，在持久设计状况下，当风荷载效应起控制作用时，γ_G 应取为1.2，当永久荷载效应起控制作用时，γ_G 应取为1.35；在地震设计状况下，γ_G 应取为1.2。当永久荷载效应对连接节点承载力有利时，γ_G 应取为1.0。

（3）风荷载标准值应按现行国家标准《建筑结构荷载规范》（GB 50009—2012）有关围护结构的规定确定。

（4）计算水平地震作用标准值时，可采用等效侧力法，并应按下式计算：

$$F_{Ehk} = \beta_E \alpha_{max} G_k \qquad (11.5\text{-}5)(《装规》公式10.2.4)$$

式中　F_{Ehk}——施加于外挂墙板重心处的水平地震作用标准值；

　　　β_E——动力放大系数，可取5.0；

　　　α_{max}——水平地震影响系数最大值，应按表11.5-1采用；

　　　G_k——外挂墙板的重力荷载标准值。

表11.5-1　水平地震影响系数最大值 α_{max}

抗震设防烈度	6度	7度	7度（0.15g）	8度	8度（0.2g）
α_{max}	0.04	0.08	0.12	0.16	0.24

11.5.2　行业标准《非结构构件抗震设计规范》关于地震作用的规定

《装规》是2014年颁布的，2015年颁布的行业标准《非结构构件抗震设计规范》（JGJ 339—2015）中对非结构构件给出了以等效侧力法计算水平地震作用标准值的公式，与《装规》规定的式（11.5-5）不一样，是用5个系数乘以构件自重得出地震力，见下式。

$$F = \gamma \eta \zeta_1 \zeta_2 \alpha_{max} G \qquad (11.5\text{-}6)$$

式中　F——沿最不利方向施加于非结构构件重心处的水平地震作用标准值（kN）；

　　　γ——非结构构件功能系数，一、二级分别取1.4、1.0；

　　　η——非结构构件类别系数，幕墙构件取1.0，墙体连接件取1.2；

　　　ζ_1——状态系数，对预制建筑构件取2.0；

　　　ζ_2——位置系数，建筑的顶点宜取2.0，底部宜取1.0，沿高度线性分布；这个系数表明建筑物顶点构件的地震作用比底部构件的地震作用大一倍；

　　　α_{max}——水平地震影响系数最大值，见表11.5-1；

　　　G——非结构构件的重力（kN）。

《非结构构件抗震设计规范》（JGJ 339—2015）的公式与《装规》的公式比较，用4个系数替代1个动力放大系数，考虑得更细一些。

11.5.3　辽宁地方标准的规定

《辽装规》关于外挂墙板的作用及作用组合，除了与行业标准一样的条文外，还包括以下内容：

（1）风荷载作用下计算外挂墙板及其连接时，应符合下列规定：

1）风荷载标准值应按现行国家标准《建筑结构荷载规范》（GB 50009—2012）有关围护结构的规定确定。

2）应按风吸力和风压力分别计算在连接节点中引起的平面外反力。

3）计算连接节点时，可将风荷载施加于外挂墙板的形心，并应计算风荷载对连接节点的偏心影响。

（2）计算预制外挂墙板和连接节点的重力荷载时，应符合下列规定：

1）应计入依附于外挂墙板的其他部件和材料的重量。

2）应计入重力荷载、风荷载、地震作用对连接节点偏心的影响。

（3）短暂设计状况：应对墙板在脱模、吊装、运输及安装等过程的最不利荷载工况进行验算，计算简图应符合实际受力状态。

（4）对结构整体进行抗震计算分析时，应按下列规定计入外挂墙板的影响：

1）地震作用计算时，应计入外挂墙板的重力。

2）对点支承式外挂墙板，可不计入刚度；对线支承式外挂墙板，当其刚度对整体结构受力有利时，可不计入刚度，当其刚度对整体结构受力不利时，应计入其刚度影响。

3）一般情况下，不应计入外挂墙板的抗震承载力，当有专门的构造措施时，方可按有关规定计入其抗震承载力。

4）支承外挂墙板的结构构件，除考虑整体效应外，尚应将外挂墙板地震作用效应作为附加作用对待。

（5）外挂墙板的地震作用计算方法，应符合下列规定：

1）外挂墙板的地震作用应施加于其重心，水平地震作用应沿任一水平方向。

2）一般情况下，外挂墙板自身重力产生的地震作用可采用等效侧力法计算；除自身重力产生的地震作用外，尚应同时计及地震时支承点之间相对位移产生的作用效应。

11.5.4　日本鹿岛的有关规定

1. 竖向地震作用标准值

日本鹿岛公司 PC 墙板设计规范中，竖向地震取水平地震作用标准值的 0.5 倍（我国和欧洲是 0.65 倍）。日本是大地震较多的国家，对我们有参考价值。

2. 层间位移

（1）在进行承载能力计算时：

钢结构建筑取 $1/75 \sim 1/100$。

混凝土结构建筑取 $1/100 \sim 1/150$。

（2）在进行正常使用连接节点应对措施设计时：

钢结构建筑取 $1/250 \sim 1/300$。

混凝土结构建筑取 $1/300 \sim 1/350$。

11.5.5　关于温度作用

PC 墙板与主体结构如果热膨胀系数不一样，或温度环境不一样，就会产生变形差异，变形差异如果受到约束，就会在墙板中产生温度应力。

在 PC 建筑中，墙板与主体结构热膨胀系数一样，相对变形是由于两者间存在的温差引起的，外墙板直接暴露于室外，环境温度与主体结构有差异。

当采用外墙外保温时（非夹芯保温板），PC 墙板与主体结构的温度差很小，温度相对变形可以忽略不计。

当采用外墙内保温时，墙板与主体结构温度相差较大，接近于室内外温差，相对变形不能忽略不计。

当 PC 墙板是夹芯保温板夹芯板时，内叶板与主体结构的温度环境基本一样，外叶板与内叶板之间温度相差较大。

钢结构建筑，除温度差外，主体结构的热膨胀系数与 PC 墙板也有差异。

关于 PC 墙板温度变形量的计算公式，第 5 章 5.11.3 小节式（5.11-2）已经介绍。

11.6 连接节点的原理与布置

只有布置了连接节点，才能够进行墙板和连接节点的结构设计与验算，所以在讨论墙板设计和连接节点设计之前，先讨论连接节点的原理与布置。

11.6.1 连接节点的设计要求

外挂墙板连接节点不仅要有足够的强度和刚度保证墙板与主体结构可靠连接，还要避免主体结构位移作用于墙板形成内力。

主体结构在侧向力作用下会发生层间位移，或由于温度作用产生变形，如果墙板的每个连接节点都牢牢地固定在主体结构上，主体结构出现层间位移时，墙板就会随之沿板平面方向扭曲，产生较大内力。为了避免这种情况，连接节点应当具有相对于主体结构的可"移动"性，或可滑动，或可转动。当主体结构位移时，连接节点允许墙板不随之扭曲，有相对的"自由度"，由此避免了主体结构施加给墙板的作用力，也避免了墙板对主体结构的反作用。人们普遍把连接节点的这种功能称为"对主体结构变形的随从性"，这是一个容易引起误解的表述，使墙板相对于主体结构"移动"的连接节点恰恰不是"随从"主体结构，而是以"自由"的状态应对主体结构的变形。

图 11.6-1 是墙板连接节点应对层间位移的示意图，即在主体结构发生层间位移时墙板与主体结构相对位置的关系图。在正常情况下，墙板的预埋螺栓位于连接到主体结构上的连接板的长孔的中间，如图 a 和大样图 A 所示；当发生层间位移时，主体结构柱子倾斜，上梁水平位移，但墙板没有随之移动，而是连接板随着梁移动了，这时墙板的预埋螺栓位移连接件长孔的边缘，如图 b 和大样图 B 所示。

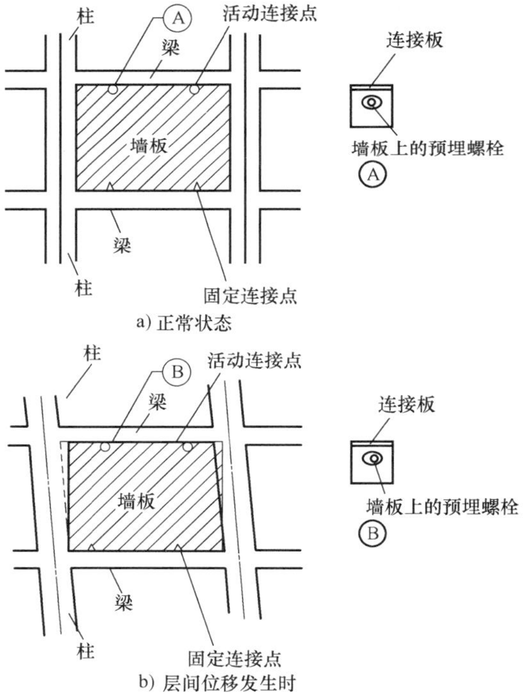

a) 正常状态

b) 层间位移发生时

图 11.6-1 墙板与主体结构位移的关系

把对连接节点的设计要求归纳为以下几条：

（1）将墙板与主体结构可靠连接。

（2）保证墙板在自重、风荷载、地震作用下的承载能力和正常使用。

（3）在主体结构发生位移时，墙板相对于主体结构可以"移动"。

（4）连接节点部件的强度与变形满足使用要求和规范规定。

（5）连接节点位置有足够的空间可以放置和锚固连接预埋件。

（6）连接节点位置有足够的安装作业的空间，安装便利。

11.6.2　连接节点类型

1. 水平支座与重力支座

外挂墙板承受水平方向和竖直方向两个方向的荷载与作用，连接节点分为水平支座和重力支座。

水平支座只承受水平作用，包括风荷载、水平地震作用和构件相对于安装节点的偏心形成的水平力，不承受竖向荷载。

重力支座顾名思义是承受竖向荷载的支座，承受重力和竖向地震作用。其实重力支座同时也承受水平荷载，但都习惯称为重力支座，大概是为了强调其主要功能是承受重力作用。

图 11.6-2 所示外挂墙板的背面，两个预埋螺栓是水平支座，两个带孔的预埋件是重力支座。

图 11.6-3 所示折板型外挂墙板的背面，两个预埋螺栓是水平支座，两个预埋钢板是重力支座。

图 11.6-2　外墙挂板水平支座与重力支座

2. 固定连接节点与活动连接节点

连接节点按照是否允许移动又分为固定节点和活动节点。固定节点是将墙板与主体结构"固定"连接的节点；活动节点则是允许墙板与主体结构之间有相对位移的节点。

图 11.6-4 是水平支座固定节点与活动节点示意图。在墙板上伸出预埋螺栓，

图 11.6-3　折板型外墙挂板水平支座与重力支座

楼板底面预埋螺母，用连接件将墙板与楼板连接。连接件（图 a），孔眼没有活动空间，就形成了固定节点；连接件（图 b），孔眼有横向的活动空间，就形成可以水平滑动的活动节点；连接件（图 c），孔眼有竖向的活动空间，就形成可以垂直滑动的活动节点；连接件（图 d），孔眼较大，各个方向都有活动空间，就形成了可以各向滑动的活动节点。

图 11.6-5 是重力支座的固定节点与活动节点示意图。在墙板上伸出预埋 L 形钢板，楼板伸出预埋螺栓。L 形钢板（图 a），孔眼没有活动空间，就形成了固定节点；L 形钢板（图 b），孔眼有横向的活动空间，就形成可以水平滑动的活动节点。

3. 滑动节点和转动节点

活动节点中，又分为滑动支座和转动支座。图 11.6-4 和图 11.6-5 的活动节点都是滑动节点，一般的做法是将连接螺栓的连接件的孔眼在滑动方向加长。允许水平滑动就沿水平方向加长孔眼，允许竖直方向滑动就沿竖直方向加长孔眼，两个方向都允许滑动，就扩大孔径。

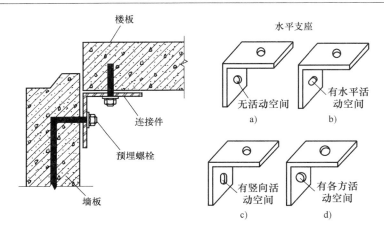

图 11.6-4　外墙挂板水平支座的固定节点与活动节点示意图

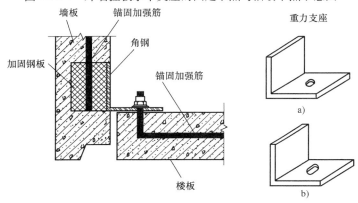

图 11.6-5　外墙挂板重力支座的固定节点与活动节点示意图

转动节点可以微转动，一般靠支座加橡胶垫实现。

需要强调的是，这里所说的移动是相对于主体结构而言的，实际情况是主体结构在动，活动节点处的墙板没有随之动。

11.6.3　连接节点布置

1. 与主体结构的连接

墙板连接节点须布置在主体结构构件柱、梁、楼板、结构墙体上。

当布置在悬挑楼板上时，楼板悬挑长度不宜大于600mm。

连接节点在主体结构的预埋件距离构件边缘不应小于50mm。

当墙板无法与主体结构构件直接连接时，必须从主体结构引出二次结构作为连接的依附体。

2. 连接节点数量

一般情况下，外挂墙板布置4个连接节点，两个水平支座，两个重力支座；重力支座布置在板下部时称为"下托式"；重力支座布置板的上部时称为"上挂式"，如图11.6-6所示。

当墙板宽度小于 1.2m 时，也可以布置 3 个连接节点，其中 1 个水平支座，2 个重力支座，如图 11.6-7 所示。

当墙板长度大于 6000mm 时，或墙板为折角板，折边长度大于 600mm 时，可设置 6 个连接节点（图 11.6-8）。

3. 固定节点与活动节点分布

固定节点与活动节点分布有多种方案，这里介绍活动路线比较清晰的滑动节点的方案：

1 个重力支座为固定节点，1 个重力支座为水平滑动节点，2 个水平支座为水平和竖直方向都可以滑动的节点。前面图 11.6-6 的下托式和上挂式布置都是此方案。以下托式为例，对应主体结构位移的原理是：

1 个固定支座与主体结构紧固连接，墙板不会随意乱动。

当主体结构发生层间位移时，下部两个支座不动，上部两个滑动支座允许主体结构相对位移。

当主体结构与墙板有横向温度变形差时，与固定支座一列的支座不动，另外一列支座允许移动。

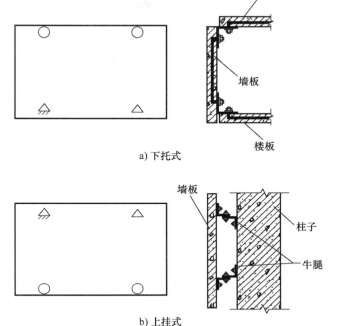

a) 下托式

b) 上挂式

图 11.6-6　下托式与上挂式连接节点布置

○—水平支座活动节点　△—重力支座水平滑动节点

⚶—重力支座固定节点

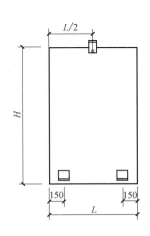

图 11.6-7　板宽为 1200mm 以
下时连接件数量与位置

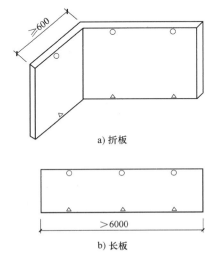

a) 折板

b) 长板

图 11.6-8　长板和折板设置 6 个连接节点

当主体结构与墙板有竖向温度变形差时，与固定支座一行的支座不动，另外一行支座允许移动。

4. 连接节点距离板边缘的距离

图 11.6-9 是日本外墙挂板连接节点距离边缘的位置，板上下部各设置两个连接件，下部连接件中心距离板边缘为 150mm 以上，上部连接件中心与下部连接件中心之间水平距离为 150mm 以上。

上下节点不在一条线上，一个显而易见的好处是"不打架"。因为楼板下面需预埋下层墙板的上部连接节点用的预埋螺母；楼板上面需预埋连接上层墙板重力支座的预埋螺栓；布置在一条线上，锚固空间会拥挤。

5. 偏心节点布置

连接节点最好对称布置。但许多时候，因柱子对操作空间的影响，不得不偏心布置。当偏心布置时，连接点距离边缘不宜过远，节点的距离不宜小于 1/2 板宽，如图 11.6-10 所示。

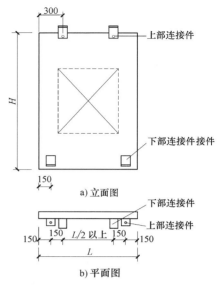

图 11.6-9　板宽为 1200~2000mm
时连接件位置图

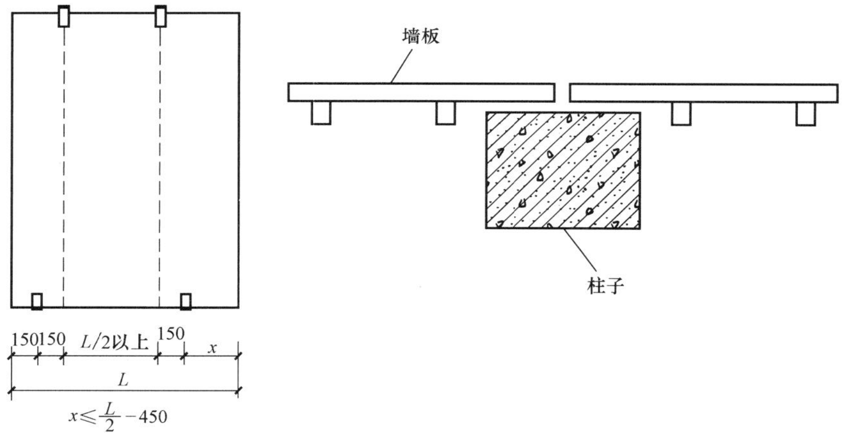

图 11.6-10　偏心连接节点位置

11.6.4　连接节点与结构构件的关系

墙板与结构构件连接的几种类型如图 11.6-11 所示。

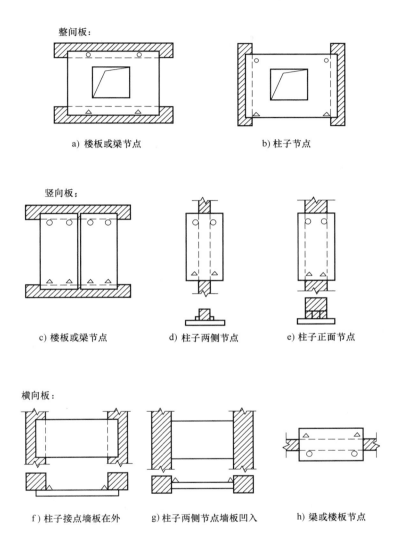

图 11.6-11　墙板与主体结构连接节点类型

11.7　墙板结构计算

11.7.1　墙板结构设计要求

外挂墙板必须满足构件在制作、堆放、运输、施工各个阶段和整个使用寿命期的承载能力的要求，保证强度和稳定性；还要控制裂缝和挠度。

外挂墙板是装饰性构件，对裂缝和挠度比较敏感。按照现行国家标准《混凝土结构设计规范》（GB 50010—2010）的规定，2 类和 3 类环境类别非预应力混凝土构件的裂缝允许宽度为 0.2mm；受弯构件计算跨度小于 7m 时允许挠度为 1/200。

0.2mm 结构裂缝是清晰可视的，清水混凝土和表面涂漆的墙板不大容易被用户接受，心理上会形成不安全感。

外挂墙板在制作、堆放、运输和安装环节荷载作用下，不应当出现裂缝。

在使用环节，当外挂墙板表面为反打瓷砖、反打石材或装饰混凝土时，结构裂缝可以按照《混凝土结构设计规范》（GB 50010—2010）的规定控制；对于清水混凝土构件，宜控制得严一些。对于夹芯保温板，内叶板裂缝控制可按普通结构构件控制，外叶板裂缝控制宜严格一些。

《混凝土结构设计规范》（GB 50010—2010）关于受弯构件挠度的限值，是为屋盖、楼盖及楼梯等构件规定的；外挂墙板计算跨度一般小于 7m，照搬 1/200 挠度限值是个省事的做法，这个挠度在视觉上不会有明显的感觉，而且使墙板产生挠度的主要荷载风荷载并不是恒定的荷载。

11.7.2　行业标准规定

关于外挂墙板《装规》有如下规定：

（1）外挂墙板的高度不宜大于一个层高，厚度不宜小于 100mm（日本外挂墙板最小厚度为 130mm）。

（2）外挂墙板宜采用双层、双向配筋，竖向和水平钢筋的配筋率均不应小于 0.15%，且钢筋直径不宜小于 5mm，间距不宜大于 200mm。

（3）门窗洞口周边、角部应配置加强钢筋。

（4）外挂墙板最外层钢筋的混凝土保护层厚度除有专门要求外，应符合下列规定：

1）对石材或面砖饰面，不应小于 15mm。

2）对清水混凝土，不应小于 20mm。

3）对露骨料装饰面，应从最凹处混凝土表面计起，且不应小于 20mm。

11.7.3　辽宁地方标准规定

《辽装规》关于外挂墙板的构造规定除了与行业标准一样的条文外，还包括以下内容：

外挂墙板的混凝土强度等级不宜低于 C30，也不宜高于 C40，宜采用轻骨料混凝土。现浇连接部分的混凝土强度等级不应低于外挂墙板的设计混凝土强度等级。

11.7.4　作用于 PC 墙板的荷载与作用

不考虑连接节点，PC 墙板本身结构计算需考虑的荷载与作用与墙板方向有关。

竖直 PC 墙板结构计算不需要考虑与墙板平行的重力荷载，只需考虑垂直于墙板的作用，包括风荷载和地震作用。

不规则建筑表面倾斜和仰斜的 PC 墙板需要考虑的作用包括自重荷载，仰斜墙板还包括雪荷载、维修集中荷载，见表 11.7-1。

表 11.7-1　PC 墙板使用期间的荷载与作用

方向	示意图	荷载与作用					
		自重	风荷载	地震作用		雪荷载	施工检修荷载
				水平（垂直板面）	竖向作用		
竖直			√	√			
倾斜		√	√	√	√		
仰斜		√	√	√	√	√	√

11.7.5　计算简图

1. 无洞口墙板

外挂墙板的结构计算主要是验算水平荷载作用下板的承载能力和变形；竖直荷载主要是对连接节点和内外叶板的拉结件作用。

外挂墙板是以连接节点为支承的板式构件，即 4 点支撑板。计算简图如图 11.7-1 所示。

2. 长宽比大的墙板

长宽比较大的墙板，长边内力分布比较均匀，可直接按照简支板计算；短边内力因支座距离较远而分布不均匀，支座板带比跨中板带分担更多的荷载，应当对内力进行调整（图 11.7-2）。支座板带承担 75% 的荷载，跨中板带承担 25% 的荷载。

3. 有洞口墙板的荷载调整

有窗户洞口的墙板，窗户所承受的风荷载应当被窗边墙板所分担（图 11.7-3）。

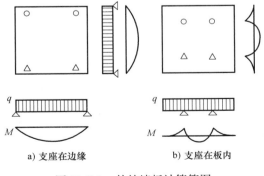

a) 支座在边缘　　　　b) 支座在板内

图 11.7-1　外挂墙板计算简图

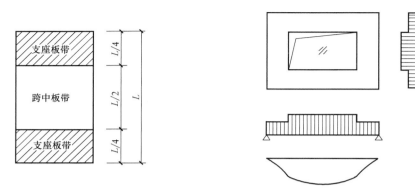

图 11.7-2　长宽比较大的墙板内力调整　　　　图 11.7-3　有洞口墙板计算简图

11.7.6　墙板结构计算

墙板结构计算内容包括：

（1）配筋和墙板承载力验算。

（2）挠度验算。

（3）裂缝宽度计算。

按照日本的经验，PC 墙板随着安装节点位置的变化、开洞情况不同等，计算机计算的结果与人工计算结果差距较大。为了确保安全，在计算机计算的同时也采用人工计算进行比较，取更为安全的结果。

11.7.7　墙板结构构造设计

1. 边缘加强筋

PC 外挂墙板周圈宜设置一圈加强筋（图 11.7-4）。

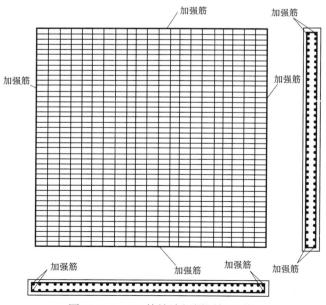

图 11.7-4　PC 外挂墙板周圈加强筋

2. 开口转角处加强筋

PC 外挂墙板洞口转角处应设置加强筋（图 11.7-5）。

3. 预埋件加强筋

PC 外挂墙板连接节点预埋件处应设置加强筋（图 11.7-6、图 11.7-7）。

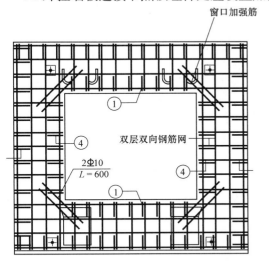

图 11.7-5　PC 外挂墙板开口转角处加强筋

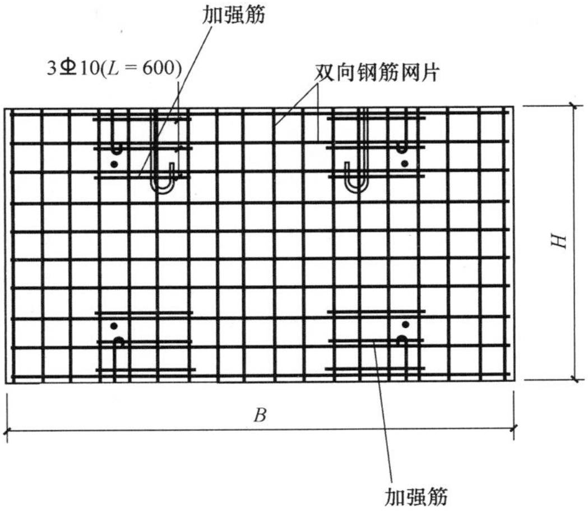

图 11.7-6　连接节点预埋件加强筋

4. L 形墙板转角部位构造

平面为 L 形的转角 PC 墙板转角处的构造和加强筋如图 11.7-7 所示。

5. 板肋构造

有些 PC 墙板，如宽度较大的板，设置了板肋，板肋构造如图 11.7-8 所示。

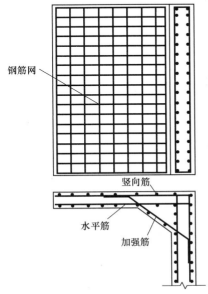

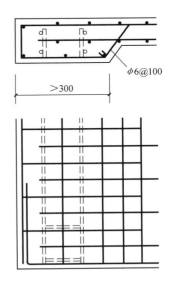

图 11.7-7　L 形墙板转角构造与加强筋

图 11.7-8　板肋构造

6. 各种预埋件连接件（图11.7-9）

名称	图示	构造要求	材性	名称	图示	构造要求	材性	名称	图示	构造要求	材性
BM-1 ①	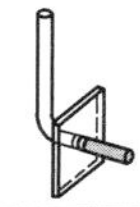	1.锚板厚度不小于10mm 2.螺栓直径不小于24mm 3.丝扣加工精度为6g	Q235-B 镀锌	垫板1 ⑥		1.厚度不小于8mm 2.大小由设计确定	Q235-B 镀锌	L-3 ⑩	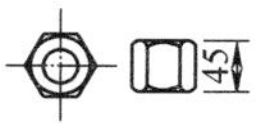	1.螺母大小不小于M30 2.丝扣加工精度为6h	Q235-B 镀锌
BM-2 ②		1.角钢厚度不小于12mm 2.内螺纹直径由L-2确定 3.丝扣加工精度为6h	Q235-B 镀锌	JM-1 ⑦		1.锚板厚度不小于12mm 2.锚筋直径不小于12mm	Q235-B 镀锌	L-4 ⑪		由计算确定	Q235-B 镀锌
L-1 ③	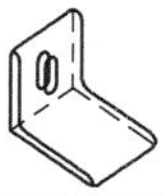	厚度及长度由计算确定	Q235-B 镀锌	BM-3 ⑧	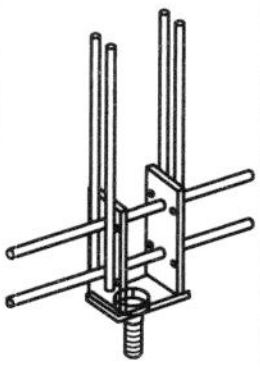	1.锚板厚度不小于12mm 2.锚筋直径不小于16mm 3.螺栓大小为M30 4.丝扣加工精度为6g	Q235-B 镀锌	JM-2 ⑫		1.角钢厚度不小于12mm 2.锚筋直径不小于12mm	Q235-B 镀锌
L-2 ④	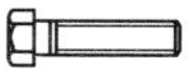	1.螺栓大小不小于M30 2.丝扣加工精度为6g	Q235-B 镀锌					BM-5 ⑬		1.螺纹直径不小于24mm 丝扣加工精度为6h 2.钢板厚度不小于8mm	Q235-B 镀锌
滑移件 ⑤	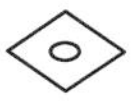	1.1～2mm厚 2.大小由接触面确定	聚四氟乙烯	BM-4 ⑨		1.锚板厚度不小于12mm 2.锚筋直径不小于12mm	Q235-B 镀锌	L-5 ⑭	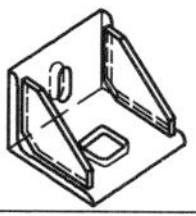	1.钢板厚度不小于8mm 2.角钢大小由计算确定	Q235-B 镀锌

名称	图示	构造要求	材性	名称	图示	构造要求	材性	名称	图示	构造要求	材性
L-6 ⑮	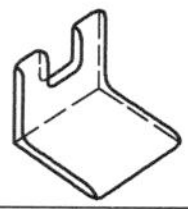	厚度及长度由计算确定	Q235-B 镀锌	BM-7 ⑳	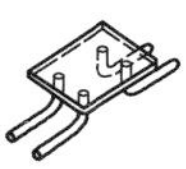	1.锚板厚度不小于12mm 2.锚筋直径不小于12mm	Q235-B 镀锌	L-11 ㉕		厚度及长度由计算确定	Q235-B 镀锌
L-7 ⑯		1.螺栓大小不小于M20 2.丝扣加工精度为6g	Q235-B 镀锌	BM-8 ㉑		1.钢管壁厚不小于5mm 2.钢管直径由设计确定	Q235-B 镀锌	BM-11 ㉖		1.锚板厚度不小于6mm 2.锚筋直径不小于8mm	不锈钢
BM-6 ⑰	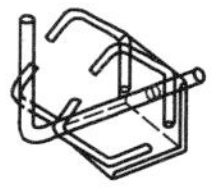	1.螺栓直径不小于24mm 2.丝扣加工精度为6g 3.角钢厚度不小于12mm	Q235-B 镀锌	BM-9 ㉒		1.钢棒直径不小于16mm 2.钢管直径由设计确定	钢棒为不锈钢	BM-12 ㉗		1.锚板厚度不小于6mm 2.锚筋直径不小于8mm	不锈钢
L-8 ⑱	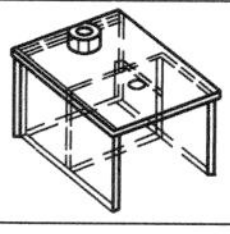	1.钢板厚度不小于10mm 2.螺母大小不小于M30 3.丝扣加工精度为6h	Q235-B 镀锌	BM-10 ㉓	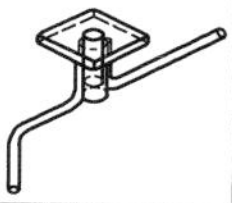	1.钢板厚度不小于12mm 2.内螺纹直径由L-3确定 3.锚筋直径不小于12mm	Q235-B 镀锌	BM-13 ㉘		1.锚板厚度不小于6mm 2.锚筋直径不小于8mm	不锈钢
L-9 ⑲		厚度及长度由计算确定	Q235-B 镀锌	L-10 ㉔	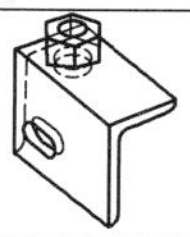	1.角钢厚度不小于12mm 2.螺母大小不小于M30	Q235-B 镀锌	L-12 ㉙		钢管壁厚不小于5mm	钢管为不锈钢

图11.7-9　各种预埋件连接件

11.8　连接节点设计

关于外挂墙板连接节点的类型和布置，在 11.6 节已经讨论了，本节讨论连接节点的结构设计。

11.8.1　行业标准的规定

关于外挂墙板的连接，《装规》有如下规定：

（1）外挂墙板与主体结构采用点支承连接时，连接件的滑动孔尺寸，应根据穿孔螺栓的直径、层间位移值和施工误差等因素确定。

（2）外挂墙板间接缝的构造应符合下列规定：

1）接缝构造应满足防水、防火、隔声等建筑功能的要求。

2）接缝宽度应满足主体结构的层间位移、密封材料的变形能力、施工误差、温差引起的变形要求，且不应小于 15mm。

（3）《装规》条文说明中提出，外挂墙板与主体结构的连接节点应采用预埋件，不得采用后锚固的方法。

11.8.2　辽宁地方标准的规定

《辽装规》关于外挂墙板的连接规定除了与行业标准相同的条文外，还包括以下内容：

（1）外挂墙板与主体结构连接节点应符合下列规定：

1）主体结构的支承构件，应能够承受外墙挂板通过连接节点传递的荷载和作用。

2）连接件的承载力设计值应大于外挂墙板传来的最不利荷载组合效应设计值。

3）预埋件承载力设计值应大于连接件承载力设计值。

（2）外挂墙板采用点支承与主体结构相连时，其节点构造应符合下列规定：

1）应根据外挂墙板的形状、尺寸以及主体结构层间位移等因素，确定连接件的数量和位置。

2）用于抵抗竖向荷载的连接件和抵抗水平荷载的连接件应分别设置；用于抵抗竖向荷载的连接件，每块板不应少于两个。

3）连接件的设计应使外挂墙板具有适应主体结构变形的能力，应为施工安装提供可调整的空间，满足施工安装要求。

4）连接节点应具有消除外挂墙板施工误差的三维调节能力。

5）连接节点应具有适应外挂墙板的温度变形的能力。

（3）外挂墙板采用线支承与主体结构相连时，其节点构造应符合下列规定：

1）外挂墙板宜通过在板侧面上部设置的连接用钢筋与主体结构相连。

2）连接用钢筋在现浇混凝土中的锚固长度通过计算并满足现行国家标准《混凝土结构设计规范》（GB 50010—2010）的相关要求。

（4）连接节点的预埋件、吊装用预埋件以及用于临时支撑的预埋件均宜分别设置。

11.8.3 作用于连接节点的荷载与作用

作用于 PC 墙板连接节点的荷载与作用见表 11.8-1。

表 11.8-1 作用于 PC 墙板连接节点的荷载与作用

连接节点类型	方向	荷载与作用					
		重力	重力偏心力矩水平力	风荷载	地震作用		
					水平（垂直板面）	水平（平行板面）	竖向作用
重力支座	竖直	√					√
	水平（垂直板面）		√	√	√		
	水平（平行板面）					√	
水平支座	水平（垂直板面）		√	√	√		
	水平（平行板面）					√	

11.8.4 连接节点构造

连接节点的构成：

1. 上部的水平支座（滑动方式）

如图 11.8-1 所示，PC 墙板伸出预埋螺栓，与角型连接件连接。连接件的两侧是橡胶密封垫，用双重螺母固定角型连接件。安装时，在水平调节完了的垫片上固定 PC 板一侧的连接件，根据需要垫上较薄的马蹄形垫片，进行微调整。在固定到规定的位置上后，通过垫片和弹簧片把螺栓固定到已埋置在结构楼板或钢结构上的螺母上。

2. 下部重力支座（滑动方式）

如图 11.8-2 所示，L 形预埋件埋置在 PC 墙板中，背后焊有腹板，腹板两侧有锚固钢筋。L 形预埋件预留的安装孔大于主体结构预埋的螺栓，包括了安装允许误差和滑动余量。插入螺母后，旋紧螺母。

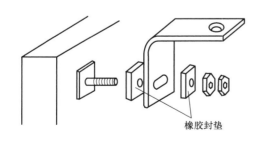

橡胶封垫

图 11.8-1 PC 板一侧的
上部连接件（滑动方式）

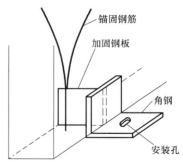

锚固钢筋

加固钢板

角钢

安装孔

图 11.8-2 PC 板一侧的
下部连接件（滑动方式）

3. 上部水平支座（锁紧方式）

如图 11.8-3 所示，螺栓已经预埋在 PC 板上，把上下都有活孔的角钢或曲板，借助于不锈钢片的两边，用螺母锁紧。具体的安装方法虽然与滑动模式完全相同，但是为了方便角钢随意活动，有时会根据需要进行焊接处理。

4. 下部重力支座（锁紧方式）

如图 11.8-4 所示，板一侧连接件虽然滑动方式完全相同，但是安装完成后需要用与螺栓的外径尺寸完全相同的垫片焊接下部连接角钢的方法代替直接用螺母进行锁紧的方法。

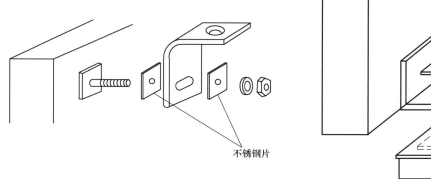

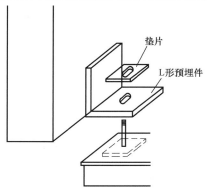

图 11.8-3　PC 板一侧的上　　　　图 11.8-4　PC 板一侧的下
部连接件（锁紧方式）　　　　　　部连接件（锁紧方式）

11.8.5　连接节点计算

连接节点需要进行承载力验算，这是一项需要仔细分类的工作，水平支座与重力支座、同一支座节点的不同部件、同一部件的不同部位，在荷载作用下内力都不一样。以前面介绍的水平支座和重力支座为例，列表分析连接部件结构计算项目，见表 11.8-2。

表 11.8-2　外挂墙板连接节点结构计算分析

连接节点类型	示例	部件序号	部件	部件示意图	部位序号	断面	荷载与作用	承载力计算			锚固
								抗弯	抗剪	抗拉	
水平支座		1	墙板预埋螺栓		①	墙板螺栓断面	水平		√		√
		2	梁或楼板预埋螺栓		②	梁或楼板螺栓断面	水平	√			√

（续）

连接节点类型	示例	部件序号	部件	部件示意图	部位序号	断面	荷载与作用	承载力计算			锚固
								抗弯	抗剪	抗拉	
水平支座		3	角型连接件		③	竖肢根部	水平	√	√		
					④	横肢侧边	水平			√	
					⑤	横肢端边	水平		√		
重力支座		1	预埋在墙板上角型连接件		①	横肢根部	竖向	√	√		
					②	横肢侧边	水平			√	√
					③	横肢端边	水平		√		
		2	预埋在楼板上的螺栓		④	螺栓根部	水平		√		

对于连接节点布置偏心的构件，要考虑支座内力由于偏心而增加或方向改变。

螺栓抗拉、抗剪承载力验算，角型连接件抗弯、抗拉、抗剪承载力验算按照钢结构设计规范计算。

11.8.6 活动节点位移量计算

我们已经知道，滑动节点可以靠加大螺栓孔实现。那么，究竟螺栓孔究竟加大多少合适呢。

1. 重力支座固定节点连接件的孔眼

考虑到制作和安装的误差，即使不需要留出移动空间的固定节点，连接件的孔眼也要设计得比螺栓大一些，重力支座固定节点连接件的孔眼直径可按式（11.8-1）计算：

$$D = d + 2\,d_c \tag{11.8-1}$$

式中　D——孔眼直径；

　　　d——螺栓直径；

　　　d_c——制作和施工允许误差，可取 $3 \sim 5\text{mm}$。

示意图如图 11.8-5 所示。

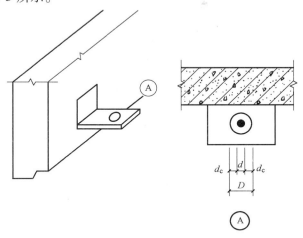

图 11.8-5　重力支座固定节点

连接件孔眼尺寸示意图

2. 重力支座活动节点连接件孔眼尺寸

重力支座活动节点是长孔，孔的宽度方向垂直于板面不需要移动，与固定节点一样，取 D 即可。长度：

$$Lk = d + 2\,d_c + 2\,\Delta S_L \tag{11.8-2}$$

式中　Lk——孔的长度；

　　　ΔS_L——温度变形，与墙板和主体结构之间的温差有关，见第 5 章式（5.11-2）。一般情况下，边长在 4m 以下的板，温度变形在 2mm 以内。

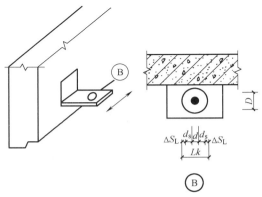

图 11.8-6　重力支座活动节点连接件孔眼尺寸示意图

重力活动支座不必考虑层间位移，因为它与重力固定支座同在层间位移发生时相对位移为零的部位。如此，重力支座活动节点的孔长仅比 D 大 4mm 左右，如图 11.8-6 所示。

3. 水平支座活动节点的孔径

（1）水平支座活动节点的长度比重力支座活动节点多了层间位移：

$$Lk = d + 2\,d_c + 2\,\Delta L_{VH} + 2\,\Delta S_L \tag{11.8-3}$$

式中　ΔL_{VH}——层间位移。见第 5 章表 5.11-1。

日本 PC 墙板连接件预留孔的长度，要大于层间位移，钢筋混凝土结构为 1/300 ~ 1/350。

（2）水平支座活动节点的宽度比重力支座活动节点多了温度变形，即：

$$B_K = D + 2\,\Delta S_h \tag{11.8-4}$$

式中　ΔS_h——沿板的高度方向的温度变形。

示意图如图 11.8-7 所示。

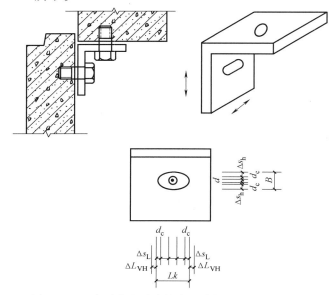

图 11.8-7　水平支座活动节点连接件孔眼尺寸示意图

第 12 章

非结构 PC 构件设计

12.1　概述

　　PC 建筑的非结构 PC 构件是指主体结构柱、梁、剪力墙板、楼板以外的 PC 构件,包括楼梯板、阳台板、空调板、遮阳板、挑檐板、整体飘窗、女儿墙、外挂墙板等构件。

　　非结构构件不仅用于 PC 建筑,也常常用于现浇混凝土结构建筑,有些构件还可以用于钢结构建筑,如楼梯、外墙挂板等。

　　我们已经在第 11 章讨论了外挂墙板的设计。本章讨论除外挂墙板以外的其他非结构 PC 构件的结构设计,包括基本设计规定 (12.2)、楼梯设计 (12.3)、阳台板设计 (12.4)、空调板、遮阳板、挑檐板设计 (12.5)、女儿墙设计 (12.6)、整体飘窗设计 (12.7)。

12.2　基本设计规定

　　现行行业标准《装配式混凝土结构技术规程》(JGJ 1—2014) (以下简称《装规》) 要求预制构件设计应符合下列规定:

　　(1) 对持久设计状况,应对预制构件进行承载力、变形、裂缝控制验算。

　　(2) 对地震设计状况,应对预制构件进行承载力验算。

　　(3) 对制作、运输和堆放、安装等短暂设计状况下的预制构件验算,应符合现行国家标准《混凝土结构工程施工规范》(GB 50666—2011) 的有关规定。

　　第 (3) 条将在第 13 章进行讨论。

12.3　楼梯设计

12.3.1　预制楼梯类型

　　预制楼梯是最能体现装配式优势的 PC 构件。在工厂预制楼梯远比现浇方便、精致,安装后马上就可以使用,给工地施工带来了很大的便利,提高了施工安全性。楼梯板安装一般情况下不需要加大工地塔式起重机吨位,所以,现浇混凝土建筑和钢结构建筑也可以方便地使用。

　　预制楼梯有不带平台板的直板式楼梯即板式楼梯和带平台板的折板式楼梯 (图 12.3-1)。板式楼梯有双跑楼梯和剪刀楼梯。剪刀楼梯一层楼一跑,长度较长;双跑楼梯一层楼两跑,长度短,如图 12.3-2 所示。

板式楼梯 　　　　　　折板式楼梯

图 12.3-1　板式楼梯与折板式楼梯

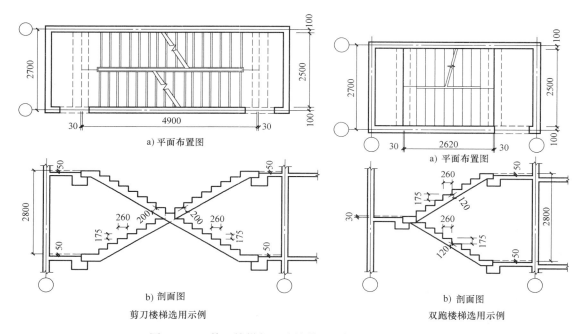

a) 平面布置图　　　　　　　　　a) 平面布置图

b) 剖面图　　　　　　　　　b) 剖面图

剪刀楼梯选用示例　　　　　　双跑楼梯选用示例

图 12.3-2　剪刀楼梯与双跑楼梯（国标图集 15G367-1）

12.3.2　PC 楼梯与支承构件的连接方式

PC 楼梯与支撑构件连接有三种方式：一端固定铰节点一端滑动铰节点的简支方式、一端固定支座一端滑动支座的方式和两端都是固定支座的方式。

现浇混凝土结构，楼梯多采用两端固定支座的方式，计算中楼梯也参与到抗震体系中。

装配式结构建筑，楼梯与主体结构的连接宜采用简支或一端固定一端滑动的连接方式，不参与主体结构的抗震体系。

1. 简支支座

《装规》关于楼梯连接方式的规定：

预制楼梯与支承构件之间宜采用简支连接。采用简支连接时，应符合下列规定：

预制楼梯宜一端设置固定铰，另一端设置滑动铰，其转动及滑动变形能力应满足结构层间位移的要求且预制楼梯端部在支承构件上的最小搁置长度应符合表 12.3-1 （《装规》6.5.8）的规定。

表 12.3-1　预制楼梯在支承构件上的最小搁置长度

抗震设防烈度	6 度	7 度	8 度
最小搁置长度/mm	75	75	100

预制楼梯设置滑动铰的端部应采取防止滑落的构造措施。

2. 固定与滑动支座

预制楼梯上端设置固定端，与支承结构现浇混凝土连接。下端设置滑动支座，放置在支承体系上。

3. 两端固定支座

预制楼梯上下两端都设置固定支座，与支承结构现浇混凝土连接。

日本 PC 建筑的楼梯不做两端都固定支座连接。日本同行介绍：地震中楼梯是逃生通道，应当避免与主体结构互相作用造成损坏。笔者在日本看到，有的楼梯滑动端与支承构件之间的竖缝甚至没有做填塞处理，就留着明缝。

12.3.3　板面与板底纵向钢筋

《装规》关于楼梯纵向钢筋的规定：

预制板式楼梯的梯段板底应配置通长的纵向钢筋。板面宜配置通长的纵向钢筋；当楼梯两端均不能滑动时，板面应配置通长的钢筋。

这段规定有两个"应"一个"宜"。

对于简支楼梯板，板底受拉，只在支座处弯矩为零，所以"应"配置通长钢筋。

简支板的板面受压，但考虑在吊装、运输、安装过程中受力复杂，所以建议配置通长钢筋，用了"宜"。

当楼梯板两端都是固定节点时，有了负弯矩，板面有了拉应力，所以"应"配置通长钢筋。

12.3.4　楼梯结构计算

1. 固定铰与滑动铰连接楼梯板

（1）计算简图（图 12.3-3）

（2）计算举例

1）基本资料：

①几何参数：

楼梯净跨：$L_1 = 2700 \text{mm}$

楼梯高度：$H = 1500 \text{mm}$

梯板厚度：$t = 120 \text{mm}$

踏步数：$n = 10$（阶）

上平台楼梯梁宽度：$b_1 = 200 \text{mm}$

下平台楼梯梁宽度：$b_2 = 200 \text{mm}$

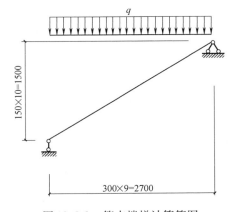

图 12.3-3　简支楼梯计算简图

②荷载标准值：

可变荷载：$q = 3.50 \text{kN/m}^2$

面层荷载：$q_m = 1.00 \text{kN/m}^2$

栏杆荷载：$q_f = 0.20 \text{kN/m}$

准永久值系数：$\psi_q = 0.50$

③材料信息：

混凝土强度等级：C30　　　　$f_c = 14.30 \text{N/mm}^2$

$f_t = 1.43 \text{N/mm}^2$　　　　　　$R_c = 25.0 \text{kN/m}^3$

$f_{tk} = 2.01 \text{N/mm}^2$　　　　　$E_c = 3.00 \times 10^4 \text{N/mm}^2$

钢筋强度等级：HRB400　　　$f_y = 360 \text{N/mm}^2$

$E_s = 2.00 \times 10^5 \text{N/mm}^2$

保护层厚度：$c = 20.0 \text{mm}$　　　$R_s = 20 \text{kN/m}^3$

受拉区纵向钢筋类别：带肋钢筋

梯段板纵筋合力点至近边距离：$a_s = 25.00 \text{mm}$

支座负筋系数：$\alpha = 0.25$

2）计算过程：

①楼梯几何参数：

踏步高度：$h = 0.1500 \text{m}$

踏步宽度：$b = 0.3000 \text{m}$

计算跨度：$L_0 = L_1 + (b_1 + b_2)/2 = 2.70 + (0.20 + 0.20)/2 = 2.90(\text{m})$

梯段板与水平方向夹角余弦值：$\cos\alpha = 0.894$

②荷载计算（取 $B = 1\text{m}$ 宽板带）：

梯段板：

面层：$g_{km} = (B + Bh/b)q_m = (1 + 1 \times 0.15/0.30) \times 1.00 = 1.50(\text{kN/m})$

自重：$g_{kt} = R_c B(t/\cos\alpha + h/2) = 25 \times 1 \times (0.12/0.894 + 0.15/2)$

$\qquad = 5.23(\text{kN/m})$

抹灰：$g_{ks} = R_s Bc/\cos\alpha = 20 \times 1 \times 0.02/0.894 = 0.45(\text{kN/m})$

恒荷标准值：$P_k = g_{km} + g_{kt} + g_{ks} + q_f = 1.50 + 5.23 + 0.45 + 0.20 = 7.38(\text{kN/m})$

恒荷控制：

$P_n(G) = 1.35P_k + 0.7\gamma_Q Bq = 1.35 \times 7.38 + 0.7 \times 1.40 \times 1 \times 3.50$

$\qquad = 13.39(\text{kN/m})$

活荷控制：$P_n(L) = \gamma_G P_k + \gamma_Q Bq = 1.20 \times 7.38 + 1.40 \times 1 \times 3.50$

$\qquad\qquad = 13.75(\text{kN/m})$

荷载设计值：$P_n = \max\{P_n(G), P_n(L)\} = 13.75 \text{kN/m}$

③正截面受弯承载力计算：

左端支座反力：$R_1 = 19.94 \text{kN}$

右端支座反力：$R_{\mathrm{r}} = 19.94\mathrm{kN}$

最大弯矩截面距左支座的距离：$L_{\max} = 1.45\mathrm{m}$

最大弯矩截面距左边弯折处的距离：$x = 1.45\mathrm{m}$

$$
\begin{aligned}
M_{\max} &= R_1 L_{\max} - P_{\mathrm{n}} x^2 / 2 \\
&= 19.94 \times 1.45 - 13.75 \times 1.45^2 / 2 \\
&= 14.46(\mathrm{kN \cdot m})
\end{aligned}
$$

相对受压区高度：$\zeta = 0.119108$ 配筋率：$\rho = 0.004731$

底筋计算面积：$A_{\mathrm{s}} = 449.47\mathrm{mm}^2$

支座负筋计算面积：$A_{\mathrm{s}}' = \alpha A_{\mathrm{s}} = 0.25 \times 449.47 = 112.37(\mathrm{mm}^2)$

2. 固定端与滑动支座连接楼梯板

（1）计算简图（图 12.3-4）。

（2）计算举例

1）计算资料（同简支楼梯）

2）计算过程：

①～②步骤同上。

③正截面受弯承载力计算：

考虑支座嵌固折减后的最大弯矩：

$$M_{\max}' = \alpha_1 M_{\max} = 0.80 \times 14.46 = 11.57 \ (\mathrm{kN \cdot m})$$

相对受压区高度：$\zeta = 0.094033$

配筋率：$\rho = 0.003735$

底筋计算面积：$A_{\mathrm{s}} = 354.84\mathrm{mm}^2$

支座负筋计算面积：$A_{\mathrm{s}}' = A_{\mathrm{s}} = 354.84\mathrm{mm}^2$

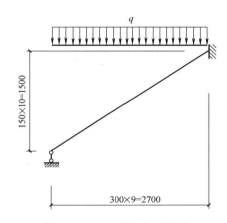

图 12.3-4　一端固定一端滑动楼梯计算简图

12.3.5　楼梯安装节点设计

1. 固定铰节点

固定铰节点构造如图 12.3-5 所示。

2. 滑动铰节点

滑动铰节点构造如图 12.3-6 所示。

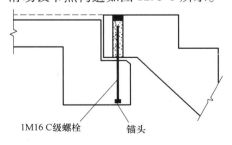

1M16 C级螺栓　　锚头

图 12.3-5　固定铰节点构造

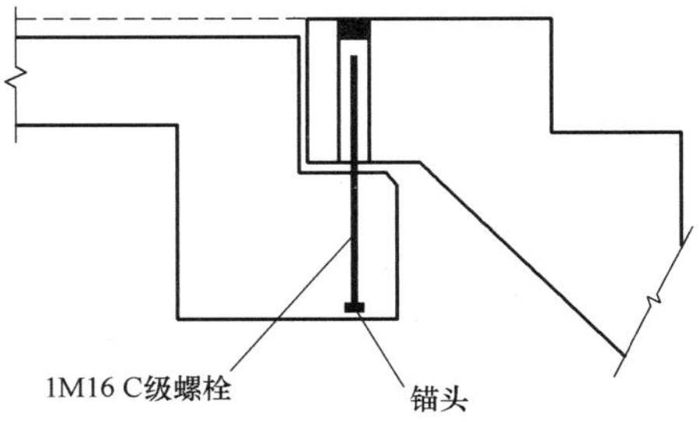

1M16 C级螺栓　　锚头

图 12.3-6　滑动铰节点构造

3. 固定端节点

固定端节点构造如图 12.3-7、图 12.3-8 所示。

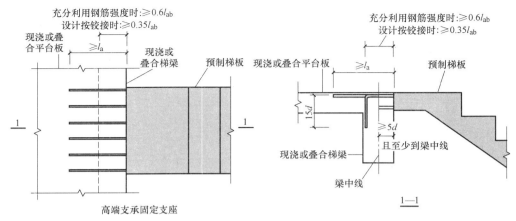

图 12.3-7 固定端节点构造（国标图集 15G310-1）

图 12.3-8 固定端节点伸出钢筋图

预制楼梯伸出钢筋部位的混凝土表面与现浇混凝土结合处应做成粗糙面，粗糙面构造为（《装规》6.5.5 条）：

粗糙面的面积不宜小于结合面的 80%，预制板的粗糙面凹凸深度不应小于 4mm，预制梁端、预制柱端、预制墙端的粗糙面凹凸深度不应小于 6mm。

4. 滑动支座

滑动支座节点构造如图 12.3-9 所示。

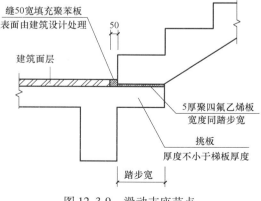

图 12.3-9 滑动支座节点
构造（国标图集 16G101-2）

5. 防止滑落构造

防止滑落的构造如图 12.3-10 所示。

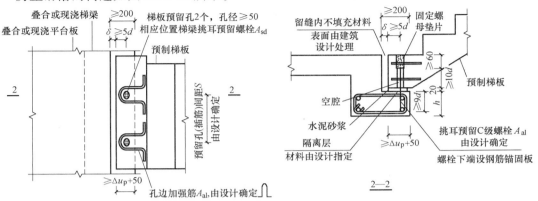

图 12.3-10　防止滑落的构造（国标图集 15G310-1）

12.3.6　楼梯其他要求与构造设计

1. 移动缝的构造

为避免楼梯在地震作用下与结构梁或墙体互相作用形成约束，在楼梯的滑动段，应留出移动空间（图 12.3-11）。

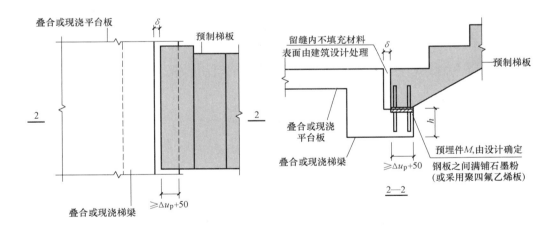

图 12.3-11　楼梯移动缝构造图（国标图集 15G310-1）

2. 与侧墙的构造

预制楼梯一般不与侧墙相连。

12.3.7　清水混凝土表面

PC 楼梯一般做成清水混凝土表面，上下面都必须光洁，宜采用立模生产。由于没有表面抹灰层，楼梯防滑槽等建筑构造在楼梯预制时应一并做出（图 12.3-12）。

图 12.3-12　楼梯防滑槽构造

12.4　阳台板设计

12.4.1　阳台板类型

阳台板为悬挑板式构件，有叠合式和全预制式两种类型，全预制又分为全预制板式和全预制梁式（图 12.4-1）。

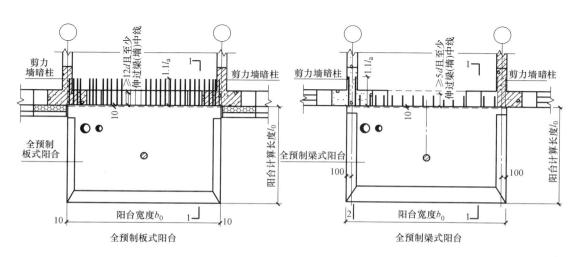

图 12.4-1　阳台类型（国标图集 15G368-1）

12.4.2　《装规》规定

关于阳台板等悬挑板《装规》规定：

阳台板、空调板宜采用叠合构件或预制构件。预制构件应与主体结构可靠连接；叠合构件的负弯矩钢筋应在相邻叠合板的后浇混凝土中可靠锚固，叠合构件中预制板底钢筋的锚固应符合下列规定：

（1）当板底为构造配筋时，其钢筋应符合以下规定；

叠合板支座处，预制板内的纵向受力钢筋宜从板端伸出并锚入支承梁或墙的后浇混凝土中，锚固长度不应小于 $5d$（d 为纵向受力钢筋直径），且宜过支座中心线，见第 7 章图 7.5-2a。

（2）当板底为计算要求配筋时，钢筋应满足受拉钢筋的锚固要求。

受拉钢筋基本锚固长度也称为非抗震锚固长度，一般来说，在非抗震构件（或四级抗震条件）中（如基础筏板、基础梁等）用到它，表示为 L_a 或 L_{ab}。

通常说的锚固长度是指抗震锚固长度 L_{ae}，该数值以基本锚固长度乘以相应的系数 ζ_{aE} 得到。ζ_{aE} 在一、二级抗震时取 1.15，三级抗震时取 1.05，四级抗震时取 1.00。可参见国标图集 16G101-1。

12.4.3　阳台板计算简图

阳台计算简图如图 12.4-2 所示。

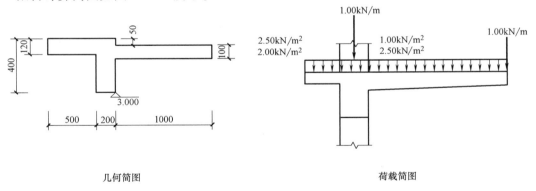

几何简图　　　　　　　　　　　　荷载简图

图 12.4-2　阳台计算简图

12.4.4　预制阳台板连接节点

1. 叠合式阳台板连接节点

叠合式阳台板连接节点如图 12.4-3 所示。

2. 全预制板式阳台板连接节点

全预制板式阳台连接节点如图 12.4-4 所示。

3. 全预制梁式阳台板连接节点

全预制梁式阳台连接节点如图 12.4-5 所示。

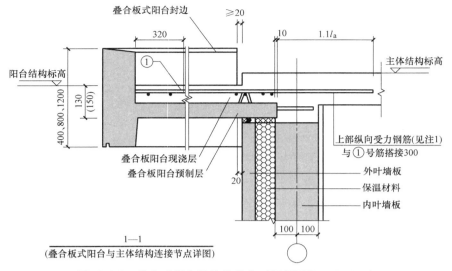

1—1
(叠合板式阳台与主体结构连接节点详图)

图 12.4-3　叠合式阳台板连接节点（国标图集 15G368-1）

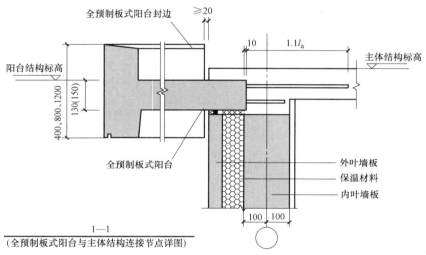

1—1
(全预制板式阳台与主体结构连接节点详图)

图 12.4-4　全预制板式阳台板连接节点（国标图集 15G368-1）

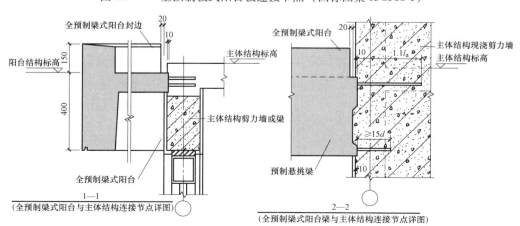

1—1
(全预制梁式阳台与主体结构连接节点详图)

2—2
(全预制梁式阳台梁与主体结构连接节点详图)

图 12.4-5　全预制梁式阳台板连接节点（国标图集 15G368-1）

12.4.5　阳台板构造设计其他要求

阳台板构造设计其他要求：

（1）预制阳台板与后浇混凝土结合处应做粗糙面。

（2）阳台设计时应预留安装阳台栏杆的孔洞和预埋件等。

（3）预制阳台板安装时需设置支撑，见第 13 章。

12.5　空调板、遮阳板、挑檐板设计

空调板、遮阳板、挑檐板等与阳台板同属于悬挑式板式构件，计算简图与节点构造与阳台板一样。

空调板、遮阳板、挑檐板的结构布置原则是同一高度必须有现浇混凝土层。板示意图如图 12.5-1 所示，连接节点构造如图 12.5-2 所示。

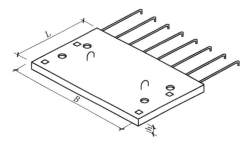

预制钢筋混凝土空调板示意图

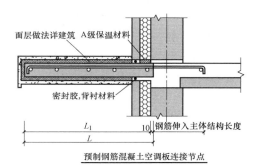

预制钢筋混凝土空调板连接节点

图 12.5-1　空调板、遮阳板、挑檐板结构示意图（国标图集 15G368-1）

图 12.5-2　空调板、遮阳板、挑檐板连接节点构造（国标图集 15G368-1）

12.6　女儿墙设计

本节介绍的 PC 女儿墙结构设计是剪力墙结构女儿墙；外挂墙板女儿墙结构设计见第 11 章。

12.6.1　女儿墙类型

女儿墙有两种类型（图 12.6-1）：

（1）压顶与墙身一体化类型的倒 L 形。

（2）墙身与压顶分离式。

12.6.2　女儿墙墙身设计

1. 女儿墙墙身计算简图

女儿墙墙身为固定在楼板现浇带上的悬臂板，计算简图如图 12.6-2 所示。

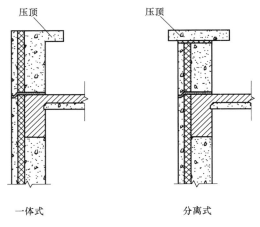

图 12.6-1　女儿墙类型

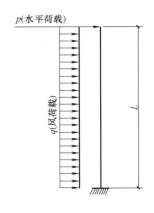

图 12.6-2　女儿墙墙身计算简图

2. 连接节点

女儿墙墙身连接与剪力墙一样：与屋盖现浇带的连接用套筒连接或浆锚搭接，竖缝连接为后浇混凝土连接。连接节点图如图 12.6-3 所示。

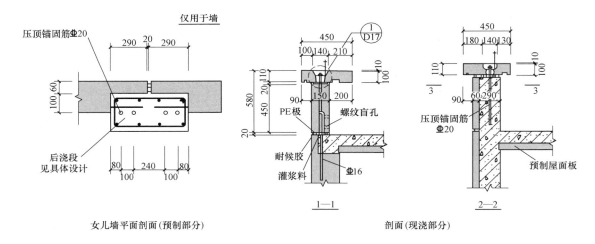

图 12.6-3　女儿墙墙身连接节点图（国标图集 15G368-1）

12.6.3　女儿墙压顶设计

1. 结构构造

女儿墙压顶按照构造配筋，如图 12.6-4 所示。

2. 连接构造

女儿墙压顶与墙身的连接用螺栓连接，如图 12.6-5 所示。

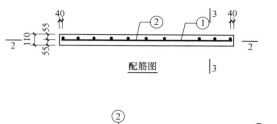

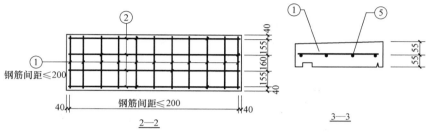

图 12.6-4　女儿墙压顶结构构造图（国标图集 15G368-1）

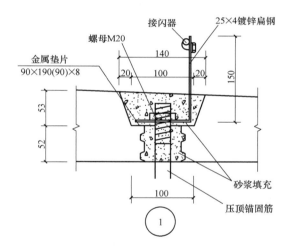

图 12.6-5　女儿墙压顶连接节点（国标图集 15G368-1）

12.7　整体飘窗设计

12.7.1　整体式飘窗类型

　　飘窗为凸出墙面的窗户的俗称，在一些地区受消费者喜欢。尽管装配式建筑不宜做凸出墙面的构件，但整体式飘窗是无法回避的（图 12.7-1）。

　　整体式飘窗有两种类型，一种是组装式，墙体与闭合性窗户板分别预制，然后组装在一起；一种是整体式，整个飘窗一体预制完成。前者制作简单，但整体性不好；后者制作麻烦，但整体性好。

示意图如图 12.7-2 所示。

图 12.7-1　预制飘窗

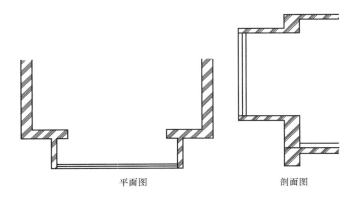

平面图　　　　　　　　剖面图

图 12.7-2　整体式飘窗示意图

12.7.2　整体式飘窗结构计算要点

整体式飘窗结构计算要点：

（1）整体式飘窗墙体部分与剪力墙基本一样，只是荷载中增加了悬挑出墙体的偏心荷载，包括重力荷载和活荷载。

（2）整体式飘窗悬挑窗台板部分与阳台板、空调板等悬挑板的计算简图一样。

（3）整体式飘窗安装吊点的设置须考虑偏心因素。

（4）组装式飘窗须设计可靠的连接节点。

第 13 章

PC 构件制作图设计

13.1 概述

现浇混凝土结构建筑工程图设计完成就可以施工了，PC 建筑还需要进行构件制作图设计。

PC 构件制作图是工厂制作 PC 构件的依据。所有 PC 构件，拆分后的主体结构构件和非结构构件都需要进行制作图设计。

构件制作图设计主要有三项工作；

（1）将各个专业和各个环节所有对 PC 构件的要求汇集到构件制作图上。

（2）对构件在制作、运输、堆放、安装各个环节荷载作用下的承载能力和变形进行验算。

（3）设计吊点、堆放支撑点、制作安装环节需要的预埋件等。

本章讨论 PC 构件制作图设计内容（13.2）、脱模设计（13.3）、吊点设计（13.4）、堆放、运输设计（13.5）、施工设置设计（13.6）、构件制作图设计细目（13.7）。

13.2 PC 构件制作图设计内容

13.2.1 PC 制作图设计内容

PC 构件制作图设计内容包括：

1. 各专业设计汇集

PC 构件设计须汇集建筑、结构、装饰、水电暖、设备等各个专业和制作、堆放、运输、安装各个环节对预制构件的全部要求，在构件制作图上无遗漏地表示出来。

2. 制作、堆放、运输、安装环节的结构与构造设计

与现浇混凝土结构不同，装配式结构预制构件需要对构件制作环节的脱模、翻转、堆放，运输环节的装卸、支承，安装环节的吊装、定位、临时支承等，进行荷载分析和承载力与变形的验算。还需要设计吊点、支承点位置，进行吊点结构与构造设计。这部分工作需要对原有结构设计计算过程了解，必须由结构设计师设计或在结构设计师的指导下进行。

现行行业标准《装配式混凝土结构技术规程》（JGJ 1—2014）（以下简称《装规》）要求：对制作、运输和堆放、安装等短暂设计状况下的预制构件验算，应符合现行国家标准《混凝土结构工程施工规范》（GB 50666—2011）的有关规定。

制作施工环节结构与构造设计内容包括：

（1）脱模吊点位置设计、结构计算与设计。

（2）翻转吊点位置设计、结构计算与设计。

（3）吊运验算及吊点设计。

（4）堆放支承点位置设计及验算。

（5）易开裂敞口构件运输拉杆设计。

（6）运输支撑点位置设计。

（7）安装定位装置设计。

（8）安装临时支撑设计等。

PC 构件使用期预埋件的设计在第 6 章、第 11 章已做介绍，在构件制作图设计阶段应当汇集。

3. 设计调整

在构件制作图设计过程中，可能会发现一些问题，需要对原设计进行调整，例如：

（1）预埋件、埋设物设计位置与钢筋"打架"，距离过近，影响混凝土浇筑和振捣时，需要对设计进行调整。或移动预埋件位置，或调整钢筋间距。

（2）造型设计有无法脱模或不易脱模的地方。

（3）构件拆分导致无法安装或安装困难的设计。

（4）后浇区空间过小导致施工不便。

（5）当钢筋保护层厚度大于 50mm 时，需要采取加钢筋网片等防裂措施。

（6）当预埋螺母或螺栓附近没有钢筋时，须在预埋件附近增加钢丝网或玻纤网防止裂缝。

（7）对于跨度较大的楼板或梁，确定制作时是否需要做成反拱。

13.2.2 "一图通"原则

在第 4 章已经强调了"一图通"的原则。所谓"一图通"，就是对每种构件提供该构件完整齐全的图样，不要让工厂技术人员从不同图样去寻找汇集构件信息，不仅不方便，最主要的是容易出错。

例如，一个构件在结构体系中的位置从平面拆分图中可以查到，但按照"一图通"原则，就应当不怕麻烦把该构件在平面中的位置画出示意图"放"在构件图中。

"一图通"原则对设计者而言不过是鼠标点击一下"复制"，图样数量会增加。对制作工厂而言，带来了极大的方便，也会避免遗漏和错误。PC 构件一旦有遗漏和错误，到现场安装时才发现，就无法补救了，会造成很大的损失。

之所以强调"一图通"，还因为 PC 工厂不是施工企业，许多工厂技术人员对混凝土在行，对制作工艺精通，但不熟悉施工图样，容易遗漏。

把所有设计要求都反映到构件制作图上，并尽可能实行一图通，是保证不出错误的关键原则。汇集过程也是复核设计的过程，会发现"不说话"和"撞车"现象。

每种构件的设计，任何细微差别都应当表示出来。一类构件一个编号。

13.3 脱模设计

脱模设计包括脱模强度确定、脱模吊点设计、在脱模荷载作用下构件承载力验算。

13.3.1　脱模强度

《装规》规定，PC 构件脱模时混凝土立方体抗压强度应满足设计强度，且不应低于 $15N/mm^2$。这个规定是基本要求。PC 构件的脱模强度与构件重量和吊点布置有关。需根据计算确定。如两点起吊的大跨度高梁，脱模时混凝土抗压强度需要更高一些。

脱模强度一方面是要求工厂脱模时混凝土必须达到的强度；一方面是验算脱模时构件承载力的混凝土强度值。

特别需要提醒的是，夹芯保温构件外叶板在脱模或翻转时所承受的荷载作用可能比使用期间更不利，拉结件锚固设计应当按脱模强度计算。

13.3.2　脱模荷载

脱模时构件和吊具所承受的荷载包括模具对混凝土构件的吸附力和构件在动力作用下的自重。

1.《装规》关于脱模荷载的规定

预制构件进行脱模验算时，等效静力荷载标准值应取构件自重标准值乘以动力系数与脱模吸附力之和，且不宜小于构件自重标准值的 1.5 倍。动力系数与脱模吸附力应符合下列规定：

（1）动力系数不宜小于 1.2。

（2）脱模吸附力应根据构件和模具的实际状况取用，且不宜小于 $1.5kN/m^2$。

2. 构件自重

对于夹芯保温构件或装饰一体化构件，脱模时构件自重应包括保温层、外叶板、装饰面材等全部重量。

3. 脱模吸附力

脱模吸附力与构件形状、模具材质、光洁程度和脱模剂种类及涂刷质量有关，实际吸附力的大小可以通过脱模起重设备的计量装置测得。PC 工厂应当有吸附力经验数据，脱模设计时设计人员应当予以了解。

13.3.3　脱模吊点布置

PC 构件脱模吊点有三种情况。

1. 与吊运安装时的吊点为同一吊点

梁、无桁架筋或架立筋的楼板、平模制作的楼梯板、空调板、阳台板、女儿墙、有自动翻转台的流水线上制作的墙板、立模制作的墙板和立模制作的柱子等。

2. 借用桁架筋、架立筋

构件脱模时的吊点与构件吊运与安装时的吊点为同一吊点，但不是专门设置的吊点，而是借用桁架筋、架立筋。包括有桁架筋的叠合楼板和有架立筋的预应力叠合楼板。

3. 专设脱模吊点

构件脱模时的吊点与构件吊运与安装时的吊点不共用同一吊点，而是专门设置的脱模吊点，包括柱子、在固定模台和没有自动翻转台的流水线上生产的墙板、立模生产的楼梯板等。

对于第 1 种、第 2 种情况，由于脱模吊点不是单独设立的，在安装吊点设计计算时，应对脱模时的荷载作用情况进行验算。计算时需要注意：混凝土强度等级取脱模时的强度等级。

对于第 3 种情况，需专门设计脱模吊点。

图 13.3-1　外墙挂板专门设置内埋式螺母为脱模吊点

外挂墙板的安装节点从方向上与脱模一致，有的厂家直接用安装节点作为脱模吊点，应明确禁止这种做法，要求专门设计脱模吊点。因为脱模时混凝土尚未到达设计强度，安装节点此时受力，可能会使节点处混凝土产生细微裂缝，对构件长期安全使用不利。图 13.3-1 为一 PC 外挂墙板，虽然安装节点与脱模方向一致，但还是设置了内埋式螺母为脱模吊点。为避免应力集中，一个吊点位置设立了两个内埋式螺母。

13.3.4　脱模吊点设计

脱模吊点设计包括吊点布置、吊点构造、承载力验算。常用的脱模吊点有内埋式螺母、预埋钢筋吊环、预埋钢丝绳索、预埋尼龙绳索等。

脱模吊点设计与安装吊点设计一样，在下一节（13.4 节）中统一介绍。

13.4　吊点设计

13.4.1　PC 构件不同工作状态下的吊点

除脱模环节外，PC 构件在翻转、吊运和安装工作状态下需要设置吊点。

1. 翻转吊点

"平躺着"制作的墙板、楼梯板和空调板等构件，脱模后或需要翻转 90° 立起来，或需要翻转 180° 将表面朝上。流水线上有自动翻转台时，不需要设置翻转吊点；在固定模台或流水线没有翻转平台时，需设置翻转吊点，并验算翻转工作状态的承载力。

柱子大都是"平躺着"制作的，堆放、运输状态也是平躺着的，吊装时则需要翻转 90° 立起来，须验算翻转工作状态的承载力。

无自动翻转台时，构件翻转作业方式有两种：捆绑软带式（图 13.4-1）和预埋吊点式。捆绑软带式在设计中须确定软带捆绑位置，据此进行承载力验算。预埋吊点式需要设计吊点位置与构造，进行承载力验算。

图 13.4-1　捆绑软带式翻转

　　板式构件的翻转吊点一般为预埋螺母，设置在构件边侧（图 13.4-2）。只翻转 90°立起来的构件，可以与安装吊点兼用；翻转 180°的构件，需要在两个边侧设置吊点（图 13.4-3）。

图 13.4-2　设置在板边的预埋螺母

2. 吊运吊点

　　吊运工作状态是指构件在车间、堆场和运输过程中由起重机吊起移动的状态。一般而言，并不需要单独设置吊运吊点，可以与脱模吊点或翻转吊点或安装吊点共用，但构件吊运状态的荷载（动力系数）与脱模、翻转和安装工作状态不一样，所以需要进行分析。

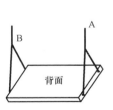

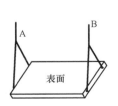

a) 构件背面朝上，两个侧边有翻　　b) 构件立起，A吊钩承载　　c) B吊钩承载，A吊钩随从，
转吊点，A吊钩吊起，B吊钩随从　　　　　　　　　　　　　　　　构件表面朝上

图 13.4-3　180°翻转示意图

　　楼板、梁、阳台板的吊运节点与安装节点共用。

　　柱子的吊运节点与脱模节点共用。

　　墙板、楼梯板的吊运节点或与脱模节点共用，或与翻转节点共用，或与安装节点共用。

　　在进行脱模、翻转和安装节点的荷载分析时，应判断这些节点是否兼做吊运节点。

3. 安装吊点

安装吊点是构件安装时用的吊点，构件的空间状态与使用时一致。

（1）带桁架筋叠合楼板的安装吊点借用桁架筋的架立筋（图13.4-4），多点布置。脱模吊点和吊运吊点也同样。

图13.4-4　带桁架筋叠合板以桁架筋的架立筋为吊点

（2）无桁架筋的叠合板、预应力叠合板、阳台板、空调板、梁、叠合梁等构件的安装吊点为专门埋置的吊点，与脱模吊点和吊运吊点共用。楼板、阳台板为预埋螺母；小型板式构件如空调板、遮阳板也可以埋设尼龙绳；梁、叠合梁可以埋设预埋螺母、较重的构件埋设钢筋吊环、钢丝绳吊环（图13.4-5）等。

图13.4-5　叠合梁（左图）和墙板（右图）钢丝绳索吊环

（3）柱子、墙板、楼梯板的安装节点为专门设置的安装节点。柱子、楼梯板一般为预埋螺母；墙板有预埋螺母（图13.4-6）、预埋吊钉（图13.4-7）和钢丝绳吊环等。

把以上对各类吊点的讨论汇总到表13.4-1中。

图 13.4-6　H 形墙板预埋螺母吊点

图 13.4-7　预埋吊钉示意图

表 13.4-1　PC 构件吊点一览表

构件类型	构件细分	工作状态				吊点方式
		脱模	翻转	吊运	安装	
柱	模台制作的柱子	△	○	△	○	内埋螺母
	立模制作的柱子	○	无翻转	○	○	内埋螺母
	柱梁一体化构件	△	○	○	○	内埋螺母
梁	梁	○	无翻转	○	○	内埋螺母、钢索吊环、钢筋吊环
	叠合梁	○	无翻转	○	○	内埋螺母、钢索吊环、钢筋吊环
楼板	有桁架筋叠合楼板	○	无翻转	○	○	桁架筋
	无桁架筋叠合楼板	○	无翻转	○	○	预埋钢筋吊环、内埋螺母
	有架立筋预应力叠合楼板	○	无翻转	○	○	架立筋
	无架立筋预应力叠合楼板	○	无翻转	○	○	钢筋吊环、内埋螺母
	预应力空心板	○	无翻转	○	○	内埋螺母
墙板	有翻转台翻转的墙板	○	○	○	○	内埋螺母、吊钉
	无翻转台翻转的墙板	△	◇	○	○	内埋螺母、吊钉
楼梯板	模台生产	△	◇	△	○	内埋螺母、钢筋吊环
	立模生产		△	△	○	内埋螺母、钢筋吊环
阳台板、空调板等	叠合阳台板、空调板	○	无翻转	○	○	内埋螺母、软带捆绑（小型构件）
	全预制阳台板、空调板	△	◇	○	○	内埋螺母、软带捆绑（小型构件）
飘窗	整体式飘窗	○	◇	○	○	内埋螺母

注：○为安装节点；△为脱模节点；◇为翻转节点；其他栏中标注表明共用。

13.4.2　翻转、运输、吊运、安装荷载

《装规》规定：预制构件在翻转、运输、吊运、安装等短暂设计状况下的施工验算，应将构件自重标准值乘以动力系数后作为等效静力荷载标准值。构件在运输、吊运时，动力系

数宜取1.5；构件翻转及安装过程中就位、临时固定时，动力系数可取1.2。

13.4.3 吊点位置与计算简图

1. 吊点位置设计原则

吊点位置的设计须考虑四个主要因素：

（1）受力合理。

（2）重心平衡。

（3）与钢筋和其他预埋件互不干扰。

（4）制作与安装便利。

2. 柱子吊点

（1）安装吊点和翻转吊点 柱子安装吊点和翻转吊点共用，设在柱子顶部。断面大的柱子一般设置4个吊点（图13.4-8），也可设置3个吊点。断面小的柱子可设置2个或者1个吊点。沈阳南科大厦边长1300mm的柱子设置了3个吊点；边长700mm的柱子设置了2个吊点。

图13.4-8 PC柱子安装吊点

柱子安装过程计算简图为受拉构件；柱子从平放到立起来的翻转过程中，计算简图相当于两端支撑的简支梁（图13.4-9）。

（2）脱模和吊运吊点 除了要求四面光洁的清水混凝土柱子是立模制作外，绝大多数柱子都是在模台上"躺着"制作，堆放、运输也是平放，柱子脱模和吊运共用吊点，设置在柱子侧面，采用内埋式螺母，便于封堵，痕迹小。

柱子脱模吊点的数量和间距根据柱子断面尺寸和长度通过计算确定。由于脱模时混凝土强度较低，吊点可以适当多设置，不仅对防止混凝土裂缝有利，也会减弱吊点处的应力集中。

两个或两组吊点时（图 13.4-10a、b），柱子脱模和吊运按带悬臂的简支梁计算；多个吊点时（图 13.4-10c），可按带悬臂的多跨连系梁计算。

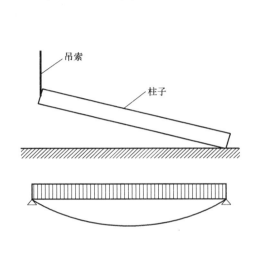

图 13.4-9　柱子安装、翻转计算简图

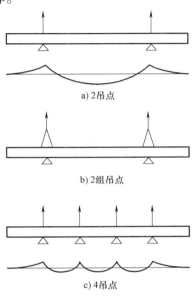

图 13.4-10　柱脱模和吊运吊
点位置及计算简图

3. 梁吊点

梁不用翻转，安装吊点、脱模吊点与吊运吊点为共用吊点。梁吊点数量和间距根据梁断面尺寸和长度，通过计算确定。与柱子脱模时的情况一样，梁的吊点也宜适当多设置。

边缘吊点距梁端距离应根据梁的高度和负弯矩筋配置情况经过验算确定，且不宜大于梁长的 1/4。吊点布置如图 13.4-11 所示。

梁只有两个（或两组）吊点时，按照带悬臂的简支梁计算；多个吊点时，按带悬臂的多跨连系梁计算。位置与计算简图与柱脱模吊点相同，见图 13.4-10。

梁的平面形状或断面形状为非规则形状（图 13.4-12），吊点位置应通过重心平衡计算确定。

4. 楼板与叠合阳台板、空调板吊点

楼板不用翻转，安装吊点、脱模吊点与吊运吊点为共用吊点。楼板吊点数量和间距根据板的厚度、长度和宽度通过计算确定。

国家 PC 叠合板标准图集，跨度在 3.9m 以下、宽 2.4m 以下的板，设置 4 个吊点；跨度为 4.2～6.0m、宽 2.4m 以下的板，设置 6 个吊点。

图 13.4-4 为日本的叠合板，是 10 个吊点。

边缘吊点距板的端部不宜过大。长度小于 3.9m 的板，悬臂段不大于 600mm；长度为 4.2～6m 的板，悬臂段不大于 900mm。

图 13.4-11　梁的吊点布置

4 个吊点的楼板可按简支板计算；6 个以上吊点的楼板计算可按无梁板，用等代梁经验系数法转换为连续梁计算。

有桁架筋的叠合楼板和有架立筋的预应力叠合楼板，用桁架筋作为吊点。国家标准图集在吊点两侧横担 2 根长 280mm 的 2 级钢筋，垂直于桁架筋。

日本叠合板吊点一般采用多点吊装，吊点处不另外设置加强筋。

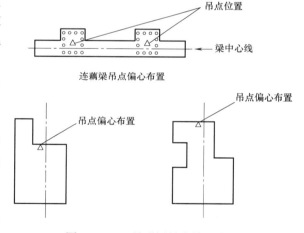

图 13.4-12　异形梁吊点偏心布置

5. 墙板吊点

（1）有翻转台翻转的墙板　有翻转台翻转的墙板，脱模、翻转、吊运、安装吊点共用，可在墙板上边设立吊点，也可以在墙板侧边设立吊点。一般设置 2 个，也可以设置两组，以减小吊点部位的应力集中（图 13.4-13）。

（2）无翻转台翻转的墙板（非立模）和整体飘窗　无翻转平台的墙板，脱模、翻转和安装节点都需要设置。脱模节点在板的背面，设置 4 个（图 13.4-14）；安装节点与吊运节点共用，与有翻转台的墙板的安装节点一样；翻转节点则需要在墙板底边设置，对应安装节点的位置。

（3）避免墙板偏心　异形墙板、门窗位置偏心的墙板和夹芯保温板等，需要根据重心计算布置安装节点（图 13.4-15）。

（4）计算简图　墙板在竖直吊运和安装环节因截面很大，不需要验算。

需要翻转和水平吊运的墙板按 4 点简支板计算。

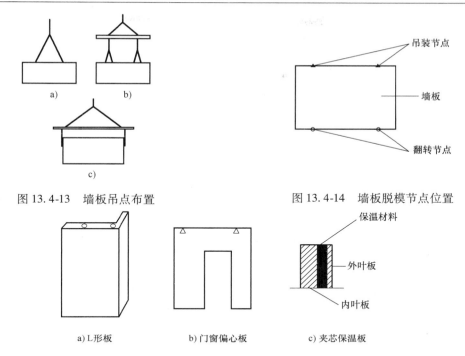

图 13.4-13　墙板吊点布置

图 13.4-14　墙板脱模节点位置

a)L 形板　　　　　　　　b)门窗偏心板　　　　　　　c)夹芯保温板

图 13.4-15　不规则墙板吊点布置

6. 楼梯板、全预制阳台板、空调板吊点

楼梯吊点是 PC 构件中最复杂多变的。脱模、翻转、吊运和安装节点共用较少。

（1）平模制作的楼梯板、全预制阳台板、空调板　平模制作的楼梯一般是反打，阶梯面朝下，脱模吊点在楼梯板的背面。

楼梯在修补、堆放过程一般是楼梯面朝上，需要 180°翻转，翻转吊点设在楼梯板侧边，可兼做吊运吊点。

安装吊点有两种情况：

1）如果楼梯两侧有吊钩作业空间，安装吊点可以设置在楼梯两个侧边。

2）如果楼梯两侧没有吊钩作业空间，安装吊点须设置在表面（图 13.4-16）。

3）全预制阳台板、空调板安装吊点设置在表面。

（2）立模制作的楼梯板　立模制作的楼梯脱模吊点在楼梯板侧边，可兼做翻转吊点和吊运吊点。

安装吊点同平模制作的楼梯一样，依据楼梯两侧是否有吊钩作业空间确定。

（3）楼梯吊点可采用预埋螺

图 13.4-16　设置在楼梯表面的安装吊点

母，也可采用吊环。国家标准图中楼梯侧边的吊点设计为预埋钢筋吊环。

（4）非板式楼梯的重心　带梁楼梯和带平台板的折板楼梯在吊点布置时需要进行重心计算，根据重心布置吊点。

（5）楼梯板吊点布置计算简图　楼梯水平吊装计算简图为 4 点支撑板。

7. 软带吊具的吊点

小型板式构件可以用软带捆绑翻转、吊运和安装，设计图样须给出软带捆绑的位置和说明。曾经有过 PC 墙板工程因工地捆绑吊运位置不当而导致墙板断裂的例子（图 13.4-17）。

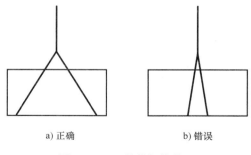

a) 正确　　　　　b) 错误

图 13.4-17　软带捆绑位置靠里导致墙板断裂示意

13.4.4　吊点验算强度取值

在进行吊点结构验算时，不同工作状态混凝土强度等级的取值不一样：

（1）脱模和翻转吊点验算：取脱模时混凝土达到的强度，或按 C15 混凝土计算。

（2）吊运和安装吊点验算：取设计混凝土强度等级的 70% 计算。

13.4.5　吊点方式比较

吊点有预埋螺栓、吊钉、钢筋吊环、预埋钢丝绳索和尼龙绳索等。

内埋式螺母是最常用的脱模吊点，埋置方便，使用方便，没有外探，作为临时吊点，不需要切割。

吊钉最大的特点是施工非常便捷，埋置方便，不需要切割。但混凝土局部需要内凹。

预埋钢筋吊环受力明确，吊钩作业方便。但需要切割。

预埋钢丝绳索在混凝土内锚固可以灵活，在配筋较密的梁中使用比较方便。

小型构件脱模可以预埋尼龙绳，切割方便。

13.4.6　吊点构造

（1）预埋螺母、螺栓和吊钉的专业厂家有根据试验数据得到的计算原则和构造要求，结构设计师选用时除了应符合这些要求外，还应当要求工厂使用前进行试验验证。

（2）吊点距离混凝土边缘的距离不应小于 50mm，且应符合厂家的要求。

（3）采用钢筋吊环时，应符合《混凝土设计规范》关于预埋件锚固的有关规定。

（4）较重构件的吊点宜增加构造钢筋，也可布置双吊点（见图 13.4-13b）。

（5）脱模吊点、吊运吊点和安装吊点的受力主要是受拉，但翻转吊点既受拉又受剪，对混凝土还有劈裂作用。翻转吊点宜增加构造钢筋（图 13.4-18）。

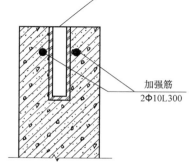

预埋螺母

加强筋
2Φ10L300

图 13.4-18　大型构件翻转节点构造加固

13.5　堆放、运输设计

PC 构件脱模后，要经过质量检查、表面修补、装饰处理、场地堆放、运输等环节，设计须给出支承要求，包括支承点数量、位置、构件是否可以多层堆放、可以堆放几层等。

结构设计师对堆放支承必须重视。曾经有工厂就因堆放不当而导致大型构件断裂（图 13.5-1）。

设计师给出构件支承点位置需进行结构受力分析，最简单的办法是吊点对应的位置做支承点。

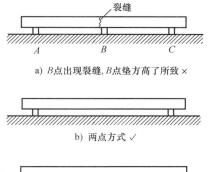

a) B点出现裂缝，B点垫方高了所致 ×

b) 两点方式 ✓

c) 4点方式 ✓

图 13.5-1　因增加支撑点而导致大型梁断裂示意图

13.5.1　水平放置构件的支承

1. 构件检查支架

叠合楼板、墙板、梁、柱等构件脱模后一般要放置在支架上进行模具面的质量检查和修补（图 13.5-2）。支架一般是两点支撑，对于大跨度构件两点支承是否可以设计师应做出判断，如果不可以，应当在设计说明中明确给出几点支承和支承间距的要求。

图 13.5-2　PC 构件检查支架

装饰一体化墙板较多采用翻转后装饰面朝上的修补方式，支承垫可用混凝土立方体加软垫（图 13.5-3）。设计师应给出支承点位置。对于转角构件，应要求工厂制作专用支架（图 13.5-4）。

2. 构件堆放

水平堆放的构件有楼板、墙板、梁、柱、楼梯板、阳台板等。楼板、墙板可用点式支承，也可用垫方木支承，梁、柱和预应力板用垫方木支承，如图 13.5-5 ~ 图 13.5-12 所示。

大多数构件可以多层堆放，多层堆放的原则是：

（1）支承点位置经过验算。

（2）上下支承点对应一致。

（3）一般不超过 6 层。

图 13.5-3　装饰一体化 PC 墙板装饰面朝上支承

图 13.5-4　折板用专用支架支承

图 13.5-5　点式支承垫块

图 13.5-6　板式构件多层点式支承堆放

图 13.5-7　叠合板多层垫方木支承堆放

图 13.5-8　梁垫方支承堆放

图 13.5-9　预应力板垫方支承堆放

图 13.5-10　槽形构件两层点支承堆放

图 13.5-11　L 形板堆放 1

图 13.5-12　L 形板堆放 2

13.5.2　竖直放置构件支承

墙板可采用竖向堆放方式，少占场地（图 13.5-13）。也可在靠放架上斜立放置（图 13.5-14）。竖直堆放和斜靠堆放，垂直于板平面的荷载为零或很小，但也以水平堆放的支承点作为隔垫点为宜。

13.5.3　运输方式及其支承

PC 构件运输方式包括水平放置运输和竖直放置运输。

图 13.5-13　构件竖直堆放

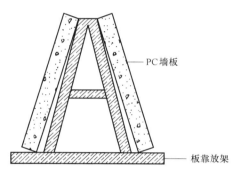

图 13.5-14　构件靠放架堆放

1. 水平放置运输

各种构件都可以水平放置运输，墙板和楼板可以多层放置，如图 13.5-15、图 13.5-16、图 13.5-17 所示。

图 13.5-15　柱子运输

图 13.5-16　墙板和 L 形板运输

图 13.5-17　预应力叠合板运输

柱、梁、预应力板采用垫方支承；楼板、墙板可以采用垫块支承。支承点的位置应与堆放时一样。

2. 竖直放置运输

竖直放置运输用于墙板，或直接使用堆放时的靠放架；或用运输墙板的专车辆（图 13.5-18）。

图 13.5-18　PC 墙板专用运输车

13.5.4　运输时的临时拉结杆

一些开口构件、转角构件为避免运输过程中被拉裂，须采取临时拉结杆。对此设计应给出要求。

图 13.5-19 是一个 V 形墙板临时拉结杆的例子，用两根角钢将构件两翼拉结，以避免构件内转角部位在运输过程中拉裂。安装就位前再将拉结角钢卸除。

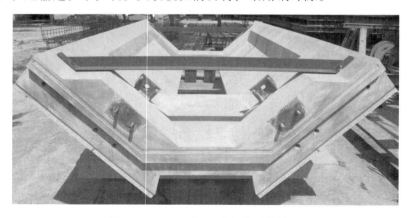

图 13.5-19　V 形 PC 墙板临时拉结图

需要设置临时拉结杆的构件包括断面面积较小且翼缘长度较长的 L 形折板、开洞较大的墙板、V 形构件、半圆形构件、槽形构件等（图 13.5-20）。

临时拉结杆可以用角钢、槽钢，也可以用钢筋。

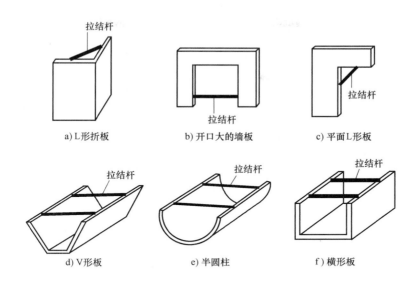

图 13.5-20　需要临时拉结的 PC 构件

13.6　施工设置设计

PC 施工环节需要的设置包括竖向构件连接支点及标高调整、叠合板临时支承、竖向构件临时斜支承、施工辅助设施固定等。

13.6.1　竖向构件调整标高支点

柱子、墙板等竖向构件的水平连接缝一般为 20mm 高，所以，在上部构件安装就位时，应当将构件点垫起来。如果下部构件或现浇混凝土表面不平，支垫点还有调整标高的功能。

标高支点有两种办法，预埋螺母法和钢垫片法。

预埋螺母法是最常用的标高支点做法：在下部构件顶部或现浇混凝土表面预埋螺母（对应螺栓直径 20mm），旋入螺栓作为上部构件调整标高的支点，标高微调靠旋转螺栓实现。上部构件对应螺栓的位置预埋 50mm×50mm×6mm 的镀锌钢片，以削弱局部应力集中的影响（图 13.6-1、图 13.6-2）。

标高支点也可用钢垫片（图 13.6-3），省去了在 PC 柱或现浇混凝土中埋设螺母的麻烦。但钢垫片存在

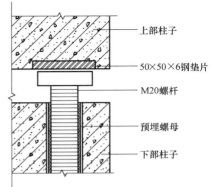

图 13.6-1　螺栓调整标高支点构造图

两个问题，一是对接缝处断面抗剪力稍稍有点削弱；二是微调标高要准备不同厚度的钢垫片，不如螺栓微调标高方便。

标高支点一般布置 4 个，位置如图 13.6-4 所示。

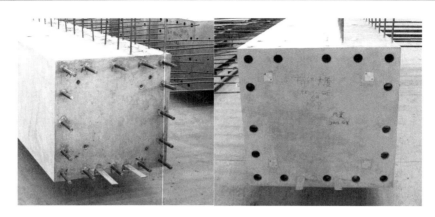

左图是下柱顶部，有4个预埋螺母孔，右图是上柱底部，有4个预埋钢片。左图对角线两个预埋螺母是吊点，左右两图伸出的两根镀锌钢带是防雷引下线

图 13.6-2　螺栓调整标高支点实例

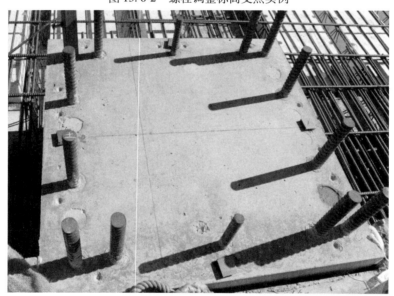

图 13.6-3　螺栓调整标高支点钢垫块法

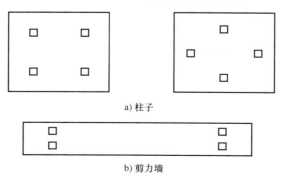

a) 柱子

b) 剪力墙

图 13.6-4　调整标高支点数量与位置示意

13.6.2　叠合梁、板临时支承

叠合梁、叠合楼板、叠合阳台板等水平构件安装后需要设置支撑，设计须给出支撑的要求，包括支撑方式、位置、间距、支撑荷载要求等，还应当给出明确要求，叠合层后浇筑混凝土强度达至多少时，楼板支撑才可以撤除。也有规定其上两层安装完后可以拆除，但不如以叠合层强度为依据科学。

PC 楼板支撑一般使用金属支撑系统，有柱梁支撑和柱支撑两种方式（图 13.6-5）。专业厂家会根据支撑楼板的荷载情况和设计要求给出支撑部件的配置。

叠合梁板一般在两端支撑，距离边缘 500mm，且支撑间距不宜大于 2000mm。安装时混凝土强度应达到设计强度 100%。施工均布荷载不大于 $1.5kN/m^2$；不均匀情况，在单板范围内，折算不大于 $1.0kN/m^2$。

a) 柱梁支撑　　　　　　　　　　　　　b) 柱支撑

图 13.6-5　楼板支撑实例图

13.6.3　竖向构件临时斜支承

柱子和墙板等竖向构件安装就位后，为防止倾倒需设置斜支撑。斜支撑的一端固定在被支撑的 PC 构件上，另一端固定在地面预埋件上（图 13.6-6）。

图 13.6-6　竖向构件斜支撑

结构设计须对竖向构件临时斜支撑进行计算、布置和构造设计。

竖向构件施工期间水平荷载主要是风荷载。风荷载宜按施工期间最大风荷载取值，据此进行倾覆稳定验算。由于 PC 构件安装一般不会在大风或大风前进行，也可根据当地气象情况具体分析如何取值。

断面较大的柱子稳定力矩大于倾覆力矩，可不设立斜支撑。安装柱子后马上进行梁的安装或组装后浇区模板的方向，也不需要斜支撑。需要设立斜支撑的柱子有一个方向和两个方向两种情况。剪力墙板需要设置斜支撑，一般布置在靠近板边的部位，如图 13.6-7 所示。

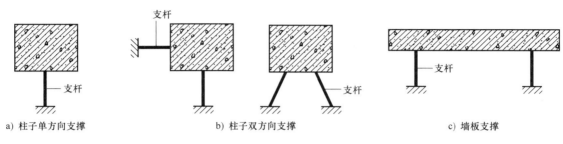

a) 柱子单方向支撑   b) 柱子双方向支撑   c) 墙板支撑

图 13.6-7　竖向构件斜支撑方向

设立斜支撑的构件，支撑杆的角度与支撑面空间有关。斜支撑一般是单杆支撑，也有用双杆支撑的，如图 13.6-8 所示。

斜支撑杆件在 PC 构件上的固定方式一般是用螺栓将杆件连接件与内埋式螺母连接。

13.6.4　施工辅助设施固定

工地有一些设施需要临时在 PC 构件上固定，如后浇区模板、提升架、塔式起重机支架、安全护栏等，为此需要在 PC 构件上埋设预埋螺母。

本书一位编者曾经在一个装配式建筑工地

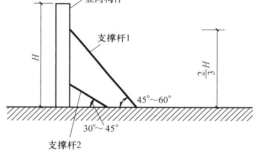

图 13.6-8　竖向构件斜支撑角度

发现，由于 PC 剪力墙墙板没有预留后浇区模板安装预埋件，现场工人用冲击钻在 PC 墙板上打眼植入膨胀螺栓，结果把构件内的钢筋都打断了。

工地设施预埋螺母的荷载要求、直径、位置等应当由施工企业技术人员提出，再由结构设计师验算并进行构造设计。

13.7　构件制作图设计细目

本节列出 PC 构件制作图设计细目。

给 PC 构件制作工厂的图样不应当仅仅是构件图样本身，而应当是包括拆分和后浇区连接节点设计的一整套图样，以方便制作工厂与施工安装企业互相了解情况，对照检查，避免出错。

本节列出的设计图样细目，主要是与 PC 有关的设计。混凝土现浇建筑的常规设计细目这里不详细列出。

13.7.1　总说明

除了常规结构图样总说明内容外，尚应包括如下与 PC 有关的内容：

1. 构件编号

构件有任何不同，都要通过编号区分。例如构件只有预埋件位置不同，其他所有地方都一样，也要在编号中区分，可以用横杠加序号的方法。

2. 材料要求

（1）混凝土强度等级

1）当同样构件混凝土强度等级不一样时，如底层柱子和上部柱子混凝土强度等级不一样，除在说明中说明外，还应在构件图中注明。

2）当构件不同部位混凝土强度等级不一样时，如柱梁一体构件柱与梁的混凝土强度等级不一样，除在总说明中说明外，还应在构件图中注明。

3）夹芯保温构件内外叶墙板混凝土强度等级不一样时，应当在构件图中说明。

4）须给出构件安装时必须达到的强度等级，如叠合楼板须达到设计强度的 100%；楼梯应达到设计强度的 75%；其他构件应达到设计强度的百分比要求。

（2）当采用套筒灌浆连接方式时：

1）须确定套筒类型、规格、材质，提出力学物理性能要求。

2）提出选用与套筒适配的灌浆料的要求。

（3）当采用浆锚搭接连接方式时：

1）提出波纹管或约束钢筋材质要求。

2）提出选用与浆锚搭接适配的灌浆料的要求。

（4）当后浇区钢筋采用机械套筒连接时：选择机械套筒类型，提出技术要求。

（5）提出表面构件特别是清水混凝土构件钢筋间隔件的材质要求，不能用金属间隔件。

（6）对于钢筋伸入支座锚固长度不够的构件，确定机械锚固类型，提出材质要求。

（7）提出预埋螺母、预埋螺栓、预埋吊点等预埋件的材质和规格要求。

（8）提出预留孔洞金属衬管的材质要求。

（9）确定拉结件类型，提出材质要求。

（10）给出夹芯保温构件保温材料的要求。

（11）如果设计有粘在预制构件上的橡胶条，提出材质要求。

（12）对反打石材、瓷砖提出材质要求；对反打石材的隔离剂、不锈钢挂钩提出材质和物理力学性能要求。

（13）电器埋设管线等材料要求。

（14）防雷引下线材料要求等。

3. 其他要求

（1）构件拆模需要达到的强度。

（2）构件安装需要达到的强度。

（3）构件质量检查、堆放和运输支承点位置与方式。

（4）构件安装后临时支承的位置、方式与时间。

13.7.2 拆分图

拆分图包括平面拆分布置图和立面拆分布置图，应标注每个构件的编号，与现浇混凝土区（包括后浇混凝土连接节点）应标识不同颜色。

1. 平面拆分图

（1）平面拆分图给出一个楼层 PC 构件的拆分布置，标识 PC 柱、梁和墙体。

（2）凡是布置不一样或构件拆分不一样的楼层都应当给出该楼层平面布置图。

（3）柱梁结构体系，柱子图与梁图宜分开为好，清晰。

（4）平面面积较大的建筑，除整体平面图外，还可以分成几个区域给出区域拆分图，给读图者以方便。这一点日本拆分图给人以深刻印象，绝不会一张图挤得密密麻麻的，字小得需用放大镜看。

2. 楼板拆分图

（1）楼板拆分图给出一个楼层楼板的拆分布置，标识楼板。

（2）凡是布置不一样或楼板拆分不一样的楼层都应当给出该楼层楼板布置图。

（3）平面面积较大的建筑，除整体楼板拆分图外，还可以分成几个区域给出区域楼板拆分图。

3. 立面拆分图

（1）给出每道轴线立面拆分图，标识该立面 PC 构件。

（2）楼层较多的高层建筑，除整体立面拆分图外，还可以分成几个高度区域给出区域立面拆分图。

13.7.3 连接节点图

后浇混凝土连接节点位置在拆分图中已经标识，这里的连接节点图包括：

（1）后浇区连接节点平面、配筋。

（2）后浇区连接节点剖面图。

（3）套筒连接或浆锚搭接详图。

13.7.4 构件制作图

（1）构件图应附有该构件所在位置标识图（图 13.7-1）。

（2）构件图应附有构件各面命名图，以方便正确看图（图 13.7-2）。

（3）构件模具图

1）构件外形、尺寸、允许误差。

2）构件混凝土量与构件重量。

3）使用、制作、施工所有阶段需要的预埋螺母、螺栓、吊点等预埋件位置、详图；给出预埋件编号和预

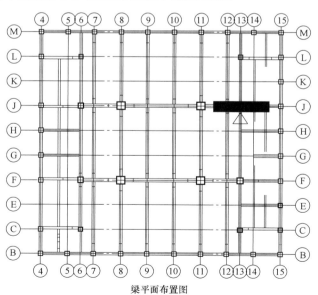

梁平面布置图

图 13.7-1　构件位置标示图

埋件表。

4）预留孔眼位置、构造详图与衬管要求。

5）粗糙面部位与要求。

6）键槽部位与详图。

7）墙板轻质材料填充构造等。

（4）配筋图　除常规配筋图、钢筋表外，配筋图还须给出：

1）套筒或浆锚孔位置、详图、箍筋加密详图。

2）包括钢筋、套筒、浆锚螺旋约束钢筋、波纹管浆锚孔箍筋的保护层要求。

3）套筒（或浆锚孔）、出筋位置、长度
允许误差。

4）预埋件、预留孔及其加固钢筋。

5）钢筋加密区的高度。

6）套筒部位箍筋加工详图，依据套筒半
径给出箍筋内侧半径。

7）后浇区机械套筒与伸出钢筋详图。

8）构件中需要锚固的钢筋的锚固详图。

（5）夹芯保温构件拉结件

1）拉结件布置。

2）拉结件埋设详图。

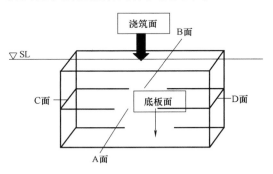

图 13.7-2　构件各面视图方向标示图

（6）非结构专业的内容　与 PC 构件有关的建筑、水电暖设备等专业的要求必须一并在
PC 构件中给出，包括（不限于）：

1）门窗安装构造。

2）夹芯保温构件的保温层构造与细部要求。

3）防水构造。

4）防火构造要求。

5）防雷引下线埋设构造。

6）装饰一体化构造要求，如石材、瓷砖反打构造图。

7）外装幕墙构造。

8）机电设备预埋管线、箱槽、预埋件等。

13.7.5　产品信息标识

为了方便构件识别和质量可追溯，避免出错，PC 构件应标识基本信息，日本许多 PC
构件工厂采用埋设信息芯片用扫描仪读信息的方法，国内上海城建 PC 工厂也采用埋设芯片
的办法。

产品信息应包括以下内容：构件名称、编号、型号、安装位置、设计强度、生产日期、
质检员等。

第三篇 制 作

本篇介绍 PC 构件的制作,共 6 章。

第 14 章介绍 PC 制作工艺与工厂布置,第 15 章介绍模具设计与制作,第 16 章介绍 PC 原材料制备与配合比设计,第 17 章介绍 PC 构件制作,第 18 章介绍 PC 构件吊运、堆放与运输,第 19 章介绍 PC 构件质量检验。

第 14 章

PC 制作工艺与工厂布置

14.1 概述

PC 构件一般情况下是在工厂制作(图 14.1-1)。如果建筑工地距离工厂太远,或通往工地的道路无法通行运送构件大型车辆,也可在工地制作。第 2 章图 2.1-1 就是日本一个建筑工地的临时 PC 工厂的照片。

图 14.1-1 上海城建 PC 工厂车间

PC 构件制作有不同的工艺,采用何种工艺与构件类型和复杂程度有关,与构件品种有关,也与投资者的偏好有关。

工厂建设应根据市场需求、主要产品类型、生产规模和投资能力等因素首先确定采用什么生产工艺,再根据选定的生产工艺进行工厂布置。

本章介绍 PC 制作工艺和工厂布置原则,包括制作工艺综述(14.2)、PC 构件工厂生产规模与基本设置(14.3)、固定模台工艺及其车间布置(14.4)、流水线工艺及其车间布置(14.5)、立模工艺简介(14.6)、预应力工艺及其车间布置(14.7)、各种工艺比较(14.8)、生产灵活性(14.9)。

14.2　制作工艺综述

14.2.1　制作工艺

PC 构件制作工艺有两种方式:固定方式和流动方式。

固定方式是模具布置在固定的位置,包括固定模台工艺、立模工艺和预应力工艺等。

流动方式是模具在流水线上移动,也称为流水线工艺,包括手控流水线、半自动流水线和全自动流水线。

本节分别对固定模台工艺、立模工艺、预应力工艺和流水线工艺进行介绍。

1. 固定模台工艺

固定模台工艺是固定式生产的主要工艺,也是 PC 构件制作应用最广的工艺。

固定模台是一块平整度较高的钢结构平台,也可以是高平整度高强度的水泥基材料平台。固定模台作为 PC 构件的底模,在模台上固定构件侧模,组合成完整的模具,如图 14.2-1 所示。固定模台也被称为底模、平台、台模。

图 14.2-1　固定模台

固定模台工艺的设计主要是根据生产规模,在车间里布置一定数量的固定模台,组模、放置钢筋与预埋件、浇筑振捣混凝土、养护构件和拆模都在固定模台上进行。固定模台生产工艺,模具是固定不动的,作业人员和钢筋、混凝土等材料在各个模台间"流动"。绑扎或焊接好的钢筋用起重机送到各个固定模台处、混凝土用送料车或送料吊斗送到模台处,养护蒸汽管道也通到各个模台下。PC 构件就地养护,构件脱模后再用起重机送到存放区。

固定模台工艺可以生产柱、梁、楼板、墙板、楼梯、飘窗、阳台板、转角构件等各式构件。它的最大优势是适用范围广,灵活方便,适应性强,启动资金较少。

有些构件的模具自带底模,如立式浇筑的柱子,在 U 形模具中制作的梁、柱等。自带底模的模具不用固定在固定模台上,其他工艺流程与固定模台工艺一样。

2. 立模工艺

立模工艺是 PC 构件固定生产方式的一种。

立模工艺与固定模台工艺的区别是：固定模台工艺构件是"躺着"浇筑的，而立模工艺构件是立着浇筑的。

立模有独立立模和组合立模。一个立着浇筑柱子或一个侧立浇筑的楼梯板的模具属于独立立模；成组浇筑的墙板模具属于组合立模（图 14.2-2）。

图 14.2-2　艾巴维生产的实心墙板成组立模

组合立模的模板可以在轨道上平行移动，在安放钢筋、套筒、预埋件时，模板移开一定距离，留出足够的作业空间，安放钢筋等结束后，模板移动到墙板宽度所要求的位置，然后再封堵侧模。

立模工艺适合无装饰面层、无门窗洞口的墙板、清水混凝土柱子和楼梯等。其最大优势是节约用地。立模工艺制作的构件，立面没有抹压面，脱模后也不需要翻转。

立模不适合楼板、梁、夹芯保温板、装饰一体化板制作；侧边出筋复杂的剪力墙板也不大适合；柱子也仅限于要求 4 面光洁的柱子，因为柱立模成本较高。

3. 预应力工艺

预应力工艺是 PC 构件固定生产方式的一种，分为先张法工艺和后张法工艺。

先张法一般用于制作大跨度预应力混凝土楼板、预应力叠合楼板或预应力空心楼板。

先张法预应力工艺是在固定的钢筋张拉台上制作构件（图 14.2-3）。钢筋张拉台是一个长条平台，两端是钢筋张拉设备和固定端，钢筋张拉后在长条台上浇筑混凝土，养护达到要求强度后，拆卸边模和肋模，然后卸载钢筋拉力，切割预应力楼板。除钢筋张拉和楼板切割外，其他工艺环节与固定模台工艺接近。

后张法工艺主要用于制作预应力梁或预应力叠合梁，其工艺方法与固定模台工艺接近，构件预留预应力钢筋（或钢绞线）孔，钢筋张拉在构件达到要求强度后进行（图 14.2-4）。

图 14.2-3　先张法制作预应力楼板

图 14.2-4　后张法制作预应力梁

后张法预应力工艺只适用于预应力梁、板。

4. 流水线工艺

流水线工艺是将模台（也称为"移动台模"或"托盘"）放置在滚轴或轨道上，使其移动。首先在组模区组模；然后移动到放置钢筋和预埋件的作业区段，进行钢筋和预埋件入模作业；然后再移动到浇筑振捣平台上进行混凝土浇筑；完成浇筑后，模台下的平台振动，对混凝土进行振捣；之后，模台移动到养护窑进行养护；养护结束出窑后，移到脱模区脱模，构件或被吊起，或在翻转台翻转后吊起，然后运送到构件存放区。

流水线工艺适合非预应力叠合楼板、双面空心墙板和无装饰层墙板的制作。有手控、半自动和全自动三种类型的流水线。类型单一、出筋不复杂、作业环节不复杂的构件，流水线可达得很高的自动化和智能化水平：自动清扫模具、自动涂刷脱模剂、计算机在模台上画出模具边线和预埋件位置、机械臂安放磁性边模和预埋件、自动化加工钢筋网、自动安放钢筋网、自动布料浇筑振捣、养护窑计算机控制养护温度与湿度、自动脱模翻转、自动回收边模等（图 14.2-5 ~ 图 14.2-8）。

图 14.2-5　德国艾巴维公司制作的全自动 PC 流水线

图 14.2-6　日本 PC 流水线计算机在模板上划预埋件位置线

图 14.2-7　日本 PC 流水线机械手自动放置边模

图 14.2-8　日本 PC 流水线机械手自动放置预埋件

14.2.2 各国装配式混凝土结构构件工艺简况

选择什么样的制作工艺与装配式建筑的结构类型有关，与构件的市场规模有关。

日本是目前世界上装配式混凝土结构建筑最多的国家，超高层 PC 建筑很多，PC 技术比较完善。日本的高层建筑主要是框架结构、框剪结构和筒体结构，最常用的 PC 构件是梁、柱、外墙挂板、叠合楼板、预应力叠合楼板和楼梯等。柱梁结构体系的柱、梁等构件不适合在流水线上制作，日本 PC 墙板大都有装饰面层，也不适于在流水线上制作，所以，日本大多数 PC 工厂主要采用固定模台工艺，日本最大的 PC 墙板企业高桥株式会社也是采用固定模台工艺。日本只有叠合楼板用流水线工艺，自动化智能化程度也比较高。

国内有人把固定模台工艺说成是落后的工艺，或许是由于对 PC 工艺不了解，或许是由于对流水线工艺的偏好，世界上目前 PC 技术最先进的国家日本的大多数 PC 工厂采用固定模台工艺，至少说明这种工艺的适用性。

欧洲多层和高层建筑主要是框架结构和框剪结构，构件主要是暗柱板（柱板一体化）、空心墙板、叠合楼板和预应力楼板，以板式构件为主。欧洲主要采用流水线工艺，自动化程度比较高。法国巴黎和德国慕尼黑各有一家 PC 构件工厂，采用智能化的全自动流水线，年产 110 万 m^2 叠合楼板和双层空心板，流水线上只有 6 个工人。

美国较多使用预应力梁、预应力楼板和外挂墙板等 PC 构件，采用固定方式制作。

泰国装配式建筑多为低层建筑，以带暗柱的板式构件为主，连接方式采用欧洲技术。也使用后张法预应力墙板。有一家位于曼谷的建筑企业使用欧洲的全自动化生产线，每月能提供 180～250m^2 的别墅 150 套。

14.2.3 关于流水线的误区

许多人以为制作 PC 构件必须上流水线，上流水线意味着技术"高大上"，意味着自动化和智能化，甚至有的用户把有没有流水线作为选择 PC 构件供货厂家的前提条件。这是一个误区。

就目前世界各国情况看，品种单一的板式构件且不出筋和表面装饰不复杂，使用流水线才可以实现自动化和智能化，获得较高效率。但投资非常大。只有在市场需求较大较稳定且劳动力比较贵的情况下才有经济上的可行性。

中国公共建筑以框架、框剪和筒体结构为主，PC 构件主要是柱、梁、外挂墙板和叠合楼板，除叠合楼板外，其他构件不适宜流水线生产。住宅建筑以剪力墙和框剪结构为主，剪力墙板大都 2 边甚至 3 边出筋，一边为套筒或浆锚孔；外墙板或有表面装饰要求或有保温要求，工序繁杂；一项工程构件品种也比较多，还有一些异形构件，如楼梯板、飘窗、阳台板、挑檐板、转角板等；剪力墙结构体系的构件生产流水线若实现自动化和智能化，还有很长的路要走。

国内目前生产墙板的流水线其实就是流动的模台，并没有实现自动化和智能化，与固定模台相比没有技术和质量优势，生产线也很难做到匀速流动；并不节省劳动力。流水线投资较大，适用范围却很窄。梁、柱不能做，飘窗不能做，转角板不能做，转角构件不能做，各种异形构件不能做。流水线至少不是 PC 化初期的必然选择。日本是 PC 建筑的大国和强国，也只是叠合板用流水线（表 14.2-1）。欧洲也只是叠合板、双面空心墙板和非剪力墙墙板用自动化流水线。只有在构件标准化、规格化、专业化、单一化和数量大的情况下，流水线才能实现自动化和智能化。目前只有叠合楼板可以实现高度自动化。但自动化节约的劳动力并不能补偿巨大的投资。

表 14.2-1　日本几家主要 PC 工厂简要数据

工厂名称	占地面积/m²	厂房面积/m²	年生产能力/m³	工艺	搅拌机	
					数量/台	能力/m³
下馆工厂	42000	5600	9600	固定模台	1	1.00
					1	0.75
九州小竹工厂	98255	11200	50000	固定模台	1	1.50
					1	1.67
高桥筑波工厂	78000	6750	60000	固定模台	3	1.00
富士东北工厂	58051	4410	60000	预应力模台 + 固定模台	1	1.67
高村山梨工厂	30000	12000	40000	固定模台	2	1
亚麻库斯埼玉工厂	73000	—	40000	全自动叠合板生产线	1	1.50
				固定模台	1	1.00
长洲工厂	77000	10169	21600	固定模台 + 叠合板生产线	1	1.50

14.2.4　PC 构件制作工艺的选择

PC 工厂的建设首先应根据市场定位确定 PC 构件的制作工艺。投资者可选用单一的工艺方式，也可以选用多工艺组合的方式。

1. 固定模台工艺

固定模台工艺可以生产各种构件，灵活性强，可以承接各种工程，生产各种构件。

2. 固定模台工艺 + 立模工艺

在固定模台工艺的基础上，附加一部分立模区，生产板式构件。

3. 单流水线工艺

适用性强的单流水线，专业生产标准化的板式构件，例如叠合楼板。

4. 单流水线工艺 + 部分固定模台工艺

流水线生产板式构件，设置部分固定台模生产复杂构件。

5. 双流水线工艺

布置两条流水线，各自生产不同的产品，都达至较高的效率。

6. 预应力工艺

在有预应力楼板需求时设置，当市场量较大时，可以建立专业工厂，不生产别的构件。也可以作为采用其他装配式混凝土结构构件工艺的工厂的附加生产线。

14.3　PC 构件工厂生产规模与基本设置

14.3.1　生产规模

PC 构件工厂的产能或生产规模以混凝土立方米计，生产板式构件的工厂也可以以平方米计。

工厂的服务半径以 150km 为宜，再远了运费成本太高。

服务半径内建筑规模、装配式混凝土结构建筑的比例和其他 PC 构件厂家的情况是确定工厂生产规模的主要依据。

确定工厂规模不是一个技术问题，主要涉及经营理念。

日本的 PC 构件工厂布局比较合理，每家工厂规模并不大，但都有技术特点，形成了一定的专业分工。有的工厂如高桥集团专门制造 PC 幕墙板，在日本各地布置了几个工厂；有的工厂如富士会社在预应力方面有优势；较多的工厂制作柱、梁、叠合板等。日本 PC 市场没有陷入恶性竞争，产品精致，价格合理，既保证了市场供应，行业也能够健康地发展。

确定 PC 工厂的规模应避免贪大求新，不宜一开始就搞世界领先的"高大上"，更要避免独霸市场的思维，宜采取步步为营稳步发展的方针。

14.3.2 工厂基本设置

无论采用哪种工艺方式，PC 构件工厂的基本设置大体上一样，包括混凝土搅拌站、钢筋加工车间、构件制作车间、构件堆放场地、材料仓库、试验室、模具维修车间、办公室、食堂、蒸汽源、产品展示区等（图 14.3-1）。

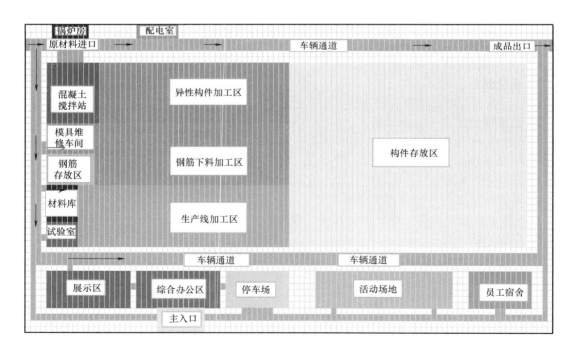

图 14.3-1　工厂基本功能示意图

PC 工厂基本设置见表 14.3-1。

表 14.3-1　工厂基本设置一览表

类别	项 目	单位	生产规模/m³			
			5 万		10 万	
			固定模台	流水线	固定模台	流水线
人员	管理技术人员	人	15~20	15~20	20~30	20~30
	生产工人	人	75~80	25~40	120~150	70~90
	人员合计	人	80~100	40~60	130~170	90~120
建筑	PC 制作车间	m²	6000~8000	4000~6000	12000~16000	10000~12000
	钢筋加工车间	m²	2000~3000	2000~3000	3000~4000	3000~4000
	仓库	m²	100~200	100~200	200~300	200~300
	试验室	m²	200~300	200~300	200~300	200~300
	工人休息室	m²	50~100	50~100	100~200	100~200
	办公室	m²	1000~2000	1000~2000	1000~2000	1000~2000
	食堂	m²	300~400	200~300	400~500	400~500
	模具修理车间	m²	500~700	500~700	800~1000	800~1000
	建筑合计	m²	10150~14700	6050~10600	17700~24300	15700~20300
场地、道路	构件存放场地	m²	10000~15000	10000~15000	20000~25000	20000~25000
	材料库场	m²	2000~3000	2000~3000	3000~4000	3000~4000
	产品展示区	m²	500~800	500~800	500~800	500~800
	停车场	m²	500~800	500~800	800~1000	800~1000
	道路	m²	5000~6000	5000~6000	6000~8000	6000~8000
	绿地	m²	3400~4600	3400~4600	4500~5500	4500~5500
	场地合计	m²	21400~29200	21400~29200	30300~44300	30300~44300
设备、能源	混凝土搅拌站	m³	1~1.5	1~1.5	2~3	2~3
	钢筋加工设备	t/h	1~2	1~2	2~4	2~4
	电容量	kVA	400~500	600~800	800~1000	1000~1200
	水	t/h	4~5	4~5	5~6	5~6
	蒸汽	t/h	2~4	2~4	4~6	4~6
	场地龙门式起重机（20t）	台	2（16t、20t）	2（16t、20t）	2~4（16t、20t）	2~4（16t、20t）
	车间行式起重机（5t、10t、16t）	台	8~12	4~8	10~16	4~8
	叉车 3t、8t	辆	1~2	1~2	2~3	2~3

14.3.3　厂区布置基本要求

1. 分区原则

工厂分区应当把生产区域和办公区域分开，如果工厂有生活区更要独立区分开，这样生产不影响办公和生活；试验室与混凝土搅拌站应当划分在一个区域内；对于没有集中供汽的工厂，锅炉房应当独立布置。

2. 生产区域划分

生产区域的划分应按照生产流程划分，合理流畅的生产工艺布置会减少厂区内材料物品和产品的搬运，减少各工序区间的互相干扰。

3. 匹配原则

工厂各个区域的面积应当匹配、平衡，各个环节都满足生产能力的要求，避免出现瓶颈。

4. 道路组织

厂区内道路布置要满足原材料进厂、半成品厂内运输和产品出厂的要求；厂区道路要区分人行道与机动车道；机动车道宽度和弯道要满足长挂车（一般为17m）行驶和转弯半径的要求；车流线要区分原材料进厂路线和产品出厂路线。工厂规划阶段要对厂区道路布置进行作业流程推演，请有经验的PC工厂厂长和技术人员参与布置。

车间内道路布置要考虑钢筋、模具、混凝土、构件、人员的流动路线和要求，实行人、物分流，避免空间交叉互相干扰，确保作业安全。

5. 地下管网布置

构件工厂由于工艺需要有很多管网，例如蒸汽、供暖、供水、供电、工业气体以及综合布线等，应当在工厂规划阶段一并考虑进去，有条件的工厂可以建设小型地下管廊满足管网的铺设。

14.3.4 混凝土搅拌站

1. 搅拌站类型

无论采用什么工艺，PC工厂混凝土搅拌站差别不大。

PC工厂搅拌站有两种类型，PC构件工厂专用搅拌站和商品混凝土搅拌站兼给工厂供应混凝土。国内外许多PC构件工厂既卖混凝土又卖混凝土构件。此种情况需注意商品混凝土与构件混凝土的不同。最好是单独设置搅拌机系统。

2. 搅拌设备选型

工厂用的混凝土搅拌站考虑到质量要求高，建议采用盘式行星搅拌主机，盘式行星搅拌主机在综合上来看优于同规格的双卧轴搅拌主机。

搅拌站生产能力的配置应当是工厂设计生产能力1.3倍左右，因为搅拌系统不宜一直处于满负荷工作状态。

搅拌站设备规格型号选型，应由搅拌站生产厂家工程师根据工厂生产规模配置，常用盘式行星搅拌主机容量在$1.0 \sim 3.0\text{m}^3$。选好主机还应当配备合适的水泥储存仓、骨料储存仓以及其他添加剂储存仓。

前面14.2节表14.2-1中有日本PC工厂生产力与搅拌机配置的数据，可供参考。

如果工厂生产不同颜色的混凝土，应当设置两套搅拌系统。日本、欧洲的PC工厂会单独设置一个规模小的搅拌系统，进行装饰混凝土的搅拌。

3. 自动化程度

搅拌站应当选用自动化程度较高的设备，以减少人工保证质量。在欧洲一些自动化较高的工厂，搅拌站系统是和构件生产线控制系统连在一起的，只要生产系统给出指令搅拌站系统就能够开始生产混凝土，然后通过自动运料系统将混凝土运到指定的布料位置。

4. 位置布置

搅拌站位置最好布置在距生产线布料点近的地方，减少路途运输时间，一般布置在车间端部或端部侧面，通过轨道运料系统将混凝土运到布料区，对于固定模台工艺，搅拌站系统宜考虑满足罐车运输混凝土的条件。

5. 环保设计

搅拌站应当设置废水处理系统，用于处理清洗搅拌机以及运料斗和布料机所产生的废水，通过沉淀的方式来完成废水再回收利用。建立废料回收系统，用于处理残余的混凝土，通过砂石分离机把石子、中砂分离出来再回收利用。

14.3.5　钢筋加工

除了预应力板外，各构件工艺的钢筋加工都设置钢筋加工车间，很多工厂将钢筋车间与构件制作布置在一个厂房内。

钢筋加工设备宜选用自动化智能化设备，最大的好处是避免错误，保证质量；还可以减少人员提高效率降低损耗。目前国内建筑工地钢筋加工大部分还停留在人工加工阶段，最多有点简易机械。PC 工厂的钢筋加工大都处在人工与设备配合的半自动化阶段。日本、欧洲的 PC 工厂，钢筋加工已经发展到全自动化阶段。尤其是日本，钢筋加工配送中心已经非常普遍。钢筋加工配送中心是专业加工配送钢筋的企业，根据 PC 构件工厂或者施工现场的要求，用自动化设备完成各种规格型号的钢筋加工，然后打包配送到工厂或施工现场。目前我国北京、上海、天津、广州、深圳等大城市也尝试钢筋加工配送中心，但没有全部市场化，且加工品种单一，主要以钢筋网片为主，应用在桥梁、高速公路、机场建设等方面，用在民用建筑上还不多。钢筋加工如图 14.3-2 ~ 图 14.3-5 所示。

图 14.3-2　箍筋加工机

图 14.3-3　桁架加工机

图 14.3-4　棒材下料机

图 14.3-5　大直径箍筋加工机

欧洲全自动智能化的构件工厂，钢筋加工设备和混凝土流水线通过计算机程序无缝对接在一起，只需要将构件图样输入流水线计算机控制系统，钢筋加工设备会自动识别钢筋信息，完成钢筋下料、剪切、焊接、运输、入模等各道工序，全过程不需要人工。

目前我国单品种钢筋加工可以实现全自动化，如箍筋、钢筋网片、桁架筋等，但还不能够和混凝土流水线形成加工、入模的无缝对接。

就目前国内建筑结构体系而言，钢筋加工可以采用自动化的 PC 构件包括叠合楼板、女儿墙、非承重内隔墙、夹芯保温板、外叶板和非承重外挂墙板等。尚无法做到钢筋加工自动化的构件包括楼梯、阳台板、柱、梁、三明治外墙板、剪力墙板、其他造型复杂的构件等。

14.3.6　构件堆放场地

PC 工厂构件堆放场地不仅是构件存储场地，也是构件质量检查、修补、粗糙面处理、表面装饰处理的场所。室外场地面积一般为制作车间的 1.5 ~ 2 倍。地面尽可能硬化，至少要铺碎石，排水要通畅。室外场地需要配置 16 ~ 20t 龙门式起重机，场地内有构件运输车辆的专用道路。

PC 构件的堆放场地布置应与生产车间相邻，以方便运输，减少运输距离。

存放场地的具体要求详见第 18.5 场地堆放。

14.3.7　水、电、蒸汽

1. 用水

工厂用水分生产用和生活用两种，宜分开系统，方便核算生产成本。

生产中用水搅拌站和锅炉房是用水量最大的，车间用水的地方主要是冲洗地面。

年产 10 万 m³PC 构件生产用水量大约 2 万 t。

2. 用电

工厂用电根据设备负荷合理规划设置配电系统，配电室宜靠近生产车间。

年产 10 万 m³PC 构件生产用，用电量约为 80 ~ 100 万 kW·h。

3. 蒸汽量与产能、气温的关系

PC 构件生产用蒸汽主要是蒸汽养护构件。北方 PC 工厂如果冬季生产，车间采暖也需要蒸汽。

如果有市政集中供蒸汽，应采用市政供汽，但要设置自己的换热站。没有集中供蒸汽须自建锅炉生产蒸汽，一般采用清洁能源（柴油、天然气、生物秸秆等）作为燃料。

PC 工厂的蒸汽用量与产能、环境温度有关，南北方差距比较大，一般情况下制作构件用蒸汽 60 ~ 80kg/m³。

对于高强度等级混凝土（C50 以上），环境温度平均在 25℃ 以上时，混凝土通过使用添加早强剂或者养护剂，不用蒸汽养护也能在浇筑 12h 后达到脱模强度。

PC 工厂的太阳能利用是一个方向，已经有 PC 工厂利用太阳能养护小型 PC 构件。

14.4　固定模台工艺及其车间布置

14.4.1　固定模台工艺适用范围

固定模台工艺使用范围比较广，适合于各种构件，包括标准化构件、非标准化构件和异形构件。具体构件包括柱、梁、叠合梁、后张法预应力梁、叠合楼板、剪力墙板、外挂墙板、楼梯、阳台板、飘窗、空调板、曲面造型构件等。

14.4.2　固定模台工艺流程

1. 工艺流程图

固定模台工艺流程如图 14.4-1 所示。

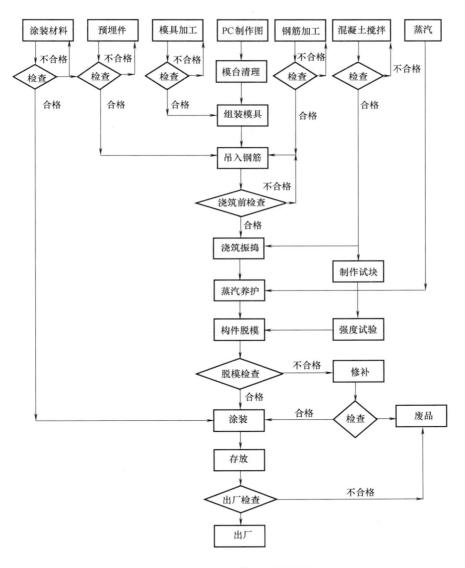

图 14.4-1　固定模台工艺流程

工艺流程：根据构件制作图计划采购各种原材料（钢筋、水泥、石子、中砂、预埋件、涂装材料等），包括固定模台与侧模。将模具按照模具图组装，然后吊入已加工好的钢筋骨架，同时安放好各种预埋件（脱模、支撑、翻转、固定模板等），将预拌好的混凝土通过布料机注入模具内，浇筑后就地覆盖构件，经过蒸汽养护使其达到脱模强度，脱模后如需要修补涂装，经过修补涂装后搬运到存放场地，待强度达到设计强度75%时即可出厂安装。

2. 模台尺度

固定模台一般为钢制模台，也可用钢筋混凝土或超高性能混凝土模台。

常用模台尺寸：预制墙板模台4m×9m；预制叠合楼板一般3m×12m；预制柱梁构件3m×9m。

固定模台生产完构件后在原地通蒸汽养护，所以需要一定的厂房面积来摆放固定模台，还要考虑留出作业通道及安全通道。

3. 生产规模与模台数量的关系

每块模台最大有效使用面积在70%左右，很多异形构件还达不到这个比例，约40%。因此，如果需要产量上一定的规模，模台数量就要增加，相对应的厂房面积也要加大。产量越高，模台数量越多，厂房面积越大。

14.4.3 固定模台工艺设备配置

固定模台工艺设备配置见表14.4-1。本表依据日本和国内PC工厂的实际配置归纳，由于各个企业也都有不同之处，这里只是给读者一个定量的参考。

表 14.4-1 固定模台工艺设备配置

类　别	序　号	设备名称	说　明
搬运	1	小型辅助起重机	辅助吊装钢筋笼或模板
	2	运料系统	运输混凝土
	3	运料罐车或叉车	运输混凝土
	4	产品运输车	从车间把构件运到堆场
钢筋加工	5	钢筋校直机	钢筋调直
	6	棒材切断机	钢筋下料
	7	钢筋网焊机	钢筋网片的制作
	8	箍筋加工机	钢筋成型
	9	桁架加工机	桁架筋的加工
模具	10	固定模台	作为生产构件用的底模
浇筑	11	布料斗	混凝土浇筑用
	12	手持式振动棒	混凝土振捣用
	13	附着式振动器	大体积构件或叠合板用
养护	14	蒸汽锅炉	养护用蒸汽
	15	蒸汽养护自动控制系统	自动控制养护温度及过程
其他工具	16	空气压缩机	提供压缩空气
	17	电焊机	修改模具用
	18	气焊设备	修改模具用
	19	磁力钻	修改模具用

14.4.4   固定模台工艺车间要求

固定模台工艺车间的厂房跨度 20 ~ 24m 为宜；厂房高度 10 ~ 15m 为宜。

14.4.5   固定模台工艺劳动力配置

不同生产规模固定模台人员配置见表 14.4-2。人员配置与 PC 工厂的设备条件、技术能力和管理水平有很大关系，本表只是给读者一个定量的参考数据。

表 14.4-2   固定模台工艺人员配置

工序		序号	工种	人员	
				5 万 m³	10 万 m³
生产	钢筋加工	1	下料	2	3
		2	成型	2	3
		3	组装	8	16
	模具组装	4	清理	2	4
		5	组装	8	16
		6	改装	2	4
	混凝土浇筑	7	浇筑	20	40
	养护	8	锅炉工	4	4
		9	养护工	2	4
	表面处理	10	修补	4	8
			小计	50	102
	辅助	11	电焊工	2	3
		12	电工	2	2
		13	设备维修	2	3
		14	起重工	6	8
		15	安全专员	1	1
		16	叉车工	2	2
		17	搬运	2	4
		18	设备操作	2	4
		19	试验人员	2	4
		20	包装	2	4
		21	力工	2	4
			小计	25	39
管理		22	生产管理	2	2
		23	计划统计	1	2
		24	技术部	3	3
		25	质量部	6	8
		26	物资采购	2	3
		27	财务部	3	3
		28	行政人事	2	3
			小计	19	24
合　计				94	165

14.4.6   固定模台工艺设计要点

（1）起重机起重吨位和配置数量须满足生产要求。年产 5 万 m³ 规模的固定模台工艺，车间内需要配置 10 ~ 16t 起重机 9 ~ 12 部。钢筋加工和模具修改车间，可以设置 5t 起重机。

307

（2）车间面积应满足模台摆放、作业空间和安全通道的需要。

（3）每个固定模台要配有蒸汽管道和自动控温装置，可订做移动式覆盖篷来保温覆盖。

（4）当采用运料罐车运送混凝土时，固定模台处应方便运料罐车进出。

（5）加工好的钢筋可通过起重机也可用运输车运输到模台处。

（6）混凝土的振捣多采用振动棒，板类构件可以在固定模台上安放附着式振捣器。

14.4.7　固定模台工艺自动化探讨

固定台模也可以实现部分自动化，比如在标准化模台两边设置轨道，在轨道上设置自动划线机械手以及自动清扫模具、自动刷脱模剂和自动布料系统等。

14.4.8　固定模台工艺优缺点分析

优点：投资少、适合范围广、机动灵活。

缺点：用工量大、占地面积大。

14.5　流水线工艺及其车间布置

14.5.1　流水线工艺适用范围

流水线工艺最适合生产标准化板类构件，例如叠合楼板、内隔墙板、不带装饰层的外墙板、双层墙板等。也可生产复杂一些的板类构件，但效率会降低，实现自动化也有难度。

14.5.2　流水线工艺流程

流水线工艺有全自动、半自动和手控流水线三种类型。

1. 全自动流水线

全自动化流水线由混凝土成型设备及全自动钢筋加工设备两部分组成。通过计算机编程软件控制，将设备实现全自动对接。图样输入、模板清理、划线、组模、脱模剂喷涂、钢筋加工、钢筋入模、混凝土浇筑、振捣、养护等全过程都由机械手自动完成，真正意义上实现全部自动化。

图 14.5-1 ～ 图 14.5-11 为全自动生产线的分部设备，照片由世界著名 PC 设备厂家德国艾巴维公司提供。

图 14.5-1　混凝土布料机

图 14.5-2　振捣系统

图 14.5-3　抹平装置

图 14.5-4　生产双层墙板的反转系统

图 14.5-5　养护窑

图 14.5-6　倾斜脱模设备

图 14.5-7　机械手组模

图 14.5-8　计算机划线

图 14.5-9　清扫模台

图 14.5-10　钢筋网焊机

图 14.5-12 为全自动流水线流程图。

2. 半自动流水线

半自动化流水线包括了混凝土成型设备，不包括全自动钢筋加工设备，半自动化流水线实现了图样输入、模板清理、划线、组模、脱模剂喷涂、混凝土浇筑、振捣等自动化，但是钢筋加工、入模仍然需要人工作业。

图 14.5-13 为半自动流水线流程图。

3. 手控流水线

手控流水线是将模台通过机械装置移送到每一个作业区，完成一个循环后进入养护区。实现了模台流动，作业区、人员固定，浇筑和振捣在固定的位置上。图 14.5-14 为手控流水线流程图。

图 14.5-11　钢筋网片自动加工入模系统

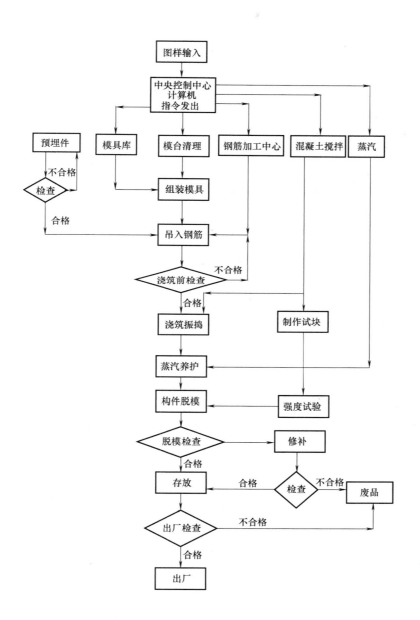

图 14.5-12　全自动流水线流程图

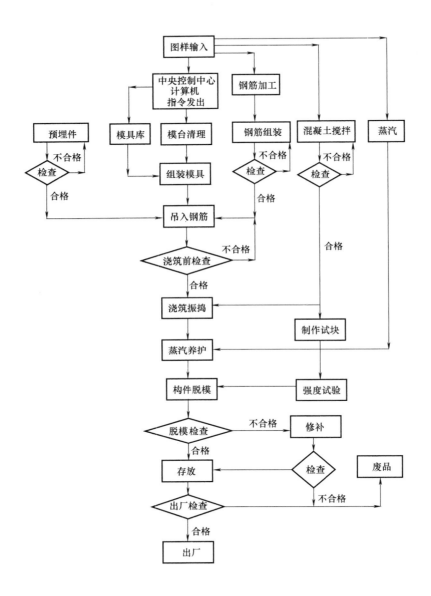

图 14.5-13　半自动流水线流程图

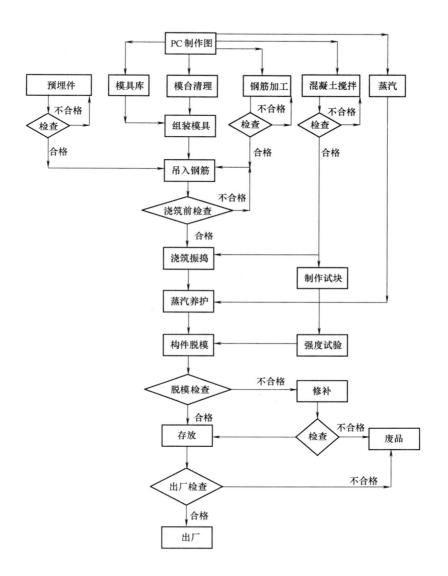

图 14.5-14　手控（流水线）流程图

手控流水线按构件种类分为：综合式生产线（外墙板、内墙板、叠合楼板一起生产）和单一产品生产线（如单独生产叠合楼板或双层墙板的生产线）。

目前，国内大多数 PC 工厂的流水线属于手控流水线，并没有真正实现自动化，只不过是将固定模台变成了流动模台。

14.5.3 流水线工艺设备配置

流水线工艺主要设备配置表见表 14.5-1。

表 14.5-1　流水线工艺主要设备配置表

类　别	序　号	设备名称	说　明
搬运	1	小型辅助起重机	辅助吊装钢筋笼或模板
	2	运料系统	运输混凝土
	3	产品搬运运输车	从车间把构件运到堆场
钢筋加工	4	棒材切断机	钢筋下料
	5	箍筋加工机	钢筋成型
	6	桁架加工机	桁架筋的加工
生产线	7	中央控制系统	控制设备运转
	8	自动清理装置	清理模台上的残余混凝土
	9	自动划线装置	机械手自动划线
	10	自动组模系统	机械手自动组模
	11	钢筋网片加工中心	钢筋网片自动加工
	12	钢筋网片运输系统	网片自动运送到模具内
	13	桁架放置系统	桁架筋自动放置在模具内
	14	自动布料机	混凝土自动布料
	15	全自动振捣系统	360°振捣
	16	叠合板拉毛机	拉毛
	17	自动抹平机	内隔墙板抹平
	18	码垛机	码垛
	19	养护窑	养护
	20	翻转设备	生产双层墙板
	21	倾斜装置	翻转墙板脱模用
	22	底模运转系统	运送模台
模具	23	模台	在生产线流动的模台
	24	磁性边模	产品边模
养护	25	蒸汽锅炉	提供养护用蒸汽
	26	蒸汽养护自动控制系统	自动控制养护温度及过程
其他工具	27	空气压缩机	提供压缩空气

14.5.4　流水线工艺车间要求

车间要求满足流水线运转布局，尤其是高度应当满足养护窑的高度。

根据生产线来设计车间，车间一般跨度在 22 ~ 24m，高度应当在 12 ~ 17m，长度满足流水线运转长度 180 ~ 240m，如图 14.5-15 所示。

图 14.5-15　国内墙板生产流水线

14.5.5　流水线工艺人员配置

流水线工艺人员配置见表 14.5-2。

表 14.5-2　流水线工艺人员配置

项目	工序	序号	工种	全自动	
				5 万 m³	10 万 m³
生产线	图纸输入		操作员	1	2
	中央控制系统		操作员	1	2
	模台清理		自动	0	0
	机械手放线		自动	0	0
	机械手组模		自动	0	0
	自动喷涂脱模剂		自动	0	0
	钢筋加工		操作员	3	6
	安放预埋		操作员	2	4
	布料振捣		操作员	1	2
	码垛养护		自动	0	0
	脱模		操作员	2	4
小计				10	20

（续）

项目	工序	序号	工种	全自动	
				5 万 m³	10 万 m³
生产线	辅助人员		电焊工	1	1
			电工	1	1
			设备维护	3	4
			起重工	3	6
			安全专员	1	1
			叉车工	1	2
			搬运	2	4
			搅拌站设备操作	2	4
			试验人员	2	3
			包装	2	4
			力工	4	8
			小计	22	38
	生产管理		生产管理	2	2
			计划统计	1	1
			技术部	3	3
			质量部	4	6
			物资采购	2	2
			财务部	3	3
			行政人事	2	2
			小计	17	19
			合计	49	77

14.5.6　流水线工艺设计要点

（1）生产单一产品的专业流水线，以提高效率效能为主要考虑因素，如叠合板流水线，不同工程不同规格的叠合板，边模、钢筋网、桁架筋等都有共性，流水线可以考虑自动化，形成高效率，养护窑的高度也一样。但如果要兼顾其他构件，如墙板，就会降低效率。

（2）生产不同产品的综合流水线，就要以所生产产品中最大尺度和最难制作的产品作为设计边界，如此需要牺牲效率，而照顾适宜性。

（3）生产线流程顺畅。

（4）各环节作业均衡，以使流水线匀速运行。

14.5.7　流水线工艺剪力墙构件自动化探讨

流水线工艺实现剪力墙构件全自动化比较难，但可以实现部分自动化，如机械手放线、机械手安装边模、自动布料等。

14.5.8　流水线工艺优缺点分析

1. 优点

（1）对于标准且出筋不复杂的构件，可以形成全自动或半自动生产线，大量减少劳动力，减轻劳动强度，节约能耗，提高效率；产品质量受人为因素干扰少。

（2）对于复杂的板式，虽然目前尚未实现自动化，但产品定型并达到规模后，向自动化的转化容易。

（3）比固定模台工艺节约用地。

2. 缺点

（1）投资大、回报周期长。

（2）产品适用面窄。

（3）维护费用高。

（4）对操作人员要求高。

14.6　立模工艺简介

立模在制作内隔墙板领域的运用比较成熟，制作 PC 楼梯板也比较适宜，但用于出筋较多的剪力墙板、夹芯保温板和装饰一体化的外挂墙板，目前还处于摸索阶段。立模尚未成为 PC 构件生产的主要工艺方式。

组合立模用来生产单层、大面积、钢筋密集程度相对较低的混凝土预制构件，如图 14.6-1 所示。并列式组合模具由固定的模板、两面可移动模板组成。在固定模板和移动模板内壁之间是用来制造预制构件的空间。

图 14.6-1　组合立模

立模的工艺流程、设备配置、车间要求和人员配置等与固定模台流程基本一致，只是模具和组模环节不同。关于立模模具，将在第 15 章讨论。

1. 立模的优点

（1）占地面积小。

（2）构件立面没有压光面，光洁。

（3）降低模具成本。

（4）不用翻转环节。

2. 立模的缺点

立模最大的不足是适用范围窄。

14.7　预应力工艺及其车间布置

后张法预应力梁的制作与固定模台工艺基本一样，是在固定模台上制作出构件后再张拉钢筋，这里不进行讨论。本节讨论先张法预应力楼板制作工艺。

预应力楼板用于大跨度楼板，日本 9m 以下跨度的叠合板用普通叠合板，9m 以上跨度的叠合板则用预应力叠合板。美国大跨度楼板较多用预应力空心板。

14.7.1　先张法预应力板工艺流程与设备配置

先张法预应力板工艺流程如图 14.7-1 所示。

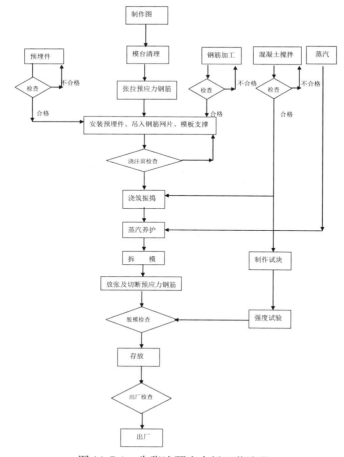

图 14.7-1　先张法预应力板工艺流程

预应力工艺的设备配置主要是预应力钢筋张拉设备和条形平台，其他环节的设备配置与固定模台工艺一样。

PC 楼板预应力生产线条形平台宽为 0.6～2m，长度在 60～100m。可并排布置（图 14.7-2）。

预应力楼板生产线张拉设备（图 14.7-3）宜用 20～300t。门式起重机 10t。

图 14.7-2　预应力楼板条形平台

图 14.7-3　预应力张拉设备

14.7.2　预应力工艺车间要求

预应力车间长一些为好，最好在 200m 左右。高度满足布料机高度即可，一般高度在 8～10m，宽度考虑生产产品宽度的倍数，一般 18～24m。

在气候温暖地区，预应力生产线可以布置在室外。笔者在日本看到预应力楼板生产线有一半是在室外的。养护时用保温被覆盖，下雨时有活动式遮雨棚。

14.7.3　预应力工艺劳动力配置

预应力工艺劳动力配置与固定模台劳动力配置基本一样。

14.7.4　预应力工艺设计要点

（1）根据常用预应力板的宽度确定条形平台的长度。
（2）选择合适的张拉设备和门式起重机。
（3）设置预应力肋模具的支架。

14.7.5　预应力工艺优缺点分析

1. 优点
（1）楼板构件长度可做到 9～16m。适用于大跨度结构。
（2）设备投入低。

2. 缺点
应用范围窄，不容易形成市场规模。
生产自动化程度低。
所以，预应力 PC 生产线一般只是 PC 工厂的从属部分。

14.8　各种工艺比较

将各种 PC 制作工艺的比较列入表 14.8-1 中。

表 14.8-1　PC 制作工艺比较表

序号	项目	比较单位	固定式			流水线		
			固定模台	立模	预应力	全自动	半自动	手控
1	可生产构件		梁、叠合梁、莲藕梁、柱梁一体、柱、楼板、叠合楼板、内墙板、外墙板、折板、曲面板、楼梯板、阳台板、飘窗、各种异形构件	内墙板、外墙板、柱、楼梯板	预应力叠合板、预应力空心板、预应力实心楼板、预应力梁	楼板、叠合楼板、内墙板、双层墙板	楼板、叠合楼板、内墙板、外墙板	楼板、叠合楼板、内墙板、外墙板
2	设备投资	10 万 m³ 生产规模	800 万 ~ 1200 万	300 ~ 500 万	300 ~ 500 万	8000 ~ 10000 万	6000 ~ 8000 万	3000 ~ 5000 万
3	厂房面积	10 万 m³ 生产规模	1.5 ~ 2 万 m²	0.6 ~ 1 万 m²	1.5 ~ 2 万 m²	1.3 ~ 1.6 万 m²	1.3 ~ 1.6 万 m²	1.3 ~ 1.6 万 m²
4	场地面积	10 万 m³ 生产规模	3 ~ 4 万 m²	1.5 ~ 2 万 m²	1.5 ~ 2 万 m²	3 ~ 4 万 m²	3 ~ 4 万 m²	3 ~ 4 万 m²
5	其他设施	10 万 m³ 生产规模	0.3 ~ 0.5 万 m²	0.3 ~ 0.5 万 m²	0.3 ~ 0.5 万 m²	0.3 ~ 0.5 万 m²	0.3 ~ 0.5 万 m²	0.3 ~ 0.5 万 m²
6	工厂人员	10 万 m³ 生产规模	130 ~ 170 人	90 ~ 110 人	90 ~ 110 人	90 ~ 120 人	120 ~ 150 人	120 ~ 150 人
7	运行用电	1m³ 运行用电量	8 ~ 10kWh	8 ~ 10kWh	8 ~ 10kWh	10 ~ 12kWh	10 ~ 12kWh	10 ~ 12kWh
8	养护耗能	1m³ 养护蒸汽量	60 ~ 80kg	60 ~ 80kg	60 ~ 80kg	60 ~ 70kg	60 ~ 70kg	60 ~ 70kg
9	评价		投资少、适用范围广	适用范围少	适合大跨度构件	用人少，但投资高	适用范围少、用工多、占地多	适用范围少、用工多、占地多

14.9　生产灵活性

（1）车间模台或生产线不能生产的超大构件，可以在活动厂房生产，如图 14.9-1 所示。

（2）后期处理可以在活动厂房生产。

（3）订单多了，车间不够，可以在活动厂房生产。

（4）活动厂房节省投资，灵活。

图 14.9-1　室外临时活动厂房

第 15 章

模具设计与制作

15.1 概述

模具对装配式混凝土结构构件质量、生产周期和成本影响很大，是预制构件生产中非常重要的环节。

本章讨论模具分类与适用范围(15.2)，模具材料(15.3)，模具设计要求与内容(15.4)，模具制作原则(15.5)，流水线工艺配套模具(15.6)，固定台式工艺模具(15.7)，独立模具(15.8)，预应力构件模具(15.9)，集约式立模工艺模具(15.10)，模具构造(15.11)，复杂模具设计(15.12)，模具标识与存放(15.13)，模具质量与验收(15.14)，模具维修与改用(15.15)。

15.2 模具分类与适用范围

15.2.1 按生产工艺分类

模具按生产工艺分类有：
（1）生产线流转模台与板边模。
（2）固定模台与构件模具。
（3）立模模具。
（4）预应力台模与边模。

15.2.2 按材质分类

模具按材质分类有：钢材、铝材、混凝土、超高性能混凝土、GRC、玻璃钢、塑料、硅胶、橡胶、木材、聚苯乙烯、石膏模具和以上材质组合的模具。不同材质模具适用范围表见表 15.2-1。

表 15.2-1 不同材质模具适用范围表

模具材质	流水线工艺		固定模台工艺					立模工艺		预应力工艺		表面质感	优、劣分析
	流转模台	板边模	固定模台	板边模	柱模	梁模	异形构件	板面	边模	模台	边模		
钢材	△	△	△	△	△	△	△	△	△	△	△		不变形、周转次数多、精度高；成本高、加工周期长、重量重
磁性边模		△											灵活、方便组模脱模、适应自动化；造价高、磁性宜衰减
铝材		△		△				△	△		△		重量轻、表面精度高；加工周期长、宜损坏

（续）

模具材质	流水线工艺		固定模台工艺					立模工艺		预应力工艺		表面质感	优、劣分析
	流转模台	板边模	固定模台	板边模	柱模	梁模	异形构件	板面	边模	模台	边模		
混凝土			△	△	△	△	△			△			价格便宜、制作方便；不适合复杂构件、重量大
超高性能混凝土			△	△	△	△	△			△			价格便宜、制作方便；不适合复杂构件、重量大
GRC			△	△	△	△	△			△			价格便宜、制作方便；不适合复杂构件、重量大
塑料									○				光洁度高、周转次数高；不易拼接、加工性差
玻璃钢							○		○			○	可实现比钢模复杂的造型、脱模容易、价格便宜；周转次数低、承载力不够
硅胶												○	可以实现丰富的质感及造型、易脱模；价格昂贵、周转次数低、易损坏
木材	○		○		○	○			○		○	○	加工快捷精度高；不能实现复杂造型和质感、周转次数低
聚苯乙烯												○	加工方便、脱模容易；周转次数低、易损坏
石膏												○	一次性使用

注：△正常周转次数。○较少或一次性周转次数。

15.2.3　按构件类别分类

模具按构件分类有：柱、梁、柱梁组合、柱板组合、梁板组合、楼板、剪力墙外墙板、剪力墙内墙板、内隔墙板、外墙挂板、转角墙板、楼梯、阳台、飘窗、空调台、挑檐板等。

15.2.4　按构件是否出筋分类

模具按构件是否出筋分类有：不出筋模具，即封闭模具；出筋模具，即半封闭模具。
出筋模具包括：一面出筋、两面出筋和三面出筋模具。

15.2.5　按构件是否有装饰面层分类

模具按构件是否有装饰面层分类有：无装饰面层模具、有装饰面层模具。有装饰面层模具包括反打石材、反打墙砖和水泥基装饰面层一体化模具。

15.2.6　按构件是否有保温层分类

模具按构件是否有保温层分类：无保温层模具、有保温层模具。有保温层模具又分为："三明治"板模具和"切糕"模具。"切糕"是指双层轻质混凝土结合而成的墙板。

15.2.7　按模具周转次数分类

按模具周转次数分类有：长期模具（永久性，如模台等）、正常周转次数模具（50～

200 次）、较少周转次数模具（2~50 次）、一次性模具。

15.3 模具材料

15.3.1 钢材

钢材是预制构件模具用得最多的材料。包括钢板、型钢、定位销、堵孔塞、磁性边模等。

1. 钢板与型钢

模具用钢材应当符合本书第 3 章的要求。模具最常用的是 6~10mm 厚的钢板，由于模具对变形及表面光洁度要求较高，与混凝土接触面的钢板不宜用卷板，应当用开平板。

2. 定位销

定位销（图 15.3-1）主要作用是模具组装时用来快速将模具定位，定位完成后用螺栓将模具各分部组成一块。强度等级高于模板的钢材，一般采用 8.8 级。

3. 堵孔塞

堵孔塞是用来修补模台或模板上因工艺或模具组装而打的孔洞，用堵孔塞封堵后可以还原模板的表面。常用材料有两种：一种是钢制堵孔塞（图 15.3-2）；一种是塑料堵孔塞（图 15.3-3），塑料堵孔塞用不同的颜色来区分不同的直径大小，方便操作工人取用。

图 15.3-1　定位销

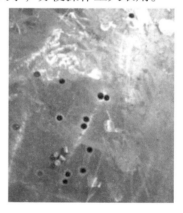

图 15.3-2　钢制堵孔塞

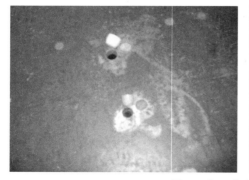

图 15.3-3　塑料堵孔塞

4. 磁性边模

自动流水线应用，磁性边模由 3mm 的钢板制作，包含两个磁铁系统，每个磁铁系统内镶嵌磁块，充有 400~900kg 的磁力，分为叠合楼板用边模和墙板用边模。

叠合楼板常用边模（图 15.3-4）高度 $H = 60mm$、70mm 两种，常用边模长度有：500mm、750mm、1000mm、2000mm、3000mm、3300mm。

墙板常用边模（图 15.3-5）高度 $H = 200mm$、300mm 两种，常用边模长度有：500mm、750mm、1000mm、2000mm、3000mm、3300mm。

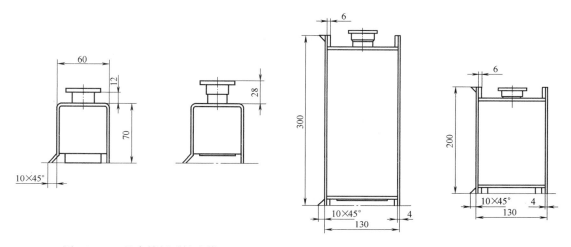

图 15.3-4　叠合楼板磁性边模　　　　　图 15.3-5　墙板磁性边模

15.3.2　连接材料

（1）钢模具各部分连接材料主要是螺栓，在模具加强板上打孔绞丝，通过螺栓直接连接，常用连接螺栓有：M8~M20 等，长度一般为 25mm、30mm、35mm、40mm 等，根据设计需要选用。强度等级建议采用 8.8 级高强度螺栓。

（2）木模具可采用螺栓、自攻螺栓或钢钉连接，在木板端部附加木方连接固定木板。

（3）玻璃钢模具和铝材模具采用对拉螺栓连接，在需要连接的部位钻孔，然后用螺栓连接。

（4）边模与模台的连接方式有两种，一种是磁性边模通过内置磁块连接；一种是在模台上打孔绞丝，通过螺栓连接。

（5）模具连接节点间距应合理控制，一般在 300~450mm，间距太远模具连接有缝容易漏浆；间距太密一个是成本高，二是组卸不方便。

（6）有些独立模具通过活页和卡口来连接，提高脱模与组装效率。图 15.3-6 是柱子立模用活页连接的例子，组装和拆卸模具像开门一样。

15.3.3　铝材

铝材多用于板的边模、立模等。

对于一些不出筋的墙板或者叠合楼板可以选择用铝合金模板，重量轻、组模方便，减少起重机使用频率。使用铝合金模具需要专业生产铝合金模板的厂家根据产品图样订做模具。

铝合金材质采用 6061-T6 铝合金型材，型材化学成分、力学性能应符合国家标准《变形铝及铝合金化学成分》（GB/T 3190—2008）、《一般工业用铝及铝合金挤压型材》（GB/T 6892—2015）的规定。

铝型材表面采用阳极氧化处理，并符合《铝合金建筑型材》（GB/T 5237—2004）的要求。

a) 外面　　　　　　　　　　b) 打开

15.3.4　水泥基材料

水泥基材料包括钢筋混凝土、超高性能混凝土、GRC 等，具有制作周期短、造价低的特点。可以大幅度降低模具成本。特别适合周转次数不多或造型复杂的构件。

1. 钢筋混凝土

混凝土强度等级 C25 或 C30，厚度 100~150mm。

c) 里面看细部　　　　　　d) 打开看细部

图 15.3-6　柱子立模活页连接

混凝土模具须做成自身具有稳定性的形体。

2. 超高性能混凝土

模具用超高性能混凝土采用水泥、硅灰、石英砂、外加剂和钢纤维复合而成，抗压强度大于 C60，抗弯强度不小于 18MPa。厚度 10~20mm。可做成薄壁型模具。超高性能混凝土可与角钢合用制作模具。

3. GRC

GRC 是玻璃纤维增强的混凝土，抗压强度大于 C40，抗弯强度不小于 18MPa。厚度 10~20mm。可做成薄壁型模具。GRC 可与角钢合用制作模具。

15.3.5　硅胶、橡胶

硅胶、橡胶模具多用在底模上，生产外表面有造型或者有图案的产品。硅胶、橡胶模具应当由专业厂家根据图样订做，选用无收缩、耐高温的模具专用硅橡胶。

15.3.6　玻璃钢、塑料

玻璃钢模具常用于造型复杂、质感复杂的构件模具；塑料模具多用在端部尺寸小且不出筋的部位，或者是窗洞口部位。

常用树脂有环氧树脂、不饱和 196 号树脂、191 号树脂等，玻璃钢模具中应当添加玻璃纤维来增强模具的抗拉强度。

15.3.7　木材

使用于周转次数少、不进行蒸汽养护的模具，或者用于窗洞口部位。一般使用 2 ~ 3 次就要更换木材。常用木材有实木板、胶合板、细木工板、竹胶板等。木板模具应做防水处理，刷清漆、树脂等。

15.3.8　一次性模具材料

聚苯乙烯、石膏适用于复杂造型与质感，可以计算机数控机床加工质感，表面做处理。聚苯乙烯一般作为一次性模具使用，要满足质感和造型的要求，同时也要有一定的强度，要求密度在 $30kg/m^3$ 以上并符合《绝热模塑聚苯乙烯泡沫塑料》（GB 10801.2—2002）的要求。石膏要求采用高强度石膏粉，符合《陶瓷模用石膏粉》（QB/T 1639—2014）的要求。

15.4　模具设计要求与内容

钢模台、钢模具、铝模具等金属模具一般由专业工厂设计制作，PC 制作厂家应当向模具厂家提供构件图样和详细的设计要求。水泥基模具、玻璃钢模具、木模具、硅胶模具、橡胶模具和一次性模具或由专业厂家设计制作，或由 PC 工厂自行制作。也有 PC 工厂自己制作或修改钢模具。

15.4.1　模具设计要求

模具设计的要求如下：

（1）形状与尺寸准确，模具尺寸允许误差见表 15.4-1。

（2）考虑到模具在混凝土浇筑振捣过程中会有一定程度的胀模现象，因此模具尺寸一般比构件尺寸小 1 ~ 2mm。

（3）有足够的强度与刚度，不易损坏、变形、散架。

（4）设计出模具各片的连接方式，边模与固定平台的连接方式等。连接可靠，整体性好，不漏浆。

（5）构造简单，装拆方便。

（6）容易脱模，脱模时不损坏构件，模具内转角处应平滑，方便拆模。

（7）立模和较高的模具有可靠的稳定性。

（8）便于清理模具、涂刷脱模剂；钢筋、预埋件安置方便，混凝土入模方便。

（9）有预埋件、套筒准确定位的装置。

（10）当构件有穿孔时，有孔眼内模及其定位设置。

（11）出筋定位准确，不漏浆。

（12）给出模具定位线。以中心线定位，而不是以边线（界面）定位。制作模具时按照定位线放线，特别是固定套筒、孔眼、预埋件的辅助设施，需要以中心线定位控制误差。

（13）构件表面有质感要求时，模具的质感符合设计要求，清晰逼真。

（14）模具表面不吸水。

（15）在保证强度和刚度的前提下，尽可能减轻重量。

（16）较重模具应设置吊点，便于组装。

（17）周转次数多成本低。

表 15.4-1　预制构件模具尺寸的允许误差表和检验方法

项次	检验项目及内容		允许偏差/mm	检验方法
1	长度	≤6m	1，−2	用钢尺量平行构件高度方向，取其中偏差绝对值较大处
		>6m 且 ≤12m	2，−4	
		>12m	3，−5	
2	截面尺寸	墙板	1，−2	用钢尺测量两端或中部，取其中偏差绝对值较大处
3		其他构件	2，−4	
4	对角线差		3	用钢尺量纵、横两个方向对角线
5	侧向弯曲		L/1500 且 ≤5m	拉线，用钢尺量测侧向弯曲最大处
6	翘曲		L/1500	对角线测量交叉点间距离值的两倍
7	底模表面平整度		2	用2m靠尺和塞尺量
8	组装缝隙		1	用塞片或塞尺量
9	端模与侧模高低差		1	用钢尺、拐尺量

注：L 为模具与混凝土接触面中最长边的尺寸。此表出自《装配式混凝土结构技术规程》（JGJ 1—2014）11.2.3。

15.4.2　模具设计内容

模具设计内容包括：

（1）根据构件类型和设计要求，确定模具类型与材质。

（2）确定模具分缝位置和连接方式。

（3）进行脱模便利性设计。

（4）设计计算模具强度与刚度，确定模具厚度、肋的设置。

（5）对立式模具验算模具稳定性。

（6）预埋件、套筒、孔眼内模等定位构造设计，保证振捣混凝土时不移位。

（7）对出筋模具的出筋方式和避免漏浆进行设计。

（8）外表面反打装饰层模具要考虑装饰层下铺设保护隔垫材料的厚度尺寸。

（9）钢结构模具焊缝有定量要求，既要避免焊缝不足导致强度不够，又要避免焊缝过多导致变形。

（10）有质感表面的模具选择表面质感模具材料，与衬托模具如何结合等。

（11）钢结构模具边模加强板宜采用与面板同样材质的钢板8～10mm厚，宽度在80～100mm，设置间距应当小于400mm，与面板通过焊接连接在一起。

15.4.3　模具分缝原则

模具分缝需考虑以下原则：

（1）模具接缝的痕迹对构件表面的艺术效果影响最小。

（2）容易脱模，不会造成构件损坏。

（3）组模拆模方便。

15.5　模具制作原则

15.5.1　模具制作的基本条件

无论是模具专业厂家制作模具还是 PC 厂家自行制作模具，应当具备以下基本条件：

（1）有经验的模具设计人员，特别是结构工程师。

（2）金属模具应当有以下主要加工设备：

1）激光裁板机。

2）线切割。

3）剪板机。

4）磨边机。

5）冲床。

6）台钻。

7）摇臂钻。

8）车床。

9）焊机。

10）组装平台。

（3）有经验的技术工人队伍。

（4）可靠的质量管理体系。

15.5.2　模具制作的依据

模具制作须依据：

（1）构件图样与构件允许误差。

（2）模具设计要求书。

（3）根据安装计划排定的构件生产计划对模具数量与交货期的要求。

15.5.3　模具制作质量控制

（1）预制构件图图样审查。

（2）模具制作图设计完成后应当由构件厂签字确认。

（3）对模具材质进行检查，如用什么钢板，水泥基材质强度等。

（4）加工过程质量控制。

15.5.4　模具包装与运输

模具出厂应当有防止运输中损坏的保护措施，特别是混凝土与模具的结合面，防止磕碰、划伤表面，可选择木方或者其他软质的包装材料进行隔垫，运输中的模具应固定可靠，防止运输中急刹车对模具的损坏。

组装模具，可以将各部分加工出来的部件，运到构件工厂进行组装。如果是独立模具如楼梯、飘窗等应当在模具加工厂组装好。

15.6 流水线工艺配套模具

流水线工艺生产板式构件，其模具主要是流转模台和板的边模。

15.6.1 流转模台

流转模台由 U 形钢和钢板焊接组成，焊缝设计应考虑模具在生产线上的振动。欧洲的模台表面经过研磨抛光处理，表面光洁度 RZ″25μm，表面平整度 3m±1.5mm，模台涂油质类涂料防止生锈。流转模台如图 15.6-1、图 15.6-2 所示。

图 15.6-1 流水线上的流转模台

图 15.6-2 流转模台

常用流转模台规格：4m×9m；3.8m×12m；3.5m×12m。

15.6.2 流水线边模及其固定

流水线除了模台外，主要模具为边模。自动化程度高的流水线边模采用磁性边模；自动化程度低的流水线采用螺栓固定边模。

1. 磁性边模

自动流水线上的磁性边模由 3mm 钢板制作，包含两个磁铁系统，每个磁铁系统内镶嵌磁块，充有 400～900kg 的磁力，通过磁块直接与模台吸合连接。

以叠合楼板为例，常用边模高度 $H = 60mm$、70mm 两种，常用边模长度有：500mm、750mm、1000mm、2000mm、3000mm、3300mm。如图 15.6-3、图 15.6-4 所示。

磁性边模非常适合全自动化作业，由自动控制的机械手组模，但对于边侧出筋较多且没有规律性的楼板与剪力墙板，磁性边模应用目前还有难度。一个解决思路是把磁性边模做成上下两层，接缝处各留出半圆孔为钢筋伸出。但对于出双层筋或 U 形筋的剪力墙，目前还没有解决思路。

2. 螺栓固定边模

螺栓固定边模是将边模与流转模台用螺栓固定在一起，这与固定模台边模固定方法一样，见 15.7 节。

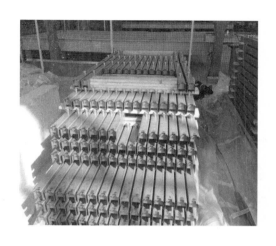

图 15.6-3 叠合板边模

图 15.6-4 叠合板边模

15.7 固定模台工艺模具

固定台式工艺的模具包括固定模台、各种构件的边模和内模。固定模台作为构件的底模，边模为构件侧边和端部模具，内模为构件内的肋或飘窗的模具。

15.7.1 固定模台

固定模台由工字钢与钢板焊接而成（图 15.7-1），边模通过螺栓与固定模台连接，内模通过模具架与固定平台连接。

国内固定模台一般不经过研磨抛光，表面光洁度就是钢板出厂光洁度，平整度一般控制在 $2m \pm 2mm$ 的误差。

固定模台常用规格为：$4m \times 9m$；$3.5m \times 12m$；$3m \times 12m$。

15.7.2 固定模台边模

固定模台的边模有柱、梁构件边模和板式构件边模。柱、梁构件边模高度较高，板式构件边模高度较低。

1. 柱、梁边模

柱子、梁模具由边模和固定模台组合而成，模台为底面模具，边模为构件侧边和端部模具。

图 15.7-1 钢固定模台

柱、梁边模一般用钢板制作，也有用钢板与型钢制作（图 15.7-2）；没有出筋的边模也可用混凝土或超高性能混凝土制作。当边模高度较高时，宜用三角支架支撑边模（图 15.7-3）。

图 15.7-2　梁的边模

图 15.7-3　带三角支架的梁的边模

2. 板边模

板边模可由钢板、型钢、铝合金型材、混凝土等制作（图 15.7-4）。最常用的边模为钢结构边模（图 15.7-5、图 15.7-6）。

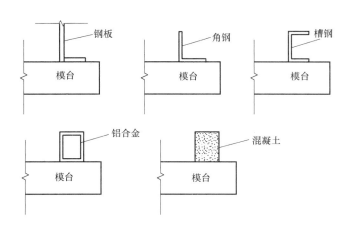

图 15.7-4　固定模台上各种材质的板边模

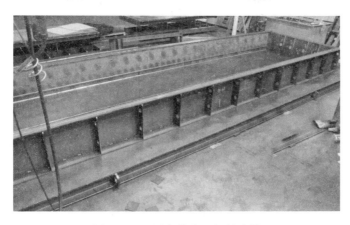

图 15.7-5　固定模台上板的边模

图 15.7-6　固定模台上瓷砖反打板的边模

15.7.3　边模与固定模台的连接

边模与固定模台的连接固定方式为：在固定模台的钢板上钻孔绞丝，用螺栓将边模与模板连接（图 15.7-7、图 15.7-8）。

15.7.4　固定模台的构件内模

构件内模是指形成构件内部构造（如肋、整体飘窗探出板）的模具。构件内模在构件内不与模台连接，而是通过悬挂架固定。图 15.7-9 为整体飘窗模具，探出窗板的模具就是固定在悬挂架上的。

15.7.5　固定模台改装

固定模台可以反复组装各种模具，不用的孔眼可以用填

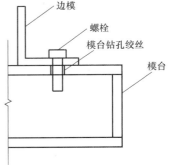

图 15.7-7　边模固定方式

塞材料填实、磨平。

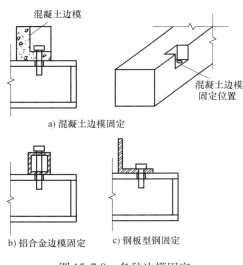

a) 混凝土边模固定

b) 铝合金边模固定　　c) 钢板型钢固定

图 15.7-8　各种边模固定

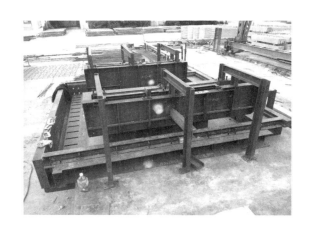

图 15.7-9　飘窗模具

15.8　独立模具

独立模具是指不用固定模台也不用在流水线上制作的模具，其特点是模具自身包括 5 个面，"自带"底板模。

之所以要设计独立模具，主要是构件本身有特殊要求。如柱子 4 个立面因装饰性都需要做成具有一样光洁度的模具面，而不能有抹光面，就必须用独立立模；如有些构件造型复杂，在固定模台上组模反倒麻烦，就不如用独立模具。

独立模具必须"站"得稳、安全可靠、易操作、易脱模。

独立模具包括：

（1）立式柱　立式柱子模具见前面 15.3 节图 15.3-6。

图 15.8-1　楼梯钢结构立模

（2）楼梯应用立模较多（图 15.8-1），自带底板模。楼梯立模一般为钢结构，也可以做成混凝土模具（图 15.8-2）。

（3）梁的 U 形模具。带有角度的梁可以将侧板与底板做成一体，形成 U 形。

（4）带底板模的柱子模具。

（5）造型复杂构件的模具，如半圆柱、V 形墙板等。图 15.8-3 为 V 形墙板独立模具。

（6）剪力墙独立立模。

图 15.8-2　楼梯混凝土立模

图 15.8-3　V 形墙板独立模具

15.9　预应力构件模具

预应力 PC 楼板在长线台座上制作，钢制台座为底模，钢制边模通过螺栓与台座固定。板肋模具即内模也是钢制，用龙门架固定（图 15.9-1）。

预应力楼板为定型产品，模具在工艺设计和生产线制作时就已经定型，构件制作过程不再需要进行模具设计。

图 15.9-1　预应力台座与模具

15.10　集约式立模工艺模具

在第 14 章中已经简单介绍了集约式立模生产工艺。在生产定型的规格化墙板时，模具是工艺系统的一个部分，不需要另外设计模具。

用集约式立模工艺制作两侧出筋的剪力墙板正在探索中，最主要的技术问题是出筋板侧的封边模具，须根据不同出筋情况进行调整。

出筋板侧封边模具可用钢板、型钢制作，图 15.10-1 给出一个解决方案的示意图供读者参考。

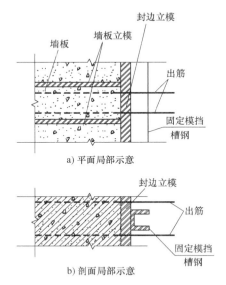

a) 平面局部示意

b) 剖面局部示意

图 15.10-1　集约式立模出筋墙板边模示意

15.11　模具构造

15.11.1　预埋件、套筒、孔眼等定位构造

1. 套筒定位

套筒定位是在柱子或墙板端部模具上设置专用套筒固定件（钢制或是橡胶材质），通过螺栓胀拉后将套筒固定，如图 15.11-1、图 15.11-2 所示。

图 15.11-1　柱子模板与套筒固定

图 15.11-2　墙板模板与套筒固定

2. 预埋件在模板上固定

预埋件或在模板上钻孔用螺栓固定，或用专用胶粘贴，如图 15.11-3 所示。

a) 胶粘接　　　　　　　　　b) 穿过螺栓固定

图 15.11-3　预埋件在模板上固定

3. 预埋件、预留孔位置允许误差

模具预埋件、预留孔位置允许误差见表 15.11-1。

表 15.11-1　模具预埋件、预留孔位置允许偏差

项次	检验项目及内容	允许偏差/mm	检验方法
1	预埋件、插筋、吊环、预留孔洞中心线位置	3	用钢尺量
2	预埋螺栓、螺母中心线位置	2	用钢尺量
3	灌浆套筒中心线位置	1	用钢尺量

注：出自《装配式混凝土结构技术规程》（JGJ 1—2014）11.2.5。

15.11.2　出筋模具堵孔

出筋处模具需要封堵以避免漏浆。一种方法是将出筋部位附加一块钢板堵孔（图 15.11-4），一种方法是塞橡胶圈（图 15.11-5）。

图 15.11-4　模具出筋附加钢板

图 15.11-5　封堵出筋孔的橡胶圈

15.11.3　构件的抹角和弧角

构件转角的抹角或弧角，可以用附加木制或硅胶三角条和弧形条实现，如图 15.11-6 所示。

15.11.4　伸出钢筋的架立

当梁柱构件伸出钢筋较长时，应设置架立设施，以避免伸出钢筋下垂影响其构件内钢筋的位置，如图 15.11-7 所示。

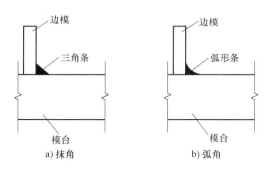

图 15.11-6　抹角和弧角模具

图 15.11-7　伸出长钢筋架立设施

15.11.5　脱模便利性构造

对有线条或造型的模具应考虑脱模便利性，顺利脱模的最小坡度为 1:8，镂空构件模具坡度更大一些，以 1:6 为宜。脱模锥度不小于 5°。

15.11.6　模具吊环或吊孔

较重模具应设置吊环或吊孔，应根据模具重心计算布置，如图 15.11-8 所示。

图 15.11-8　模具吊环

15. 11. 7　模具拼缝处理

（1）拼接处应用刮腻子等方式消除拼接痕迹打磨平整。

（2）表面光洁，防止生锈。有生锈的地方应当用抛光机抛光。

（3）其他材质模具如果是吸水材料，如木材应做防水处理。

15. 12　复杂模具设计

表面造型复杂或非线性曲面构件的模具可通过拼接方式组合而成，或通过钢结构与玻璃钢模具结合的方式，如图 15.12-1、图 15.12-2 所示。

图 15.12-1　各种造型的复杂模具

镂空、各种质感的模具可以通过钢模具与聚苯乙烯模具、石膏模具、木材模具以及硅橡胶等模具的结合来完成。

模具设计时应当利用三维设计软件将各拼接部分细部尺寸设计出来。

图 15.12-2 曲面构件模具

15.13   模具标识与存放

15.13.1   模具标识

所有模具都应当有标识，以方便制作构件时查找，避免出错。模具标识应当写在不同侧面的显眼位置上。模具标识内容包括：

（1）项目名称。

（2）构件名称与编号。

（3）构件规格。

（4）制作日期与制作厂家编号等。

15.13.2   模具存放

模具成本占 PC 总成本比重较大，应当很好地存放。

（1）模具应组装后存放，配件等应一同储存，并应当连接在一起，避免散落。

（2）模具应设立保管卡，记录内容包括名称、规格、型号、项目、已经使用次数等，还应当有所在模具库的分区与编号。卡的内容应当输入计算机模具信息库，便于查找。

（3）模具储存要有防止变形的措施。细长模具要防止塌腰变形。模具原则上不能码垛堆放，以防止压坏。堆放储存也不便于查找。

（4）模具不宜在室外储存，如果模具库不够用，可以搭设棚架，防止日晒雨淋。

15.14   模具质量与验收

15.14.1   模具质量控制要点

不合格的模具生产出的每个产品都是不合格的。模具质量是产品质量的前提。模具质量控制要点如下：

（1）模具制作后必须经过严格的质量检查并确认合格后才能投入生产。

（2）一个新模具的首个构件必须进行严格的检查，确认首件合格后才可以正式投入生产。

（3）模具质量检查的内容包括形状、质感、尺寸误差、平面平整度、边缘、转角、预埋件定位、孔眼定位、出筋定位等。还需要检验模具的刚度、组模后牢固程度、连接处密实情况等。

（4）模具尺寸的允许误差应当是构件允许误差的一半。

（5）模具各个面之间的角度符合设计要求。如端部必须与板面垂直等。

（6）模具质量和首件检查都应当填表存档。

（7）模具检查必须有准确的测量尺寸和角度的工具，应当在光线明亮的环境下检查。

（8）模具检查应当在组对后检查。

（9）模具首个构件制作后须进行首件检查。如果合格，继续生产；如果不合格，修改调整模具后再投入生产。

（10）首件检查除了形状、尺寸、质感外，还应当检查脱模的便利性等。

（11）模具检查和首件检查记录应当存档。

首件检查记录表见表 15.14-1。

表 15.14-1　首件检查记录表

工程名称：									
产品名称			产品规格				图样编号		
							生产批号		
模具编号			操作者				检查日期		
检查项目	检验部位	设计尺寸	允许误差	实际检测	判断结果		检查人	备注	
主要尺寸	a				合格	不合格			
	b				合格	不合格			
	c				合格	不合格			
	d				合格	不合格			
	e				合格	不合格			
	f				合格	不合格			
	g				合格	不合格			
	h				合格	不合格			
	对角				合格	不合格			
	扭曲变形				合格	不合格			
	其他				合格	不合格			
附图									
表面瑕疵及边角棱情况					结论：				
理件位置					结论：				
钢筋套筒设置情况					结论：				
保温层铺设情况					结论：				
检查结果									
签字	制作者		生产主管		质量主管		施工方	甲方	

15.14.2 模具质量验收

在新模具投入使用前，以及另外一个项目再次重复使用或维修改用后，工厂应当组织相关人员对模具进行组装验收，填写模具组装验收表并拍照存档（表15.14-2）。

表 15.14-2 模具组装验收表

工程名称：									
产品名称			产品规格				图样编号		
							生产批号		
模具编号			操作者				检查日期		
检查项目	检验部位	设计尺寸	允许误差	实际检测	判断结果		检查人	备注	
主要尺寸	a				合格	不合格			
	b				合格	不合格			
	c				合格	不合格			
	d				合格	不合格			
	e				合格	不合格			
	f				合格	不合格			
	g				合格	不合格			
	h				合格	不合格			
	对角				合格	不合格			
	扭曲变形				合格	不合格			
	碴口				合格	不合格			
附图									
定模平整度						结论：			
埋件位置						结论：			
套管情况						结论：			
固定情况						结论：			
签字	操作者	班组长	质检员	使用者	生产主管		检查结果		
							合格	不合格	

15.15 模具维修与改用

（1）首先要建立健全日常模具的维护和保养制度。

（2）模具的维修和改用应当由技术部设计并组织实施。

（3）有专人负责模具的维修和改用。

（4）厂房应有模具维修车间或模具维修场所。

（5）维修和改用的模具应确保达到设计要求。

（6）维修和改用好的模具应填写模具组装验收表并拍照存档。

（7）维修和改用后模具首件应当做首件检查记录，并填写检查记录表，拍照存档。

第 16 章

PC 原材料制备与配合比设计

16.1 概述

本书第 3 章已经介绍了 PC 建筑的主要原材料，本章介绍 PC 构件工厂原材料制备和混凝土配合比设计。包括原材料采购（16.2）、原材料入厂检验（16.3）、原材料储存（16.4）、计量管理（16.5）、混凝土配合比设计（16.6）。

16.2 原材料采购

PC 构件制作所用原材料采购须符合以下原则：

（1）必须符合国家、行业和地方有关标准的规定。

（2）必须符合设计图样要求。

（3）设计单位或建设单位指定原材料厂家或产品品牌的，应按照设计或建设单位的要求采购；没有指定厂家或品牌的，应当由工厂技术部、试验室和采购部共同选择厂家和品牌，工厂总工程师或技术负责人决定。

（4）禁止采购没有质量保证和检验文件的原材料。

（5）PC 构件主要原材料钢筋、套筒、预埋件、内埋式螺母、拉结件、水泥、粗细骨料、外加剂、混合物、保护层垫块、修补料等，应选择优质产品。

16.3 原材料入厂检验

原材料进厂检验包括核对、数量验收和质量检验。

16.3.1 核对

对照采购单，核对品名、厂家、规格、型号、生产日期等。

16.3.2 数量验收

（1）水泥、钢材、外加剂按重量验收，水泥、钢材计量单位为 t，外加剂计量单位为 t。水泥、外加剂材料进场需用地秤进行检斤称重。钢材则需分规格进行检斤称重。

（2）骨料按体积验收数量，计量单位为 m^3 或 t，材料进场需用电子地磅进行检斤称重，经过试验室实测的骨料密度，来计算出该骨料实际的立方米数量。

（3）预埋件、套筒、拉结件按个数验收数量，计量单位为个，生产厂家提供进货数量，由仓库保管员进行清点核实数量。

（4）保温材料按体积验收数量，计量单位为 m³，生产厂家提供进货数量，由仓库保管员进行清点核实数量。

（5）窗与 PC 一体化，窗框验收，按套核实数量。

（6）装饰面材石材或面砖按面积或块数验收数量，计量单位为 m² 或块。

16.3.3　质量检验

材料质量检验在第 19 章介绍，见 19.2。

须强调行业标准《装配式混凝土结构技术规程》（JGJ 1—2014）要求，套筒灌浆料必须进行抗拉强度试验。由于工厂制作构件不需要灌浆料，工厂自身没有采购灌浆料的计划，所以须根据图样或施工企业确定的灌浆料品种，采购试验用的灌浆料。

16.4　原材料储存

16.4.1　水泥存放

（1）水泥要按强度等级和品种分别存放在完好的散装水泥仓内。仓外要挂有标识牌；标明进库日期、品种、强度等级、生产厂家、存放数量。

（2）保管日期不能超过 90 天。

（3）存放超过 90 天的水泥要经重新测定强度合格后，方可按测定值调整配合比后使用。

16.4.2　钢材存放

（1）钢材存放要放在防雨、干燥环境中。

（2）钢材要按品种、规格、分别堆放。

（3）每堆钢筋要挂有标识牌、标明进厂日期、型号、规格、生产厂家、数量。

16.4.3　骨料的存放

（1）骨料存放要按品种、规格分别堆放,每堆要挂有标识牌;标明规格、产地、存放数量。

（2）骨料存储应有防混料和防雨措施。

16.4.4　外加剂存放

（1）外加剂存放要按型号、产地分别存放在完好的罐槽内，并保证雨水等不会混进罐中。

（2）大多数液体外加剂有防冻要求，冬季必须在 5℃以上环境存放。

（3）外加剂存放要挂有标识牌，标明名称、型号、产地、数量、入厂日期。

16.4.5　装饰材料存放

（1）反打石材和瓷砖宜在室内储存，如果在室外储存必须遮盖，周围设置车档。

（2）反打石材一般规格不大，装箱运输存放。无包装箱的大规格板材直立码放时，应光面相对，倾斜度不应大于 15°，底面与层间用无污染的弹性材料支垫。

（3）装饰面砖的包装箱可以码垛存放，但不宜超过 3 层。

16.4.6 预埋件、套筒、拉结件的存放

预埋件、套筒、拉结件要存放在防水、干燥环境中。

16.4.7 保温材料存放

（1）保温材料要存放在防火区域中，存放处配置灭火器。
（2）存放时应防水防潮。

16.4.8 修补料存放

（1）液体修补材料应存放在避光环境中，室温高于5℃。
（2）粉状修补材料应存放在防水、干燥的环境中，并应进行遮盖。

16.5 计量管理

PC 构件工厂计量设备和工具包括电子地磅、台秤、搅拌站自动计量系统、卷尺、钢直尺、钢角尺等。保证计量设备和工具的准确，定期校验，见表 16.5-1。

表 16.5-1 计量设备校验周期表

名 称	校验方法	校验周期
电子地磅	用砝码进行称重检验	12 个月
台秤	用砝码进行称重检验	6 个月
搅拌站自动计量系统	用砝码进行称重检验	2 个月
钢卷尺	外观是否有明显变形，是否收放灵活，用标定合格的钢卷尺检验	2 个月
钢直尺、钢角尺	外观是否有明显变形、扭曲，若有轻微变形，先进行校对，使用标定合格的钢直尺进行检验	2 个月

16.6 混凝土配合比设计

混凝土配合比设计是根据设计要求的强度等级确定各组成材料数量之间的比例关系，即确定水泥、水、砂、石、外加剂、混合料之间的比例关系，使得到的强度满足设计要求。

16.6.1 配置强度

PC 工厂实际生产时用的混凝土配置强度应当高于设计强度，因为要考虑配置和制作环节的不稳定因素。混凝土配置强度根据《普通混凝土配合比设计规程》（JGJ 55—2011）规定，应符合按下列规定：

（1）当混凝土设计强度小于 C60 时，配制强度应按下式确定：

$$f_{cu,o} \geqslant f_{cu,k} + 1.645\sigma \tag{16.6-1}$$

式中 $f_{cu,o}$——混凝土配制强度（MPa）；

$f_{cu,k}$——混凝土立方体抗压强度标准值（MPa），这里取混凝土的设计强度等级值；

σ——混凝土强度标准差（MPa）。

（2）当混凝土的设计强度不小于 C60 时，配制强度应按下式确定：

$$f_{\mathrm{cu,o}} \geqslant 1.15 f_{\mathrm{cu,k}} \qquad (16.6\text{-}2)$$

（3）混凝土强度标准差 σ 应根据同类混凝土统计资料计算确定，其计算公式如下：

$$\sigma = \sqrt{\frac{\sum\limits_{i=1}^{n} f_{\mathrm{cu},i}^2 - n m_{\mathrm{fcu}}^2}{n-1}} \qquad (16.6\text{-}3)$$

式中　$f_{\mathrm{cu},i}$——统计周期内同一品种混凝土第 i 组试件的强度值（MPa）；

　　　m_{fcu}——统计周期内同一品种混凝土 n 组试件的强度平均值（MPa）；

　　　n——统计周期内同品种混凝土试件的总组数。

当具有 1～3 个月的同一品种、同一强度等级混凝土的强度资料，且试件组数不小于 30 时，其混凝土强度标准差 σ 应按上式进行计算。

对于强度等级不大于 C30 的混凝土，当混凝土强度标准差计算值不小于 3.0MPa 时，应按混凝土强度标准差计算公式计算结果取值；当混凝土强度标准差计算小于 3.0MPa 时，应取 3.0MPa。

对于强度等级大于 C30 且小于 C60 的混凝土，当混凝土强度标准差计算值不小于 4.0MPa 时，应按混凝土强度标准差计算公式计算结果取值；当混凝土强度标准差计算值小于 4.0MPa 时，应取 4.0MPa。

当没有近期的同一品种、同一强度等级混凝土强度资料时，其强度标准差 σ 可按表 16.6-1 取值。

表 16.6-1　混凝土强度标准差取值表

混凝土强度等级	≤C20	C25～C45	C50～C55
σ/MPa	4.0	5.0	6.0

16.6.2　须注意的问题

（1）有的 PC 工厂是商品混凝土企业所办，有的 PC 工厂同时经营商品混凝土，商品混凝土与 PC 工厂用混凝土不宜用同一搅拌系统。

（2）不能将商品混凝土的配合比直接用于 PC 制作，因为商品混凝土考虑运输时间有缓凝性质，PC 制作用不到。

16.6.3　配置强度的调整

当设计提出超出普通混凝土的要求，如清水混凝土、彩色混凝土等，由此导致骨料发生变化；或工厂混凝土主要原材料来源发生变化，都需要重新进行配合比试验，获得可靠结果后才可以投入使用。

16.6.4　其他配置强度

PC 结构混凝土的配置强度是抗压强度，用于 PC 装饰表面的装饰混凝土的配置强度也是抗压强度，但超高性能混凝土和 GRC 一般用作薄壁构件，其配置强度应当是抗弯强度。

第 17 章

PC 构件制作

17.1　概述

PC 构件制作是 PC 装配式建筑的关键环节。按建设工期要求生产出高品质的 PC 构件并尽可能降低成本，不仅需要工厂有基本的硬件配置，更需要可靠的技术和定量精细的管理。工厂管理者应当具有强烈的计划意识、定量意识、优质意识和注重细节的意识，具备技术和管理能力。

本章介绍 PC 构件制作的依据（17.2），PC 构件制作的准备（17.3），制作工艺运行与调整（17.4），模具组装（17.5），涂刷脱模剂（或缓凝剂）（17.6），表面装饰（17.7），钢筋制作（17.8），钢筋入模（17.9），预埋件、连接件、孔眼定位（17.10），钢筋和预埋件隐蔽工程检查（17.11），混凝土搅拌与运送（17.12），混凝土浇筑（11.13），养护（17.14），脱模（17.15），表面检查（17.16），表面处理与修补（17.17），成品保护（17.18），构件制作质量要点（17.19），构件标识（17.20），安全生产要点（17.21），节能环保要点（17.22）。

17.2　PC 构件制作的依据

PC 构件制作须依据设计图样、有关标准、工程安装计划、混凝土配合比设计和操作规程。

1. 设计图样

PC 构件制作所依据的图样是构件制作图，对构件的所有要求都集中在构件制作图上，工厂无须自己到其他设计图中获取信息。构件制作图的内容详见第 13 章 13.7 节。

工厂收到构件设计图后应详细读图，领会设计指令，对无法实现或无法保证质量的设计问题，以及其他不合理问题，应当向设计单位书面反馈。

常见的构件制作图样的问题有：构件形状无法或不易脱模；钢筋、预埋件和其他埋设物间距太小导致混凝土浆料无法浇筑；预埋件设置不全；构件编号不是唯一性等。

构件制作图样如果需要变更，必须由设计机构签发变更通知单。

2. 有关标准

PC 制作应执行的有关国家和行业标准包括《装配式混凝土结构技术规程》（JGJ 1—2014）、《混凝土结构工程施工规范》（GB 50666—2011）、《高强混凝土应用技术规程》（JGJ/T 281—2012）、《混凝土结构工程施工质量验收规范》（GB 50204—2015）等，还有项目所在地关于装配式建筑的地方标准。

3. 工程安装计划

构件制作计划应根据工程安装计划制订，按照工程安装要求的各品种规格构件进场次序组织生产。

4. 混凝土配合比设计

依据经过配合比设计、试验得到的可靠的混凝土配合比制作 PC 构件。对梁柱连体或柱板连体构件，如果连体构件的两部分混凝土强度等级不一样，必须按照设计要求制作。

5. 操作规程

根据每个产品的特点，制订生产工艺、设备和各个作业环节的操作规程，并严格执行。

17.3　PC 构件制作的准备

PC 构件制作的准备工作包括设计交底、编制生产计划、技术准备、质量管理方案、劳动力组织、安全方案、环保方案等。

17.3.1　设计交底

由建设单位组织设计单位、监理单位、施工总包单位（应包含分包单位如起重机厂家、电梯厂家、机电施工单位、内装施工单位等）和构件生产单位相关技术、质量、管理人员进行设计技术交底，包括：

（1）讲解图样要求和质量重点，进行答疑。

（2）提出质量检验要求，列出检验清单，包括隐蔽工程记录清单。

（3）提出质量检验程序等。

（4）各分包单位提出需要工厂预埋配套的相关预埋件。

17.3.2　编制生产计划

（1）根据安装计划编制详细的生产总计划，应当包含年度计划、月计划、周计划，进度计划落实到天、落实到件、落实到模具、落实到工序、落实到人员。

（2）编制模具计划，组织模具设计与制作（见第 15 章），对模具制作图及模具进行验收。

（3）编制材料计划，选用和组织材料进厂并检验（见第 16 章）。

（4）编制劳动力计划，根据生产均衡或流水线合理流速安排各个环节的劳动力。

（5）编制设备、工具计划。

（6）编制能源使用计划。

（7）编制安全设施、护具计划。

17.3.3　技术准备

（1）如果构件使用套筒灌浆连接方式，做套筒和灌浆料试验（见第 19 章）。

（2）进行混凝土配合比设计（见第 16 章）。

（3）构件有表面装饰混凝土，需进行配合比设计，做出样块，由建设、设计、监理、总包和工厂会签存档，作为验收对照样品。

（4）PC 构件制作前，对带饰面砖或饰面板的应绘制排砖图或排板图。

（5）修补料配合比设计，对其附着性、耐久性进行试验，颜色与修补表面一致或接近。

（6）对构件裂缝制订预防措施和处理方案。

（7）进行详细的制作工艺设计，如三明治板保温板如何排列，如何处理拉结件处的冷桥。

（8）一些材料使用效果的试用，如：

1）脱模剂脱模是否容易，是否对表面质量形成不利影响。

2）装饰面砖或石材反打结合力试验。

（9）吊架、吊具设计、制作或复核（详见第 18 章）。

（10）翻转、转运方案设计。

（11）构件堆放方案设计，场地布置分配，货架设计制作等（详见第 18 章）。

（12）产品保护设计。

（13）装车、运输方案设计等（详见第 18 章）。

17.3.4　质量管理方案

1. 质量管理组织

PC 构件生产必须配置足够的质量管理人员，建立质量管理组织，宜按照生产环节分工，专业性强。图 17.3-1 给出了质量管理组织框架，供参考。

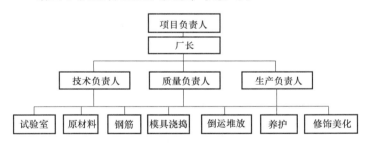

图 17.3-1　质量管理组织框架

2. 制定质量标准

（1）以国家、行业或地方标准为依据制定每个种类产品的详细标准。

（2）制定过程控制标准和工序衔接的半产品标准。

（3）将设计或建设单位提出的规范规定之外的要求编制到产品标准中。例如质感标准、颜色标准等。

3. 编制操作规程

操作规程的编制应符合产品的制作工艺，具有针对性、易操作性和可推广性。

4. 技术交底与质量培训

技术要求、操作规程等由技术部牵头质量部参与对生产一线工人进规程培训，并经过考试。

5. 质量控制环节、程序和检验方法清单

质量控制应对每个生产程序、生产过程进行监控，并认真执行检验方法和检验标准。重要环节，如原材料、模具、浇筑前、预埋件、首件等，必须严格控制。

6. 质量管理人员责任细化

按照生产程序安排质量管理人员，进行过程质检，要求上道工序对下道工序负责的原则，不合格品不得流转到下一个工序。

按照原材料进厂、钢筋加工、模具组装、钢筋吊入、混凝土浇筑、产品养护、产品脱模、产品修补、产品存放、产品出厂等相关环节，合理配置质量管理人员。

7. 质量标准、操作规程上墙公示

质量标准、操作规程经培训考试后张贴在生产车间醒目处，方便操作工人及时查看。

8. 质检区和质检设施、工具设计

车间内应当设立质检区，质检区要求光线明亮，配备相关的质检设施，如各种存放架、模拟现场的试验装置等，脱模后的产品应转运到质检区。

质检人员配备齐全检验工具，如卷尺、直尺、拐尺、卡尺、千分尺、塞尺、白板及其他特殊量具等，每个质检员应当配备数码相机，用于需要记录的隐蔽节点拍照。

9. 不合格品标识、隔离、处理方案

不合格品应进行明显的标识，并进行隔离。经过修补仍不合格的产品必须报废，对不合格品应分析原因，采取对应措施防止再次发生。

10. 合格证设计

合格证内容应包含产品名称、编号、型号、规格、设计强度、生产日期、生产人员、合格状态、质检员等相关信息，合格证可以是纸质书写的，也可以将信息形成二维码或条形码，也可以预埋芯片来记录产品信息。

11. 合格产品标识

经过检验合格的产品出货前应进行标识，张贴合格证。

产品标识内容应包含产品名称、编号（应当与施工图编号一致）、型号、规格、设计强度、生产日期、生产人员、合格状态、质检员等。

标识方式可以用记号笔手写，但必须清晰正确，也可以预埋芯片或 RFID 无线射频识别标签。

图样设计应美观大方。

标识位置应统一，标识在容易识别的地方，又不影响表面美观。

17.3.5 安全管理方案

（1）建立安全管理组织。

（2）制订安全管理目标。

（3）制订安全操作规程。

（4）进行安全设施设计，制订配置计划。

（5）制订安全保护护具计划。

（6）制订安全培训计划。

（7）列出安全管理重点清单。

（8）建立安全管理制度。

17.4　制作工艺运行与调整

PC 制作的各种工艺已经在第 14 章讨论。本节介绍制作工艺的运行与调整。

1. 工艺完好性

确保起重机、钢筋加工设备、台模、流水线、运输车辆的完好性。

2. 工艺均衡性

合理配置资源、劳动力，使得各工序均衡运行。

3. 工艺调整

对现有工艺条件不能满足构件制作要求时进行调整。如流水线、大转角构件无法生产养护，大体积构件超过台模尺寸，个别超大构件超过吊装能力等。

17.5　模具组装

17.5.1　固定模台工艺组模

（1）模具组装前要清理干净模台与模具。

（2）模具组装前每一块模板上要均匀喷涂脱模剂，包括连接部位。对于有粗糙面要求的模具面，如果采用缓凝剂方式，须涂刷缓凝剂。

（3）模具组装要稳定牢固。

（4）应选择正确的模具进行拼装，在拼装部位粘贴密封条来防止漏浆。

（5）在固定台模上组装模具，模具与台模连接应选用螺栓和定位销。

（6）组装模具应按照组装顺序，对于需要先吊入钢筋骨架的构件，在吊入钢筋骨架后再组装模具。

（7）组装完成的模具应对照图样自检，然后由质检员复检。

图 17.5-1　固定模台模具组装

固定模台模具组装如图 17.5-1 所示。

17.5.2　流水线组模

1. 清理模具

自动流水线上有清理模具的清理设备，模台通过设备时，刮板降下来铲除残余混凝土，如图 17.5-2 所示；另外一侧圆盘滚刷扫掉表面浮灰，如图 17.5-3 所示。

对残余的大块的混凝土要提前清理掉，并分析原因提出整改措施。

边模由边模清洁设备（图 17.5-4）清洗干净，通过传送带将清扫干净的边模送进模具库，由机械手按照一定的规格储存备用。

图 17.5-2　模台清理设备

图 17.5-3　模台清扫设备

人工清理模具需要用腻子刀或其他铲刀清理，如图 17.5-5 所示，需要注意清理模具要清理彻底，对残余的大块的混凝土要小心清理，防止损伤模台，并分析原因提出整改措施。

2. 放线

全自动放线是由机械手按照输入的图样信息，在模台上绘制出模具的边线，如图 17.5-6 所示。

图 17.5-4　边模清扫设备

图 17.5-5　人工清理模台

图 17.5-6　机械手自动放线

人工放线需要注意先放出控制线，从控制线引出边线。放线用的量具必须是经过验收合格的。

3. 组模

（1）机械手组模 通过模具库机械手将模具库的边模取出，由组模机械手将边模按照放好的边线逐个摆放，并按下磁力盒开关把边模通过磁力与模台连接牢固，如图 17.5-7 所示。

图 17.5-7 机械手自动组模

（2）人工组模 人工组装一些复杂非标准的模具，机械手不方便的模具，如门窗洞口的木模等，如图 17.5-8 所示。

（3）组模的要求 无论采用哪种方式组装模具，模具的组装应符合下列要求：

1）模板的接缝应严密。

2）模具内不应有杂物、积水或冰雪等。

3）模板与混凝土的接触面应平整、清洁。

4）组模前应检查模具各部件、部位是否洁净，脱模剂喷涂是否均匀。

5）模具组装完成后尺寸允许偏差应符合表 15.4-1 的要求。

图 17.5-8 人工组模

17.6 涂刷脱模剂（或缓凝剂）

17.6.1 涂刷脱模剂

1. 涂刷前检查

在涂刷脱模剂前要检查模具是否干净。

2. 脱模剂种类

常用脱模剂有两种材质，油性和水性，制作 PC 构件应选用对产品表面没有污染的脱模剂。

3. 自动涂刷

流水线配有自动喷涂脱模剂设备（图 17.6-1），模台运转到该工位后，设备启动开始喷涂脱模剂，设备上有多个喷嘴保证模台每个地方都均匀喷到，模台离开设备工作面设备自动关闭。

喷涂设备上适用的脱模剂为水性或者油性，不适合蜡质的脱模剂。

图 17.6-1 生产线自动喷涂脱模剂

4. 人工涂刷

人工涂抹脱模剂要使用干净的抹布或海绵，涂抹均匀后模具表面不允许有明显的痕迹、不允许有堆积、不允许有漏涂等现象。

5. 其他要求

脱模剂喷涂后不要马上作业，应当等脱模剂成膜以后再进行下一道工序。

17.6.2 涂刷缓凝剂

模具面需要形成粗糙面，一个办法是在模具上涂刷缓凝剂，混凝土脱模后再用水冲洗去除表面没有凝固的灰浆，形成粗糙面。涂刷缓凝剂须做到：

（1）宜选用专业厂家生产的粗糙面专用缓凝剂。

（2）按照设计要求的粗糙面部位涂刷。

（3）按照产品使用要求进行涂刷。

17.7 表面装饰

17.7.1 石材反打

石材反打作业要求如下：

（1）在模具中铺设石材前，应根据排板图要求提前将石板加工好。

（2）应按设计要求在石材背面钻孔、安装不锈钢卡勾、涂覆隔离层（不锈钢卡勾与隔离层详见第 3 章 3.4.10）。

（3）石材铺设如图 17.7-1 所示。

（4）石材与石材之间的接缝应当采用具有抗裂性、收缩小且不污染装饰表面的防水材料嵌填（图 17.7-2）。

（5）石材与模具之间，应当采用橡胶或聚乙烯薄膜等柔韧性的材料进行隔垫，防止模具划伤石材。

（6）竖直模具上石材铺设应当用钢丝将石材与模具连接，避免石材在浇筑时错位。

图 17.7-1　石材铺设

图 17.7-2　石材接缝处理

17.7.2　装饰面砖反打

装饰面砖反打作业要求如下：

（1）在模具中铺设面砖前应根据排砖图的要求进行配砖和加工，饰面砖应当由生产厂家根据排砖图要求生产加工好。如图 17.7-3 所示为生产厂家加工好的饰面砖。砖背面应当有燕尾槽，燕尾槽的尺寸应符合相关要求。

（2）砖缝之间用专用的泡沫材填充。泡沫材有各种规格，适用于不同的砖缝要求。

（3）铺设饰面砖应当从一边开始铺，有门窗洞口的先铺设门窗洞口。

（4）要防止对砖内表面污染造成混凝土与砖之间粘结不好，同时防止硬鞋底损坏砖的燕尾槽，应当光脚或穿鞋底比较柔软的鞋子，如图 17.7-4 所示。

图 17.7-3　生产厂家加工好的饰面砖

17.7.3　装饰混凝土

饰面表面有装饰混凝土质感层，如砂岩、水磨石等（图 17.7-5），应当对饰面层的配合比单独设计。

装饰混凝土制作时应符合以下要求：

（1）按照配合比要求单独搅拌，材料特别是颜料计量要准确。

（2）装饰混凝土面层材料要按照设计要求铺设，厚度不宜小于 10mm，以避免普通混凝土基层浆料透出。装饰混凝土厚度铺设要均匀。

（3）放置钢筋避免破坏已经铺设的装饰混凝土面层。

（4）必须在表面装饰混凝土初凝前浇筑混凝土基层。

图 17.7-4　光脚铺设面砖

图 17.7-5　表面为装饰混凝土的 PC 构件

17.8　钢筋制作

17.8.1　全自动钢筋制作

全自动钢筋加工主要加工各种箍筋、钢筋网片以及桁架筋，设备通过计算机控制识别输入进来的图样，按照图样要求从钢筋调直、成型、焊接、剪断等全过程实现自动化，大大减少人工作业，提高工作效率，如图 17.8-1 ~ 图 17.8-6 所示。

图 17.8-1　自动钢筋网片加工设备

图 17.8-2　加工好的钢筋网片

图 17.8-3　自动箍筋加工设备

图 17.8-4　加工好的箍筋

图 17.8-5　自动桁架加工设备

加工好的钢筋网片以及桁架筋，通过机械手自动吊入到模具内，实现钢筋加工、入模全过程自动化，如图 17.8-7 所示。

图 17.8-6　加工好的桁架筋

图 17.8-7　机械手将钢筋吊入模具

全自动钢筋加工目前只适合叠合楼板、双层墙板以及钢筋骨架相对简单的板类构件。

17.8.2　半自动钢筋制作

半自动钢筋制作是将各个单体钢筋通过自动设备加工出来，然后人工再组装成完成的钢筋骨架，通过人工搬运到模具内，如图 17.8-8 所示。

半自动钢筋制作适合所有的产品制作，也是目前最常见的钢筋加工方式。

17.8.3　人工钢筋制作

人工钢筋制作是指从下料、成型、制作、焊接或绑扎全过程不借助自动化的设备，全部由人工完成。适合所有的产品制作。其缺点是效率低、劳动强度高、质量不稳定。

图 17.8-8　人工组装钢筋骨架

17.8.4　钢筋制作质量检查

无论采用何种方式加工钢筋，都必须对加工出来的钢筋进行质量检查，确保每个入模的钢筋骨架是合格的。

钢筋进厂检查钢筋质量证明文件，按规定抽样检验屈服强度、抗拉强度、伸长率、弯曲性能及单位长度理论重量偏差，钢筋外观质量。

钢筋制作质量检查内容包含：尺寸偏差、焊接质量、箍筋的位置数量、拉筋的位置数量、绑扎是否牢固等。

钢筋从原材料进厂到下料、成型、组装全过程有质检员进行检验，不合格的产品杜绝流入到下一道工序。

17.9　钢筋入模

1. 钢筋骨架尺寸与位置允许偏差

钢筋入模有两种方式，一种是生产板类构件全自动入模，一种是通过起重机人工入模。无论采用何种方式入模，钢筋网片或者钢筋骨架应符合表 17.9-1 的要求，表格参考《混凝土结构工程施工质量验收规范》（GB 50204—2015）中表 5。

表 17.9-1　钢筋网或者钢筋骨架尺寸和安装位置偏差

项　　目			允许偏差	检验方法
绑扎钢筋网	长、宽		±10	钢尺检查
	网眼尺寸		±20	钢尺量连续三档，取最大值
绑扎钢筋骨架	长		±10	钢尺检查
	宽、高		±5	钢尺检查
	钢筋间距		±10	钢尺量两端、中间各一点
受力钢筋	位置		±5	钢尺量测两端、中间各
	排距		±5	一点，取较大值
	保护层	柱、梁	±5	钢尺检查
		楼板、外墙板楼梯、阳台板	+5，−3	钢尺检查
绑扎钢筋、横向钢筋间距			±20	钢尺量连续三档，取最大值
箍筋间距			±20	钢尺量连续三档，取最大值
钢筋弯起点位置			±20	钢尺检查

2. 保护层厚度

常用钢筋保护层钢筋间隔件（图 17.9-1）有水泥、塑料和金属三种材质，PC 构件保护层不宜用金属间隔件。

图 17.9-1　钢筋保护层塑料间隔件

钢筋保护层厚度应符合规范及设计要求，钢筋入模前应将钢筋保护层间隔件安放好。保护层间隔件间距与构件高度、钢筋重量有关，应按《混凝土结构设计规范》（GB 50010—2010）有关规范规定布置，且不宜小于 300mm。

3. 出筋控制

从模具伸出的钢筋位置、数量、尺寸等要符合图样要求，并严格控制质量。出筋位置、尺寸要有专用的固定架来固定（图 17.9-2）。

4. 套筒、波纹管、浆锚孔内模及螺旋筋安装

1）套筒、波纹管、浆锚孔内模的数量和位置要确保正确。

2）套筒与受力钢筋连接，钢筋要伸入套筒定位销处；套筒另一端与模具上的定位螺栓连接牢固。

3）波纹管与钢筋绑扎连接牢固，端部与模具上的定位螺栓连接牢固。

4）浆锚孔内模与模具上的定位螺栓连接牢固。

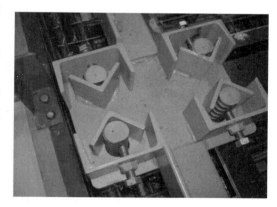

图 17.9-2　钢筋出筋定位

5）要保证套筒、波纹管、浆锚孔内模的位置精度，方向垂直。

6）保证注浆口、出浆口方向正确；如需要导管引出，与导管接口应严密牢固，导管固定牢固。

7）注浆口、出浆口做临时封堵。

8）浆锚孔螺旋钢筋位置正确，与钢筋骨架连接牢固。

17.10　预埋件、连接件、孔眼定位

预制构件中的预埋件及预留孔洞的形状尺寸和中线定位偏差非常重要，生产时应按要求进行逐个检验。

定位方法应当在模具设计阶段考虑周全，增加固定辅助设施。尤其要注意控制灌浆套筒及连接用钢筋的位置及垂直度。需要在模具上开孔固定预埋件及预埋螺栓的，应由模具厂家按照图样要求使用激光切割机或钻床开孔，严禁工厂使用气焊自行开孔。

预埋件要固定牢固，防止浇筑混凝土振捣过程中松动偏位，质检员要专项检查，固定在模具上的预埋件、预留孔洞中心位置允许偏差见表 17.10-1。

表 17.10-1　预留孔洞中心位置的允许偏差

项次	检查项目及内容	允许偏差/mm	检验方法
1	预埋件、插筋、吊环预留孔洞中线位置	3	用钢尺量
2	预埋螺栓、螺母中心线位置	2	用钢尺量
3	灌浆套筒中心线位置	1	用钢尺量

注：来自《装配式混凝土结构技术规程》（JGJ 1—2014）。

预埋螺栓、连接件、预留孔洞固定方式如图 17.10-1 ~ 图 17.10-3 所示。

图 17.10-1　预埋螺栓固定方法　　　　　　图 17.10-2　预埋连接件固定方法

图 17.10-3　预留孔洞固定方法

17.11　钢筋和预埋件隐蔽工程检查

17.11.1　钢筋和预埋件隐蔽工程检查项目

混凝土浇筑前，应对钢筋以及预埋部件进行隐蔽工程检查，检查项目包括：

（1）钢筋的牌号、规格、数量、位置、间距等是否符合设计与规范要求。

（2）纵向受力钢筋的连接方式、接头位置、接头质量、接头面积百分率、搭接长度等。

（3）灌浆套筒与受力钢筋的连接，位置误差等。

（4）箍筋弯钩的弯折角度及平直段长度。

（5）钢筋机械锚固是否符合设计与规范要求。

（6）伸出钢筋的直径、伸出长度、锚固长度、位置偏差等。

（7）预埋件、吊环、预留孔洞的规格、数量、位置、定位牢固长度等。

（8）钢筋与套筒保护层厚度。

（9）夹芯外墙板的保温层位置、厚度、拉结件的规格、数量、位置等。

（10）预埋管线、线盒的规格、数量、位置及固定措施。

17. 11. 2　隐蔽工程检查的要求

隐蔽工程的检查除书面检查记录外应当有照片记录，拍照时用小白板记录该构件的使用项目名称、检查项目、检查时间、生产单位等。关键部位应当多角度的拍照，照片要清晰，如图 17.11-1 所示。

图 17. 11-1　浇筑前隐蔽工程检查

17. 11. 3　隐蔽工程检查记录归档

隐蔽工程检查记录应当与原材料检验记录一起在工厂存档，存档按照时间、项目进行分类存储，照片影像类应电子存档与刻盘。

17. 12　混凝土搅拌与运送

17. 12. 1　混凝土搅拌

PC 工厂混凝土搅拌设备在第 14 章 14.3.4 小节已经介绍。混凝土搅拌作业须做到：

（1）控制节奏　预制混凝土作业不像现浇混凝土那样是整体浇筑，而是一个一个构件浇筑。每个构件的混凝土强度等级可能不一样，混凝土量不一样，前道工序完成的节奏也有差异，所以，预制混凝土搅拌作业必须控制节奏：搅拌混凝土的强度等级、时机与混凝土数量必须与已经完成前道工序的构件的需求一致。既要避免搅拌量过剩或搅拌后等待入模时间过长，又要尽可能提高搅拌效率。

对于全自动生产线，计算机会自动调节控制节奏，对于半自动和人工控制生产线、固定模台工艺，混凝土搅拌节奏靠人工控制。需要严密的计划和作业时的互动。

（2）原材料符合质量要求。

（3）严格按照配合比设计投料，计量准确。

（4）搅拌时间充分。

17. 12. 2　混凝土运送

如果流水线工艺混凝土浇筑振捣平台设在搅拌站出料口位置，混凝土直接出料给布料机，没有混凝土运送环节；如果流水线浇筑振捣平台与出料口有一定距离，或采用固定模台生产工艺，则需要考虑混凝土运送。

PC 工厂常用的混凝土运输方式有三种：自动鱼雷罐运输、起重机-料斗运输、叉车-料斗运输。PC 工厂超负荷生产时，厂内搅拌站无法满足生产需要，可能会在工厂外的搅拌站采购商品混凝土，采用搅拌罐车运输。

自动鱼雷罐（图 17.12-1）用在搅拌站到构件生产线布料机之间运输，运输效率高，适合浇筑混凝土连续作业。自动鱼雷罐运输搅拌站与生产线布料位置距离不能过长，宜控制在 150m 以内，且最好是直线运输。

图 17.12-1　自动鱼雷罐

车间内起重机或叉车加上料斗运输混凝土，适用于生产各种 PC 构件，运输卸料方便（图 17.12-2）。

混凝土运送须做到：

（1）运送能力与搅拌混凝土的节奏匹配。

（2）运送路径通畅，应尽可能短运送时间。

（3）运送混凝土容器每次出料后必须清洗干净，不能有残留混凝土。

（4）当运送路径有露天段时，雨雪天气运送混凝土的叉车或料斗应当遮盖（图 17.12-3）。

图 17.12-2　叉车配合料斗运输

图 17.12-3　叉车运送混凝土防雨遮盖

17.13　混凝土浇筑

17.13.1　混凝土入模

1. 喂料斗半自动入模

人工通过操作布料机前后左右移动来完成混凝土的浇筑，混凝土浇筑量通过人工计算或者经验来控制，是目前国内流水线上最常用的浇筑入模方式（图 17.13-1）。

2. 料斗人工入模

人工通过控制起重机前后来移动料斗完成混凝土浇筑，人工入模适用在异形构件及固定模台的生产线上，且浇筑点、浇筑时间不固定，浇筑量完全通过人工控制，优点是机动灵活，造价低（图 17.13-2）。

图 17.13-1　喂料斗半自动入模

图 17.13-2　人工入模

3. 智能化入模

布料机根据计算机传送过来的信息，自动识别图样以及模具，从而自动完成布料机的移动和布料，工人通过观察布料机上显示的数据，以此来判断布料机的混凝土量，随时补充（图 17.13-3、图 17.13-4）。混凝土浇筑遇到窗洞口自动关闭卸料口防止混凝土误浇筑。

图 17.13-3　喂料斗自动入模

图 17.13-4　喂料斗自动入模

混凝土无论采用何种入模方式，浇筑时应符合下列要求：

（1）混凝土浇筑前应当做好混凝土的检查，检查内容：混凝土坍落度、温度、含气量等，并且拍照存档，如图17.13-5所示。

（2）浇筑混凝土应均匀连续，从模具一端开始。

（3）投料高度不宜超过500mm。

（4）浇筑过程中应有效控制混凝土的均匀性、密实性和整体性。

（5）混凝土浇筑应在混凝土初凝前全部完成。

（6）混凝土应边浇筑边振捣。

（7）冬季混凝土入模温度不应低于5℃。

（8）混凝土浇筑前应制作同条件养护试块等。

图17.13-5　混凝土浇筑前检查

17.13.2　混凝土振捣

1. 固定模台振动棒振捣

PC振捣与现浇不同，由于套管、预埋件多，普通振动棒可能下不去，应选用超细振动棒或者手提式振动棒（图17.13-6）。

振动棒振捣混凝土应符合下列规定：

（1）应按分层浇筑厚度分别振捣，振动棒的前端应插入前一层混凝土中，插入深度不小于50mm。

（2）振动棒应垂直于混凝土表面并快插慢拔均匀振捣；当混凝土表面无明显塌陷、有水泥浆出现、不再冒气泡时，应当结束该部位振捣。

（3）振动棒与模板的距离不应大于振动棒作用半径的一半；振捣插点间距不应大于振动棒作用半径的1.4倍。

图17.13-6　手提式振动棒

（4）钢筋密集区、预埋件及套筒部位应当选用小型振动棒振捣，并且加密振捣点，延长振捣时间。

（5）反打石材、瓷砖等墙板振捣时应注意振动损伤石材或瓷砖。

2. 固定模台附着式振动器振捣

固定模台生产板类构件如叠合楼板、阳台板等薄壁性构件可选用附着式振动器（图17.13-7）。附着振动器振捣混凝土应符合下列规定：

图 17.13-7　附着式振动器

（1）振动器与模板紧密连接，设置间距通过试验来确定。

（2）模台上使用多台附着振动器时，应使各振动器的频率一致，并应交错设置在相对面的模台上。

3. 固定模台平板振动器振捣

平板振动器适用于墙板生产内表面找平振动，或者局部辅助振捣。

4. 流水线振动台振捣

流水线振动台通过水平和垂直振动从而达到混凝土的密实。欧洲的柔性振动平台可以上下、左右、前后360°方向运动，从而保证混凝土密实，且噪声控制在 75dB 以内（图 17.13-8）。

图 17.13-8　欧洲流水线 360°振动台

17.13.3　浇筑表面处理

1. 压光面

混凝土浇筑振捣完成后在混凝土终凝前，应当先采用木质抹子对混凝土表面砂光、砂平，然后用铁抹子压光直至压光表面。

2. 粗糙面

需要粗糙面的可采用拉毛工具拉毛，或者使用露骨料剂喷涂等方式来完成粗糙面。图 17.13-9 是日本工厂在预应力叠合板浇筑表面做粗糙面的照片。

3. 键槽

需要在浇筑面预留键槽，应在混凝土浇筑后用内模或工具压制成型。

图 17.13-9　预应力叠合板浇筑面表面

4. 抹角

浇筑面边角做成45°抹角，如叠合板上部边角，或用内模成型，或由人工抹成。

17.13.4　夹芯保温构件浇筑

1. 拉结件埋置

夹芯保温构件浇筑混凝土时需要考虑连接件的埋置。

（1）插入方式　在外叶板混凝土，初凝前及时插入拉结件，防止混凝土开始凝结后拉结件插入不进去，或虽然插入但混凝土握裹不住拉结件。

（2）预埋式　在混凝土浇筑前将拉结件安装绑扎完成，浇筑好混凝土后严禁扰动连接件。

2. 保温板铺设与内叶板浇筑

保温板铺设与内叶板浇筑有两种做法：

（1）一次作业法　即在外叶板插入拉结件后，随即铺设保温材料，放置内叶板钢筋、预埋件，进行隐蔽工程检查，赶在外叶板初凝前浇筑内叶板混凝土。此种做法一气呵成效率较高。但容易对拉结件形成扰动，特别是内叶板安装钢筋、预埋件、隐蔽工程验收等环节需要较多时间时，如果在外叶板开始初凝时造成扰动，会严重影响拉结件的锚固效果，形成安全隐患。

（2）两次作业法　在外叶板完全凝固并经过养护达到一定强度后，再进行铺设保温材料，浇筑内叶板混凝土。一般是在第二天进行。日本制作夹芯保温构件都是两次作业方法，以确保拉结件的锚固安全可靠。

3. 保温层铺设

（1）保温层铺设应从四周开始往中间铺设。

（2）应尽可能采用大块保温板铺设，减少拼接缝带来的热桥。

（3）拉结件处应当钻孔插入。

（4）对于接缝或留孔的空隙应用聚氨酯发泡进行填充。

17.14　养护

17.14.1　养护概述

养护是保证混凝土质量的重要环节，对混凝土的强度、抗冻性、耐久性有很大的影响。混凝土养护有三种方式：常温、蒸汽、养护剂养护。

预制混凝土构件一般采用蒸汽（或加温）养护，蒸汽（或加温）养护可以缩短养护时间，快速脱模，提高效率，减少模具和生产设施的投入。

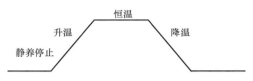

图 17.14-1　蒸汽养护过程曲线图

蒸汽养护的基本要求：

（1）采用蒸汽养护时，应分为静养、升温、恒温和降温四个阶段（图 17.14-1）。

（2）静养时间根据外界温度一般为 2~3h。

（3）升温速度宜为每小时 10~20℃。

（4）降温速度不宜超过每小时 10℃。

（5）柱、梁等较厚的预制构件养护最高温度宜控制在 40℃，楼板、墙板等较薄的构件养护最高温度应控制在 60℃ 以下，持续时间不小于 4h。

（6）当构件表面温度与外界温差不大于 20℃ 时，方可撤除养护措施脱模。

17.14.2　固定台模和立模工艺养护

固定模台与立模采用在工作台直接养护的方式。蒸汽通到模台下，将构件用苫布或移动式养护棚铺盖，在覆盖罩内通蒸汽进行养护，如图 17.14-2 所示。固定模台养护应设置全自动温度控制系统，通过调节供气量自动调节每个养护点的升温降温速度和保持温度。

17.14.3　流水线集中养护

流水线采用养护窑集中养护，养护窑内有散热器或者暖风炉进行加温，采用全自动温度控制系统，如图 17.14-3 所示。

图 17.14-2　工作台直接蒸汽养护

图 17.14-3　养护窑集中养护

养护窑养护要避免构件出入窑时窑内外温差过大。

17.15 脱模

（1）脱模时间 PC构件脱模起吊时混凝土强度应达到设计图样和规范要求的脱模强度，且不宜小于15MPa。构件强度依据试验室同批次、同条件养护的混凝土试块抗压强度。

（2）构件脱模应严格按照顺序拆模，严禁用振动、敲打方式拆模。

（3）构件脱模时应仔细检查确认构件与模具之间的连接部分完全拆除后方可起吊。

（4）构件起吊应平稳，楼板应采用专用多点吊架进行起吊，复杂构件应采用专门的吊架进行起吊。

（5）脱模后的构件运输到质检区待检。

17.16 表面检查

脱模后进行外观检查和尺寸检查，详见第19章。

17.16.1 表面检查重点

（1）蜂窝、孔洞、夹渣、疏松。

（2）表面层装饰质感。

（3）表面裂缝。

（4）破损。

17.16.2 尺寸检查重点

（1）伸出钢筋是否偏位。

（2）套筒是否偏位。

（3）孔眼是否偏位，孔道是否歪斜。

（4）预埋件是否偏位。

（5）外观尺寸是否符合要求。

（6）平整度是否符合要求。

17.16.3 模拟检查

对于套筒和预留钢筋孔的位置误差检查，可以用模拟方法进行。即按照下部构件伸出钢筋的图样，用钢板焊接钢筋制作检查模板，上部构件脱模后，与检查模板试安装，看能否顺利插入。如果有问题，及时找出原因，进行调整改进。

17.17　表面处理与修补

17.17.1　粗糙面处理

对设计要求的模具面的粗糙面进行处理：

（1）按照设计要求的粗糙面处理。

（2）缓凝剂形成粗糙面：

1）应在脱模后立即处理。

2）将未凝固水泥浆面层洗刷掉，露出骨料。

3）粗糙面表面应坚实，不能留有酥松颗粒。

4）防止水对构件表面形成污染。

（3）稀释盐酸形成粗糙面：

1）应在脱模后立即处理。

2）按照要求稀释盐酸，盐酸浓度在 5% 左右，不超过 10%。

3）按照要求粗糙面的凸凹深度涂刷稀释盐酸量。

4）将被盐酸中和软化的水泥浆面层洗刷掉，露出骨料。

5）粗糙面表面应坚实，不能留有酥松颗粒。

6）防止盐酸刷到其他表面。

7）防止盐酸残留液对构件表面形成污染。

（4）机械打磨形成粗糙面

1）按照要求粗糙面的凸凹深度进行打磨。

2）防止粉尘污染。

17.17.2　表面修补

检查预制构件表面如有影响美观的情况，或是有轻微掉角、裂纹要即时进行修补，制订修补方案。

（1）掉角修补方法：

1）对于两侧底面的气泡应用修补水泥腻子填平，抹光。

2）掉角、碰损，用锤子和凿子凿去松动部分，使基层清洁，涂一层修补乳胶液（按照配合比要求加适量的水），再将修补水泥砂浆补上即可，待初凝时再次抹平压光。必要时用细砂纸打磨。

3）大的掉角要分两到三次修补，不要一次完成，修补时要用靠模，确保修补处的平面与完好处平面保持一致。

（2）裂缝修补方法　修补前，首先必须对裂缝处混凝土表面进行预处理，除去基层表面上的浮灰、水泥浮浆、返霜、油渍和污垢等物，并用水冲洗干净；对于表面上的凸起、疙瘩以及起壳、分层等疏松部位，应将其铲除，并用水冲洗干净，干燥后按规定进行修补。

17.18 成品保护

（1）应根据预制构件的种类、规格、型号、使用先后次序等条件，有计划分开堆放，堆放须平直、整齐、下垫枕木或木方，并设有醒目的标识。

（2）预制构件暴露在空气中的金属预埋件应当采取保护措施，防止产生锈蚀。

（3）预埋螺栓孔应用海绵棒进行填塞，防止异物入内，外露螺杆应套塑料帽或泡沫材包裹以防碰坏螺纹。

（4）产品表面禁止油脂、油漆等污染。

（5）成品堆放隔垫应采用防污染的措施，如图 17.18-1 所示。

图 17.18-1　日本 PC 幕墙石材反打防污染措施-粘胶带

17.19 构件制作质量要点

原材料质量保证见第 16 章，堆放运输见第 18 章，质量检验见第 19 章。本节强调制作环节的质量重点。

1. 模具组装精度

模具精度是预制构件精度的基础与保证。

（1）模具到厂后必须先对模具进行单片检查，检查合格后再进行组装。

（2）实行首件检验制度。即每个模具生产第一个构件经过全面仔细的质量检查确认没有问题后才可以投入使用。

2. 钢筋制作

（1）钢筋骨架制作按设计图样要求翻样、断料及成型。

（2）总装必须在符合精度要求的专用靠模上加工拼装。

（3）严格控制焊接、绑扎质量，并由专人检测、记录、挂牌标识。

（4）在总体拼装时发现系统误差，应及时修正钢筋骨架在加工工程中所产生的变形。

（5）实行首件钢筋骨架质量检验制度。

（6）需要套螺纹的钢筋保证端部平整，套螺纹长度、丝距和角度符合设计要求。

3. 钢筋骨架与套筒安装的精度与牢固度的保证

（1）钢筋骨架经检查合格后，在钢筋骨架指定位置装上保护层垫块后吊放入模具，要避免钢筋骨架与模具发生碰撞。

（2）钢筋骨架放入模具后要检查周侧、底部保护层是否符合要求，保护层不得大于规定公差。

（3）严重扭曲的钢筋骨架不得使用。

（4）预埋件、钢筋骨架由专人负责检验，位置合格且安装牢固后方可进行下步工序。

（5）安装套筒使用套筒相配套的固定夹具。

4. 预埋件等安装精度、牢固

预埋件的安装位置、数量、尺寸应符合图样要求，使用固定夹具将其固定。

5. 混凝土搅拌质量

采用全自动计量系统和搅拌系统，按规定定期检验。称量系统严格按规程要求进行操作，并按规定定期校验电子称量系统的精确度。

混凝土搅拌原材料计量偏差应满足表 17.19-1 的规定，表格来自《混凝土质量控制标准》（GB 50164—2011）中 6.3.2。

表 17.19-1 材料的计量允许偏差（重量）

材料的种类	计量偏差（%）	材料的种类	计量偏差（%）
胶凝材料	±2	拌合用水	±1
粗、细骨料	±3	外加剂	±1

6. 混凝土入模与振捣

（1）保证混凝土入模的连续性。

（2）严格控制振捣方法和振捣时间。

（3）防止振动棒损伤石材和瓷砖。

7. 养护

（1）确保自动养护控制系统的完好准确。

（2）按照规定的静养时间、升温降温速度、养护温度养护。

（3）专人负责养护。

8. 产品堆放

（1）有符合要求的堆放场地。

（2）按照设计要求的位置、距离和方式进行支垫。

（3）按照设计允许的层数堆放。

9. 产品保护

验收合格后的成品应当采取包装膜或拉伸膜进行成品保护，运输过程中应加强护角防磕碰措施保护。

17.20 构件标识

（1）预制构件脱模后应在明显部位做构件标识。

（2）经过检验合格的产品出货前应粘贴合格证。

（3）产品标识内容应包含产品名称、编号（应当与施工图编号一致）、规格、设计强度、生产日期、合格状态等。

（4）标识宜用电子笔喷绘，也可用记号笔手写，但必须清晰正确。预埋芯片或 RFID 无线射频识别标签可以存入更详细的信息。

（5）每种类别的构件的标识位置应统一，标识在容易识别的地方，又不影响表面美观。

17.21　安全生产要点

（1）必须进行深入细致具体定量的安全培训。

（2）对新工人或调换工种的工人经考核合格，方准上岗。

（3）必须设置安全设施和备齐必要的工具。

（4）生产人员必须佩戴安全帽、防砸鞋、皮质手套等。

（5）必须确保起重机的完好，起重机工必须持证上岗。

（6）吊运前要认真检查索具和被吊点是否牢靠。

（7）在吊运构件时，吊钩下方禁止站人或有人行走。

（8）班组长每天要对班组工人进行作业环境的安全交底。

（9）安全隐患点控制

1）高模具、立式模具的稳定。

2）立式存放构件的稳定。

3）存放架的固定。

4）外伸钢筋醒目提示。

5）物品堆放防止磕绊的提示。

6）装车吊运安全。

7）电动工具安全使用。

8）修补打磨时须戴眼镜防尘护具。

17.22　节能环保要点

PC 装配式建筑一个重要优势是节能环保，工地建筑垃圾减少。PC 工厂是实现进一步节能环保的重要环节。

（1）降低养护能源消耗、自动控制温度、夏季及时调整养护方案。

（2）混凝土剩余料可制作一些路沿石、车档等小型构件。

（3）模具的改用。

（4）全自动机械化加工钢筋，减少钢筋浪费。

（5）钢筋头利用。

（6）保温材料合理剪裁。

（7）粉尘防护。

第 18 章

PC 构件吊运、堆放与运输

18.1 概述

PC 构件脱模后要运到质检修补或表面处理区，质检修补后再运到堆场堆放，出货时有装车、运输等环节，墙板构件还有翻转环节。在这些环节作业中，必须保证安全和 PC 构件完好无损。

本章对以上这些环节进行讨论，包括 PC 构件脱模、翻转与吊运（18.2），PC 构件厂内运输（18.3），质检、修补区（18.4），场地堆放（18.5），PC 构件装车（18.6），PC 构件运输（18.7），吊运、堆放、运输质量要点（18.8），吊运、堆放、运输安全要点（18.9）。

18.2 PC 构件脱模、翻转与吊运

18.2.1 吊点

构件脱模、吊运与翻转的吊点必须由结构设计师经过设计计算确定，给出位置和结构构造设计。

工厂在构件制作前的读图阶段应关注脱模、吊运和翻转吊点的设计，如果设计未予考虑，或设计得不合理，工厂应与设计沟通，由设计师给出吊点设计，在构件制作时埋置。

对于不用吊点预埋件的构件，如有桁架筋的叠合板，用捆绑吊带吊运与翻转的小型构件，设计也应给出吊点位置，工厂须严格执行。

18.2.2 吊索与吊具

吊具有绳索挂钩、"一"字形吊装架和平面框架吊装架三种类型（见第 20 章 20.6 节），工厂应针对不同构件，设计制作吊具。关于吊索与吊具：

（1）必须由结构工程师进行设计或选用。

（2）吊索与吊具设计应遵循重心平衡的原则，保证 PC 构件脱模、翻转和吊运作业中不偏心。

（3）吊索长度的实际设置应保证吊索与水平夹角不小于 45°，以 60° 为宜；且保证各根吊索长度与角度一致，不出现偏心受力情况。

（4）工厂常用吊索和吊具应当标识可起重重量，避免超负荷起吊。

（5）吊索和吊具应定期进行完好性检查。

（6）吊索和吊具存放应采取防锈蚀措施。

18.2.3 构件脱模

脱模时混凝土需要达到的强度第 17 章 17.15 节中已经介绍。这里关于脱模起吊提出具体要求：

（1）吊点连接必须紧固，避免脱扣。

（2）绳索长度和角度符合要求，没有偏心。

（3）起吊时缓慢加力，不能突然加力。

（4）当脱模起吊时出现构件与底模粘连或构件出现裂缝时，应停止作业，由技术人员作出分析后给出作业指令再继续起吊。

18.2.4 构件翻转

1. 翻转台翻转

生产线设置自动翻转台时，翻转作业由机械完成（图 18.2-1），翻转后进入吊运阶段。

2. 吊钩翻转

吊钩翻转包括单吊钩翻转和双（组）吊钩翻转两种方式。

单吊钩翻转是在构件一段挂钩，将"躺着"的构件拉起；双吊钩翻转是用两部起重设备或一部起重设备采用双吊钩方式进行翻转。

吊钩翻转作业要点：

（1）单吊钩翻转应在翻转时触地一端铺设软隔垫，避免构件边角损坏。隔垫材料可用橡胶垫、XPS 聚苯乙烯板、轮胎或橡胶垫等。

（2）双吊钩翻转应当在绳索与构

图 18.2-1 机械翻转装置

件之间用软质材料隔垫，如橡胶垫等，防止棱角损坏。

（3）双吊钩翻转时，两个（组）吊钩升降应协同。

（4）翻转作业应当由有经验的信号工指挥。

18.3 PC 构件厂内运输

18.3.1 PC 构件厂内运输方式

PC 构件脱模后，需运到质检修补区进行质检、修补或表面处理，之后再运到堆放区。PC 厂内运输方式是由工厂工艺设计确定。

车间起重机范围内的短距离运输，可用起重机直接运输。

车间起重机与室外龙门式起重机可以衔接时，用起重机运输。

厂内运输目的地在车间航式起重机范围外或运输距离较长，或车间起重机与室外航式起重机作业范围不对接，可用短途摆渡车运输。短途摆渡车可以是轨道拖车，也可以是拖挂汽车。

18.3.2　PC 构件吊运作业要点

吊运作业是指构件在车间、场地间用起重机、龙门式起重机，小型构件用叉车进行的短距离吊运，其作业要点是：

（1）吊运线路应事先设计，吊运路线应避开工人作业区域，吊运路线设计起重机驾驶员应当参加，确定后应当向驾驶员交底。

（2）吊索吊具与构件要拧固结实。

（3）吊运速度应当控制，避免构件大幅度摆动。

（4）吊运路线下禁止工人作业。

（5）吊运高度要高于设备和人员。

（6）吊运过程中要有指挥人员。

（7）航式起重机要打开警报器。

18.3.3　摆渡车运输

摆渡车运输的要求：

（1）各种构件摆渡车运输都要事先设计装车方案。

（2）按照设计要求的支撑位置加垫方或垫块；垫方和垫块的材质符合设计要求。

（3）构件在摆渡车上要有防止滑动、倾倒的临时固定措施。

（4）根据车辆载重量计算运输构件的数量。

（5）对构件棱角进行保护。

（6）墙板在靠放架上运输时，靠放架与摆渡车之间应当用封车带绑牢固。

18.4　质检、修补区

（1）PC 工厂应设置 PC 构件质检、修补区。

（2）质检修补区应光线明亮，北方冬季应布置在车间内。

（3）水平放置的构件如楼板、柱子、梁、阳台板等应放在架子上进行质量检查和修补，以便看到底面。装饰一体化墙板应检查浇筑面后翻转180°使装饰面朝上进行检查、修补。

（4）立式存放的墙板应在靠放架上检查。

（5）PC 构件经检查修补或表面处理完成后才能码垛堆放或集中立式堆放。

（6）套筒、浆锚孔、莲藕梁钢筋孔宜模拟现场检查区，即按照图样下部构件伸出钢筋的实际情况，用钢板和钢筋焊成检查模板，固定在地面，吊起构件套入，如果套入顺畅，表明没有问题，如果套不进去，进行分析处理，并检查整改模具固定套筒与孔内模的装置。

（7）检查修补架的要求：

1）结实牢固且满足支撑构件的要求。

2）架子隔垫位置应当按照设计要求布置。

3）垫方上应铺设保护橡胶垫。

（8）质检修补区设置在室外，宜搭设遮阳遮雨临时设施。

（9）质检修补区的面积和架子数量根据质检量和修补比例、修补时间确定，应事先规划好。

18.5 场地堆放

18.5.1 场地要求

构件堆放场地的要求：

（1）堆放场地应在门式起重机或汽车式起重机可以覆盖的范围内。

（2）堆放场地布置应当方便运输构件的大型车辆装车和出入。

（3）堆放场地应平整、坚实，宜采用硬化地面或草皮砖地面。

（4）堆放场地应有良好的排水措施。

（5）存放构件时要留出通道，不宜密集存放。

（6）堆放场地应设置分区，根据工地安装顺序分类堆放构件。

18.5.2 PC 构件支承

PC 构件堆放支承要求：

（1）必须根据设计图样要求的构件支承位置与方式支承堆放构件。如果设计图样没有给出要求，应当请设计单位补联系单。原则上，垫方垫块位置应与脱模、吊装时的吊点位置一致。

（2）可以码垛几层堆放，应由设计人员根据构件的承载力计算确定。一般不超过 6 层。

（3）多层码垛存放构件，每层构件间的垫块上下须对齐，并应采取防止堆垛倾覆的措施。

（4）存放构件的垫方垫块要坚固。

（5）当采取多点支垫时，一定要避免边缘支垫低于中间支垫，形成过长的悬臂，导致较大负弯矩产生裂缝。

图 18.5-1　墙板立式堆放防止倾倒的支架

（6）墙板构件竖直堆放，应制作防止倾倒的专用存放架（图 18.5-1）。

18.5.3 垫方与垫块要求

PC 构件常用的支垫为木方、木板和混凝土垫块。

（1）木方一般用于柱、梁构件，规格为 100mm×100mm～300mm×300mm，根据构件重量选用。

（2）木板一般用于叠合楼板，板厚为 20mm；板的宽度为 150～200mm。

（3）混凝土垫块用于楼板、墙板等板式构件，为 100mm 或 150mm 立方体。

（4）隔垫软垫，或橡胶或硅胶或塑料材质，用在垫方与垫块上面。为 100mm 或 150mm

见方。与装饰面层接触的软垫应使用白色，以防止污染。

18.5.4 构件堆放其他要求

（1）梁柱一体三维构件存放应当设置防止倾倒的专用支架。

（2）楼梯应可采用叠层存放。

（3）带飘窗的墙体应设有支架立式存放。

（4）阳台板、挑檐板、曲面板应采用单独平放的方式存放。

（5）预应力构件存放应根据构件起拱值的大小和存放时间采取相应措施。

（6）构件标识要写在容易看到的位置，如通道侧，位置低的构件在构件上表面标识。

（7）装饰化一体构件要采取防止污染的措施。

（8）伸出钢筋超出构件的长度或宽度时，在钢筋上做好标识，以免伤人。

18.6 PC 构件装车

PC 构件装车应事先进行装车方案设计，做到：

（1）避免超高超宽。

（2）做好配载平衡。

（3）采取防止构件移动或倾倒的固定措施，构件与车体或架子用封车带绑在一起。

（4）构件有可能移动的空间用聚苯乙烯板或其他柔性材料隔垫。保证车辆转急弯、急刹车、上坡、颠簸时构件不移动、不倾倒、不磕碰。

（5）支承垫方垫木的位置与堆放一致。宜采用木方作为垫方，木方上宜放置橡胶垫，橡胶垫的作用是在运输过程中防滑。

（6）有运输架子时，保证架子的强度、刚度和稳定性，与车体固定牢固。

（7）构件与构件之间要留出间隙，构件之间、构件与车体之间、构件与架子之间有隔垫，防止在运输过程中构件与构件之间的摩擦及磕碰。

（8）构件有保护措施，特别是棱角有保护垫。固定构件或封车绳索接触的构件表面要有柔性并不能造成污染的隔垫。

（9）装饰一体化和保温一体化构件有防止污染措施。

（10）在不超载和确保构件安全的情况下尽可能提高装车量。

（11）梁、柱、楼板装车应平放。楼板、楼梯装车可叠层放置。

（12）剪力墙构件运输宜用运输货架（图 18.6-1）。

（13）对超高、超宽构件应办理准运手续，运输时应在车厢上放置明显的警示灯和警示标志。

图 18.6-1 剪力墙板运输架

18.7　PC 构件运输

PC 构件运输需要做到如下：

（1）运输线路须事先与货车驾驶员共同勘察，有没有过街桥梁、隧道、电线等对高度的限制，有没有大车无法转弯的急弯或限制重量的桥梁等。

（2）制订 PC 构件的运输方案，运输时间、路线、次序，针对超高、超宽、形状特殊的大型构件要求专门的质量安全保证措施。

（3）选择的运输车辆满足构件的重量和尺寸要求。宜采用低平板车。目前已经有运输墙板的专用车辆。

（4）对驾驶员进行运输要求交底，不得急刹车、急提速，转弯要缓慢等。

（5）第一车应当派出车辆在运输车后面随行，观察构件稳定情况。

（6）PC 构件的运输根据着施工安装顺序来制订，如有施工现场在车辆禁行区域应选择夜间运输。要保证夜间行车安全。

18.8　吊运、堆放、运输质量要点

吊运、堆放、运输的质量要点包括：
（1）正确的吊装位置。
（2）正确的吊架吊具。
（3）正确的支承点位置。
（4）垫方垫块符合要求。
（5）防止磕碰污染。

18.9　吊运、堆放、运输安全要点

吊运、堆放、运输的安全要点包括：
（1）确保堆放、装车、运输的稳定，不倾倒、不滑动。
（2）吊运、装车作业的安全。
（3）检查靠放架的牢固。
（4）堆放支点安全牢固。

第 19 章

PC 构件质量检验

19.1 概述

本章介绍 PC 构件质量检验（19.2），PC 工厂质量检验程序（19.3），PC 构件验收文件与记录（19.4），PC 工厂试验室配置（19.5）。

模具质量检验已经在第 15 章讨论了。施工质量检验将在第 24 章讨论，本章讨论 PC 工厂的质量检验。

检验项目分为主控项目和一般项目。对安全、节能、环境保护和主要使用功能起决定性作用的检验项目为主控项目。除主控项目以外的检验项目为一般项目。

PC 构件质量检验的主要依据包括：国家标准《混凝土结构工程施工质量验收规范》（GB 50204—2015）、行业标准《装配式混凝土结构技术规程》（JGJ 1—2014）、行业标准《钢筋套筒灌浆连接应用技术规程》（JGJ 355—2015）和有关原材料的国家标准和行业标准。

19.2 PC 构件质量检验内容

19.2.1 检验项目

我们把 PC 构件质量检验项目汇总到表 19.2-1 中。包括材料检验、构件制作过程检验和构件检验。

表 19.2-1　PC 构件质量检验项目一览表

环节	类别	项目	检验内容	依据	性质	数量	检验方法
材料进场检验	1. 灌浆套管	（1）外观检查	是否有缺陷和裂缝、尺寸误差等	《钢筋套筒灌浆连接应用技术规程》（JGJ 355—2015）、《钢筋连接用灌浆套筒》（JG/T 398—2012）	一般项目	抽检	观察、尺检查
		（2）抗拉强度试验	钢筋套筒灌浆连接接头的抗拉强度不应小于连接钢筋抗拉强度标准值，且破坏时应断于接头外钢筋	《钢筋套筒灌浆连接应用技术规程》（JGJ 355—2015）、《钢筋连接用灌浆套筒》（JG/T 398—2012）	主控（强制性规定）	抽检	用灌浆料连接受力钢筋达到强度后进行抗拉强度试验

（续）

环节	类别	项目	检验内容	依据	性质	数量	检验方法
材料进场检验	2. 水泥	（1）细度	筛分析法、水筛法、手工筛析法	《通用硅酸盐水泥》（GB 175—2007）	主控项目	每 500t 抽样一次	《水泥细度检验方法、筛析法》（GB 1345—2005）
		（2）比表面积	透气试验				《水泥比表面积测定方法、勃氏法》（GB/T 8074—2008）
		（3）凝结时间	初凝及终凝试验				《水泥标准稠度用水量、凝结时间、安定性》（GB/T 1346—2011）
		（4）安定性	沸煮法试验				《水泥标准稠度用水量、凝结时间、安定性》（GB/T 1346—2011）
		（5）抗压强度	3天、28天抗压强度				《水泥胶砂强度检验方法（ISO 法）》（GB/T 17671—1999）
	3. 细骨料	（1）颗粒级配	测定砂的颗粒级配,计算砂的细度模数,评定砂的粗细程度	《普通混凝土用砂、石质量及检验方法标准》（JGJ 52—2006）	一般项目	每 500m³ 抽样一次	《建筑用砂》（GB/T 14684—2011）
		（2）表观密度	砂颗粒本身单位体积的质量				
		（3）含泥量、泥块含量	测定砂中的淤泥及含土量				
	4. 粗骨料	（1）颗粒级配	测定石子的颗粒级配,计算石子的细度模数,评定石子的粗细程度	《普通混凝土用砂、石质量及检验方法标准》（JGJ 52—2006）	一般项目	每 500m³ 抽样一次	《建筑用卵石、碎石》（GB/T 14685—2011）
		（2）表观密度	石子颗粒本身单位的质量				
		（3）含泥量、泥块含量、针片状含量	测定石子中的针片状含量、淤泥及含土量				
		（4）压碎	强度检验				
	5. 搅拌用水	pH 值、不溶物、氯化物、硫酸盐	饮用水不用检验,采用中水、搅拌站清洗水、施工现场循环水等其他水源时,应对其成分进行检验	行业标准《混凝土用水标准》（JGJ 63—2006）	一般项目	同一水源检查不应少于一次	《混凝土用水》（JGJ 63—2006）
	6. 外加剂	主要性能	减水率、含气量、抗压强度比、对钢筋无锈蚀危害	国家标准《混凝土外加剂》（GB 8076—2008）和《混凝土外加剂应用技术规范》（GB 50119—2013）的规定	一般项目	按同一厂家、同一品种、同一性能、同一批号且连续进场的混凝土外加剂,不超过50t 为一批,每批抽样数最少不应少于一次	《混凝土外加剂》（GB 8076—2008）

（续）

环节	类别	项目	检验内容	依据	性质	数量	检验方法
材料进场检验	7. 混合料（粉煤灰、矿渣、硅灰等混合料）	粉煤灰	细度、蓄水量	材料出场合格证	一般项目	同一厂家、同一品种同一批次 200t 一批	检查质量证明文件和抽样检验报告
		矿渣	细度、强度			200t 一批	
		硅灰	细度、强度、蓄水量			30t 一批	
	8. 钢筋	一级钢、二级钢、三级钢、直径、重量	屈服强度、抗拉强度、伸长率、弯曲性能和重量偏差检验	材料出场材质单	主控项目	每 60t 检验一次	《热轧光圆钢筋》（GB 1499.1—2008）、《热轧带肋钢筋》（GB 1499.2—2013）、《钢筋混凝土用余热处理钢筋》（GB 13014—2013）、《钢筋焊接网》（GB/T 1499.3—2010）、《冷轧带肋钢筋》（GB 13788—2008）、《高延性冷轧带肋钢筋》（YB/T 4260—2011）、《冷轧扭钢筋》（JG 190—2006）
	9. 钢绞线	直径、重量	拉伸试验	材料出场材质单	主控项目	每 60t 检验一次	《预应力混凝土用钢绞线》（GB/T 5224—2014）
	10. 钢板、型钢	长度、厚度、重量	等级、重量	材料出场材质单	主控项目	每 60t 检验一次	量尺、检斤
	11. 预埋螺母、预埋螺栓、吊钉	直径、长度、镀锌	外形尺寸符合 PC 预埋件图样要求，表面质量:表面不应有出现锈皮和肉眼可见的锈蚀麻坑、油污及其他损伤,焊接良好,不得有咬肉、夹渣	材料出场材质单	一般项目	抽样	按照 PC 预埋件图纸进行检验
	12. 拉结件	（1）在混凝土中的锚固	锚固长度	材料进场材质单	主控项目	抽样	尺量
		（2）抗拉强度	拉伸试验				
		（3）抗剪强度	抗剪试验				试验室做试验

（续）

环节	类别	项目	检验内容	依据	性质	数量	检验方法
材料进场检验	13. 保温材料	挤塑板、基苯乙烯、酚醛板	外观质量、外表尺寸、粘附性能、阻燃性、耐低温性、耐高温性、耐腐蚀性、耐候性、高低温粘附性能、材料密度试验、热导率试验	材料进场材质单	一般项目	抽样	试验室做试验
	14. 建筑、装饰一体化构件用到的建筑、装饰材料（如门窗、石材等）	外观尺寸、质量	门窗检验气密性、水密性、抗风压性能，石材等检验表面光洁度、外观质量、尺寸	材料进场材质单	一般项目	抽样	抽样检验
制作过程	1. 钢筋加工	钢筋型号、直径、长度、加工精度	检验钢筋型号、直径、长度、弯曲角度	《钢筋混凝土用热轧带肋钢筋》GB1449	主控项目	全数	对照图样进行检验
	2. 钢筋安装	安装位置、保护层大小	按制作图样检验	《钢筋混凝土用热轧带肋钢筋》GB1450	主控项目	全数	按照图样要求进行安装
	3. 伸出钢筋	位置、钢筋直径、伸出长度的误差	按制作图样检验	《钢筋混凝土用热轧带肋钢筋》GB1451	主控项目	全数	对照图样用尺测量
	4. 套筒安装	套管直径、套管位置及注浆孔是否通畅	检验套管是否按照图样安装	制作图样	主控项目	全数	对照图样用尺测量、目测
	5. 预埋件安装	预埋件型号、位置	安装位置、型号、埋件长度	制作图样	主控项目	全数	对照图样用尺测量
	6. 预留孔洞	安装孔、预留孔	位置、大小	制作图样	主控项目	全数	对照图样用尺测量
	7. 混凝土拌合物	混凝土配合比	混凝土搅拌过程中检验	《混凝土结构工程施工质量验收规范》（GB 50204—2015）	主控项目	全数	试验室人员全程跟踪检验
	8. 混凝土强度	试块强度、构件强度	同批次试块强度，构件回弹强度	《混凝土结构工程施工质量验收规范》（GB 50204—2015）	主控项目	100m³取样不少于一次	试验室力学检验、回弹仪检验
	9. 脱模强度	混凝土构件脱模前强度	检验在同期条件下制作及养护的试块强度	《混凝土结构工程施工质量验收规范》（GB 50204—2015）	一般项目	不少于1组	试验室力学试验
	10. 混凝土其他力学性能	抗拉、抗折、静力受压、表面硬度	同批次生产构件用混凝土取样，在试验室做试验	《普通混凝土力学性能试验方法标准》（GB/T 50081—2002）	主控项目	抽查	试验室力学试验

（续）

环节	类别	项目	检验内容	依据	性质	数量	检验方法
制作过程	11. 养护	时间、温度	查看养护时间及养护温度	根据工厂制订出的养护方案	一般项目	抽查	记时及温度检查
	12. 表面处理	污染、掉角、裂缝	检验构件表面是否有污染或缺棱掉角	工厂制订的构件验收标准	一般项目	全数	目测
构件检验	1. 套筒	位置误差	型号、位置、注浆孔是否堵塞	制作图样	主控项目	全数	插入模拟的伸出钢筋检验模板
	2. 伸出钢筋	位置、直径、种类、伸出长度	型号、位置、长度	制作图样	主控项目	全数	尺量
	3. 保护层厚度	保护层厚度	检验保护层厚度是否达到图样要求	制作图样	主控项目	抽查	保护层厚度检测仪
	4. 严重缺陷	纵向受力钢筋有露筋、主要受力部位有蜂窝、孔洞、夹渣、疏松、裂缝	检验构件外观	制作图样	主控项目	全数	目测
	5. 一般缺陷	有少量漏筋、蜂窝、孔洞、夹渣、疏松、裂缝	检验构件外观	制作图样	一般项目	全数	目测
	6. 尺寸偏差	构件外形尺寸	检验构件尺寸是否与图样要求一致	制作图样	一般项目	全数	用尺测量
	7. 受弯构件结构性能	承载力、挠度、裂缝	承载力、挠度、抗裂、裂缝宽度	《混凝土结构工程施工质量验收规范》（GB 50204—2015）	主控项目	1000 件不超过 3 个月的同类型产品为一批	构件整体受力试验
	8. 粗糙面	粗糙度	预制板粗糙面凹凸深度不应小于 4mm，预制梁端、预制柱端、预制墙端粗糙面凹凸深度不应小于 6mm，粗糙面的面积不宜小于结合面的 80%	《混凝土结构设计规范》（GB 50010—2010）	一般项目	全数	目测及尺量
	9. 键槽	尺寸误差	位置、尺寸、深度	图样与《装规》	一般项目	抽查	目测及尺量

（续）

环节	类别	项目	检验内容	依据	性质	数量	检验方法
构件检验	10. PC外墙板淋水	渗漏	淋水试验应满足下列要求:淋水流量不应小于5L/(m·min),淋水试验时间不应少于2h,检测区域不应有遗漏部位。淋水试验结束后,检查背水面有无渗漏	《建筑幕墙气密、水密、抗风压性能检测方法》(GB/T 15227—2007)	一般项目	抽查	淋水检验
	11. 构件标识	构件标识	标识上应注明构件编号、生产日期、使用部位、混凝土强度,生产厂家等	按照构件编号、生产日期等	一般项目	全数	逐一对标识进行检查

19.2.2 见证检验项目

见证检验是在监理和建设单位见证下，按照有关规定从制作现场随机取样，送至具备相应资质的第三方检测机构进行检验。见证检验也称为第三方检验。PC构件见证检验项目包括：

（1）混凝土强度试块取样检验。

（2）钢筋取样检验。

（3）钢筋套筒取样检验。

（4）拉结件取样检验。

（5）预埋件取样检验。

（6）保温材料取样检验。

19.2.3 PC构件严重缺陷标准

PC构件外观不应有严重缺陷，且不应有影响结构性能和安装、使用功能的尺寸偏差。

PC构件严重缺陷检查为主控项目，全数检查，用观察、尺量方式检查，做检查记录。

PC构件常见外观质量缺陷见表19.2-2。

表19.2-2 PC构件常见外观质量缺陷

名称	现象	严重缺陷	一般缺陷
露筋	构件内钢筋未被混凝土包裹而外露	纵向受力钢筋有露筋	其他钢筋有少量露筋
蜂窝	混凝土表面缺少水泥砂浆而形成石子外露	构件主要受力部位有蜂窝	其他部位有少量蜂窝
孔洞	混凝土中孔穴深度和长度均超过保护层厚度	构件主要受力部位有孔洞	其他部位有少量孔洞
夹渣	混凝土中央有杂物且深度超过保护层厚度	构件主要受力部位有夹渣	其他部位有少量夹渣

（续）

名称	现象	严重缺陷	一般缺陷
疏松	混凝土中局部不密实	构件主要受力部位有疏松	其他部位有少量疏松
裂缝	裂缝从混凝土表面延伸至混凝土内部	构件主要受力部位有影响结构性能或使用功能的裂缝	其他部位有少量不影响结构性能或使用功能的裂缝
连接部位缺陷	构件连接处混凝土有缺陷及连接钢筋、连接件松动	连接部位有影响结构传力性能的缺陷	连接部位有基本不影响结构传力性能的缺陷
外形缺陷	缺棱掉角、棱角不直、翘曲不平、飞边凸肋等	清水混凝土构件有影响使用功能或装饰效果的外形缺陷	其他混凝土构件有不影响使用功能的外形缺陷
外表缺陷	构件表面麻面、掉皮、起砂、沾污等	具有重要装饰效果的清水混凝土构件有外表缺陷	其他混凝土构件有不影响使用功能的外表缺陷

19.2.4　PC 构件尺寸偏差及检验方法

　　预制构件的尺寸偏差及检验方法应符合表 19.2-3 的规定；设计有专门规定时，尚应符合设计要求，施工过程中临时使用的预埋件，其中心线位置允许偏差可取表 19.2-3 中规定数值的 2 倍。

表 19.2-3　预制构件的尺寸偏差及检验方法

项　目			允许偏差/mm	检验方法
长度	楼板、梁、柱、桁架	<12m	±5	尺量
		≥12m 且 <18m	±10	
		≥18m	±20	
	墙板		±4	
宽度、高（厚）度	楼板、梁、柱、桁架		±5	尺量一端及中部，取其中偏差绝对值
	墙板		±4	
表面平整度	楼板、梁、柱、墙板内表面		5	2m 靠尺和塞尺量测
	墙板外表面		3	
侧向弯曲	楼板、梁、柱		L/750 且≤20	拉线、直尺量测，最大侧向弯曲处
	墙板、桁架		L/1000 且≤20	
翘曲	楼板		L/750	调平尺在两端量测
	墙板		L/1000	
对角线	楼板		10	尺量两个对角线
	墙板		5	
预留孔	中心线位置		5	尺量
	孔尺寸		±5	
预留洞	中心线位置		5	尺量
	洞口尺寸、深度		±5	

（续）

项 目		允许偏差/mm	检验方法
预埋件	顶埋板中心线位置	5	尺量
	预埋板与混凝土面平面高差	0，−5	
	预埋螺栓	2	
	预埋螺栓外露长度	+10，−5	
	预埋套筒、螺母中心线位置	2	
	预埋套筒、螺母与混凝土面平面高差	±5	
预留插筋	中心线位置	5	尺量
	外露长度	+10，−5	
键槽	中心线位置	5	尺量
	长度、宽度	±5	
	深度	±5	

注：此表引自《混凝土结构施工质量验收规范》（GB 50204—2015）。

19.2.5 套管灌浆抗拉试验

套管连接的单体试验应满足下列要求：

（1）单体试验的试件是用套管连接注入灌浆料把 2 根钢筋连接成一体，套管连接设在试件的中间。

（2）单体试验项目有单向拉伸试验、单向反复试验、弹性范围内正负反复试验和塑性范围内正负反复试验。

（3）试件标距取套管连接长度加两侧钢筋直径的 1/2 或 20mm 的最大值。根据试件标距和试验机夹具类型确定试件长度，试件长度应小于 500mm。

单体试验的加载方法见表 19.2-4。

表 19.2-4 套筒抗拉试验加载方法

试验项目		加载方法
单向拉伸试验		$0 \rightarrow 0.6f_{yk} \rightarrow f_{yk} \rightarrow$ 断裂
单向拉伸反复试验		$0 \rightarrow (0.02f_{yk} \leftrightarrow 0.95f_{yk}) \rightarrow$ 破损 （重复30次）
弹性拉压反复荷载试验		$0 \rightarrow (0.95f_{yk} \leftrightarrow -0.5f_{yk}) \rightarrow$ （重复20次）
塑性拉压反复荷载试验	SA 级套管连接	$0 \rightarrow (2\varepsilon_{yk} \leftrightarrow -0.5f_{yk}) \rightarrow (5\varepsilon_{yk} \leftrightarrow -0.5f_{yk}) \rightarrow$ （重复4次） （重复4次）
	A 级套管连接	$0 \rightarrow (2\varepsilon_{yk} \leftrightarrow -0.5f_{yk}) \rightarrow$ （重复4次）

19.2.6 预埋件、预留孔检验

预埋件、预留孔允许偏差与检验方法见表 19.2-5。

表 **19. 2-5**　预埋件、预留孔允许偏差与检验方法

项　目		允许偏差/mm	检验方法
预埋件 （插筋、螺栓、 吊具等）	中心线位置	±5	钢尺检查
	外露长度	+5～0	钢尺检查 且满足连接套管施工误差要求
	安装垂直度	1/40	拉水平线、竖直线测量两端差值 且满足施工误差要求
预留孔洞	中心线位置	±5	钢尺检查
	尺寸	+8，0	钢尺检查

19.3　PC 工厂质量检验程序

19.3.1　材料检验程序

（1）进厂材料必须有材料生产厂家的合格证、材质化验单等资料。

（2）材料验收人员应以书面通知单方式通知试验室。

（3）试验室接到通知后，应派出具有材料检测资质的人员按相关标准规定抽取样品。

（4）验收核查厂家提供的质量合格证书和化验单等技术数据。

（5）样品应明确标识该样品生产企业名称、品种、强度等级、生产日期、批号及代表数量、取样日期、样品检验状态。

（6）按照该材料现行有效标准，对样品进行各项指标检测。

（7）检测应有两人在场；一人检测一人复核，数据要当时记录在原始记录本上。

（8）记录数据书写错误，不准涂改。只准许划改并要有划改人签名或盖章。

（9）按该材料现行有效的标准对检测数据进行评定。

（10）评定结果应以书面报告形式通知仓库保管员，该批材料是合格还是不合格。

（11）及时整理、供应厂家的技术质量资料并归档保存，记录原材料管理台账。

19.3.2　制作过程检验程序

（1）组模、涂刷脱模剂（或粗糙面缓凝剂）、钢筋制作、钢筋安装、套筒安装、预埋件安装等环节，必须检验合格（需要拍照或做隐蔽工程验收记录的必须完成拍照和隐蔽工程验收记录的签署）后才能进行下道工序；下一道工序作业指令须经质检员同意并签字后方可以下达。

（2）PC 制作各个作业环节的工票（或计件统计）应由质检员签字确认。

（3）混凝土试块达到脱模强度，试验室须通过书面或网络（如微信）给出脱模指令，作业班组才可以脱模。

19.3.3　构件检验程序

（1）PC 构件制作完成后，须进行构件检验，包括缺陷检验、尺寸偏差检验、套筒位置检验、伸出钢筋检验等。

（2）全数检验的项目，每个构件应当有一个综合检验单，就像体检表一样；每完成一

项检验，检验者签字确认一项；各项检验完成并合格后，填写合格证，并在构件上做出标识。

（3）有合格标识的构件才可以出厂。

19.4 PC 构件验收文件与记录

PC 构件制作环节的文件与记录是工程验收文件与记录一部分。国家标准《装配式混凝土建筑技术标准》GB/T 51231－2016 列出了十八项文件与记录：

（1）预制混凝土构件加工合同。

（2）预制混凝土构件加工图纸、设计文件、设计洽商、变更或交底文件。

（3）生产方案和质量计划等文件。

（4）原材料质量证明文件、复试试验记录和试验报告。

（5）混凝土试配资料。

（6）混凝土配合比通知单。

（7）混凝土开盘鉴定。

（8）混凝土强度报告。

（9）钢筋检验资料、钢筋接头的试验报告。

（10）模具检验资料。

（11）预应力施工记录。

（12）混凝土浇筑记录。

（13）混凝土养护记录。

（14）构件检验记录。

（15）构件性能检测报告。

（16）构件出厂合格证。

（17）质量事故分析和处理资料

（18）其他与预制混凝土构件生产和质量有关的重要文件资料。

19.5 PC 工厂试验室配置

PC 工厂必须设立试验室，具有满足 PC 构件原材料检验、制作过程检验和产品检验的基本能力，配备专业试验人员和基本试验设备。

19.5.1 试验能力

PC 工厂试验室的试验项目见表 19.5-1。

表 19.5-1 PC 工厂试验室的试验项目

序号	试验项目	序号	试验项目
1	水泥胶砂强度	4	水泥安定性
2	水泥标准稠度用水数量	5	水泥细度
3	水泥凝结时间	6	砂的颗粒级配

（续）

序号	试验项目	序号	试验项目
7	砂的含泥量	13	混凝土拌合物密度
8	碎石或卵石的颗粒级配	14	混凝土抗压强度
9	碎石或卵石中针片状和片状颗粒含量	15	混凝土拌合物凝结时间
10	碎石或卵石的压碎指标	16	混凝土配合比设计试验
11	碎石或卵石的含泥量	17	钢筋室温拉伸性能
12	混凝土坍落度	18	冻融试验

19.5.2　试验室人员配备

试验室人员配备见表 19.5-2。

表 19.5-2　试验室人员配备

序号	岗位	人数
1	主任	1
2	试验员	4
3	资料员	1

19.5.3　试验室设备配置

PC 工厂试验室设备配置见表 19.5-3。

表 19.5-3　PC 工厂试验室设备配置

设备编号	设备名称	设备参考型号	设备编号	设备名称	设备参考型号
1	水泥全自动压力试验机	DYE-300	19	自动调压混凝土抗渗仪	HP-4.0
2	混凝土压力试验机	DYE-2000	20	雷式沸煮箱	FZ-31
3	水泥胶砂搅拌机	JJ-5	21	振击式标准振筛机	ZBSX-92A
4	水泥净浆搅拌机	NJ-160B	22	净浆标准稠度及凝结时间测定仪	国家标准
5	水泥胶砂试体成型振实台	ZS-15	23	冷冻箱	国家标准
6	水泥试体恒温恒湿养护箱	YH-40B	24	砂石标准筛	ZBSX-92A
7	混凝土拌合物维勃稠度仪	HCY-A	25	水泥抗压夹具	40mm × 40mm
8	混凝土标准养护室恒温恒湿程控仪	BYS-40	26	电热恒温干燥箱	101-2
9	水泥恒温水养箱控制仪	YH-20	27	混凝土贯入阻力仪	HG-80
10	钢筋标点仪	GJBDY-400	28	水泥抗折试验机	KZY-500
11	水泥细度负压筛析仪	FSY-150	29	针片状规准仪	国家标准
12	万能试验机	WE600B	30	坍落度筒	国家标准
13	电子天平	TD-10002	31	新标准石子压碎指标测定仪	国家标准
14	电子称	ACS-A	32	钢板尺	国家标准
15	雷氏测定仪	LD-50	33	游标卡尺	国家标准
16	混凝土振实台	1000mm × 1000mm	34	温湿计	国家标准
17	混凝土强制型搅拌机	HJW-60	35	智能型带肋钢丝测力仪	ZL-5b
18	保护层厚度测定仪	SRJX-4-13			

第四篇　施　　工

本篇介绍 PC 构件施工安装，共 4 章。第 20 章介绍 PC 施工条件，第 21 章介绍 PC 施工材料，第 22 章介绍 PC 装配式建筑施工，第 23 章介绍 PC 工程验收。

第 20 章

PC 施工条件

20.1　概述

PC 建筑施工与现浇钢筋混凝土建筑施工有诸多不同。很多施工阶段的工作需要前移到设计阶段考虑，如构件拆分对吊装条件的考虑、吊装和临时支撑预埋件的设计、灌浆工艺设计等，在设计篇已经讨论。本章主要讨论 PC 建筑的施工条件与现浇混凝土结构施工条件的不同之处。包括施工管理人员与技术工人配置（20.2），起重机械配置（20.3），灌浆设备与工具（20.4），施工工具与设施配置（20.5），吊具设计（20.6），现场道路与场地（20.7），施工安全条件（20.8）。

20.2　施工管理人员与技术工人配置

20.2.1　PC 施工管理组织架构

PC 施工管理组织架构与工程性质、工程规模有关，也与施工企业的管理习惯和模式有关。这里给出一个参考模式，如图 20.2-1 所示。

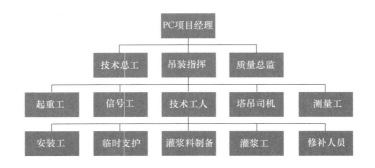

图 20.2-1　PC 施工管理组织架构

20.2.2 施工管理人员

1. 项目经理

PC 施工的项目经理除了组织施工具备的基本管理能力外，应当熟悉 PC 施工工艺、质量标准和安全规程，有非常强的计划意识。

2. 计划-调度

这个岗位强调计划性，按照计划与 PC 工厂衔接，对现场作业进行调度。

3. 质量控制与检查

对 PC 构件进场进行检查，对前道工序质量和可安装性进行检查。

4. 吊装指挥

吊装作业的指挥人员，熟悉 PC 构件吊装工艺和质量要点等。有计划、组织、协调能力；安全意识、质量意识、责任心强。对各种现场情况，有应对能力。

5. 技术总工

对 PC 施工技术各个环节熟悉，负责施工技术方案及措施的制订设计、技术培训和现场技术问题处理等。

6. 质量总监

对 PC 构件出厂的标准、PC 施工材料检验标准和施工质量标准熟悉，负责编制质量方案和操作规程，组织各个环节的质量检查等。

20.2.3 专业技术工人

与现浇混凝土建筑相比，PC 施工现场作业工人减少，有些工种大幅度减少，如模具工、钢筋工、混凝土工等。

PC 作业增加了一些新工种，如信号工、起重工、安装工、灌浆料制备工、灌浆工等；还有些工种作业内容有所变化，如测量工、塔式起重机驾驶员等。对这些工种应当进行 PC 施工专业知识、操作规程、质量和安全培训，并考试合格后方可上岗操作。国家规定的特殊工种必须持证上岗作业。

下面分别讨论各个工种的基本技能与要求。

1. 测量工

进行构件安装三维方向和角度的误差测量与控制。熟悉轴线控制与界面控制的测量定位方法，确保构件在允许误差内安装就位。

2. 塔式起重机驾驶员

PC 构件重量较重，安装精度在几毫米以内，多个甚至几十个套筒或浆锚孔对准钢筋，要求 PC 工程的塔式起重机驾驶员比现浇混凝土工地的塔式起重机驾驶员有更精细准确吊装的能力与经验。

3. 信号工

信号工也称为吊装指令工，向塔式起重机驾驶员传递吊装信号。信号工应熟悉 PC 构件的安装流程和质量要求，全程指挥构件的起吊、降落、就位、脱钩等。该工种是 PC 安装保证质量、效率和安全的关键工种，技术水平、质量意识、安全意识和责任心都应当强。

4. 起重工

起重工负责吊具准备、起吊作业时挂钩、脱钩等作业，须了解各种构件名称及安装部位，熟悉构件起吊的具体操作方法和规程、安全操作规程、吊索吊具的应用等，富有现场作业经验。

5. 安装工

安装工负责构件就位、调节标高支垫、安装节点固定等作业。熟悉不同构件安装节点的固定要求，特别是固定节点、活动节点固定的区别。熟悉图样和安装技术要求。

6. 临时支护工

负责构件安装后的支撑、施工临时设施安装等作业。熟悉图样及构件规格、型号和构件支护的技术要求。

7. 灌浆料制备工

灌浆料制备工负责灌浆料的搅拌制备，熟悉灌浆料的性能要求及搅拌设备的机械性能，严格执行灌浆料的配合比及操作规程，经过灌浆料厂家培训及考试后持证上岗，质量意识、责任心强。

8. 灌浆工

灌浆工负责灌浆作业，熟悉灌浆料的性能要求及灌浆设备的机械性能，严格执行灌浆料操作流程及规程，经过灌浆料厂家培训及考试后持证上岗，质量意识、责任心强。

9. 修补工

对因运输和吊装过程中构件的磕碰进行修补，了解修补用料的配合比，应对各种磕碰等修补方案；也可委托给构件生产工厂进行修补。

20.3 起重机械配置

装配式建筑主要施工机械有塔式起重机、汽车式起重机、履带式起重机等。

20.3.1 塔式起重机

与现浇相比，PC 施工最重要的变化是塔式起重机起重量大幅度增加。根据具体工程构件重量的不同，一般在 5～14t。剪力墙工程比框架或筒体工程的塔式起重机要小些。如图 20.3-1 所示。

目前 PC 施工常用的塔式起重机型号：剪力墙结构常用塔式起重机 QTZ 型 315tm（S315K16）；QTZ 型 220tm（R75/20）；框架结构常用塔式起重机 QTZ 型 560tm（S560K25）。

塔式起重机选用和布置的原则，塔式起重机必须满足施工现场以下要求：

（1）起吊重量：

图 20.3-1　PC 施工用塔式起重机

$$起吊重量 = （起吊构件 + 吊索吊具 + 吊装架）×1.2 系数$$

（2）起重机臂长（末端起吊能力），起重机中心位置距离最远构件的距离，该位置处的起吊重量。

（3）起升速度，起升速度决定了吊装效率，按照每天计划的吊装数量和吊装时间，结合吊装高度算出最小起升速度，起升速度要满足吊装需求。

（4）计算起吊高度需将吊索吊具及吊装架的高度计算进去。

（5）塔式起重机的选型应当在项目设计阶段与施工方确定下来，确保拆分设计的构件能在塔式起重机的起重范围内。

（6）如果塔式起重机需要附着在 PC 结构上，在 PC 构件设计时要设计附着需要的预埋件，在工厂制作构件时一并完成（图 20.3-2）。不得用事后锚固的方式附着塔式起重机。

（7）塔式起重机位置应覆盖所有工作面，不留工作盲区。

（8）塔式起重机方便支设和拆除，满足安拆安全要求。图 20.3-3 是日本一个工程的塔式起重机设置，工程主塔式起重机设在建筑核心筒位置，当施工到屋顶，再在屋顶设置一小型塔式起重机拆除主塔式起重机。

图 20.3-2　塔式起重机附着

图 20.3-3　设置在屋顶拆除主塔式起重机的小型塔式起重机

（9）尽量减少塔式起重机交叉作业；保证塔式起重机起重臂与其他塔式起重机的安全距离，以及周边建筑物的安全距离。

（10）除以上要求外，塔式起重机还应当满足《建筑机械使用安全技术规程》（JGJ 33—2012）的要求。

20.3.2　汽车式起重机和履带式起重机

有些小项目（如构件数量少，吊装高度低，与周边建筑物太近等特点）或工程中塔式起重机作业盲区，可以选用汽车式起重机或履带式起重机。

（1）应满足吊装重量、吊装高度、作业半径的要求。

（2）现场还应当满足汽车式起重机、履带式起重机的运转行走和固定等基本要求。

20.4　灌浆设备与工具

灌浆设备与工具包括灌浆料搅拌设备与工具、灌浆设备与工具和检验工具。

1. 灌浆料搅拌设备与工具

灌浆料搅拌设备与工具包括砂浆搅拌机、搅拌桶、电子秤、测温计、计量杯等，见表20.4-1。

表 20.4-1　灌浆料制备设备、工具一览表

名称	冲击转式砂浆搅拌机	电子称、刻度杯	测温计	搅拌桶
主要参数	功率：1200～1400W； 转速：0～800r/min 可调； 电压：单相220V/50Hz； 搅拌头：片状或圆形花栏	称量程：30～50kg 感量精度：0.01kg 刻度杯：2L、5L	—	$\phi300 \times H400$， 30L，平底筒 最好不锈钢制
用途	浆料搅拌	精确称量干料及水	测环境温度及浆温	搅拌浆料
图片				

2. 灌浆泵、灌浆枪

灌浆作业设备根据包括灌浆泵、灌浆枪等，见表20.4-2。

灌浆泵应当准备 2 台，防止在灌浆时有一台突然损坏。

表 20.4-2　灌浆作业设备、工具表

类型	电动灌浆泵	手动灌浆枪
型号	JM-GJB 5D 型	—
电源	3 相，380V/50Hz	无
额定流量	≥3 L/min（低速） ≥5 L/min（高速）	手动
额定压力	1.2MPa	—
料仓容积	料斗 20L	枪腔 0.7L
图片		

3. 灌浆检验工具

灌浆检验工具包括：流动度的截锥试模、带刻度的钢化玻璃板、试块试模等，见表 20.4-3。

表 20.4-3　灌浆检验工具表

检测项目	工具名称	规格参数	照　片
流动度检测	圆截锥试模	上口×下口×高 $\phi70 \times \phi100 \times 60mm$	
	钢化玻璃板	长×宽×厚 $500mm \times 500mm \times 6mm$	
抗压强度检测	试块试模	长×宽×高 $40mm \times 40mm \times 160mm$ 三联	

20.5　施工工具与设施配置

PC 施工较之现浇混凝土工程增加的常用工具包括钢丝绳、吊索链、吊装带、吊钩、卡具、吊装架、电动葫芦、手拉葫芦、斜拉支撑、专用扳手(调整标高,调整轴线偏差)、牵引绳索、撬棍、各规格叉扳手、套筒扳手、手电筒、角磨机、手电钻、电动扳手、卷尺、塞尺、水平尺、测量仪等。如图 20.5-1、图 20.5-2 所示。

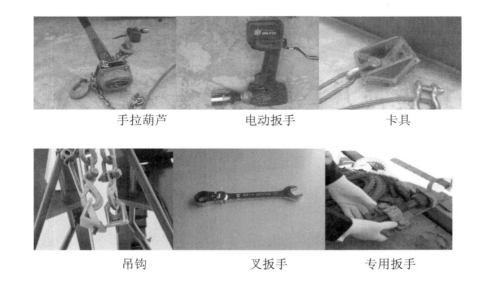

手拉葫芦　　　　　　电动扳手　　　　　　卡具

吊钩　　　　　　叉扳手　　　　　　专用扳手

图 20.5-1　吊装常用工具

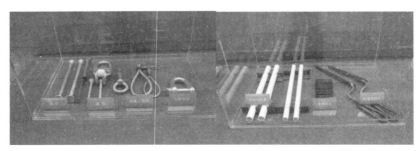

吊钩吊具　　　　　　　　　　　垫片胶管

图 20.5-2　吊装常用工具

20.6　吊具设计

20.6.1　吊具类型

PC 构件属于大型构件，在构件起重、安装和运输中应当对使用的吊具进行设计，包括吊点构造、钢丝绳、吊索链、吊装带、吊钩、卡具、吊装架等。吊索与构件的水平夹角不宜小于 60°，且不应小于 45°。对于单边长度大于 4m 的构件应当设计专用的吊装平面框架或横担。

PC 安装吊具根据构件类型设计。一点吊适用于柱子，两点吊、一字形吊具、平面吊具适用于各种构件。如图 20.6-1 ~ 图 20.6-4 所示。

图 20.6-1　叠合板用一字形吊装架

图 20.6-2　柱子用一字形吊装架

图 20.6-3　梁用一字形吊装架

图 20.6-4　板用平面吊装架

20.6.2　绳索与吊装架验算

1. 吊装荷载

运输和吊运过程的荷载为构件重量乘 1.5 系数，翻转和安装就位的荷载取重量乘 1.2 系数。

2. 绳索抗拉强度验算

（1）钢丝绳、吊索链及吊装带主要计算抗拉强度。

（2）单根钢丝绳拉力计算见下式。

$$F_{\mathrm{S}} = W/n\cos\alpha \tag{20.6-1}$$

式中　F_{S}——绳索拉力；

　　　W——构件重量；

　　　n——绳索根数；

　　　α——绳索与水平线夹角。

（3）绳索抗拉强度验算见下式。

$$F_{\mathrm{S}} \leqslant F/S \tag{20.6-2}$$

式中　F——材料拉断时所承受的最大拉力，见表 20.6-1。

　　　S——安全系数，取 3.0。

表 20.6-1　常用钢丝绳抗拉强度和拉力数据

直径		钢丝绳的抗拉强度/MPa				
钢丝绳 /mm	钢丝/mm	1400	1550	1700	1850	2000
		钢丝破断拉力总和/kN				
6.2	0.4	20.00	22.10	24.30	26.40	28.60
7.7	0.5	31.30	34.60	38.00	41.30	44.70
9.3	0.6	45.10	49.60	54.70	59.60	64.40
11.0	0.7	61.30	67.90	74.50	81.10	87.70
12.5	0.8	80.10	88.70	97.30	105.50	114.50
14.0	0.9	101.00	112.00	123.00	134.00	114.50
15.5	1.0	125.00	138.50	152.00	165.50	178.50
17.0	1.1	151.50	167.50	184.00	200.00	216.50
18.5	1.2	180.00	199.50	219.00	238.00	257.50
20.0	1.3	211.50	234.00	257.00	279.50	302.00
21.5	1.4	245.50	271.50	298.00	324.00	350.50
23.0	1.5	281.50	312.00	342.00	372.00	402.50
24.5	1.6	320.50	355.00	389.00	423.50	458.00
26.0	1.7	362.00	400.50	439.50	478.00	517.00
28.0	1.8	405.50	499.00	492.50	536.00	579.50
31.0	2.0	501.00	554.50	608.50	662.00	715.50
34.0	2.2	606.00	671.00	736.00	801.00	—
37.0	2.4	721.50	798.50	876.00	953.50	—
40.0	2.6	846.50	937.50	1025.00	1115.00	—

3. 吊架验算

（1）吊架一般用工字钢、槽钢等型钢制作。

（2）计算简图　一字形吊架计算简图为简支梁，平面吊架为 4 点支撑简支板。吊架上部绳索连接处为支座，下部绳索连接处为集中荷载作用点。

（3）吊架集中荷载　吊架集中荷载为吊架下部绳索拉力，见下式。

$$P = W/n_x \tag{20.6-3}$$

式中　P——吊架集中荷载；

　　　W——构件重量；

　　　n_x——吊架下部绳索根数。

（4）吊架需验算强度和刚度，按钢结构构件计算。

20.7　现场道路与场地

20.7.1　现场道路

PC 工程现场道路的要求是：

（1）应满足运输构件的大型车辆的宽度，转弯半径要求和荷载要求，路面平整。

（2）除对现场道路有要求外，必须对部品运输路线桥涵限高、限行进行实地勘察，以满足要求。如果有超限部品的运输应当提前办理特种车辆运输手续。

（3）规划好车辆行驶路线，另外也要考虑现场车辆进出大门的宽度以及高度。常用运输车辆宽 4m、车长 16～20m。

（4）有条件的施工现场设两个门，一个进，一个出，不影响其他运输构件车辆的进出，有利于直接从车上起吊构件安装。

（5）工地也可使用挂车运输构件，将挂车车厢运到现场存放，车头开走再运其他挂车车厢。

20.7.2　现场场地

装配式建筑的安装施工计划应考虑构件直接从车上吊装，如此不用二次运转，不需要存放场地，减少了塔式起重机工作量。日本的 PC 工程吊装计划细分到每天每小时作业内容，构件运输的时间与现场构件检查、吊装的时间衔接得非常紧凑，施工现场很少有专用的构件存放场地。一般都是来一车吊装一车，效率非常高。

考虑国内实际情况，施工车辆在一些时间段限行，在一些区域限停，工地不得不准备构件临时堆放场地。

施工现场预制构件临时堆放堆场的要求：

（1）在起重机作业半径覆盖范围。

（2）地面硬化平整、坚实，有良好的排水措施。

（3）如果构件存放到地下室顶板或已经完工的楼层上，必须征得设计的同意，楼盖承载力满足堆放要求。

（4）场地布置应考虑构件之间的人行通道，方便现场人员作业，道路宽度不宜小于 600mm。

（5）场地设置要根据构件类型和尺寸划分区域分别存放。

（6）构件临时场地应避免布置在高处作业下方。

20.8　施工安全条件

除现浇混凝土工程所需要的施工安全措施外，PC 施工的安全条件包括：

（1）针对装配式建筑安装作业的系统、全面的安全培训。

（2）装配式建筑施工作业各个环节的安全操作规程的编制、培训与执行。

（3）运送构件道路、卸车场地的平整、坚实。

（4）构件吊装作业区域的临时隔离、标识。

（5）构件安装后的临时支撑，采用专业厂家的支撑设施。

第 21 章

PC 施工材料

21.1　概述

装配式建筑施工除了现浇混凝土工程所需要的材料外,有一些装配式建筑专用的施工材料,PC 构件对施工现场而言也属于施工材料和部件的一部分。本章介绍 PC 施工材料的制备(21.2),PC 构件进场检验(21.3),PC 构件场地存放(21.4),关于后浇混凝土的提醒(21.5)。

21.2　PC 施工材料制备

PC 工程施工的部件和材料包括灌浆料、灌浆胶塞、灌浆堵缝材料、机械套筒、调整标高螺栓或垫片、临时支撑部件、固定螺栓、安装节点金属连接件、止水条、密封胶条、耐候建筑密封胶、发泡聚氨酯保温材料、修补料、防火塞缝材料等。这些部件和材料进场须依据设计图样和有关规范进行验收和保管。

本书第 3 章已经对上述材料的基本性能和验收标准做了介绍,这里再强调施工现场制备与进场检验的具体要求。关于装配式建筑施工用设备、工具和吊具在第 20 章已经做了介绍,这里不再赘述。

1. 材料计划

根据施工进度计划和安装图样编制材料采购、进场计划,计划一定要细,细到每一个螺栓、每一个垫片;进场时间计划到日。

PC 施工用的一些部件与材料不是常用建筑材料,工程所在地附近可能没有厂家,材料计划的采购、进场时间应考虑远途运输的因素。

2. 部件与材料采购

(1) 根据设计要求的标准或业主指定的品牌采购施工用部件与材料。

(2) PC 构件支撑系统可从专业厂家租用,或委托专业厂家负责支撑施工。应提前签订租用或外委施工合同。

(3) 灌浆料必须采购与所用套筒相匹配的品牌,**注意套筒灌浆料与浆锚搭接灌浆料的区别**。

(4) 安装节点连接件机械加工和镀锌对外委托合同应详细给出质量标准,镀锌层应给出厚度要求等。

3. 材料进场

PC 用部件与材料进场必须进行进场检验,包括数量、规格、型号检验,合格证、化验单等手续和外观检验。

4. 材料储存保管

(1) PC 施工用部件、材料宜单独保管。

（2）PC 用部件、材料应在室内库房存放，灌浆料等材料要避免受潮。

（3）PC 施工用部件、材料应按照本书第 3 章介绍的有关材料标准的规定保管。

21.3　PC 构件进场检验

虽然 PC 构件在制作过程中有监理人员驻厂检查，每个构件出厂前也进行出厂检验，但 PC 构件入场时必须进行质量检查验收。

PC 构件到达现场，现场监理员及施工单位质检员应对进入施工现场的构件以及构件配件进行检查验收，包括数量核实、规格型号核实、检查质量证明文件或质量验收记录和外观质量检验。

一般情况下，PC 构件直接从车上吊装，所以数量、规格、型号的核实和质量检验在车上进行，检验合格可以直接吊装。

即使不直接吊装，将构件卸到工地堆场，也应当在车上进行检验，一旦发现不合格，直接运回工厂处理。

21.3.1　数量核实与规格型号核实

（1）核对进场构件的规格型号和数量，将清点核实结果与发货单对照（拍照记录）。如果有误及时与构件制造工厂联系。

（2）构件到达施工现场应当在构件计划总表或安装图样上用醒目的颜色标记。并据此统计出工厂尚未发货的构件数量，避免出错。

（3）如有随构件配置的安装附件，须对照发货清单一并验收。

21.3.2　质量证明文件检查

质量证明文件检查属于主控项目，即"对安全、节能、环境保护和主要使用功能起决定性作用的检验项目"。须检查每一个构件的质量证明文件，也就是进行全数检查。

PC 构件质量证明文件包括：

（1）PC 构件产品合格证明书。

（2）混凝土强度检验报告。

（3）钢筋套筒与灌浆料拉力试验报告。

（4）其他重要检验报告。

PC 构件的钢筋、混凝土原材料、预应力材料、套筒、预埋件等检验报告和构件制作过程的隐蔽工程记录，在构件进场时可不提供，应在 PC 构件制作企业存档。

对于总承包企业自行制作预制构件的情况，没有进场的验收环节，质量证明文件检查为检查构件制作过程中的质量验收记录。

21.3.3　质量检验

PC 预制构件的质量检验是在预制工厂检查合格的基础上进行进场验收，外观质量应全数检查，尺寸偏差为按批抽样检查。

1. 外观严重缺陷检验

PC 构件外观严重缺陷检验是主控项目，须全数检查。通过观察、尺量的方式检查。

PC 构件不应有严重缺陷，且不应有影响结构性能和安装、使用功能的尺寸偏差。

严重缺陷包括纵向受力钢筋有露筋；构件主要受力部位有蜂窝、孔洞、夹渣、疏松；影响结构性能或使用功能的裂缝；连接部位有影响使用功能或装饰效果的外形缺陷；具有重要装饰效果的清水混凝土构件表面有外表缺陷等；石材反打、装饰面砖反打和装饰混凝土表面影响装饰效果的外表缺陷等。

如果 PC 构件存在上述严重缺陷，或存在影响结构性能和安装、使用功能的尺寸偏差，不能安装，须由 PC 工厂进行处理。技术处理方案经监理单位同意方可进行处理；对裂缝或连接部位的严重缺陷及其他影响结构安全的严重缺陷，技术处理方案尚应经设计单位认可。处理后的构件应重新验收。

2. 预留插筋、埋置套筒、预埋件等检验

对 PC 构件外伸钢筋、套筒、浆锚孔、钢筋预留孔、预埋件、预埋避雷带、预埋管线等进行检验。此项检验是主控项目，全数检查。如果不符合设计要求不得安装。

其中：

（1）外伸钢筋须检查钢筋类型、直径、数量、位置、外伸长度是否符合设计要求。

（2）套筒和浆锚孔须检查数量、位置以及套筒内是否有异物堵塞。

（3）钢筋预留孔检查数量、位置以及预留孔内是否有异物堵塞。

（4）预埋件检查数量、位置、锚固情况。

（5）预埋避雷带检查数量、位置、外伸长度。

（6）预埋管线检查数量、位置以及管内是否有异物堵塞。

3. 梁板类简支受弯构件结构性能检验

梁板类简支受弯 PC 构件或设计有要求的 PC 构件进场时须进行结构性能检验。结构性能检验是针对构件的承载力、挠度、裂缝控制性能等各项指标所进行的检验。属于主控项目。

工地往往不具备结构性能检验的条件，也可在构件预制工厂进行，监理、建设和施工方代表应当在场。

国家标准《混凝土结构工程施工质量验收规范》（GB 50204—2015）附录 B《受弯预制构件结构性能检验》给出了结构性能检验要求与方法。

（1）钢筋混凝土构件和允许出现裂缝的预应力混凝土构件应进行承载力、挠度和裂缝宽度检验；不允许出现裂缝的预应力混凝土构件应进行承载力、挠度和抗裂检验。

（2）对大型构件及有可靠应用经验的构件，可只进行裂缝宽度、抗裂和挠度检验。

（3）对使用数量较少的构件，当能提供可靠依据时，可不进行结构性能检验。

4. 构件受力钢筋和混凝土强度实体检验

对于不需要做结构性能检验的所有预制构件，如果监理或建设单位派出代表驻厂监督生产过程，对进场构件可以不做实体检验。否则，将对进场构件的受力钢筋和混凝土进行实体检验。此项为主控项目，抽样检验。

检验数量为同一类预制构件不超过 1000 个为一批，每批抽取一个构件进行结构性能检验。

同一类是指同一钢种、同一混凝土强度等级、同一生产工艺和同一结构形式。

受力钢筋需要检验数量、规格、间距、保护层厚度。

混凝土需要检验强度等级。

实体检验宜采用不破损的方法进行检验。使用专业探测仪器。在没有可靠仪器的情况下，也可以采用破损方法。

5. 标识检查

标识检查属于一般项目检验，除主控项目以外的检验项目为一般项目。

标识检查为全数检查。

构件的标识内容包括制作单位、构件编号、型号、规格、强度等级、生产日期、质量验收标志等。

6. 外观一般缺陷检查

外观一般缺陷检查为一般项目。全数检查。

一般缺陷包括纵向受力钢筋以外的其他钢筋有少量露筋；非主要受力部位有少量蜂窝、孔洞、夹渣、疏松、不影响结构性能或使用性能的裂缝；连接部位有基本不影响结构传力性能的缺陷；不影响使用功能的外形缺陷和外表缺陷。

一般缺陷应当由制作工厂处理后重新验收。

7. 尺寸偏差检查

需要检查尺寸误差、角度误差和表面平整度误差。详见表 21.3-1，表 21.3-1 来自《装配式混凝土结构技术规程》（JGJ 1—2014）中 11.4.2。检查项目同时应当拍照记录与质量验收记录（表 21.3-2）一并存档。

表 21.3-1　预制构件尺寸允许偏差及检验方法

项　目			允许偏差/mm	检验方法
长度	楼板、梁、柱、桁架	＜12m	±5	尺量
		≥12m 且 ＜18m	±10	
		≥18m	±20	
	墙板		±4	
宽度 高（厚）度	楼板、梁、柱、桁架		±5	尺量一端及中部，取其中偏差绝对值较大处
	墙板		±4	
表面平整度	楼板、梁、柱、墙板内表面		5	2m 靠尺和塞尺量测
	墙板外表面		3	
侧向弯曲	楼板、梁、柱		L/750 且 ≤20	拉线、直尺量测最大侧向弯曲处
	墙板、桁架		L/1000 且 ≤20	
翘曲	楼板		L/750	调平尺在两端量测
	墙板		L/1000	
对角线	楼板		10	尺量两个对角线
	墙板		5	
预留孔	中心线位置		5	尺量
	孔尺寸		±5	
预留洞	中心线位置		10	尺量
	洞口尺寸、深度		±10	
预埋件	预埋板中心线位置		5	尺量
	预埋板与混凝土面平面高差		0，−5	
	预埋螺栓		2	
	预埋螺栓外漏长度		+10，−5	
	预埋套筒、螺母中心线位置		2	
	预埋套筒、螺母与混凝土面平面高差		±5	
预留插筋	中心线位置		5	尺量
	外漏长度		+10，−5	

（续）

项　目		允许偏差/mm	检验方法
键槽	中心线位置	5	尺量
	长度、宽度	±5	
	深度	±10	

注：1. L 为构件长度，单位为 mm。

2. 检查中心线，螺栓和孔洞位置偏差时，沿纵、横两个方向量测，并取其中偏差较大值。

表 21.3-2　预制构件进场检验批质量验收记录

单位（子单位）工程名称										
分部（子分部）工程名称					验收部位					
施工单位					项目经理					
构件制作单位					构件制作单位项目经理					
施工执行标准名称及编号										

		施工质量验收规程规定			施工单位检查评定记录			监理（建设）单位验收记录		
主控项目	1	预制构件合格证及质量证明文件		符合标准						
	2	预制构件标识		符合标准						
	3	预制构件外观严重缺陷		符合标准						
	4	预制构件预留吊环、焊接埋件		符合标准						
	5	预留预埋件规格、位置、数量		符合标准						
	6	预留连接钢筋	中心位置/mm	3						
			外露长度/mm	0，5						
	7	预埋灌浆套筒	中心位置/mm	2						
			套筒内部	未堵塞						
	8	预埋件（安装用孔洞或螺母）	中心位置/mm	3						
			螺母内壁	未堵塞						
	9	与后浇部位模板接茬范围平整度/mm		2						
一般项目	1	预制构件外观一般缺陷		符合标准						
	2	长度/mm		±3						
	3	宽度、高（厚）度		±3						
	4	预埋件	中心线位置/mm	5						
			安装平整度/mm	3						
	5	预留孔、槽	中心位置/mm	5						
			尺寸/mm	0，5						
	6	预留吊环	中心位置/mm	5						
			外露钢筋/mm	0，10						
	7	钢筋保护层厚度/mm		+5，−3						
	8	表面平整度/mm		3						
	9	预留钢筋	中心线位置/mm	3						
			外露长度/mm	0，5						
施工单位检查评定结果		专业工长（施工员）				施工班组长				
		项目专业质量检查员：						年　月　日		
监理（建设）单位验收结论		专业监理工程师（建设单位项目专业技术负责人）：						年　月　日		

21.4　PC 构件场地存放

一般情况下，工地存放构件的场地较小，构件存放期间易被磕碰或污染。所以，应合理安排构件进场节奏，尽可能减少现场存放量和存放时间。

构件存放场地宜邻近各个作业面，如南立面和北立面的构件分别在该立面设置场地存放。

预制构件场地存放应符合下列规定：

（1）在塔式起重机有效作业范围内，但又不在高处作业下方，避免坠落物砸坏构件或造成污染。

（2）构件存放区域要设置隔离围档或车档，避免构件被工地车辆碰坏。

（3）存放场地平整、坚实，如果不是硬覆盖场地，场地应当夯实，表面铺上砂石；场地应有排水措施。

（4）构件在工地存放、支垫、靠架等与工厂堆放的要求一样，详见第 18 章 18.5 节。

（5）构件堆放位置应考虑吊装顺序。

（6）如果预制构件临时堆场安排在地下车库顶板上时，车库顶板应考虑堆放构件荷载对顶板的影响。

21.5　关于后浇混凝土的提醒

叠合构件和后浇节点的后浇筑混凝土一般用商品混凝土。这里特别提醒，同一层楼后浇混凝土如果有不同强度等级混凝土，应对浇筑区域做出特别醒目的标识，混凝土运送罐车进场后也要挂上醒目标识，避免出错。

第 22 章

PC 装配式建筑施工

22.1 概述

本章介绍 PC 装配式建筑施工，主要是与装配式有关的施工作业内容，包括施工工艺流程（22.2），施工组织设计与施工技术方案（22.3），构件进场顺序（22.4），前道工序检查（22.5），构件吊装（22.6），安装误差检查与调整（22.7），灌浆作业（22.8），临时支撑拆除（22.9），构件安装缝施工（22.10），现场修补（22.11），表面处理（22.12），冬期施工措施（22.13），施工质量要点（22.14），安全施工要点（22.15）。

22.2 施工工艺流程

框架结构和剪力墙结构 PC 施工工艺流程如图 22.2-1 所示；外挂墙板施工工艺流程如图 22.2-2 所示。其他 PC 构件施工安装参照这两个工艺流程。

22.3 施工组织设计与施工技术方案

本小节介绍装配式建筑施工中与 PC 有关环节的施工组织设计与施工技术方案。

22.3.1 施工组织设计

装配式建筑施工需要工厂、施工企业、其他外委加工企业和监理密切配合，有诸多环节制约影响，需要制订周密细致的计划，本书编著者在与日本企业合作和到日本学习培训过程中，对这一点印象非常深刻。日本装配式建筑工程的施工组织设计和计划编制得非常细，工程管理团队在编制计划方面下很大的功夫。施工进行过程中也是每天都"打合"计划。图 22.3-1 和图 22.3-2 是日本一项 PC 工程的施工组织设计首页和总进度计划。

PC 工程施工组织设计的主要内容包括：

（1）确定目标 根据工程总的计划安排，确定 PC 施工目标和 PC 施工进度、质量、安全以及成本控制的目标等。

（2）通过各环节的模拟推演，确定施工环节衔接的原则与顺序。

（3）建立 PC 施工的管理机构，设置 PC 施工管理、技术、质量、安全等岗位，建立责任体系。

（4）选择分包和外委的专业施工队伍，如专业吊装、灌浆、支撑队伍等。

（5）编制施工进度总计划 根据现场条件、塔式起重机工作效率、构件工厂供货能力、气候环境情况和施工企业自身组织人员、设备、材料的条件等编制 PC 安装施工进度总计划，施工计划要落实到每一天、每一个环节和每一个事项。

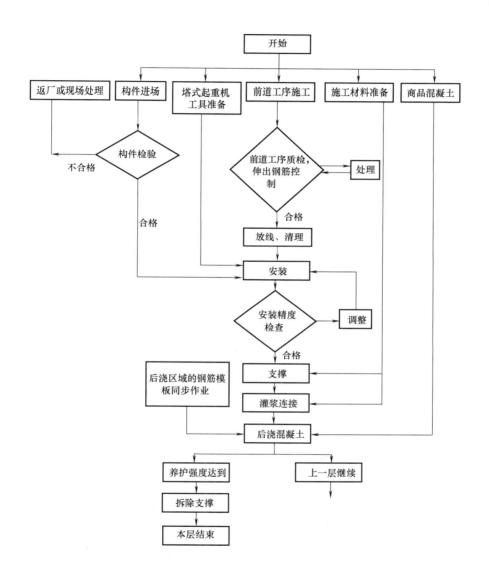

图 22.2-1　框架结构和剪力墙结构 PC 施工工艺流程

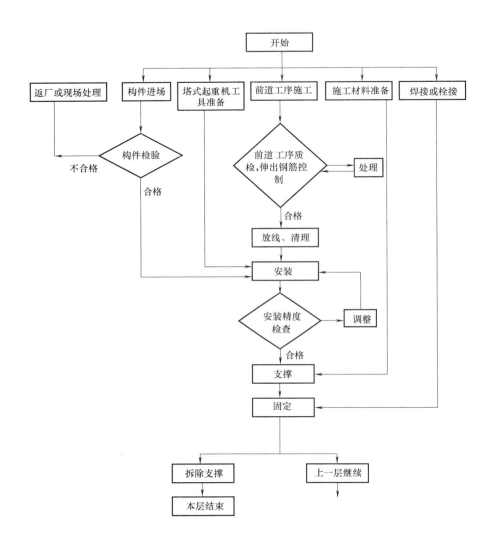

图 22.2-2 外挂墙板施工工艺流程

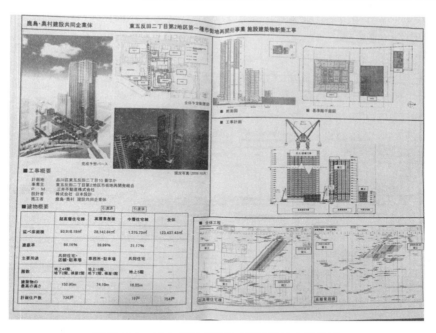

图 22.3-1　日本 PC 工程施工组织设计文件首页

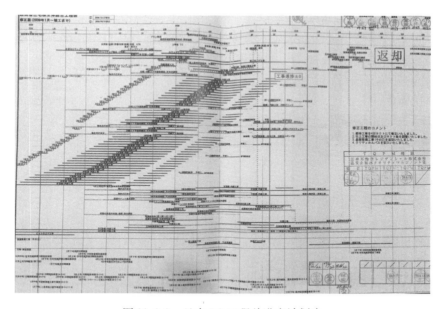

图 22.3-2　日本 PC 工程总进度计划表

（6）构件进场计划、进场检验清单与流程

1）列出构件清单。

2）编制进场计划，与工厂共同编制。

3）列出构件进场检验项目清单。

4）制订构件进场检验流程。

5）准备构件进场检验工具。

构件进场检验详见第21章。

（7）材料进场计划、检验清单、检验流程

1）列出详细的部件与材料清单。

2）编制采购与进场计划。

3）列出材料进场检验项目清单与时间节点。

4）制订材料进场检验流程与责任。

5）准备材料进场检验工具。

材料检验详见第21章。

（8）劳动力计划与培训

1）确定PC施工作业各工种人员数量和进场时间。

2）制订培训计划，确定培训内容、方式、时间和责任者。

关于PC施工需要的工种详见第20章。

（9）塔式起重机选型布置

1）塔式起重机选型。

2）塔式起重机布置。

3）个别超重或塔式起重机覆盖范围外的临时吊装设备的确定。

起重机选型与布置原则详见第20章。

（10）吊架吊具计划　根据施工技术方案设计，制订各种构件的吊具制作或外委加工计划以及吊装工具和吊装材料（如牵引绳）采购计划。

（11）设备机具计划

1）灌浆设备。

2）构件安装后支撑设施。

3）PC施工用的其他设备与工具计划。

详见第20章。

（12）质量管理计划

1）编制PC安装各个作业环节的操作规程。

2）图样、质量要求、操作规程交底与培训计划。

3）质量检验项目清单流程、人员安排，检验工具准备。

4）后浇区钢筋隐蔽工程验收流程。

5）监理旁站监督重点环节（如吊装作业、灌浆作业）的确定。

（13）安全管理计划

1）建立PC施工安全管理组织、岗位和责任体系。

2）编制PC施工各作业环节（预制构件进场、卸车、存放、吊装、就位、支撑、后浇区施工、表面处理等环节）的安全操作规程。

3）制订所有PC施工人员的安全交底与培训计划；确定培训内容、对象、方式、时间和培训责任人。

4）编制安全设施和护具计划。

5）进行 PC 构件卸车、存放、吊装等作业环节的安全措施与设施设计。

6）吊装作业临时围挡与警示标识牌设计、准备等。

（14）环境保护措施计划 装配式建筑施工的环境保护比普通混凝土现浇建筑有很大的优势，除了现浇混凝土工程需要的环保措施外，PC 施工需要考虑的环保措施包括：

1）现场进行构件修补打磨的防尘处理措施。

2）构件表面清洗的废水废液收集处理。

（15）成本管理计划

1）制订避免出错和返工的措施。

2）减少装卸环节的直接从运送构件车上吊装的流程安排。

3）劳动力的合理组织，避免窝工。

4）材料消耗的成本控制。

5）施工用水用电的控制等。

22. 3. 2 施工技术方案

PC 施工技术方案主要内容包括：

（1）塔式起重机布置 进行塔式起重机数量、位置和选型设计。

宜用计算机三维软件进行空间模拟设计，也可绘制塔式起重机有效作业范围的平面图、立面图进行分析。塔式起重机布置要确保吊装范围的全覆盖，避免吊装死角。

由于塔式起重机是制约工期的最关键的因素，而 PC 施工用的大吨位大吊幅塔式起重机费用比较高，塔式起重机布置的合理性尤其重要，应做多方案比较。

例如：一栋高层建筑的多层裙楼平面范围比较大，超出主楼塔式起重机作业范围，多层裙楼的构件吊装就可以考虑汽车式起重机作业（图 22.3-3）。

塔式起重机一般布置在建筑的侧边，笔者在日本看到一栋建筑，如果塔式起重机布置在边侧需要两部塔式起重机，日本施工企业将塔式起重机布置在建筑核心筒位置，一部塔式起重机就可以了（图 22.3-4）。

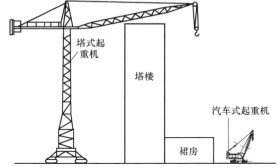

图 22.3-3 多层裙楼用汽车式起重机的方案

（2）吊装方案与吊具设计 进行各种构件吊装方案和吊具设计，包括吊装架设计、吊索设计、吊装就位方案及辅助设备工具，如牵引绳、电动葫芦、手动葫芦等。详见第 20 章。

（3）现浇混凝土伸出钢筋定位方案 必须保证现浇层伸出的钢筋位置与伸出长度准确，否则无法安装或连接节点的安全性、可靠性受到影响。所以，在现浇混凝土作业时要对伸出钢筋采用专用模板进行定位，防止预留钢筋位置错位（图 22.3-5）。

剪力墙上下构件之间一般有现浇混凝土圈梁或水平现浇带，在现浇混凝土施工时，应当防止下部剪力墙伸出的钢筋被扰动偏斜，也应当采取定位措施。

（4）各种构件的临时支撑方案设计 临时支撑方案应当在构件制作图设计阶段与设计单位共同设计，图 22.3-6 ~ 图 22.3-12 给出了各种构件临时支撑的实例照片，图 22.3-13 给出了竖向构件斜支撑地锚实例照片。

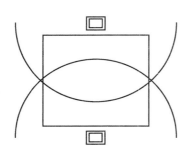
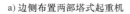
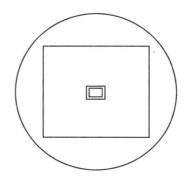

a) 边侧布置两部塔式起重机　　　　b) 中心布置一部塔式起重机

图 22.3-4　塔式起重机的两个布置方案

图 22.3-5　现浇混凝土伸出钢筋定位装置　　　　图 22.3-6　楼板支撑

图 22.3-7　楼板支撑

图 22.3-8　梁支撑

图 22.3-9　梁支撑

图 22.3-10　柱支撑

图 22.3-11　柱支撑

图 22.3-12　墙板支撑

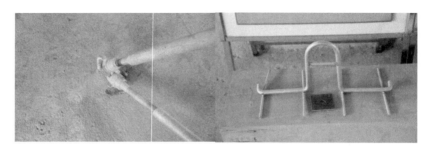

图 22.3-13　地锚

（5）灌浆作业技术方案。

（6）脚手架方案。

（7）后浇区模板方案设计。

（8）构件接缝施工方案。

（9）构件保护措施。

（10）构件表面处理施工方案。

（11）道路场地布置与设计

1）构件车辆进场道路与调头区。

2）卸车场地设计。

3）临时堆放场地设计。

4）堆放架、垫方垫块设计。

详见第 21 章。

22.3.3　单元安装试验

装配式结构施工前应当由施工单位牵头，包括设计单位、建设单位、监理单位、构件生产单位以及各专业相关部门，选择典型单元进行安装试验。根据安装试验验证施工组织设计的可行性，如有必要进行修改。

22.4　构件进场顺序

合理安排 PC 构件进场顺序对实现高效率低成本施工安装非常重要。可以不用或减少设置临时场地，减少装卸作业，形成流水作业，缩短安装工期，降低设备、脚手架摊销费用等。构件有序进场和安装，也会减少构件磕碰损坏。

对工厂而言，优化构件进场顺序可以减少场地堆放。但可能需要调节模具数量，或影响生产流程的效率。

进场顺序还与工程所在地对货车运输的限制有关。

所以，构件进场顺序的优化设计应当与 PC 构件制作工厂进行充分沟通后确定，要细化到每一个工作区域、楼层和构件。施工组织中的施工计划应当按照进场顺序优化原则不断去调整完善。

22.5　前道工序检查

PC 构件安装施工前，应当对前道工序的质量进行检查，确认具备安装条件时，才可以进行构件安装。

1. 现浇混凝土伸出钢筋

检查现浇混凝土伸出钢筋的位置和长度是否正确。现浇层伸出钢筋位置不准确构件无法安装。

一旦出现现浇层伸出钢筋无法安装情况，施工者不能自行决定如何处理，应当由设计和监理共同给出处理方案。最可靠的方案是凿去混凝土一定深度，采用机械调整钢筋的办法。

有的工地用气焊加热的方式将钢筋煨弯，这样做会形成结构隐患，也没有规范支持。

钢筋倾斜时应进行校直，禁止使用电焊加热或者气焊对钢筋加热校直钢筋。

2. 连接部位标高和表面平整度

构件安装连接部位表面标高应当在误差允许范围内，如果标高偏差较大或表面倾斜，会影响上部构件安装的平整和水平缝灌浆厚度的均匀，须经过处理后才能进行构件安装。

3. 连接部位混凝土质量

连接部位混凝土是否存在酥松、离析、狗洞、蜂窝等情况，如果存在，须经过补强处理后才能吊装。

4. 外挂墙板在主体结构上的连接节点

检查外挂墙板在主体结构上的连接节点的位置是否在允许误差范围内，如果误差过大墙板将无法安装，需要进行调整。如采取增加垫板、调整连接件孔眼尺寸的办法等。

22.6 构件吊装

22.6.1 吊装前的准备与作业

（1）检查试用塔式起重机，确认可正常运行。

（2）准备吊装架、吊索等吊具，检查吊具，特别是检查绳索是否有破损，吊钩卡环是否有问题等。

（3）准备牵引绳等辅助工具、材料。

（4）准备好灌浆设备、工具，调试灌浆泵。

（5）备好灌浆料。

（6）检查构件套筒或浆锚孔是否堵塞。当套筒、预留孔内有杂物时，应当及时清理干净。用手电筒补光检查，发现异物用气体或钢筋将异物清掉。

（7）将连接部位浮灰清扫干净。

（8）对于柱子、剪力墙板等竖直构件，安好调整标高的支垫（在预埋螺母中旋入螺栓或在设计位置安放金属垫块）；准备好斜支撑部件；检查斜支撑地锚。

（9）对于叠合楼板、梁、阳台板、挑檐板等水平构件，架立好竖向支撑。

（10）伸出钢筋采用机械套筒连接时，须在吊装前在伸出钢筋端部套上套筒。

（11）外挂墙板安装节点连接部件的准备，如果需要水平牵引，牵引葫芦吊点设置、工具准备等。

22.6.2 放线

1. 标高与平整度

（1）柱子和剪力墙板等竖向构件安装，水平放线首先确定支垫标高；支垫采用螺栓方式，旋转螺栓到设计标高；支垫采用钢垫板方式，准备不同厚度的垫板调整到设计标高。构件安装后，测量调整柱子或墙板的顶面标高和平整度。

（2）没有支承在墙体或梁上的叠合楼板、叠合梁、阳台板、挑檐板等水平构件安装，水平放线首先控制临时支撑体梁的顶面标高。构件安装后测量控制构件的底面标高和平整度。

（3）支撑在墙体或梁上的楼板、支撑在柱子上的莲藕梁，水平放线首先测量控制下部构件支撑部位的顶面标高，安装后测量控制构件顶面或底面标高和平整度。

2. 位置

PC 构件安装原则上以中心线控制位置，误差由两边分摊。可将构件中心线用墨斗分别弹在结构和构件上，方便安装就位时定位测量。

建筑外墙构件，包括剪力墙板、外墙挂板、悬挑楼板和位于建筑表面的柱、梁，"左右"方向与其他构件一样以轴线作为控制线。"前后"方向以外墙面作为控制边界。外墙面控制可以用从主体结构探出定位杆拉线测量的办法。

3. 垂直度

柱子、墙板等竖直构件安装后须测量和调整垂直度，可以用仪器测量控制，也可以用铅坠测量。

22.6.3　构件吊装作业

构件吊装作业的基本工序：

（1）在被吊装构件上系好定位牵引绳。

（2）在吊点"挂钩"。

（3）构件缓慢起吊，提升到约半米高度，观察没有异常现象，吊索平衡，再继续吊起。

（4）柱子吊装是从平躺着状态变成竖直状态，在翻转时，柱子底部须隔垫硬质聚苯乙烯或橡胶轮胎等软垫。

（5）将构件吊至比安装作业面高出 3m 以上且高出作业面最高设施 1m 以上高度时再平移构件至安装部位上方。然后缓慢下降高度。

（6）构件接近安装部位时，安装人员用牵引绳调整构件位置与方向。

（7）构件高度接近安装部位约 1m 处，安装人员开始用手扶着构件引导就位。

（8）构件就位过程中须慢慢下落。柱子和剪力墙板的套筒（或浆锚孔）对准下部构件伸出钢筋；楼板、梁等构件对准放线弹出的位置或其他定位标识；楼梯板安装孔对准预埋螺母等；构件缓慢下降直至平稳就位。

（9）如果构件安装位置和标高大于允许误差，进行微调。

（10）水平构件安装后，检查支撑体系的支撑受力状态，对于未受力或受力不平衡的情况进行微调。

（11）柱子、剪力墙板等竖直构件和没有横向支承的梁须架立斜支撑，并通过调节斜支撑长度调节构件的垂直度。

（12）检查安装误差是否在允许范围内。

图 22.6-1 ~ 图 22.6-4 为构件吊装实际工程的照片。

图 22.6-1　柱吊装

图 22.6-2　梁吊装

图 22.6-3　莲藕梁吊装

图 22.6-4　叠合楼板吊装

22.7　安装误差检查与调整

构件安装后须对误差进行检查，合格后方可以进行下一道作业——灌浆或后浇混凝土作业。装配式结构构件尺寸的允许偏差见第 23 章中表 23.4-1。

22.8　灌浆作业

灌浆作业是装配式混凝土结构施工的重点，直接影响到装配式建筑的结构安全。灌浆工艺应编制专项施工工艺与操作规程，操作人员必须经过专业培训后持证上岗。

灌浆工艺流程：灌浆准备工作→接缝封堵及分仓→灌浆料制备→灌浆→灌浆后节点保护。

灌浆作业的要点：

（1）灌浆料进场验收应符合《钢筋套筒灌浆连接应用技术规程》（JGJ 355—2015）的规定。

（2）灌浆前应检查套筒、预留孔的规格、位置、数量和深度。

（3）应按产品说明书要求计量灌浆料和水的用量，经搅拌均匀并测定其流动度满足要求后方可灌注。

（4）灌浆前应对接缝周围采用专用封堵料进行封堵，柱子可采用木板条封堵，日本用得比较多的方式是用充气管封堵。**一旦灌浆作业过程发现封堵处漏浆，无法保证套筒出浆口出浆；此时，必须将已灌浆料用高压水枪冲洗干净，重新封堵后再次灌浆。**剪力墙灌浆应进行分仓，分仓长度应通过计算或按照灌浆料厂家提供的数据确定。

（5）灌浆操作全过程有专职检验员与监理旁站，并及时形成质量检查记录影像存档。

（6）灌浆料拌合物应在灌浆料厂家给出的时间内用完，且最长不宜超过 30min。已经开始初凝的灌浆料不能使用。

（7）灌浆作业应采取压浆法从下口灌注，当灌浆料从上口流出时应及时封堵出浆口。保持压力 30s 后再封堵灌浆口。

（8）冬期施工时环境温度应在 5℃以上，并应对连接处采取加热保温措施，保证浆料在48h 凝结硬化过程中连接部位温度不低于 10℃。

（9）灌浆后 12h 内不得使构件和灌浆层受到振动、碰撞。

（10）灌浆作业应及时做好施工质量检查记录，并按要求每工作班制作一组试件。

22.9　临时支撑拆除

水平构件的竖向支撑和竖直构件的斜支撑，须在构件连接部位灌浆料或后浇混凝土的强度达到设计要求后才可以拆除。

各种构件拆除临时支撑的条件应当在构件施工图中给出。如果构件施工图没有要求，施工企业应请设计人员给出要求。

灌浆料具有早强和高强的特点，采用套筒灌浆或浆锚搭接工艺的竖向构件，一般可在灌浆作业完成 3 天后拆除斜支撑。

叠合楼板等水平叠合构件和后浇区连接的梁，应当在混凝土达到设计强度时才能够拆除临时支撑。

22.10　构件安装缝施工

PC 构件安装后需要对构件与构件之间的缝，外挂墙板构件与其他维护墙体之间的缝进行处理。

接缝处理最主要的任务是防水，夹芯保温板雨水渗漏进去后会导致保温板受潮，影响保温效果，在北方会导致内墙冬季结霜，雨水还可能渗透进墙体，导致内墙受潮变霉等，外挂墙板透水有可能影响到连接件的耐久性，引发安全事故。

接缝处理必须严格按照设计要求施工，必须保证美观干净。

22.10.1　构件与构件接缝处理

（1）须按照设计要求进行接缝施工。

（2）建筑密封胶应与混凝土有良好的粘结性，还应具有耐候性、可涂装性、环保性。

（3）PC 构件接缝处理前应先修整接缝，清除浮灰，然后再打密封胶。

（4）根据设计要求填充垫材（根据缝宽选用合适的垫材）。

（5）施工前打胶缝两侧须粘贴胶带或美纹纸，防止污染。

（6）密封胶应填充饱满、平整、均匀、顺直、表面平滑，厚度符合设计要求。

22.10.2　外挂墙板构件缝处理

（1）外挂墙板构件接缝在设计阶段应当设置三道防水处理，第一道密封胶、第二道构造防水、第三道气密条（止水胶条）。

（2）外挂墙板是自承重构件，不能通过板缝进行传力，所以在施工时保证四周空腔内不得混入硬质杂物。

（3）外挂墙板构件接缝有气密条（止水胶条）时，应当在构件安装前粘结到构件上。

（4）密封胶应有较好的弹性来适应构件的变形。

22.11　现场修补

（1）由于运输或安装磕碰造成的构件缺棱掉角和表面破损应进行修补。修补作业宜请构件生产厂家有经验的技工完成。

（2）修补用的砂浆应当保证强度，与混凝土构件粘结牢固。砂浆内掺加树脂类聚合物会提高强度和粘接力。修补过的地方应进行保持湿度的养护。也可以表面涂刷养护剂养护。

（3）对于清水混凝土构件和装饰混凝土构件的表面，修补用砂浆应与构件颜色一致，修补砂浆终凝后，应当采用砂纸或抛光机进行打磨，保证修补痕迹在 2m 处看不出来。

（4）对于磕碰掉装饰层的表面应采用专用胶粘剂进行粘接修复，保证修复部位粘接的牢固性和耐久性。

22.12　表面处理

大多数 PC 构件的表面处理在工厂完成，如喷刷涂料、真石漆、乳胶漆等，在运输、工地存放和安装过程中须注意成品保护。

也有 PC 构件在安装后需要进行表面处理，如在运输和安装过程中被污染的外围护构件表面的清洗、清水混凝土构件表面涂刷透明保护涂料等。

装饰混凝土表面清洗可用稀释的盐酸溶液（浓度低于 5%）进行清洗，再用清水将盐酸溶液冲洗干净。

清水混凝土表面可采用清水或者 5% 的磷酸溶液进行清洗。

构件表面处理可在"吊篮"上作业，应自上而下进行。

22.13　冬期施工措施

PC 装配式建筑由于湿作业少，也容易形成围护空间，冬期施工比较方便，这对于冬季停工 4~5 个月的北方地区来说是非常有利的。

一般而言，连续五天日平均气温低于 5℃时，就进入冬期施工。

PC 建筑冬期施工应做好方案，符合行业标准《建筑工程冬期施工规程》（JGJ 104—2011）的有关规定，具体措施如下：

（1）PC 建筑冬期施工可以采取将一个楼层窗洞围护起来，内部采暖形成暖棚的方式；也可以将连接部位局部围护保暖加热的方式。

（2）套筒灌浆作业的施工环境应当采取加热与保温措施，保证套筒、灌浆料等材料温度在 5℃以上。

（3）灌浆完成后当灌浆区域养护温度低于 10℃时，应当局部做加热措施，例如用暖风机或者电热毯包裹等方式。

（4）局部需要现浇的部位也要保证环境温度在 5℃以上。

（5）后浇混凝土应当选用掺防冻剂的混凝土，入模温度应在 5℃以上。

（6）浇筑完成的区域应当局部围护、覆盖和加热。

22.14　施工质量要点

PC 施工质量的关键环节为：

（1）现浇混凝土伸出的与套筒连接的钢筋位置必须准确，误差在设计允许范围内，否则，伸出钢筋将无法插入套筒或浆锚孔。

（2）构件吊装误差控制在设计或规范允许的范围内。

（3）套筒、浆锚孔内和构件之间横缝灌满浆料。

（4）后浇混凝土节点的施工质量。

（5）成品保护。

22.15　安全施工要点

除现浇混凝土建筑工地的安全措施和要点外，PC 施工自身的安全重点如下：

（1）起重机的安全性。

（2）吊架、吊具的可靠性，日常检查制度。

（3）吊装作业的安全防护。

（4）构件安装后临时支撑的安全可靠。

（5）吊装施工下方的区域隔离、标识和派专人看守。

（6）雨、雪、雾天气和风力大于 6 级时不进行吊装作业。

（7）夜间不进行吊装作业。

第 23 章

PC 工程验收

23.1 概述

PC 构件制作与施工安装所用材料的检验和 PC 构件的质量检验,在第 19 章、第 21 章和第 22 章做了一些介绍。本章介绍 PC 工程验收。工程验收是指工程施工阶段的验收。

有些非结构项目与 PC 构件及其安装有关,在 PC 工程验收时应一并考虑。这些项目包括:PC 幕墙、PC 构件接缝密封防水、与 PC 构件一体化的外饰面、PC 隔墙、与 PC 构件一体化的门窗、与 PC 构件一体化的外墙保温、设置在 PC 构件中的避雷带、设置在 PC 构件中的电线通信线导管、与 PC 构件有关的给水排水、暖通空调和装修的预埋件或预留设置等。

本章具体内容包括工程验收的依据、划分(23.2),PC 工程验收的主控项目(23.3),PC 工程验收的一般项目(23.4),PC 结构实体检验(23.5),分项工程质量验收(23.6),PC 工程验收需提供的文件与记录(23.7)。

23.2 工程验收的依据、划分

23.2.1 验收依据

PC 工程即装配整体式混凝土结构工程验收的主要依据包括:

1. PC 装配式结构

国家标准《装配式混凝土建筑技术标准》(GB/T 51231—2016)

国家标准《混凝土结构工程施工质量验收规范》(GB 50204—2015)

行业标准《装配式混凝土结构技术规程》(JGJ 1—2014)

国家标准《建筑工程施工质量验收统一标准》(GB 50300—2013)

行业标准《钢筋套筒灌浆连接应用技术规程》(JGJ 355—2015)

2. PC 隔墙、PC 装饰一体化、PC 构件一体化门窗

国家标准《建筑装饰装修工程质量验收规范》(GB 50210—2001)

行业标准《外墙饰面砖工程及验收规程》(JGJ 126—2015)

3. 与 PC 构件一体化的保温节能

行业标准《外墙外保温工程技术规程》(JGJ 144—2004)

4. 设置在 PC 构件中的避雷带和电线通信线穿线导管

国家标准《建筑防雷工程施工与质量验收规范》(GB 50601—2010)

国家标准《建筑电气工程施工质量验收规范》(GB 50303—2015)

5. 工程档案

国家标准《建设工程文件归档规范》（GB/T 50328—2014）

6. 工程所在地关于 PC 的地方标准

如辽宁省地方标准《装配式混凝土结构构件制作、施工与验收规程》（DB21/T 2568—2016）等。

23.2.2　验收划分

国家标准《建筑工程施工质量验收统一标准》（GB 50300—2013）将建筑工程质量验收划分为单位工程、分部工程、分项工程和检验批。其中分部工程较大或较复杂时，可划分为若干子分部工程。

质量验收划分不同，验收抽样、要求、程序和组织都不同。例如，就验收组织而言，对于分项工程，由专业监理工程师组织施工单位项目专业技术负责人等进行验收；对于分部工程，则由总监理工程师组织施工单位负责人和项目技术负责人等进行验收。设计单位项目负责人和施工单位技术、质量部门负责人应参加主体结构、节能分部工程的验收。

2014 年版的行业标准《装配式混凝土结构技术规程》（JGJ 1—2014）中规定："装配式结构应按混凝土结构子分部进行验收；当结构中部分采用现浇混凝土结构时，装配式结构部分可作为混凝土结构子分部工程的分项工程进行验收。"但 2015 年版的国家标准《混凝土结构工程施工质量验收规范》（GB 50204—2015）将装配式建筑划为分项工程。如此，装配式结构应按分项工程进行验收。

PC 装配式建筑中与 PC 有关的项目验收划分见表 23.1-1。

表 23.1-1　PC 装配式建筑中与 PC 有关的项目验收划分

序号	项目	分部工程	子分部工程	分项工程	备注
1	PC 装配式结构	主体结构	混凝土结构	装配式结构	
2	PC 预应力板			预应力工程	
3	PC 构件螺栓		钢结构	紧固件连接	
4	PC 外墙板	建筑装饰装修	幕墙	PC 幕墙	参照《点挂外墙板装饰工程技术规程》（JGJ 321—2014）
5	PC 外墙板接缝密封胶		幕墙	PC 幕墙	
6	PC 隔墙		轻质隔墙	板材隔墙	参照《建筑用轻质隔墙条板》（GB/T 23451—2009）
7	PC 一体化门窗		门窗	金属门窗、塑料门窗	
8	PC 构件石材反打		饰面板	石板安装	参照《金属与石材幕墙工程技术规范》（JGJ 133—2013）
9	PC 构件饰面砖反打		饰面砖	外墙饰面砖粘贴	参照《外墙饰面砖工程施工及验收规程》（JGJ 126—2015）
10	PC 构件的装饰安装预埋件		细部	窗帘盒、厨柜、护栏等	参照《钢筋混凝土结构预埋件》（10ZG302）
11	保温一体化 PC 构件	建筑节能	围护系统节能	墙体节能、幕墙节能	参照《建筑节能工程施工质量验收规范》（GB 50411—2007）

（续）

序号	项目	分部工程	子分部工程	分项工程	备注
12	PC 构件电气管线	建筑电气	电气照明	导管敷设	参照《建筑电气工程施工质量验收规范》（GB 50303—2015）
13	PC 构件电气槽盒			槽盒安装	
14	PC 构件灯具安装预埋件			灯具安装	
15	PC 构件设置的给水排水供暖管线	建筑给水排水及供暖	室内给水	管道及配件安装	参照《建筑给水排水及采暖工程施工质量验收规范》（GB 50242—2002）
16			室内排水	管道及配件安装	
17			室内热水	管道及配件安装	
18			室内供暖系统	管道、配件及散热器安装	
19	PC 构件整体浴室安装预埋件		卫生器具	卫生器具安装	
20	PC 构件卫生器具安装预埋件			卫生器具安装	
21	PC 构件空调安装预埋件	通风与空调			参照《通风与空调工程施工质量验收规范》（GB 50243—2002）
22	PC 构件中的避雷带及其连接	智能建筑	防雷与接地	接地线、接地装置	参照《智能建筑工程质量验收规范》（GB 50339—2013）
23	PC 构件中的通信导管		综合布线系统		

23.2.3　主控项目与一般项目

工程检验项目分为主控项目验收和一般项目。

建筑工程中对安全、节能、环境保护和主要使用功能起决定性作用的检验项目为主控项目。除主控项目以外的检验项目为一般项目。主控项目和一般项目的划分应当符合各专业有关规范的规定。

23.3　PC 工程验收的主控项目

（1）后浇混凝土强度应符合设计要求。

检查数量：按批检验，检验批应符合《装配式混凝土结构技术规程》（JGJ 1—2014）第12.3.7条的有关要求。

检验方法：按现行国际标准《混凝土强度检验评定标准》（GB/T 50107—2010）的要求进行。

（2）钢筋套筒灌浆连接及浆锚搭接连接的灌浆应密实饱满，所有出浆口均应出浆。

检查数量：全数检查。

检验方法：检查灌浆施工质量检查记录。

（3）钢筋套筒灌浆连接及浆锚搭接连接用的灌浆料应满足设计要求。

检查数量：按批检验，以每层为一检验批；每工作班应制作一组且每层不应少于 3 组 $40mm \times 40mm \times 160mm$ 的长方体试件，标准养护 28 天后进行抗压强度试验。

检验方法：检查灌浆料强度试验报告及评定记录。

（4）剪力墙底部接缝坐浆强度应满足设计要求。

检查数量：按批检验，以每层为一检验批；每工作班应制作一组且每层不应少于 3 组边长为 $70.7mm$ 的立方体试件，标准养护 28 天后进行抗压强度试验。

检验方法：检查坐浆材料强度试验报告及评定记录。

（5）钢筋采用焊接连接时，其焊接质量应符合现行行业标准《钢筋焊接及验收规程》（JGJ 18—2012）的有关规定。

检查数量：按现行行业标准《钢筋焊接及验收规程》（JGJ 18—2012）的规定确定。

检验方法：检查钢筋焊接施工记录及平行加工试件的强度试验报告。

（6）钢筋采用机械连接时，其接头质量应符合现行行业标准《钢筋机械连接技术规程》（JGJ 107—2016）的有关规定。

检查数量：按现行行业标准《钢筋机械连接技术规程》（JGJ 107—2016）的规定确定。

检验方法：检查钢筋机械连接施工记录及平行加工试件的强度试验报告。

（7）预制构件采用焊接连接时，钢材焊接的焊缝尺寸应满足设计要求，焊缝质量应符合现行国家标准《钢结构焊接规范》（GB 50661—2011）和《钢结构工程施工质量验收规范》（GB 50205—2001）的有关规定。

检查数量：全数检查。

检验方法：按现行国家标准《钢结构工程施工质量验收规范》（GB 50205—2001）的要求进行。

（8）预制构件采用螺栓连接时，螺栓的材质、规格、拧紧力矩应符合设计要求及现行国家标准《钢结构设计规范》（GB 50017—2003）和《钢结构工程施工质量验收规范》（GB 50205—2001）的有关规定。

检查数量：全数检查。

检验方法：按照现行国家标准《钢结构工程施工质量验收规范》（GB 50205—2001）的要求进行。

23.4　PC 工程验收的一般项目

（1）装配式结构的尺寸允许偏差应符合设计要求，并应符合表 23.4-1 的规定。

表 23.4-1　装配式结构尺寸允许偏差及检验方法

项　　目		允许偏差/mm	检验方法
构件中心线对轴线位置	基础	15	经纬仪及尺量
	竖向构件（柱、墙、桁架）	8	
	水平构件（梁、板）	5	

（续）

项　　目			允许偏差/mm	检验方法
构件标高	梁、柱、墙、板底面或顶面		±5	水准仪或拉线、尺量
构件垂直度	柱、墙	≤6m	5	经纬仪或吊线、尺量
		>6m	10	
构件倾斜度	梁、桁架		5	经纬仪或吊线、尺量
相邻构件平整度	板端面		5	2m靠尺和塞尺量测
	梁、板底面	外露	3	
		不外露	5	
	柱 墙侧面	外露	5	
		不外露	8	
构件搁置长度	梁、板		±10	尺量
支座、支垫中心位置	板、梁、柱、墙、桁架		10	尺量
墙板接缝	宽度		±5	尺量

检查数量：按楼层、结构缝或施工段划分检验批。在同一检验批内，对梁、柱，应抽查构件数量的10%，且不少于3件；对墙和板，应按有代表性的自然间抽查10%，且不少于3间。对于大空间结构，墙可按相邻轴线间高度5m左右划分检查面，板可按纵、横轴线划分检查面，抽查10%，且均不少于3面。

（2）外墙板接缝的防水性能应符合设计要求。

检查数量：按批检验。每1000m² 外墙面积应划分为一个检验批，不足1000m² 时也应划分为一个检验批；每个检验批每100m² 应至少抽查一处，每处不得少于10m²。

检验方法：检查现场淋水试验报告。

（3）其他相关项目的验收

1）PC构件上的门窗应满足《建筑装饰装修工程质量验收规范》（GB 50210—2001）中第5章的相关要求。

2）PC轻质隔墙应满足《建筑装饰装修工程质量验收规范》（GB 50210—2001）中第7章的相关要求。

3）设置在PC构件的避雷带应满足《建筑物防雷工程施工与质量验收规范》（GB 50601—2010）中的相关要求。

4）设置在PC构件的电器通信穿线导管应满足《建筑电气工程施工质量验收规范》（GB 50303—2015）中的相关要求。

5）PC装饰一体化的装饰装修应满足《建筑装饰装修工程质量验收规范》（GB 50210—2001）及《建筑节能工程施工质量验收规范》（GB 50411—2007）中的相关要求。

6）PC构件接缝的密封胶防水工程应参照《点挂外墙板装饰工程技术规程》（JGJ 321—2014）中的相关要求。

23.5　PC 结构实体检验

（1）装配式混凝土结构子分部工程分段验收前，应进行结构实体检验。结构实体检验应由监理单位组织施工单位实施，并见证实施过程。参照国家标准《混凝土结构工程施工质量验收规范》（GB 50204—2015）第 8 章现浇结构分项工程。

（2）结构实体检验应包括混凝土强度、钢筋保护层厚度、结构位置与尺寸偏差以及合同约定的项目，必要时可检验其他项目，除结构位置与尺寸偏差外的结构实体检验项目，应由具有相应资质的检测机构完成。预制构件实体性能检验报告应由构件生产单位提交施工总承包单位，并由专业监理工程师审查备案。

（3）钢筋保护层厚度、结构位置与尺寸偏差按照《混凝土结构工程施工质量验收规范》（GB 50204—2015）执行。

（4）预制构件现浇接合部位实体检验应进行以下项目检测：

1）接合部位的钢筋直径、间距和混凝土保护层厚度。

2）接合部位的后浇混凝土强度。

（5）对预制构件混凝土、叠合梁、叠合板后浇混凝土和灌浆体的强度检验，应以在浇筑地点制备并与结构实体同条件养护的试件强度为依据。混凝土强度检验用同条件养护试件的留置、养护和强度代表值应按《混凝土结构工程施工质量验收规范》（GB 50204—2015）附录 D 的规定进行，也可按国家现行标准规定采用非破损或局部破损的检测方法检测。

（6）当未能取得同条件养护试件强度或同条件养护试件强度被判为不合格，应委托具有相应资质等级的检测机构按国家有关标准的规定进行检测。

23.6　分项工程质量验收

（1）装配式混凝土结构分项工程施工质量验收合格，应符合下列规定：

1）所含分项工程验收质量应合格。

2）有完整的全过程质量控制资料。

3）结构观感质量验收应合格。

4）结构实体检验应符合第 23.5 节的要求。

（2）当装配式混凝土结构分项工程施工质量不符合要求时，应按下列要求进行处理：

1）经返工、返修或更换构件、部件的检验批，应重新进行检验。

2）经有资质的检测单位检测鉴定达到设计要求的检验批，应予以验收。

3）经有资质的检测单位检测鉴定达不到设计要求，但经原设计单位核算并确认仍可满足结构安全和使用功能的检验批，可予以验收。

4）经返修或加固处理能够满足结构安全使用要求的分项工程，可根据技术处理方案和协商文件进行验收。

（3）PC 装配式建筑的饰面质量主要是指饰面与混凝土基层的连接质量，对面砖主要检测其拉拔强度，对石材主要检测其连接件受拉和受剪承载力。其他方面涉及外观和尺寸偏差等应按照现行国家标准《建筑装饰装修工程质量验收规范》（GB 50210—2001）的有关规定验收。

23.7　PC 工程验收需提供的文件与记录

工程验收需要提供文件与记录，以保证工程质量实现可追溯性的基本要求。行业标准《装配式混凝土结构技术规程》（JGJ 1—2014）中关于装配式混凝土结构工程验收需要提供的文件与记录规定：要按照国家标准《混凝土结构工程施工质量验收规范》（GB 50204—2015）的规定提供文件与记录；并列出了 10 项文件与记录。

23.7.1　《混凝土结构工程施工质量验收规范》规定的文件与记录

国家标准《混凝土结构工程施工质量验收规范》（GB 50204—2015）规定验收需要提供的文件与记录：

（1）设计变更文件。
（2）原材料质量证明文件和抽样复检报告。
（3）预拌混凝土的质量证明文件和抽样复检报告。
（4）钢筋接头的试验报告。
（5）混凝土工程施工记录。
（6）混凝土试件的试验报告。
（7）预制构件的质量证明文件和安装验收记录。
（8）预应力筋用锚具、连接器的质量证明文件和抽样复检报告。
（9）预应力筋安装、张拉及灌浆记录。
（10）隐蔽工程验收记录。
（11）分项工程验收记录。
（12）结构实体检验记录。
（13）工程的重大质量问题的处理方案和验收记录。
（14）其他必要的文件和记录。

23.7.2　《装配式混凝土结构技术规程》（JGJ 1—2014）列出的文件与记录

（1）工程设计文件、预制构件制作和安装的深化设计图。
（2）预制构件、主要材料及配件的质量证明文件、现场验收记录、抽样复检报告。
（3）预制构件安装施工记录。
（4）钢筋套筒灌浆、浆锚搭接连接的施工检验记录。
（5）后浇混凝土部位的隐蔽工程检查验收文件。
（6）后浇混凝土、灌浆料、坐浆材料强度检测报告。
（7）外墙防水施工质量检验记录。
（8）装配式结构分项工程质量验收文件。
（9）装配式工程的重大质量问题的处理方案和验收记录。
（10）装配式工程的其他文件和记录。

23.7.3　其他工程验收文件与记录

在装配式混凝土结构工程中，灌浆最为重要，辽宁省地方标准《装配式混凝土结构构件制作、施工与验收规程》（DB21/T 2568—2016）特别规定：钢筋连接套筒、水平拼缝部位灌浆施工全过程记录文件（含影像资料）。

23.7.4　PC 构件制作企业需提供的文件与记录

PC 构件制作环节的文件与记录是工程验收文件与记录的一部分，已经在第 22 章进行了介绍。辽宁省地方标准《装配式混凝土结构构件制作、施工与验收规程》（DB21/T 2568—2016）列出了 10 项文件与记录，可供参考。为了验收文件与记录的完整性，本节再列出如下：

（1）经原设计单位确认的预制构件深化设计图、变更记录。

（2）钢筋套筒灌浆连接、浆锚搭接连接的型式检验合格报告。

（3）预制构件混凝土用原材料、钢筋、灌浆套筒、连接件、吊装件、预埋件、保温板等产品合格证和复检试验报告。

（4）灌浆套筒连接接头抗拉强度检验报告。

（5）混凝土强度检验报告。

（6）预制构件出厂检验表。

（7）预制构件修补记录和重新检验记录。

（8）预制构件出厂质量证明文件。

（9）预制构件运输、存放、吊装全过程技术要求。

（10）预制构件生产过程台账文件。

第五篇 质量与成本

本篇共 3 章。第 24 章 PC 质量要点，第 25 章 PC 建筑成本分析，第 26 章 BIM 简介。

第 24 章

PC 质量要点

24.1 概述

在设计、制作和施工各篇中已经讨论了 PC 装配式建筑各个环节的质量要点。为了使读者对 PC 装配式建筑的质量要点和质量控制有一个整体了解，本章专题讨论 PC 装配式建筑质量要点，列出 PC 建筑设计、材料采购、制作、堆放运输与安装各个环节可能出现的质量问题、讨论最关键的质量问题（24.2）和 PC 质量管理要点（24.3）。

24.2 PC 建筑常见质量问题

PC 装配式建筑各个环节容易出现的质量问题、危害、原因和预防措施见表 24.2-1。

表 24.2-1 PC 常见质量问题一览表

环节	序号	问题	危害	原因	检查	预防与处理措施
1. 设计	1.1	套筒保护层不够	影响结构耐久性	先按现浇设计再按照装配式拆分时没有考虑保护层问题	设计负责人	（1）装配式设计从项目设计开始就同步进行；（2）设计单位对装配式结构建筑的设计负全责，不能交由拆分设计单位或工厂承担设计责任
	1.2	各专业预埋件、埋设物等没有设计到构件制作图中	现场后锚固或凿混凝土，影响结构安全	各专业设计协同不好	设计负责人	（1）建立以建筑设计师牵头的设计协同体系；（2）PC 制作图有关专业会审；（3）应用 BIM 系统
	1.3	制作、吊运、施工环节需要的预埋件或孔洞在构件设计中没有考虑	现场后锚固或凿混凝土，影响结构安全	设计时没有与制作、安装环节互动	甲方项目负责人	在设计阶段，设计、制作、施工企业协同

（续）

环节	序号	问题	危害	原因	检查	预防与处理措施
1. 设计	1.4	PC 构件局部地方钢筋、预埋件、预埋物太密，导致混凝土无法浇筑	局部混凝土质量受到影响；预埋件锚固不牢，影响结构安全	设计协同不好	设计负责人	(1) 建立以建筑设计师牵头的设计协同体系；(2) PC 制作图有关专业会审；(3) 应用 BIM 系统
	1.5	拆分不合理	或结构不合理；或规格太多影响成本；或不便于安装	拆分设计人员没有经验，与工厂、安装企业沟通不够	设计负责人	(1) 有经验的拆分人员在结构设计师的指导下拆分；(2) 拆分设计时与工厂和安装企业沟通
	1.6	没有给出构件堆放、安装后支撑的要求	因支撑不合理导致构件裂缝或损坏	设计师认为此项工作是工厂的责任未予考虑	设计负责人	构件堆放和安装后临时支撑作为构件制作图设计的不可遗漏的部分
	1.7	外挂墙板没有设计活动节点	主体结构发生较大层间位移时，墙板被拉裂	对外挂墙板的连接原理与原则不清楚	设计负责人	墙板连接设计时必须考虑对主体结构变形的适应性
2. 材料与部件采购	2.1	套筒、灌浆料选用了不可靠的产品	影响结构耐久性	或设计没有明确要求或没按照设计要求采购；不合理地降低成本	总包企业质量总监、工厂总工、驻厂监理	(1) 设计应提出明确要求；(2) 按设计要求采购；(3) 套筒与灌浆料应采用一家的产品；(4) 工厂进行试验验证
	2.2	夹芯保温板拉结件选用了不可靠产品	连接件损坏，保护层脱落造成安全事故。影响外墙板安全	或设计没有明确要求或没按照设计要求采购；不合理地降低成本	总包企业质量总监、工厂总工、驻厂监理	(1) 设计应提出明确要求；(2) 按设计要求采购；(3) 采购经过试验及项目应用过的产品；(4) 工厂进行试验验证
	2.3	预埋螺母、螺栓选用了不可靠产品	脱模、转运、安装等过程存在安全隐患，容易造成安全事故或构件损坏	为了图便宜没选用专业厂家产品	总包企业质量总监、工厂总工、驻厂监理	(1) 总包和工厂技术部门选择厂家；(2) 采购有经验的专业厂家的产品；(3) 工厂做试验检验
	2.4	接缝橡胶条弹性不好	结构发生层间位移时，构件活动空间不够	设计没有给出弹性要求；或没按照设计要求选用；不合理的降低成本	设计负责人，总包企业质量总监、监理	(1) 设计应提出明确要求；(2) 按设计要求采购；(3) 样品做弹性压缩量试验
	2.5	接缝用的建筑密封胶不适合用于混凝土构件接缝	接缝处年久容易漏水	没按照设计要求；不合理地降低成本	设计负责人，总包企业质量总监、工地监理	(1) 按设计要求采购；(2) 采购经过试验及项目应用过的产品

（续）

环节	序号	问题	危害	原因	检查	预防与处理措施
3. 构件制作	3.1	混凝土强度不足	形成结构安全隐患	搅拌混凝土时配合比出现错误或原材料使用出现错误	试验室负责人	混凝土搅拌前由试验室相关人员确认混凝土配合比和原材料使用是否正确，确认无误后，方可搅拌混凝土
	3.2	混凝土表面蜂窝、孔洞、夹渣	构件耐久性差，影响结构使用寿命	漏振或振捣不实，浇筑方法不当、不分层或分层过厚，模板接缝不严、漏浆，模板表面污染未及时清除	质检员	浇筑前要清理模具，模具组装要牢固，混凝土要分层振捣，振捣时间要充足
	3.3	混凝土表面疏松	构件耐久性差，影响结构使用寿命	漏振或振捣不实	质检员	振捣时间要充足
	3.4	混凝土表面龟裂	构件耐久性差，影响结构使用寿命	搅拌混凝土时水灰比过大	质检员	要严格控制混凝土的水灰比
	3.5	混凝土表面裂缝	影响结构可靠性	构件养护不足，浇筑完成后混凝土静养时间不到就开始蒸汽养护或蒸汽养护脱模后温差较大造成	质检员	在蒸汽养护之前混凝土构件要静养两个小时后开始蒸汽养护，脱模后要放在厂房内保持温度，构件养护要及时
	3.6	混凝土预埋件附近裂缝	造成埋件握裹力不足，形成安全隐患	预埋件处应力集中或拆模时模具上固定埋件的螺栓拧下用力过大	质检员	预埋件附近增设钢丝网或玻纤网，拆模时拧下螺栓用力适宜
	3.7	混凝土表面起灰	构件抗冻性差，影响结构稳定性	搅拌混凝土时水灰比过大	质检员	要严格控制混凝土的水灰比
	3.8	露筋	钢筋没有保护层，钢筋生锈后膨胀，导致构件损坏	漏振或振捣不实；或保护层垫块间隔过大	质检员	制作时振捣不能形成漏振，振捣时间要充足，工艺设计给出保护层垫块间距
	3.9	钢筋保护层厚度不足	钢筋保护层不足，容易造成漏筋现象，导致构件耐久性降低	构件制作时预先放置了错误的保护层垫块	质检员	制作时要严格按照图样上标注的保护层厚度来安装保护层垫块
	3.10	外伸钢筋数量或直径不对	构件无法安装，形成废品	钢筋加工错误，检查人员没有及时发现	质检员	钢筋制作要严格检查
	3.11	外伸钢筋位置误差过大	构件无法安装	钢筋加工错误，检查人员没有及时发现	质检员	钢筋制作要严格检查

（续）

环节	序号	问题	危害	原因	检查	预防与处理措施
3. 构件制作	3.12	外伸钢筋伸出长度不足	连接或锚固长度不够，形成结构安全隐患	钢筋加工错误，检查人员没有及时发现	质检员	钢筋制作要严格检查
	3.13	套筒、浆锚孔、钢筋预留孔、预埋件位置误差	构件无法安装，形成废品	模具定位有问题，构件制作时检查人员和制作工人没能及时发现	质检员	制作工人和质检员要严格检查
	3.14	套筒、浆锚孔、钢筋预留孔不垂直	构件无法安装，形成废品	模具定位有问题，构件制作时检查人员和制作工人没能及时发现	质检员	制作工人和质检员要严格检查
	3.15	缺棱掉角、破损	外观质量不合格	构件脱模强度不足	质检员	构件在脱模前要有试验室给出的强度报告，达到脱模强度后方可脱模
	3.16	尺寸误差超过容许误差	构件无法安装，形成废品	模具组装错误	质检员	组装模具时制作工人和质检人员要严格按照图样尺寸组模
	3.17	夹芯保温板连接件处空隙太大	造成冷桥现象	安装保温板工人不细心	质检员	安装时安装工人和质检人员要严格检查
4. 堆放、运输	4.1	支撑点位置不对	构件断裂，成为废品	设计没有给出支承点的规定；或支承点没按设计要求布置；传递不平整；支垫高度不一	工厂质量总监	设计须给出堆放的技术要求；工厂和施工企业严格按设计要求堆放
	4.2	构件磕碰损坏	外观质量不合格	产品保护不好；吊点设计不平衡；吊运过程中没有保护构件	质检员	（1）设计吊点考虑重心平衡；（2）吊运过程中要对构件进行保护，落吊时吊钩速度要降慢；做好产品保护
	4.3	构件被污染	外观质量不合格	堆放、运输和安装过程中没有做好构件保护	质检员	要对构件进行苫盖，工人不能带油手套去摸构件
5. 安装	5.1	与 PC 构件连接的钢筋误差过大，加热烤弯钢筋	钢筋热处理后影响强度及结构安全	现浇钢筋或外漏钢筋定位不准确	质检员、监理	（1）现浇混凝土时专用模板定位。（2）浇筑混凝土前严格检查
	5.2	套筒或浆锚预留孔堵塞	灌浆料灌不进去或者灌不满影响结构安全	残留混凝土浆料或异物进入	质检员	（1）固定套筒的胀拉螺栓锁紧。（2）脱模后出厂前严格检查
	5.3	灌浆不饱满	影响结构安全的重大隐患	工人责任心不强，或作业时灌浆泵发生故障	质检员、监理	（1）配有备用灌浆设备；（2）质检员和监理全程旁站监督
	5.4	安装误差大	影响美观和耐久性	构件几何尺寸偏差大或者安装偏差大	质检员、监理	（1）及时检查模具。（2）调整安装偏差

（续）

环节	序号	问题	危害	原因	检查	预防与处理措施
5. 安装	5.5	临时支撑点数量不够或位置不对	构件安装过程支撑受力不够影响结构安全和作业安全	制作环节遗漏或设计环节不对	质检员	（1）及时检查。（2）设计与安装生产环节要沟通
	5.6	后浇筑混凝土钢筋连接不符合要求	影响结构安全的隐患	作业空间窄小或工人责任心不强	质检员、监理	（1）后浇区设计要考虑作业空间；（2）做好隐蔽工程检查
	5.7	后浇混凝土蜂窝、麻面、胀模	影响结构耐久性	混凝土质量、振捣、模板固定不牢	监理	（1）严格要求混凝土质量。（2）按要求进行加固现浇模板。（3）振捣及时方法得当

24.3　PC质量管理要点

PC装配式建筑可以获得比现浇混凝土建筑更好的质量，但这是在有效的质量管理的前提下实现的。本节讨论装配式建筑各个环节的质量管理要点。

24.3.1　政府主管部门

（1）制订积极审慎的政策和合理的指标，避免一哄而上鱼目混珠。
（2）组织行业培训。
（3）质监站检查关于PC的国家标准、行业标准和地方标准的执行情况。

24.3.2　建设单位

（1）选择有PC装配式建筑能力和经验的可靠的设计、监理、制作和施工企业，以结构安全作为第一选项，避免低价竞争。
（2）把控PC主要材料的选用，特别是套筒、灌浆料、拉结件等材料。
（3）参与关键环节的质量检验。

24.3.3　设计单位

（1）建立PC设计质量保证体系。
（2）列出PC设计清单。
（3）制订PC设计流程。
（4）设立PC设计协调人，协调各专业衔接。
（5）进行拆分设计或审核拆分设计。
（6）进行构件设计或审核认可构件设计。

24.3.4　制作企业

（1）列出PC制作重点环节质量控制清单，建立PC制作质量保证体系。

（2）制订所有制作工序操作规程。

（3）制订生产线和设备运行规程。

（4）制订所有制作工序、试验室检验和试验清单及流程。

24.3.5　施工企业

（1）列出 PC 施工重点环节质量控制清单，建立 PC 制作质量保证体系。

（2）制订安装工序操作规程。

（3）严格实行材料和构件进场检验。

（4）制订灌浆作业操作规程，对灌浆作业实行全过程质量监控。

24.3.6　监理单位

（1）编制监理规程。

（2）列出工厂监理项目清单、施工现场建立项目清单和旁站监理项目清单。

（3）派出监理驻 PC 构件制作工厂监理。

（4）工厂构件浇筑前进行检查，钢筋、套筒、预埋件等入模隐蔽工程各角度拍照。

（5）制订材料、构件进场检验规程。

（6）现浇部位伸出钢筋定位检验。

（7）连接点部位灌浆作业实行全过程跟随监理，即旁站监理。

第 25 章

PC 建筑成本分析

25.1 概述

本章对 PC 建筑成本与现浇混凝土结构建筑成本进行比较，列出成本项目清单。对准备投资 PC 产业的企业而言，是进行经济分析的参考。对设计、制作和安装企业而言，清楚地了解成本构成，既可避免报价漏项，也可避免盲目报价失去市场机会，同时也有助于成本的细化管理，节约成本，增加市场竞争力。对于用户而言，了解造价构成，既可以防止被高价所"宰"，增加建筑成本也可以避免被劣质低价竞争所迷惑。

装配式混凝土结构建筑与现浇混凝土结构建筑比较，在设计、制作、运输、施工和业主项目管理各个环节，成本都发生了变化。从国外的经验看，设计环节成本会提高；制作环节成本也会提高；运输成本相差不大；施工环节成本会降低；业主项目管理成本会降低。世界各国 PC 技术成熟的国家，装配式混凝土结构建筑的综合成本至少不比现浇混凝土结构建筑高，多数情况下装配式混凝土结构建筑成本更低。所以，许多国家大多在保障房项目上采用装配式混凝土结构建筑，以节约资金。

但我国 PC 建筑的成本目前高于现浇混凝土结构建筑，第一个原因是装配式混凝土结构建筑正在开始阶段，有一段高成本期；第二个原因是装配式混凝土结构建筑提升质量和改善功能所增加的费用；第三个原因是我国建筑结构形式与习惯转向装配式混凝土结构建筑还需要一个过程；第四个原因是我国目前的劳动力价格与发达国家相比便宜，装配式混凝土结构建筑降低的劳动力成本不明显。

本章具体内容包括设计环节成本分析（25.2），PC 建筑增加的材料（25.3），制作环节成本分析（25.4），运输成本分析（25.5），安装成本分析（25.6），业主管理费用成本分析（25.7），我国 PC 建筑成本高的原因分析（25.8），降低 PC 建筑成本的关键环节（25.9）。

25.2 设计环节成本分析

25.2.1 设计环节成本升降分析

（1）装配式混凝土结构建筑的设计必须深入、细化，各专业的设计都要集中汇总到构件图上，如此增加了设计工作量。

（2）无论是否精装修，装配式混凝土结构建筑必须考虑装修对预制构件的要求，装配式混凝土结构建筑不可能交付后再砸墙装修，需要的预埋件等都必须在设计中给出，如此把装修设计移到了建筑设计阶段。如果是精装修的建筑，设计成本没有增加，如果是无装修建筑，就相当于增加了设计工作量。

（3）预制构件拆分工作加大了设计工作量。

（4）对预制构件脱模、存放和吊装的复核计算增加了工作量。

（5）装配式混凝土结构建筑设计应当一个构件一张（或一组）制作图，不能让工厂自己从各专业各个环节图样中去"找"技术指令。日本装配式混凝土结构建筑都是一件一图，不易出错，工厂非常方便。如此，会增加设计工作量。

装配式混凝土结构建筑设计环节增加的工作量与建筑结构形式、装配率、造型复杂程度等因素有关，大约为 20%～30%。

25.2.2　降低设计成本的途径

降低设计成本最有效的途径是 BIM 系统的运用，使各专业的汇集、拆分、组合、一件一图等自动生成。

25.3　PC 建筑增加的材料

装配式混凝土结构建筑比现浇混凝土结构建筑会增加一些材料，包括：

（1）结构连接处增加了套筒和灌浆料；或浆锚孔的约束钢筋、波纹管等。

（2）钢筋增加，包括钢筋的搭接、套筒或浆锚连接区域箍筋加密；深入支座的锚固钢筋增加或增加了锚固板。

（3）增加预埋件。

（4）叠合楼盖增加厚 20mm。

（5）三明治保温墙增加外叶墙和连接件（提高了防火性能）。

（6）钢结构建筑使用的预制楼梯增加连接套管。

25.4　制作环节成本分析

先列出装配式混凝土结构建筑预制构件的造价构成，再分析成本的增减。

25.4.1　预制构件的造价构成

构件制作的造价构成：直接成本、间接成本、营销费用、财务费用、管理费用、税费和利润。

1. 直接成本

直接成本包括原材料费、辅助材料费、预埋件费、直接人工费、模具费分摊、制造费用。

（1）原材料费　包括水泥、石子、砂子、水、外加剂、钢筋、套筒、饰面材、保温材、连接件、窗等材料的费用。材料费计算要包括运到工厂的运费，还要考虑材料损耗。

（2）辅助材料费　包括脱模剂、保护层垫块、修补料、产品标识材料等。辅助材料费计算要包括运到工厂的运费，还要考虑材料损耗。

（3）预埋件费　包括脱模预埋件、翻转预埋件、吊装预埋件、支撑防护预埋件、安装预埋件等。预埋件费计算要包括运到工厂的运费。

（4）直接人工费　包括各生产环节的直接人工费，包括工资、劳动保险、公积金、其他福利费等。

（5）模具费分摊 模具费是制作侧模的全部费用，包括全部人工费、材料费、机具使用费、外委加工费及模具部件购置费等，按周转次数分摊到每个构件上。固定或活动模台的分摊费用计入间接成本。

（6）制造费用 包括水电蒸汽等能源费、工具费分摊、低值易耗品费分摊。

2. 间接成本

间接成本包括工厂管理人员、试验室人员及工厂辅助人员全部工资性费用、劳动保险、公积金、工会经费的分摊、土地购置费的分摊、厂房、设备等固定资产折旧的分摊、台模的分摊、专用吊具和支架的分摊、修理费的分摊、工厂取暖费的分摊、直接人工的劳动保护费、工会经费、产品保护和包装费用等。

3. 营销费用

包括营销人员全部工资性费用、劳动保险、公积金、营销人员的差旅费、招待费、办公费、工会经费、交通费、通信费及广告费、会务费、样本制作费、售后服务费等的分摊。

4. 财务费用

包括融资成本和存贷款利息差等费用的分摊。

5. 管理费用

包括公司行政管理人员、技术人员、财务人员、后勤服务人员全部工资性费用、劳动保险、公积金、差旅费、招待费、办公费、工会经费、交通费、通信费及办公设施、设备折旧、维修费等费用的分摊。

6. 税金

包括土地使用税、房产税的分摊和项目自身的增值税、城建税及教育附加费等。

25.4.2 预制构件制作成本与现浇比较

增加的材料费已经在25.3中列出了。制作阶段其他环节成本增加或减少分析如下：

1. 模具

如果构件造型简单，模具周转次数多，可能比现场模具费用相对减少；如果模具周转次数少，成本增加。

2. 养护

养护成本增加，但混凝土质量大幅度提高。

3. 工厂厂房与设备摊销

增加。

4. 混凝土费用

工厂自己制备混凝土成本比购买商品混凝土降低。

5. 水

用水量减少。

6. 劳动力

用工量减少。

7. 现场存放设施

现场场地和存放设施减少。

8. 包装费用

增加。

25.5 　 运输成本分析

运输费成本包括装车费、运输设施费、车费、卸车费等。

1. 运输费增加的项目

（1）构件本身运输车辆费用。

（2）构件运输的专用吊具、托架等费用。

（3）构件吊装需要大吨位起重机的购置费或租赁费分摊费用。

2. 运输费减少的项目

（1）模板使用量减少 55%，模板运输费用等比例减少。

（2）建筑垃圾排放量最多可减少 80%，运输费用等比例减少。

（3）脚手架用量大大减少，运输费用等比例减少。

（4）钢筋、模板等吊装量减少，起重机使用频率降低。

（5）混凝土泵送费用大幅度减少。

（6）混凝土罐车 2% 的挂壁量随着现浇量的减少而等比例减少。

装配式混凝土结构建筑与现浇混凝土结构建筑的运输费用相比，有增加有减少，综合运输成本变化不大。

25.6 　 安装成本分析

25.6.1 　 安装造价构成

安装总造价中包含构件造价、运输造价和安装自身的造价。安装取费和税金是以总造价为基数计算的。安装自身造价包括安装部件、附件和材料费；安装人工费与劳动保护用具费；水平、垂直运输、吊装设备、设施费；脚手架、安全网等安全设施费；设备、仪器、工具的摊销；现场临时设施和暂设费；人员调遣费；工程管理费、利润、税金等。

25.6.2 　 PC 施工成本与现浇混凝土结构建筑比较

套管、灌浆料在 25.3 材料一节中分析了，模板在 25.4 制作一节中分析了，其他环节对比分析如下：

（1）人工　现场吊装、灌浆作业人工增加；模板、钢筋、浇筑、脚手架人工减少。现场用工大量转移到工厂。如果工厂自动化程度高，总的人工减少，且幅度较大；如果工厂自动化程度低，人工相差不大。

（2）现场工棚、仓库等临时设施减少。

（3）冬期施工成本大幅度减少。

（4）现场垃圾及其清运大幅度减少。

25.7 业主管理费用成本分析

对于无装修的清水房，装配式混凝土结构建筑的工期没有优势，与现浇差不多，但对于精装修房，可以缩短工期。越是高层建筑，缩短工期越多。日本的超高层建筑可以缩短3～6个月。

工期缩短会降低业主的成本：

（1）提前销售，早回收投资。

（2）减少管理费用。

（3）降低银行贷款利息等财务费用。

（4）带来条件的改善，品质的提高，售后维修费用降低等。

25.8 我国 PC 建筑成本高的原因分析

装配式混凝土结构建筑源于60年前的瑞典保障房建设，装配式建筑一个重要原因是为了降低成本。贝聿铭在美国耶鲁大学设计的装配式学生宿舍，也降低了成本20%。我国香港、新加坡装配式建筑都是为了降低成本。日本也没有装配式成本必然高一说。

在装配式混凝土结构建筑普及的发达国家，一般情况下，装配式建筑的成本不会比现浇建筑高。标准化规格化程度高的项目，成本还要比现浇低。发达国家劳动力比较贵，装配式可以节省劳动力成本；他们的装配式配套体系比较完善和成熟，装配式方面的人力资源也比较充足，不会因为配套产品和人力资源的稀缺而导致成本上升。

单纯从技术角度看，进入成熟期后，装配式建筑不应比现浇建筑成本高。虽然装配式建筑在构件连接处会增加诸如套管、灌浆料和钢筋搭接等成本，设备和模具投入也比较大，但也会大大减少现场支模作业，减少劳动力成本和混凝土损耗，平整的混凝土表面还会减少抹灰找平层等。装配式建筑有些环节的成本增加带来了质量的提高，会减少维护返修费用。

劳动力的价格对装配式成本高低影响较大，劳动力越贵，装配式的相对成本就越低。

我国目前处于装配式起步阶段，会有一段高成本运行期。装配式起步阶段成本高的因素包括：

（1）技术研发、引进国外技术或聘请专家等方面的投入。

（2）人员培训方面的投入。

（3）预制构件工厂投资和安装环节大型起重设备投资的摊销。

（4）由于没有完善的配套体系，有些配套产品或从国外进口或在异地采购或因为稀缺而价格较高等增加的成本。

（5）非技术环节的因素导致成本提高，设计、制造和安装环节各自分别对应建设单位，都注重自身环节成本增加部分，对成本降低部分忽略了。

（6）建设单位由于缩短工期节省的财务费用和提前销售的获利，没有纳入成本分析中。

（7）按照目前的税收政策，由于构件制作企业的增值税抵扣后仍比商品混凝土企业高出6%以上税率，装配式建筑较之传统建造方式增加了较多税赋。如果这个问题得以解决，装配式建筑与现浇建筑的成本差就会更小了。

但我国的建筑市场规模很大，装配式一旦推广开来，成本会很快降下来。随着劳动力成本的上升，成本也会相对低下来。更重要的是，如第 2 章所谈到的，装配式会带来质量提升和节能减排等长久的利益和社会效益。

25.9　降低 PC 建筑成本的关键环节

1. 降低建厂费用

合适的建厂投入，在初期避免不合时宜的"高大上"，选择合适的工艺，减少固定费用的折旧摊销。

2. 优化设计

构件生产企业参与装配式混凝土结构建筑的建筑结构设计时，就要考虑构件拆分和制作的合理性。构件拆分时，尽可能减小构件规格，注重考虑模具的通用性和可修改替换性。

3. 降低模具成本

模具费在预制构件中所占比例较大，一般占构件制作费用的 5%～10%。根据构件复杂程度及构件数量，选择不同材质和不同规格的材料来降低模具造价，如水泥基替代性模具的使用。同时增加模具周转次数和合理改装模具，对降低 PC 构件成本都很必要。

4. 合理的制作工期

合理的工期可以保证项目的均衡生产，可以降低人工成本、设备设施费用、模具数量以及各项成本费用的分摊额，从而达到降低预制构件成本的目的。

第 26 章

BIM 简介

26.1 概述

装配式建筑需要全面细致深入地协调各个专业的设计、制作、施工各个环节的作业，协调工作一旦出现问题，可能会造成很大的损失。

运用 BIM 可以避免或减少衔接环节的错误；可以优化设计、制作、施工各个环节的管理；保证质量、降低成本、提高效率、缩短工期，有助于实现建筑产业的自动化、智能化。

本章简单介绍什么是 BIM（26.2），BIM 的特点（26.3），BIM 在 PC 建筑中的应用（26.4）和如何启动 BIM 的应用（26.5）。

26.2 什么是 BIM

BIM 的英文全称是 Building Information Modeling，国内较为一致的中文翻译为：建筑信息模型。

这个建筑信息模型是三维信息模型，可形成立体的直观的动态的全方位信息形象。BIM 技术的核心就是一个可以生成三维模型的数据库。

有人把时间作为一维，把成本视作一维，如此，加上三维空间；DIM 的信息是四维或五维的。

BIM 是一种应用于工程设计、建造和管理过程的数据化工具，它通过参数模型整合项目的各种相关信息，并让这些相关信息在项目策划、运行和维护的全生命周期过程中进行共享和传递，使工程管理人员和技术人员对各种工程信息做出准确辨识、正确理解和高效应对，为设计、制作、施工、项目管理提供协同工作的基础，在提高生产效率、节约成本和缩短工期方面发挥重要作用。

26.3 BIM 的特点

BIM 有五个主要特点：

1. 三维可视化

BIM 的第一个特点是三维可视化。

工程图样是二维的，但表达的是三维空间的物体，需要读图人根据制图规则去想像，越是复杂的三维物体，想像难度越大，越容易出错。例如，一个造型复杂配筋较密还有各种预埋件的 PC 梁，画图和读图就比较麻烦，也容易出错。

而三维可视化可以把构件的各个角度呈现出来，构件内部也是三维可视的，相当于每个角度每个点都有立体图，这就大大方便了读图。

BIM 的可视化是靠信息自动生成的，是一种具有互动性和反馈性的可视，整个过程都是可视的，PC 工程的设计、制作、运输、施工过程中的沟通、讨论、决策，都在可视化状态下进行。

2. 协调性

BIM 的第二个特点是协调性。

BIM 系统信息共享，各环节信息互相衔接，如果有不协调会立即暴露；如果一个因素发生变化，其他相关因素也会随之变化，或给出不协调信息。

BIM 的协调性对建筑工程特别是 PC 工程非常重要。一项 PC 工程的设计和实施，最重要工作是调度协调，日本称之为"打合"。业主、总承包企业、设计和构件制作企业，大量精力用在协调配合方面。工程出现问题，往往通过协调会碰头会调度会解决。BIM 的协调性使许多协调工作即时进行，或自动完成协调，给出协调信息（数据）；或给出不协调的提示。

3. 模拟性

BIM 的第三个特点是模拟性，可以对设想状态进行模拟。这对 PC 工程很有意义。

例如，在 PC 幕墙安装节点设计中，可以模拟地震作用下主体结构发生层间位移时墙板的跟随性，以设计最优的安装节点。

例如，在拆分设计中，BIM 系统可以模拟不同拆分方案对建筑效果、模具数量、制作时间与成本、施工工期与成本的影响，以选择最佳拆分方案。

再如，在施工组织设计时，BIM 可以模拟不同的塔式起重机布置方案的空间作业效率与有效覆盖范围的比较，以及与成本和工期的关系。

4. 优化性

BIM 的第四个特点是优化性，即通过信息分析、模拟、比较，选择优化方案。由于 BIM 系统集中了整个工程的信息，其优化过程获得了多因素信息的支持，又有计算机强大的工具支持，可以比人工优化做得更好。

5. 输出性

BIM 可以方便地输出信息，包括电子信息、图样、视频等。

26.4　BIM 在 PC 建筑中的应用

PC 建筑的装配式特性特别强调各个环节各个部件之间的协调性，BIM 的应用会为 PC 设计、制作和安装带来很大的便利，避免或减少"撞车"、疏漏现象。

建筑工程项目之所以常常出现"错漏碰缺"和"设计变更"，出现不协调，就是因为工程项目各专业各环节信息零碎化，形成一个个的信息孤岛，信息无法整合和共享，各专业各环节缺少一种共同的交互平台，造成信息封闭和传递失误。现浇混凝土工程出现撞车问题还可以在现场解决，PC 工程构件是预制的，一旦到现场才发现问题，木已成舟，来不及补救了，会造成很大的损失。BIM 技术可以改变这一局面。由于建筑、结构、水暖电各个专业之间，设计、制作和安装之间共享同一模型信息，检查和解决各专业间各环节间存在的冲突更加直观和容易。例如，在 PC 实际设计中，通过整合建筑、结构、水暖、电气、消防、弱电各专业模型和设计、制作、运输、施工各环节模型,可查出构件与设备、管线等的碰撞点,每处碰撞点均有三维图形显示、碰撞位置、碰撞管线和设备名称以及对应图样位置处。

例如:某 PC 预制构件与消防喷淋管的碰撞。通过活动碰撞信息,在深化该预制构件时,就可在具体位置(相对尺寸和标高)标出该预制构件的预留管洞的尺寸,这样深化后生产的预制构件运到现场就可吊装成型,而不需要再在预制构件上进行开洞。

可以想像一下,如果一个 PC 项目存在大量的类似于以上这种碰撞结果,而单纯靠技术人员的空间想像能力去发现这些碰撞结果,势必会造成遗漏,如果在施工时才发现,则需返工、修改、开洞、延误工期,无端增加成本,其损失不可估量。BIM 技术可以综合建筑、结构、安装各专业间信息进行检测,帮助及早发现问题,防患于未然。

BIM 在 PC 建筑中最急迫的应用包括以下方面:

利用 BIM 进行建筑、结构、装饰、水暖电设备各专业间的信息检测,实现设计协同,避免"撞车"和疏漏,避免"不说话",避免专业间的信息孤岛。

利用 BIM 进行设计、构件制作、构件运输、构件安装的信息监测,实现各环节的衔接与互动,避免无法制作、运输和安装的现象,实现整个系统的优化。

利用 BIM 优化拆分设计,使得 PC 构件在满足建筑结构要求的同时,便于制作、运输与安装;各个专业连续性(包括埋设物)的中断的连接节点被充分考虑和精心设计。

利用 BIM 进行复杂连接部位和节点的三维可视的技术交底。

利用 BIM 进行模具设计,使模具能保证构件形状准确和尺寸精度;保证出筋、预埋件、预留孔没有遗漏,定位准确;便于组模、拆模;成本优化。

利用 BIM 进行 PC 工程组织,使构件制作、运输与施工各个环节无缝衔接,动态调整。

利用 BIM 进行施工方案设计,包括起重机布置、吊装方案、后浇筑混凝土施工、各个施工环节的衔接。

利用 BIM 进行整个 PC 工程的优化等。

26.5　如何启动 BIM 的应用

BIM 的受益者是上下游各个环节,但启动要从上游开始,从方案设计开始。是否应用 BIM,最关键的是工程项目业主或总承包企业,因为应用 BIM 的最大受益者是他们,更重要的是,BIM 的花费要由他们"买单"。

从技术角度看,启动 BIM 需要 BIM 设计人员与工程设计、构件制作和施工安装人员密切配合,缺一不可。

本节主要讨论启动 PC 的技术方案。

26.5.1　装配式建筑基于 BIM 设计方法的基本原理

通过对 PC 建筑设计、制作及安装施工的详细研究及对 BIM 应用的分析研究,研究提出一种适用于装配式建筑基于 BIM 的模块化设计方法,该方法是建立在不同功能、专业的构件或组件基础上的,其原理是:设计单位按户主需求进行建筑方案设计,满足为完成户主需求而映射成的建筑功能,建筑专业设计人员依据功能特征从模型库中挑选对应的模块,将模块按照一定的拓扑结构进行组合,完成建筑基于功能模块的设计;选择与建筑相对应的结构、设备模型按照一定的拓扑结构进行组合，完成各专业的整体模型，并以满足相应的专业规范为前提，在 BIM 协同设计平台上将全专业模型组合成 一个整体模型，进行碰撞检测、协调及优化，完成基于专业的模型设计；从深化构件库中选择构件，将结构整体模型进行设计分解，完成基于生产、安装施工设计，如图 26.5-1 所示。

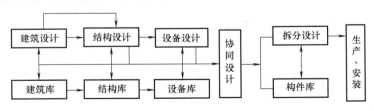

图 26.5-1　装配式建筑 BIM 基本原理流程图

26.5.2　BIM 标准化应用体系

1. 命名规则

BIM 模型中最基本的信息是命名，有名称就需要命名规范。命名规范包括模型文件名和族文件名规范。项目中使用的构件具有统一的命名标准，以便于后期整合各分包单位的模型文件。同时，方便整个项目的工程量统计等后期应用。

2. 颜色规定

项目模型中可以通过颜色对不同类构件进行区分，为了统一这种区分度，要求各相关部分颜色添加时规范化，保持统一。

3. 族制作

族是项目的基本组成部分，后期竣工模型的一系列使用功能都建立在规范的族上，如国标工程量的统计。因此规范族的制作过程很重要。

4. 项目协同方式

以数据交换为核心的协同方式，使 BIM 数据信息在不同专业不同阶段尽可能完整准确地传递与交互。

5. 模型搭建

规范模型搭建工程中的一些准则，保证模型使用上的统一性。

6. 文件存储

建立规范文件体系，将所有模型和文档放在相应的文件中，以便归档和及时查阅。

26.5.3　出图

BIM 并不提供常规图样，如建筑设计图、PC 构件图，而是通过对建筑物进行了可视化展示、协调、模拟、优化后，提供以下图样：

（1）综合管线图（经过碰撞捡查和设计修改、消除了相应错误）。

（2）综合结构预埋件、套筒、留孔图。

（3）碰撞检查错误报告和改进方案。

26.5.4 Revit 标准化模型搭建

培训项目参与人员创建标准化模型，将设计初期模型稳步深化至施工模型，达到出施工图、工程量统计、指导施工等应用。

26.5.5 四维施工模拟

培训项目人员 Navisworks 的四维施工模拟应用，针对项目中重点难点节点进行四维施工模拟指导培训。

施工模拟前应确定 BIM 应用内容、BIM 应用成果分阶段（期）交付的计划，并应对项目中需基于 BIM 技术进行模拟的重点和难点进行分析。

26.5.6 族应用

族库、标准化应用，项目期间培训项目参与人员族制作的基本方法，使之能独立完成本项目所需族的制作。

附　录

PC 有关国家、行业和地方标准目录

序号	标准名称	标准号	区域	性质
1	《装配整体式混凝土结构工程施工及验收规程》	DB34/T 5043—2016	安徽	规程
2	《装配整体式建筑预制混凝土构件制作与验收规程》	DB34/T 5033—2015	安徽	规程
3	《装配式剪力墙住宅建筑设计规程》	DB11/T 970—2013	北京	规程
4	《装配式混凝土结构工程施工与质量验收规程》	DB11/T 1030—2013	北京	规程
5	《预制混凝土构件质量检验标准》	DB11/T 968—2013	北京	标准
6	《装配式剪力墙结构设计规程》	DB11/1003—2013	北京	规程
7	《装配整体式结构设计导则》	无（2015）	福建	导则
8	《装配整体式结构施工图审查要点》	无（2015）	福建	审图
9	《预制装配式混凝土结构技术规程》	DBJ13—216—2015	福建	规程
10	《横孔连锁混凝土空心砌块填充墙图集》	DBJT25—126—2011	甘肃	图集
11	《预制带肋底板混凝土叠合楼板图集》	DBJT25—125—2011	甘肃	图集
12	《装配式混凝土建筑结构技术规程》	DBJ15—107—2016	广东	规程
13	《CSI 住宅建设技术导则（试行）》	无（2010）	国家	导则
14	《钢筋混凝土升板结构技术规范》	GBJ 130—90	国家	规范
15	《钢筋混凝土升板结构技术规范》	GBJ 130—1990	国家	标准
16	《建筑信息模型施工应用标准》	GB/T 51235—2017	国家	标准
17	《建筑信息模型应用统一标准》	GB/T 51212—2016	国家	标准
18	《装配式建筑评价标准》	GB/T 51129—2017	国家	标准
19	《房屋建筑制图统一标准》	GB/T 50001—2017	国家	标准
20	《混凝土外加剂匀质性试验方法》	GB/T 8077—2012	国家	标准
21	《一般工业用铝及铝合金挤压型材》	GB/T 6892—2015	国家	标准
22	《铝合金建筑型材》	GB/T 5237—2004	国家	标准
23	《预应力混凝土用钢绞线》	GB/T 5224—2014	国家	标准
24	《装配式混凝土建筑技术标准》	GB/T 51231—2016	国家	标准
25	《水泥基灌浆材料应用技术规范》	GB/T 50448—2015	国家	标准
26	《建设工程文件归档规范》	GB/T 50328—2014	国家	标准
27	《粉煤灰混凝土应用技术规范》	GB/T 50146—2014	国家	标准
28	《混凝土强度检验评定标准》	GB/T 50107—2010	国家	标准
29	《普通混凝土力学性能试验方法标准》	GB/T 50081—2002	国家	标准
30	《普通混凝土拌合物性能试验方法标准》	GB/T 50080—2011	国家	标准
31	《建筑模数协调标准》	GB/T 50002—2013	国家	标准

（续）

序号	标准名称	标准号	区域	性质
32	《变形铝及铝合金化学成分》	GB/T 3190—2008	国家	标准
33	《砂浆和混凝土用硅灰》	GB/T 27690—2011	国家	标准
34	《连续热镀锌钢板及钢带》	GB/T 2518—2008	国家	标准
35	《建筑用轻质隔墙条板》	GB/T 23451—2009	国家	标准
36	《白色硅酸盐水泥》	GB/T 2015—2005	国家	标准
37	《一般用途钢丝绳》	GB/T 20118—2006	国家	标准
38	《用于水泥和混凝土中的粒化高炉矿渣粉》	GB/T 18046—2008	国家	标准
39	《水泥胶砂强度检验方法（ISO法）》	GB/T 17671—1999	国家	标准
40	《建筑幕墙气密、水密、抗风压性能检测方法》	GB/T 15227—2007	国家	标准
41	《钢筋混凝土用钢 第三部分：钢筋焊接网》	GB/T 1499.3—2010	国家	标准
42	《建设用卵石、碎石》	GB/T 14685—2011	国家	标准
43	《建筑用砂》	GB/T 14684—2011	国家	标准
44	《硅酮建筑密封胶》	GB/T 14683—2003	国家	标准
45	《水泥标准稠度用水量、凝结时间、安定性检验方法》	GB/T 1346—2011	国家	标准
46	《水泥细度检验方法 筛析法》	GB/T 1345—2005	国家	标准
47	《绝热模塑聚苯乙烯泡沫塑料》	GB/T 10801.2—2002	国家	标准
48	《混凝土外加剂》	GB 8076—2008	国家	标准
49	《碳素结构钢冷轧钢带》	GB 716—1991	国家	标准
50	《混凝土结构工程施工规范》	GB 50666—2011	国家	标准
51	《钢结构焊接规范》	GB 50661—2011	国家	标准
52	《建筑物防雷工程施工与质量验收规范》	GB 50601—2010	国家	标准
53	《建筑节能工程施工质量验收规范》	GB 50411—2007	国家	标准
54	《智能建筑工程质量验收规范》	GB 50339—2013	国家	标准
55	《建筑电气工程施工质量验收规范》	GB 50303—2015	国家	标准
56	《建筑工程施工质量验收统一标准》	GB 50300—2013	国家	标准
57	《通风与空调工程施工质量验收规范》	GB 50243—2002	国家	标准
58	《建筑给水排水及采暖工程施工质量验收规范》	GB 50242—2002	国家	标准
59	《建筑装饰装修工程质量验收规范》	GB 50210—2001	国家	标准
60	《钢结构工程施工质量验收规范》	GB 50205—2001	国家	标准
61	《混凝土结构工程施工质量验收规范》	GB 50204—2015	国家	标准
62	《混凝土质量控制标准》	GB 50164—2011	国家	标准
63	《混凝土外加剂应用技术规范》	GB 50119—2013	国家	标准
64	《建筑物防雷设计规范》	GB 50057—2010	国家	标准
65	《钢结构设计规范》	GB 50017—2003	国家	标准
66	《建筑抗震设计规范》	GB 50011—2010	国家	标准
67	《混凝土结构设计规范》	GB 50010—2010	国家	标准

（续）

序号	标准名称	标准号	区域	性质
68	《建筑结构荷载规范》	GB 50009—2012	国家	标准
69	《通用硅酸盐水泥》	GB 175—2007	国家	标准
70	《钢筋混凝土用钢 第二部分：热轧带肋钢筋》	GB 1499.2—2007	国家	标准
71	《钢筋混凝土用钢 第一部分：热轧光圆钢筋》	GB 1499.1—2008	国家	标准
72	《冷轧带肋钢筋》	GB 13788—2008	国家	标准
73	《钢筋混凝土用余热处理钢筋》	GB 13014—2013	国家	标准
74	《装配式建筑工程消耗量定额》	2017 年 3 月 1 日起执行	国家	定额
75	《装配式混凝土剪力墙结构住宅施工工艺图解》	16G906	国家	图集
76	《混凝土结构施工图平面整体表示方法制图规则和构造详图（独立基础、条形基础、筏型基础及桩基承台）》	16G101—3	国家	图集
77	《混凝土结构施工图平面整体表示方法制图规则和构造详图（现浇混凝土板式楼梯）》	16G101—2	国家	图集
78	《混凝土结构施工图平面整体表示方法制图规则和构造详图（现浇混凝土框架、剪力墙、梁、板）》	16G101—1	国家	图集
79	《装配式混凝土结构住宅建筑设计示例（剪力墙结构）》	15J939—1	国家	图集
80	《预制钢筋混凝土阳台板、空调板及女儿墙》	15G368—1	国家	图集
81	《预制钢筋混凝土板式楼梯》	15G367—1	国家	图集
82	《桁架钢筋混凝土叠合板》	15G366—1	国家	图集
83	《预制混凝土剪力墙内墙板》	15G365—2	国家	图集
84	《预制混凝土剪力墙外墙板》	15G365—1	国家	图集
85	《装配式混凝土结构连接节点构造（剪力墙结构）》	15G310—2	国家	图集
86	《装配式混凝土结构连接节点构造（楼盖结构和楼梯）》	15G310—1	国家	图集
87	《装配式混凝土结构表示方法及示例（剪力墙结构）》	15G107—1	国家	图集
88	《钢筋连接用灌浆套筒（征求意见稿）》		国家	标准
89	《工厂预制混凝土构件质量管理标准（征求意见稿）》		国家	标准
90	《预制保温墙体用纤维增强塑料连接件（征求意见稿）》		国家	标准
91	《陶瓷模用石膏粉》	QB/T 1639—2014	行业	标准
92	《高强混凝土应用技术规程》	JGJ/T 281—2012	行业	规程
93	《混凝土结构用钢筋间隔件应用技术规程》	JGJ/T 219—2010	行业	规程
94	《钢结构高强度螺栓连接技术规程》	JGJ 82—2011	行业	规程
95	《混凝土用水标准》	JGJ 63—2006	行业	标准
96	《普通混凝土配合比设计规程》	JGJ 55—2011	行业	规程
97	《普通混凝土用砂、石质量及检验方法标准》	JGJ 52—2006	行业	标准
98	《钢筋套筒灌浆连接应用技术规程》	JGJ 355—2015	行业	规程
99	《非结构构件抗震设计规范》	JGJ 339—2015	行业	标准
100	《建筑机械使用安全技术规程》	JGJ 33—2012	行业	规程

（续）

序号	标准名称	标准号	区域	性质
101	《点挂外墙板装饰工程技术规程》	JGJ 321—2014	行业	规程
102	《高层建筑混凝土结构技术规程》	JGJ 3—2010	行业	规程
103	《钢筋锚固板应用技术规程》	JGJ 256—2011	行业	规程
104	《预制预应力混凝土装配整体式框架结构技术规程》	JGJ 224—2010	行业	规程
105	《钢筋焊接及验收规程》	JGJ 18—2012	行业	规程
106	《外墙外保温工程技术规程》	JGJ 144—2004	行业	规程
107	《金属与石材幕墙工程技术规范》	JGJ 133—2001	行业	规程
108	《外墙饰面砖工程施工及验收规程》	JGJ 126—2015	行业	规程
109	《装配式混凝土结构技术规程》	JGJ 1—2014	行业	规程
110	《钢筋焊接网混凝土结构技术规程》	JGJ 114—2014	行业	规程
111	《钢筋机械连接技术规程》	JGJ 107—2016	行业	规程
112	《钢筋连接用套筒灌浆料》	JG/T 408—2013	行业	标准
113	《钢筋连接用灌浆套筒》	JG/T 398—2012	行业	标准
114	《预应力混凝土用金属波纹管》	JG 225—2007	行业	标准
115	《冷轧扭钢筋》	JG 190—2006	行业	标准
116	《混凝土制品用脱模剂》	JC/T 949—2005	行业	标准
117	《混凝土建筑接缝用密封胶》	JC/T 881—2001	行业	标准
118	《混凝土和砂浆用颜料及其试验方法》	JC/T 539—1994	行业	标准
119	《聚硫建筑密封胶》	JC/T 483—2006	行业	标准
120	《聚氨酯建筑密封胶》	JC/T 482—2003	行业	标准
121	《整体预应力装配式板柱结构技术规程》	CECS 52—2010	行业	规程
122	《钢筋混凝土装配整体式框架节点与连接设计规程》	CECS 43—1992	行业	规程
123	《钢筋混凝土结构预埋件》	10ZG302	行业	图集
124	《装配整体式混合框架结构技术规程》	DB13（J）/T 184—2015	河北	规程
125	《装配式混凝土剪力墙结构施工及质量验收规程》	DB13（J）/T 182—2015	河北	规程
126	《装配式混凝土构件制作与验收标准》	DB13（J）/T 181—2015	河北	标准
127	《装配式混凝土剪力墙结构建筑与设备设计规程》	DB13（J）/T 180—2015	河北	规程
128	《装配整体式混凝土剪力墙结构设计规程》	DB13（J）/T 179—2015	河北	规程
129	《装配式住宅建筑设备技术规程》	DBJ41/T 159—2016	河南	规程
130	《装配式住宅整体卫浴间应用技术规程》	DBJ41/T 158—2016	河南	规程
131	《装配式混凝土构件制作与验收技术规程》	DBJ41/T 155—2016	河南	规程
132	《装配整体式混凝土结构技术规程》	DBJ41/T 154—2016	河南	规程
133	《预制装配式混凝土构件生产和质量检验规程》	待定（2016）	湖北	规程
134	《预制装配式混凝土结构施工与验收规程》	待定（2016）	湖北	规程
135	《装配整体式混凝土剪力墙结构技术规程》	DB42/T 1044—2015	湖北	规程
136	《装配式混凝土结构建筑质量管理技术导则（试行）》	无（2016）	湖南	导则

（续）

序号	标准名称	标准号	区域	性质
137	《装配式混凝土建筑结构工程施工质量监督管理工作导则》	无（2016）	湖南	导则
138	《装配式斜支撑节点钢结构技术规程》	DBJ43/T 311—2015	湖南	规程
139	《混凝土装配-现浇式剪力墙结构技术规程》	DBJ43/T 301—2015	湖南	规程
140	《混凝土叠合楼盖装配整体式建筑技术规程》	DBJ43/T 301—2013	湖南	规程
141	《装配式钢结构集成部品主板》	DB43/T 995—2015	湖南	规范
142	《装配式钢结构集成部品撑柱》	DB43/T 1009—2015	湖南	规范
143	《灌芯装配式混凝土剪力墙结构技术规程》	DB22/JT 161—2016	吉林	规程
144	《预制混凝土装配整体式框架（润泰体系）技术规程》	JG/T 034—2009	江苏	规程
145	《预制预应力混凝土装配整体式框架（世构体系）技术规程》	JG/T 006—2005	江苏	规程
146	《预制预应力混凝土装配整体式结构技术规程》	DGJ32/TJ 199—2016	江苏	规程
147	《装配整体式混凝土剪力墙结构技术规程》	DGJ32/TJ 125—2016	江苏	规程
148	《施工现场装配式轻钢结构活动板房技术规程》	DGJ32/J 54—2016	江苏	规程
149	《装配式预制混凝土剪力墙板》	DBJT05—333	辽宁	图集
150	《装配式预应力混凝土叠合板》	DBJT05—275	辽宁	图集
151	《装配式钢筋混凝土叠合板》	DBJT05—273	辽宁	图集
152	《装配式钢筋混凝土板式住宅楼梯》	DBJT05—272	辽宁	图集
153	《装配式混凝土结构设计规程》	DB21/T 2572—2016	辽宁	规程
154	《装配式混凝土结构构件制作、施工与验收规程》	DB21/T 2568—2016	辽宁	规程
155	《装配式剪力墙结构设计规程（暂行）》	DB21/T 2000—2012	辽宁	规程
156	《装配整体式建筑设备与电气技术规程（暂行）》	DB21/T 1925—2011	辽宁	规程
157	《装配整体式混凝土结构技术规程（暂行）》	DB21/T 1924—2011	辽宁	规程
158	《装配式建筑全装修技术规程（暂行）》	DB21/T 1893—2011	辽宁	规程
159	《装配整体式混凝土结构工程预制构件制作与验收规程》	DB37/T 5020—2014	山东	规程
160	《装配整体式混凝土结构工程施工与质量验收规程》	DB37/T 5019—2014	山东	规程
161	《装配整体式混凝土结构设计规程》	DB37/T 5018—2014	山东	规程
162	《装配整体式混凝土公共建筑设计规程》	DGJ08—2154—2014	上海	规程
163	《工业化住宅建筑评价标准》	DG/TJ08—2198—2016	上海	标准
164	《装配整体式混凝土构件图集》	DBJT08—121—2016	上海	图集
165	《装配整体式混凝土住宅构造节点图集》	DBJT08—116—2013	上海	图集
166	《预制装配钢筋混凝土外墙技术规程》	SJG24—2012	深圳	规程
167	《预制装配整体式钢筋混凝土结构技术规范》	SJG18—2009	深圳	规范
168	《装配式混凝土结构工程施工与质量验收规程》	DBJ51/T054—2015	四川	规程
169	《四川省装配整体式住宅建筑设计规程》	DBJ51/T038—2015	四川	规程
170	《装配整体式混凝土结构工程施工质量验收规范》	DB33/T1123—2016	浙江	规范
171	《叠合板式混凝土剪力墙结构技术规程》	DB33/T1120—2016	浙江	规程
172	《装配式住宅部品标准》	DBJ50/T 217—2015	重庆	标准
173	《装配式混凝土住宅建筑结构设计规程》	DBJ50/T 193—2014	重庆	规程
174	《装配式混凝土住宅结构施工及质量验收规程》	DBJ50/T 192—2014	重庆	规程
175	《装配式住宅构件生产和安装信息化技术导则》	DBJ50/T 191—2014	重庆	导则
176	《装配式混凝土住宅构件生产与验收技术规程》	DBJ50/T 190—2014	重庆	规程
177	《装配式住宅建筑设备技术规程》	DBJ50/T 186—2014	重庆	规程